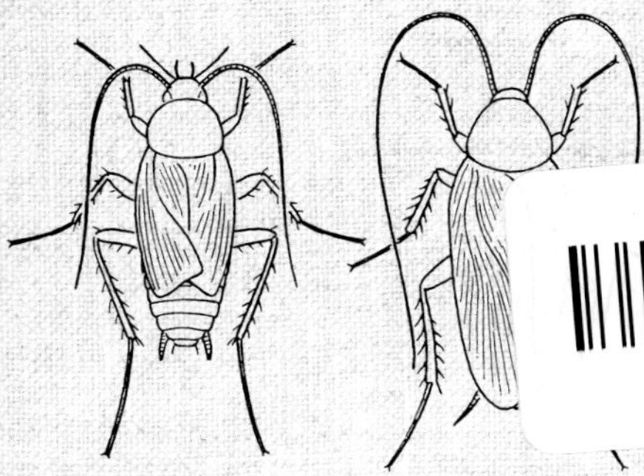

Cucarachas p. 60

Tijeretas p. 6

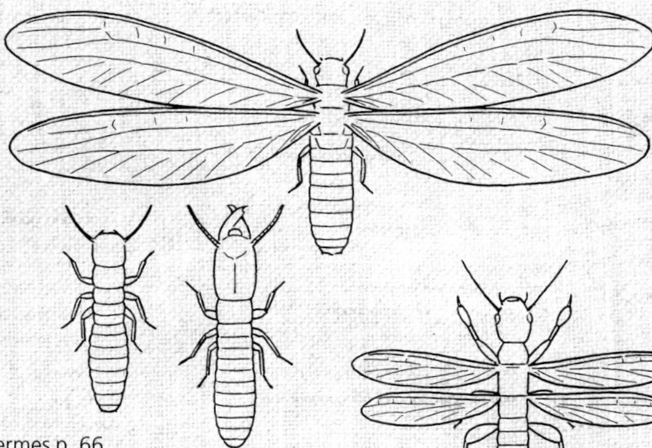

Termes p. 66

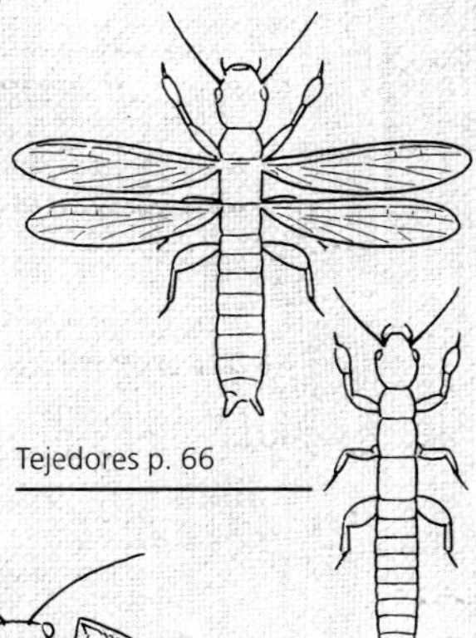

Tejedores p. 66

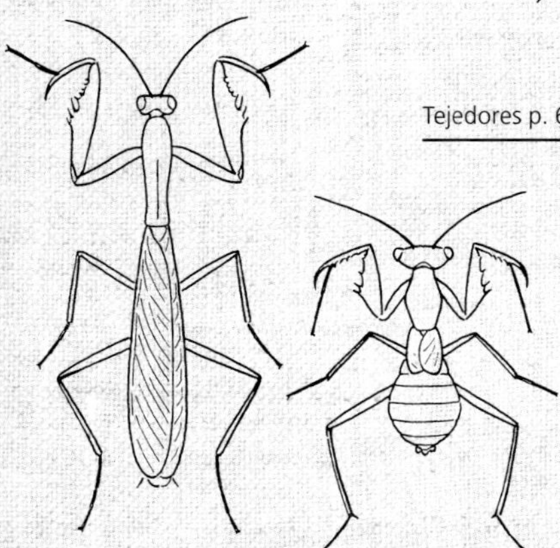

Mantis p. 64

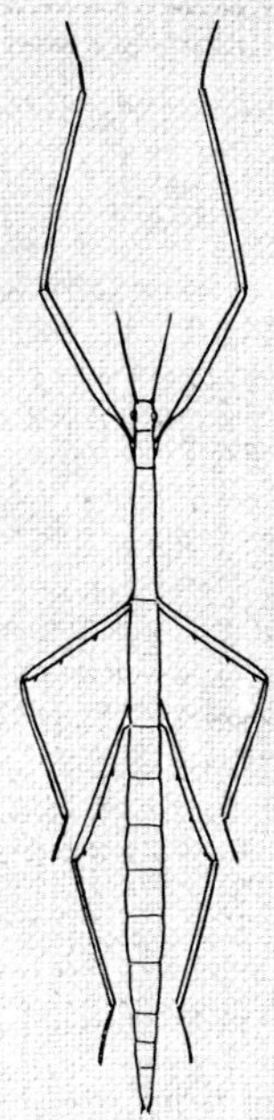

Insectos palo p. 66

HEIKO BELLMANN

Guía de campo de los Insectos

OMEGA

Índice

Acerca de este libro

Los insectos son, con diferencia, el grupo de animales más rico en especies: hasta la fecha se han descrito en torno a un millón de especies en todo el mundo, y todavía se siguen añadiendo cada día múltiples representantes descritos por primera vez. El número real de especies, por consiguiente, podría ser mucho mayor; las estimaciones se mueven entre los 2 y los 20 millones. Los insectos europeos con más de 33.000 especies, casi el 70% de todas las especies animales, suponen un grupo tan extenso que no es posible tratarlos en un solo libro. A ello se le añade que la identificación de muchos grupos, especialmente los dípteros y los himenópteros, es tan difícil que sólo pueden tener éxito entomólogos con gran experiencia. La distinción de algunas mariposas diurnas llamativas, como algunos ninfálidos, requiere preparar antes los apéndices genitales o gonopodios, por lo que queda reservada a unos pocos especialistas. No obstante, he procurado presentar un libro con el que los legos en la materia también puedan acceder al fascinante mundo de los insectos. Cabe señalar que el espacio disponible y los problemas de identificación citados obligarán a que el lector muchas veces tenga que darse por satisfecho con el nombre de un género o familia, o incluso con un orden, como resultado de sus intentos de identificación. En otros casos, en cambio, podrá determinar también muchas especies con seguridad según la selección aquí presentada. Dicha selección se ha basado en elegir sólo unos pocos representantes de los grupos más difíciles, ya que de todos modos no es posible realizar una identificación exacta, mientras que en las familias o géneros más claros se incluyen varias especies.

Los insectos descritos son de ámbito europeo. No obstante, el lector debe tener en cuenta que no siempre podrá alcanzar el éxito deseado únicamente con esta obra. Por este motivo se ha elaborado una bibliografía para todos los grupos de insectos con las obras de identificación especializadas más importantes. Debe señalarse que, para poder realizar una identificación exacta de la especie, se requerirá por lo general un estudio a fondo del grupo correspondiente, lo cual sólo será posible en colaboración con especialistas y museos y, además, con el desarrollo de una colección científica propia de insectos. Pero esta dimensión superaría con creces los límites marcados por esta obra.

Al observador de la naturaleza experimentado puede extrañarle encontrar algunas arañas y otros arácnidos (escorpiones, pseudoescorpiones, arañas zancudas y ácaros) al final de la selección de especies, ya que pertenecen a una clase de animales propia, como es sabido. No obstante, dado que la mayoría de amantes de la naturaleza clasifican las arañas espontáneamente como insectos e incluso en círculos de entomólogos es común incluir a las arañas como parte de la "materia", nos ha parecido adecuado no dejarlas totalmente de lado.

Aparte de ofrecer una primera orientación para identificar las especies, géneros o familias de insectos observados, esta obra pretende conseguir mucho más. A través de impresionantes imágenes, su objetivo es informar de los logros casi fantásticos de muchos insectos para criar a sus descendientes, poner en primer plano la magnífica abundancia de colores y formas de un mundo diminuto que pasa desapercibido a la mayoría de personas y, por último, despertar admiración ante las diversas formas de adaptación que han permitido a estos animales sobrevivir en la lucha por la existencia y que hoy en día desempeñan un importante papel en el ciclo de la naturaleza. Tal vez los numerosos ejemplos aquí presentados contribuyan a que se dejen de clasificar los insectos únicamente en las categorías de "útiles" o "perjudiciales" y a que se descubra una cierta fascinación por ellos, que quizás se manifieste en no pisotear al instante y sin atención todo insecto que aparezca en casa. Es cierto que muchas especies se han enfrentado con éxito a todos los intentos de persecución pero, entretanto, la gran mayoría de los insectos tienen grandes dificultades para adaptarse a un entorno tan modificado. Incluso especies que antiguamente se consideraban parásitos clásicos ahora son más raras y se encuentran en peligro de extinción e incluidas en la cada vez más larga Lista Roja. Tal vez las obras como esta consigan desencadenar los procesos de replanteamiento necesarios en las personas para que tales especies vuelvan a tener futuro. Al fin y al cabo, ¿qué sería un prado de verano sin el canto de los saltamontes y sin la nota de color de las mariposas?

Morfología de los insectos

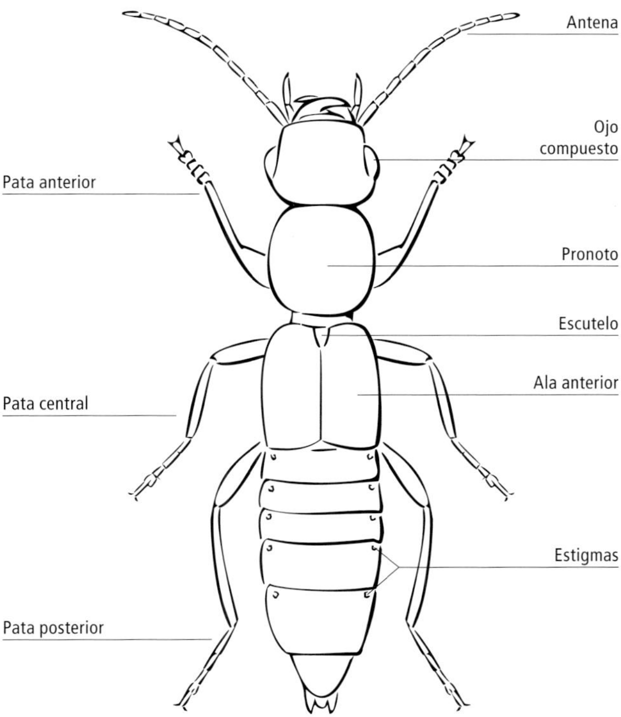

Estructura del cuerpo de un insecto (estafilínidos)

El cuerpo de los insectos se divide en tres partes: cabeza, tórax y abdomen.

En la **cabeza** se encuentran un par de antenas (apéndices de las extremidades) y los órganos bucales. Las antenas suelen estar formadas por numerosos anillos y son responsables del olfato. Para refinar la capacidad olfativa, en muchos casos presentan una superficie ampliada mediante, por ejemplo, un ensanchamiento en forma de hoja o de cresta de algunos segmentos. Los órganos bucales se componen de las mandíbulas no articuladas (maxilar superior); las maxilas (maxilar inferior), provistas de palpos articulados en los laterales; y el labio inferior o labium, estructura impar fruto de la unión del tercer par de órganos bucales, que también cuenta con un palpo en la parte exterior. La cabeza cuenta con otro apéndice impar: el labio superior o labro, que está separado del escudo situado en la parte anterior de la cabeza y cubre parcialmente los órganos bucales desde arriba. En la forma originaria, estos órganos están desarrollados de forma más o menos plana, y las mandíbulas y las maxilas poseen bordes afilados y dentados. La mayoría de insectos primitivos, como los saltamontes y los órdenes emparentados, así como los escarabajos y muchas larvas, tienen este tipo de órganos bucales masticadores. Otros presentan una transformación de las mandíbulas y las maxilas –y a menudo también de otras partes de la boca– en estiletes

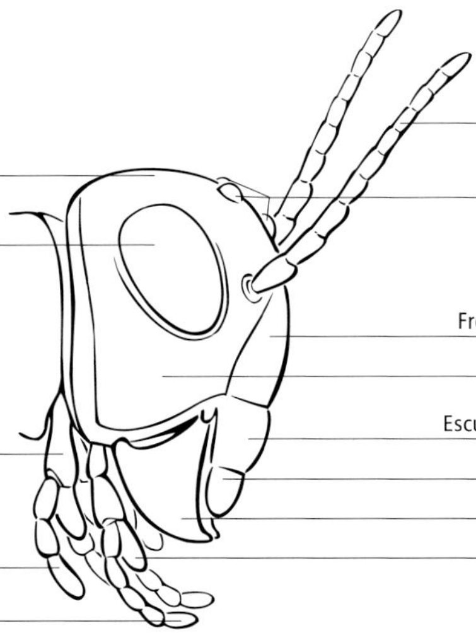

Partes de la cabeza de un insecto

aciculares rígidos o trompas blandas, que sólo permiten la ingesta de alimentos líquidos. Constituyen otro órgano llamativo de la cabeza los ojos, que suelen presentarse en forma de dos ojos compuestos y 2 o 3 ocelos simples. Los ojos compuestos están formados por un gran número (a veces varias decenas de miles) de omatidios –unidades visuales diferenciadas–, cada uno de los cuales compone una propia imagen, de modo que la imagen recibida corresponde aproximadamente a la de un mosaico. La ventaja determinante frente a nuestra lente es la resolución temporal, mucho mayor. Por ejemplo, una película de cine, que está formada por una secuencia rápida de imágenes, a una mosca le parece una "presentación de diapositivas". Los ocelos, situados en la frente y ausentes en muchos insectos, cumplen principalmente tareas de control de la actividad diurna; determinan el inicio de la actividad matutina y de la fase de descanso vespertina.
En el **tórax,** compuesto por 3 segmentos, suelen hallarse todos los órganos de movimiento. Cada uno de los segmentos tiene un par de patas corredoras articuladas formadas a su vez por coxa, trocánter, fémur, tibia y tarso. Este último se subdivide a su vez en varios artejos (a menudo 5), de los cuales el último casi siempre presenta 2 garras en su extremo. Para adaptarse a un modo de vida determinado, las patas pueden haberse transformado de formas muy diversas para convertirse, por ejemplo, en patas excavadoras, natatorias, prensoras o de limpieza. Estas modificaciones especiales han tenido a menudo resultados muy similares en grupos de insectos totalmente distintos cuando las patas debían cumplir la misma función, como es el caso, por ejemplo, de las patas prensoras de las mantis, las chinches, los neurópteros y las moscas. Los dos pares de alas se encuentran en los dos segmentos torácicos posteriores (mesotórax y metatórax); el primer segmento torácico, el protórax, presenta muchas veces una gran placa dorsal, el pronoto. Las placas dorsales de los otros dos segmentos, el mesonoto y el metanoto, suelen ser menos llamativas. No obstante, el mesonoto a menudo puede identificarse como escutelo, y en algunas chinches, por ejemplo, incluso puede ser muy llamativo. Los dos pares de alas son muy similares en muchos insectos primitivos, como las libélulas. En otros casos se diferencian claramente, en parte en el tamaño, en parte en la textura. Los escarabajos y los saltamontes, por ejemplo, tienen las alas anteriores mucho más coriáceas y pequeñas que las posteriores; estas últimas a veces sólo sirven para

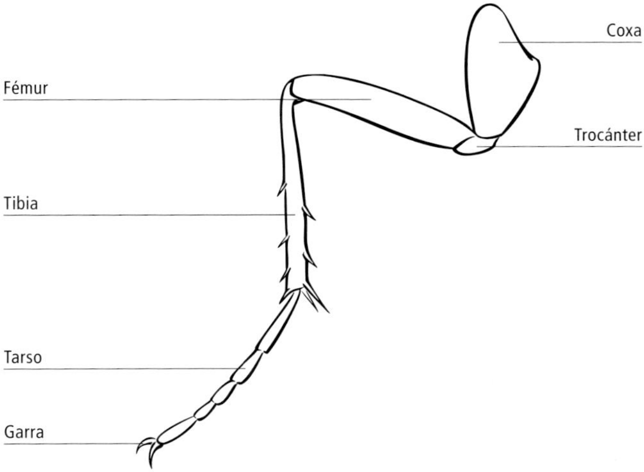

Estructura de la pata de un insecto

el movimiento durante el vuelo. También puede haber un par de alas casi totalmente reducido, como es el caso de los dípteros, y, por último, las alas incluso pueden faltar por completo.
En los insectos primitivos se trata de una ausencia de alas primaria, mientras que en los piojos y las pulgas, la ausencia es secundaria, ya que, en términos evolutivos, proceden obviamente de predecesores alados.
El **abdomen** está compuesto originalmente por 11 segmentos. Cada uno de estos anillos tiene un terguito dorsal más firme y un esternito ventral, y ambos están unidos por unas membranas más blandas (pleuras). En el insecto adulto, el abdomen carece de articulaciones, pero posee a veces apéndices derivados de segmentos o restos de estos. Deben considerarse como tales los cercos pares situados en el extremo del abdomen de muchos insectos, que pueden estar desarrollados en forma de filamentos caudales articulados o de pinzas no articuladas. El ovopositor de muchas hembras también procede originariamente de estructuras segmentadas. Las larvas, en cambio, pueden presentar segmentos en el abdomen, en forma, por ejemplo, de patas corredoras en las larvas de las mariposas y de los tentredínidos. Las branquias traqueales, en parte articuladas, del abdomen de muchas larvas acuáticas también proceden de segmentos. Por lo demás, el abdomen contiene los órganos internos más importantes: el tracto digestivo, el corazón tubular, los órganos sexuales y el sistema nervioso en forma de escalera de cuerda. La mayoría de estos órganos se prolongan en las áreas anteriores del cuerpo; el sistema nervioso, por ejemplo, se concentra en dirección al cerebro, de estructura compleja. El sistema respiratorio, formado por unos tubos de aire llamados tráqueas, tampoco se limita al abdomen. Las tráqueas ramificadas transportan el aire a los tejidos y desembocan por lo general en un par de estigmas por segmento en los laterales del tórax y del abdomen. Para acelerar el intercambio gaseoso, muchos insectos realizan movimientos de bombeo abdominal.

La metamorfosis de los insectos

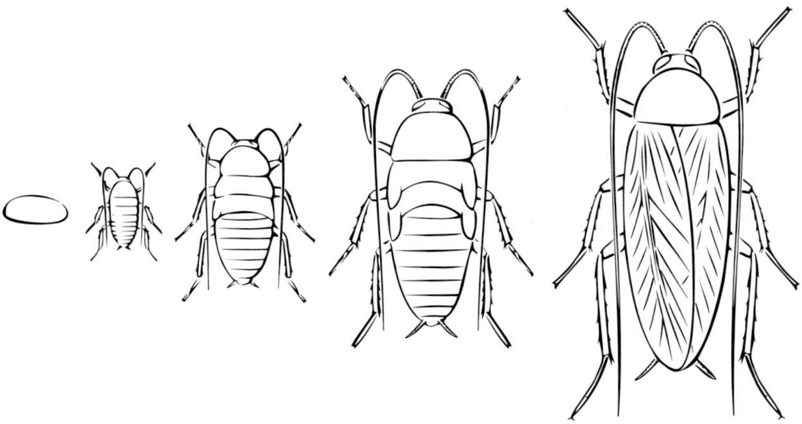

Metamorfosis incompleta (cucaracha)

El desarrollo de los insectos suele ir unido a una clara transformación morfológica que recibe el nombre de metamorfosis. Los insectos ápteros más primitivos, como los colémbolos, todavía carecen de esta transformación. Se desarrollan a través de numerosos estadios juveniles, muy similares al adulto excepto por la falta de órganos sexuales, hasta convertirse en insecto adulto, el cual todavía puede realizar varias mudas. Los insectos alados primitivos realizan una metamorfosis incompleta (hemimetabolia) en la que la larva que eclosiona del huevo se convierte directamente en el imago (estadio adulto) tras varios estadios de muda similares entre sí. Entre la larva y el imago puede haber diferencias de forma notables, pero a veces también sólo mínimas; en todo caso, la larva siempre carece de alas. Existen diferencias claras entre larva e imago cuando los dos tienen modos de vida muy distintos, como las libélulas: las larvas son animales acuáticos y respiran a través de branquias traqueales; los imagos, en cambio, viven en tierra firme y respiran aire. Las larvas y los imagos de los saltamontes, en cambio, ocupan el mismo hábitat y viven del mismo alimento, y son muy semejantes, excepto en cuanto a la presencia o ausencia de alas. Las alas se forman durante la última muda a partir de los rudimentos alares lobulares, que van aumentando de tamaño de muda a muda durante el desarrollo larvario. La metamorfosis completa (holometabolia) presenta una fase de reposo en la que apenas hay movimiento entre los estadios de larva e imago: la pupa o crisálida. En esta fase se producen profundos procesos de transformación en cuyo transcurso se forman los órganos del imago, en parte muy distintos a los de la larva. Se distingue entre pupas libres o exaratas y pupas obtectas: las primeras tienen los rudimentos del

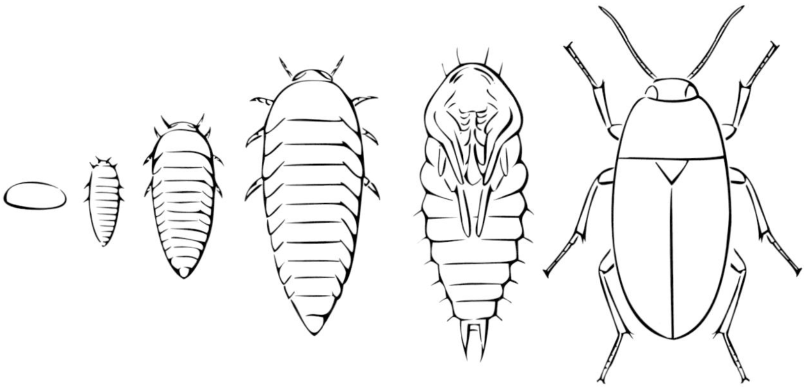

Metamorfosis completa (escarabajo)

cuerpo libres, mientras que las segundas los tienen pegados al cuerpo. Constituyen un caso especial las pupas exaratas de muchas moscas, que se hallan dentro de una especie de barro que es la última cutícula larvaria endurecida. Otras muchas pupas están cubiertas por capullos de seda elaborados previamente por la larva. La mayoría de pupas sólo pueden mover el abdomen de un lado a otro, pero esto les permite nadar bastante bien a las larvas de muchas especies de mosquitos acuáticas. Las pupas exaratas de algunos grupos primitivos de insectos holometábolos, como los tricópteros, adquieren movilidad hacia el final del estadio de pupa y abandonan el lugar de pupación para realizar la muda imaginal. Además de estos tipos básicos de metamorfosis, hay toda una serie de transformaciones. En el caso de las efímeras hemimetábolas, del último estadio larvario sale un insecto que ya tiene alas pero que todavía no es adulto, el subimago, que poco después realiza la muda para convertirse en imago. Otros grupos de insectos hemimetábolos, como las mosquitas blancas, tienen un último estadio larvario prácticamente inmóvil, el pupario, que ya recuerda mucho a la pupa de los insectos holometábolos. Algunos órdenes holometábolos, como los escarabajos, presentan a veces estadios larvarios con formas muy distintas y, en ocasiones, también una fase de reposo adicional similar a la de la pupa. Esta forma de desarrollo, habitual sobre todo entre los insectos parasitarios, se denomina hipermetabolia.

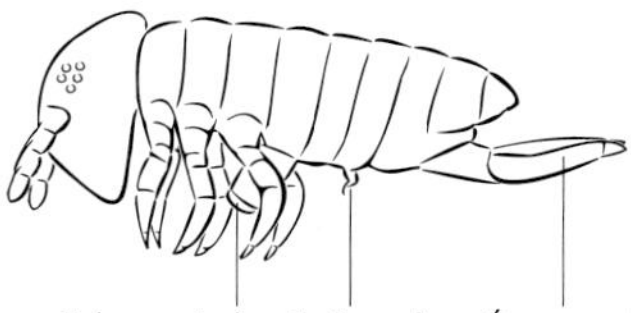

Colémbolo

Proturo

Los órdenes de insectos más primitivos que todavía viven se incluyen en el grupo de **insectos primitivos** o **apterigotos**. No poseen alas y se convierten en imago a través de numerosos estadios juveniles, sin cambiar de forma.
Los **saltarines** (orden *Collembola*) son el orden más rico en especies de los insectos primitivos, con alrededor de 400 especies. La longitud corporal de la mayoría de especies va de 1 a 2 mm, excepcionalmente puede alcanzar casi los 10 mm. La cabeza tiene antenas con 4 artejos.
En lugar de ojos compuestos, a cada lado de la cabeza hay grupos de hasta 8 ocelos simples. Los órganos bucales se hallan ocultos en la cápsula cefálica en posición de reposo, al igual que en los 3 órdenes siguientes, y se extienden para ingerir alimento. El abdomen consta de sólo 6 segmentos. En el lado inferior del cuarto segmento comienza un órgano saltador bifurcado que está plegado hacia delante cuando no se emplea y sujeto por el retináculo, un gancho situado en el tercer segmento. Con este órgano los animales pueden saltar hasta varios centímetros. La mayoría de colémbolos viven en la superficie del suelo, aunque algunos también en capas más profundas. Se alimentan principalmente de restos de plantas muertas o también de partes vivas. Para reproducirse, el macho deposita espermatóforos pedunculados, a menudo en ausencia de una pareja, que después son tomados por la hembra.
Los **proturos** (orden *Protura*) son insectos primitivos alargados, por lo general de 1 a 2 mm de largo, que carecen de ojos y antenas. Utilizan las patas anteriores, siempre un poco elevadas, como órgano sensorial. Estos animales, poco investigados hasta la fecha, viven en el suelo y chupan hifas con ayuda de los órganos bucales, ocultos en la cápsula cefálica. Apenas se sabe nada sobre su comportamiento reproductivo. En Europa hay unas 40 especies.

Los **dipluros** (orden *Diplura*) son insectos terrestres apenas coloreados y sin ojos, con dos cercos. Se dan en dos formas claramente distintas.
Los verdaderos **dipluros** llevan cercos largos muy segmentados. Se alimentan de hifas y de trozos de plantas tanto vivas como muertas. Los animales del segundo grupo, los que llevan pinzas, llevan una vida exclusivamente depredadora. En los dos grupos las piezas bucales se hallan ocultas en la cápsulacefálica. La fecundación se realiza mediante espermatóforos pedunculados. En el sur de Europa hay unas 20 especies. Los **arqueognatos** (orden *Archaeognatha*) poseen unas piezas bucales que comienzan fuera, en la cápsula cefálica, como es el caso de todos los órdenes siguientes. Se trata del grupo más primitivo de los insectos ectognatos, cuyas mandíbulas se insertan con un solo cóndilo, mientras que en los órdenes superiores siempre son dos. Los representantes de este orden se caracterizan por un cuerpo alargado, por lo general con escamas coloreadas, y con 3 cercos filiformes. Los ojos compuestos son muy grandes y a menudo se tocan en la parte superior de la cabeza. Viven sobre todo en lugares rocosos y pedregosos, y pueden dar saltos muy grandes (v . p . 30) . Se alimentan principalmente de algas y líquenes. La fecundación se realiza a través de espermatóforos, al igual que en los demás insectos primitivos. No obstante, también puede haber espermatóforos pedunculados –diferentes según la especie–, gotas de esperma colocadas en fila en un hilo de secreción o bien espermatóforos adheridos directamente en el ovopositor de la hembra. En Centroeuropa hay unas 8 especies.
Los **pececillos** (orden *Zygentoma*) son los insectos primitivos más desarrollados. Antes se incluían en el mismo orden que los arqueognatos, pero ahora se consideran un grupo independiente porque sus mandíbulas tienen dos cóndilos (al igual

que todos los insectos superiores). Del mismo modo que los arqueognatos, poseen un cuerpo alargado lleno de escamas y con 3 cercos filiformes, pero no pueden saltar. Los ojos compuestos, si los tienen, se componen de sólo unos pocos ojos simples; carecen de ocelos. Estos animales termófilos aparecen sobre todo en edificios; sólo *Atelura* vive al aire libre, como huésped en hormigueros. En el apareamiento, el macho segrega gotas de esperma en un hilado. En Centroeuropa sólo se conocen 4 especies

Las **efímeras** o **cachipollas** (orden *Ephemeroptera*) se consideran los insectos alados más primitivos. A diferencia de todos los demás insectos, poseen un segundo estadio alado: el subimago, que suele mudar a imago después de unas horas. Se diferencia Se diferencia del imago claramente por las alas de un color turbio lechoso y un borde peludo. El imago, en cambio, casi siempre tiene las alas transparentes, a veces con algunas manchas oscuras. Las alas anteriores siempre son claramente mayores que las posteriores. Algunas especies carecen de ellas. En el extremo del abdomen se hallan 2 o 3 cercos articulados, por lo general más largos que el cuerpo. Los machos tienen las patas anteriores muy prolongadas y los ojos se subdividen con frecuencia en dos partes claramente distintas, con un facetado más y menos fino ("ojos turbante", v . p . 34). Los imagos, a menudo de vida muy breve, tienen una herramienta bucal torcida y no se alimentan. El apareamiento se realiza en forma de unión corporal, como en todos los insectos superiores. La mayoría de las veces tiene lugar en vuelo o bien sobre las aguas. Las larvas siempre se desarrollan en el agua y se alimentan de plantas, sólo pocas especies también son depredadoras; casi todas tienen 3 cercos (aun cuando los imagos sólo tienen 2). La respiración tiene lugar a través de branquias traqueales muy diferentes en cada especie, situadas en los laterales del abdomen. En Europa hay unas 110 especies. Las **"moscas" de las piedras** (orden *Plecoptera*) son un orden muy antiguo. En la mayoría de especies apenas se observan diferencias entre larvas e imagos, aparte de las alas. Ambos suelen tener 2 cercos articulados como antenas. No obstante, los cercos de los imagos de algunas especies pueden estar muy reducidos. Las alas anteriores son estrechas, mientras que las posteriores son bastante anchas; en la posi-

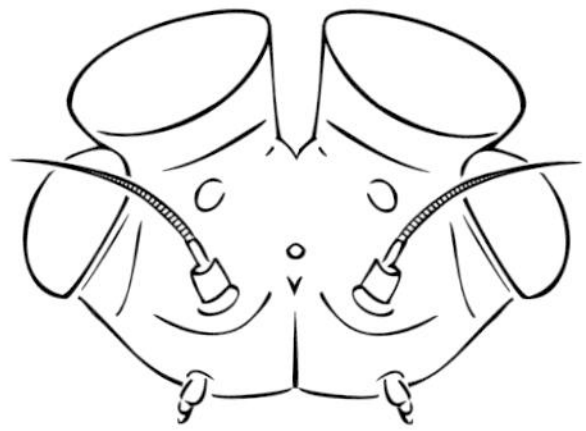

"Ojo turbante" de un macho de efímera

"Mosca" de las piedras

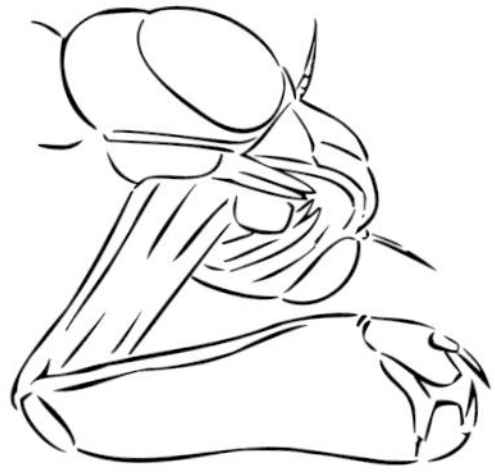

Máscara protráctil de una larva de libélula

ción de reposo se pliegan debajo de las alas anteriores, colocadas una sobre otra. No obstante, los animales apenas utilizan los órganos voladores; los machos de muchas especies incluso los tienen reducidos a unos cortos rudimentos. Las larvas siempre se desarrollan en el agua. Respiran a través de la piel o de branquias traqueales en forma de penacho (situadas sobre todo en la zona del tórax) y se alimentan (según la especie) en parte de forma depredadora, en parte de plantas acuáticas. Los imagos no suelen alimentarse. En Europa hay unas 120 especies.
Las **libélulas** (orden *Odonata*) tienen unos ojos compuestos muy grandes, formados por hasta 30 000 facetas que se tocan en la parte superior de la cabeza (suborden *Anisoptera*, **libélulas grandes**) o están separados por una clara distancia (suborden *Zygoptera*, **caballitos del diablo**). Los dos grandes pares de alas, con una tupida red de venas, son casi iguales entre sí (caballitos del diablo) o un poco distintos (alas posteriores de base claramente más ancha que las anteriores) (libélulas grandes). Las larvas, de vida acuática, respiran por branquias traqueales situadas en el recto; las larvas de los caballitos del diablo tienen además 3 laminillas branquiales en el extremo posterior. Para la captura de presas poseen una máscara protráctil. Se alimentan, al igual que los imagos, exclusivamente de presas vivas. En Europa hay unas 100 especies.
Los 7 órdenes siguientes se engloban en el superorden *Orthopteroidea*. Todos ellos tienen en común los órganos bucales masticadores y 2 pares de alas membranosas con una tupida red de venas; el par anterior es muy coriáceo y suele ser más estrecho que el posterior; también tienen cercos sin segmentar o segmentados (pero en este caso bastante cortos) en el extremo del abdomen.
Las **cucarachas** (orden *Blattariae*) tienen el cuerpo muy aplanado y los órganos bucales están orientados hacia atrás en diagonal. Los cercos son cortos, fusiformes y segmentados. Estos animales son muy ágiles para desplazarse. Algunas especies no pueden volar y las que pueden utilizan poco las alas. Se alimentan en parte de plantas y en parte de los residuos más diversos. Los huevos son llevados por la hembra en una cápsula (*ooteca*) en el extremo del abdomen durante un tiempo; la ooteca se deposita poco antes de que eclosionen las larvas. En Europa existen unas 40 especies.

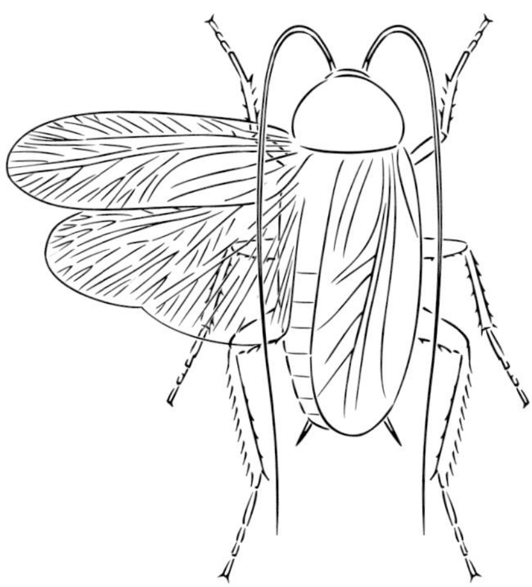

Cucaracha

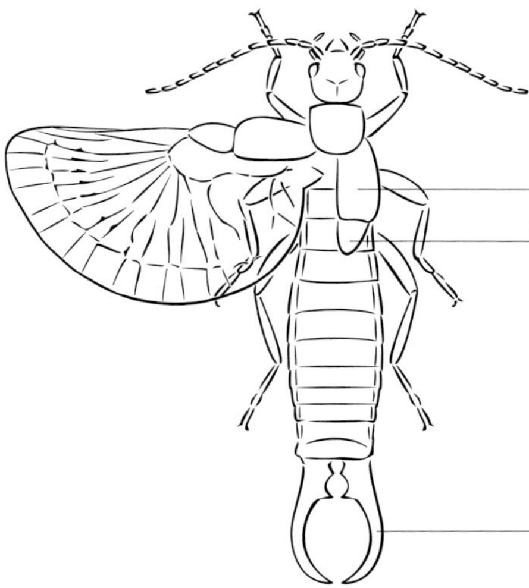

Tijereta

Las **tijeretas** (orden *Dermaptera*) pueden reconocerse fácilmente por los cercos, en forma de pinzas por lo general claramente curvadas. Las alas anteriores, si las hay, están reducidas a unas escamas cortas y duras. Las alas posteriores, grandes y membranosas, están plegadas varias veces en dirección longitudinal y transversal, y sólo sobresalen de las anteriores con la punta. Para desplegarlas se utilizan los cercos; no obstante, sólo se han observado unas pocas especies volando. Los animales se alimentan de partes de plantas blandas y de insectos de piel suave. En la península Ibérica hay unas 27 especies. Las tijeretas muestran un marcado celo y llevan a cabo el cuidado de su prole.

Las **mantis** (orden *Mantodea*) son propias sobre todo de los países tropicales. Las mantis tienen las patas anteriores transformadas en las típicas patas prensoras. La coxa está muy alargada y el fémur tiene dos filas de espinas agudas en el lado inferior entre las que se puede plegar la tibia. Adicionalmente, el primer segmento torácico está muy alargado y el comienzo de las patas anteriores está muy desplazado hacia delante. Las patas prensoras no sólo se utilizan para capturar a la presa, sino también para andar. Los animales se alimentan exclusivamente de presas vivas, sobre todo de otros insectos. En el sur de Europa están presentes unas 18 especies.

Los **termes** (orden *Isoptera*) son animales básicamente tropicales, aunque en ocasiones se introducen algunas especies que a veces perduran varios años. Pertenecen a los insectos que forman colonias y poseen un cuerpo de cutícula muy blanda, por lo general de color blanquecino. Sólo los reproductores primarios (el rey y la reina) poseen alas por un breve tiempo; los demás miembros de la colonia permanecen en el estadio larvario durante toda la vida. En la península Ibérica se conocen 2 especies de estos animales de distribución principalmente tropical.

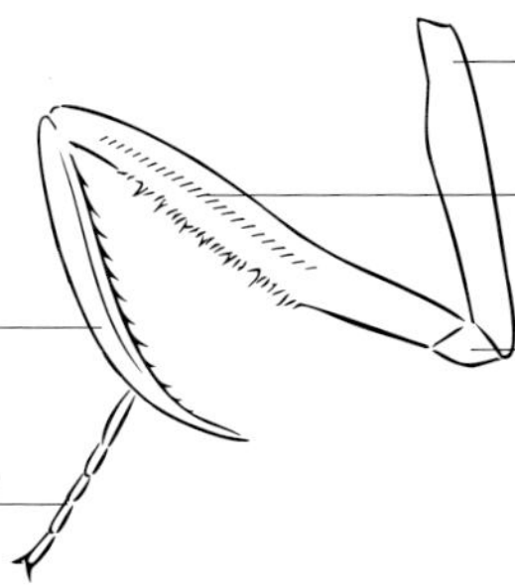

Pata prensora de una mantis

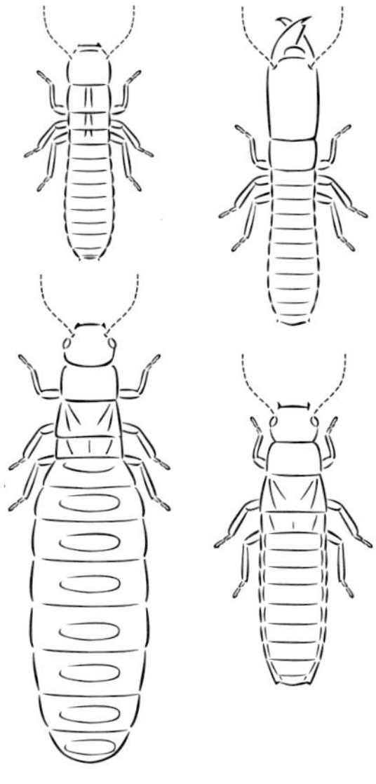

Obrera, soldado, reina y rey de una especie de termes

Los **tejedores** (orden *Embioptera*) presentan una característica especial: los tarsos anteriores están abultados en forma de ampolla, y en ellos se encuentran glándulas tejedoras Estos animales de cuerpo estrecho y cilíndrico, a menudo sin alas, confeccionan con dichas glándulas tubos sedosos en los que viven. Aparentemente prefieren alimentarse de follaje seco caído. Este grupo, ausente en Centroeuropa y con pocas especies, cuenta con unas 6 especies en la península Ibérica.

Los **insectos palo** (orden *Phasmatodea*) son de distribución principalmente tropical. Tienen un cuerpo que siempre recuerda a una hoja o una rama, aunque su forma varía mucho en cada especie. Las pocas especies europeas tienen forma de palo estrecho y las patas largas y delgadas; es casi imposible descubrirlos en la vegetación. Se mueven muy despacio y se alimentan sobre todo del follaje de los arbustos donde viven. La reproducción, como en otras muchas especies, se realiza por partonogenesis. En el sur de Europa se encuentran unas 6 especies.

Los **saltadores** (orden *Orthoptera*) son, con diferencia, el grupo más rico en especies del superorden *Orthopteroidea*. Suelen tener el cuerpo un poco comprimido lateralmente. Las patas posteriores casi siempre están modificadas para el salto y son muy fuertes. Los órganos bucales mas-ticadores suelen estar orientados hacia abajo en línea recta, por lo que la cabeza recuerda a la de un caballo. Las alas posteriores, grandes y membranosas, cuando están en reposo se encuentran plegadas longitudinalmente bajo las estrechas alas anteriores, claramente más duras. Muchas especies las tienen reducidas; no obstante, a diferencia de las larvas con rudimentos alares, las alas anteriores siempre cubren totalmente las alas posteriores. Las larvas, en cambio, siempre tienen los rudimentos alares posteriores desplegados en forma de abanico sobre los anteriores, pero no los cubren por completo. Los cercos, situados en el extremo del abdomen, no están segmentados y a menudo están curvados. Se distinguen dos subórdenes. Los **grillos** y los **saltamontes longicornios** (suborden *Ensifera*) suelen tener las antenas más largas que el cuerpo, y las hembras tienen el ovopositor bastante largo, a menudo aplanado lateralmente. El canto casi siempre se produce con las alas; los órganos auditivos se encuentran en las rodillas de las patas anteriores. Los **saltamontes de antenas cortas** (suborden *Caelifera*), en cambio, suelen tener las alas más cortas que el cuerpo, y las hembras tienen un ovopositor corto, formado por cuatro tapas como pinzas. El canto suele producirse al frotar los fémures de las patas posteriores sobre las alas y se percibe con los órganos auditivos situados en los laterales de la base del abdomen. Mientras que entre los grillos y saltamontes longicornios se encuentran especies fitófagas, depredadoras y omnívoras, los de ante-

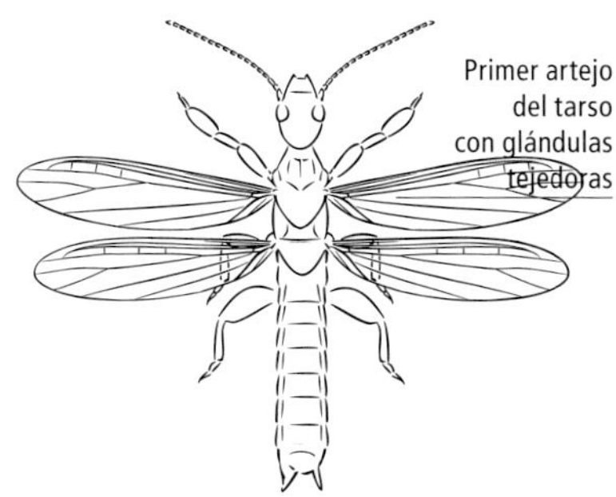

Tejedor

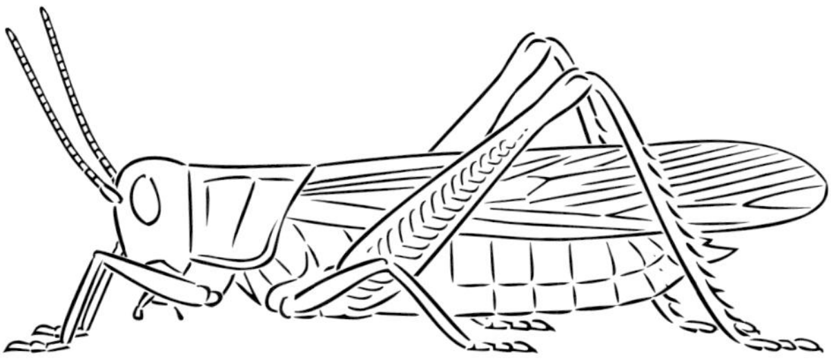

Saltador (saltamontes de antenas cortas)

nas cortas suelen ser exclusivamente fitófagos, con una clara preferencia por las gramíneas. Suelen dejar los huevos en el suelo o bien en plantas. En Europa hay unas 600 especies.
Los **piojos de los libros** (orden *Psocoptera*) son insectos diminutos que raramente exceden los 5 mm de longitud. A menudo poseen una cabeza esférica muy grande y órganos bucales masticadores. Las maxilas a veces están modificadas en estiletes, lo que recuerda a órganos bucales perforantes. Las alas, si las hay, son de diferente tamaño y se acoplan durante el vuelo mediante un dispositivo de unión (el margen anterior del ala posterior se inserta en una ranura en el margen posterior del ala anterior). Viven sobre todo en ramas y troncos, algunos regularmente en casas; se alimentan principalmente de hifas, algas y líquenes. En la península Ibérica hay unas 110 especies. También los **trips** (orden *Thysanoptera*), con una longitud de 1 a 2 mm, se encuentran entre los insectos más diminutos. Tienen el cuerpo estrecho y aplanado, y las alas estrechadas en forma de banda, con largos flecos en los márgenes. Carecen de garras y en su lugar se han desarrollado unos órganos de adherencia en forma de ampollas. Los órganos bucales perforantes están formados por 3 estiletes aciculares (mandíbula izquierda y las 2 maxilas, mandíbula derecha reducida), que están cubiertos por el labio superior y el inferior de forma cónica y comienzan en el lado inferior de la cabeza. Con ayuda de estos se perforan las células vegetales, muchas especies son parásitos para las plantas de cultivo. No obstante, algunas especies también chupan esporas de hongos o insectos de cutícula blanda (p . ej., pulgones). Cuando hace un tiempo bochornoso, a veces se encuentran enjambres enteros de estos diminutos animales que, con frecuencia, se nos meten en los ojos y pueden causar desagradables irritaciones de la conjuntiva. En la península Ibérica hay unas 250 especies que sólo los especialistas son capaces de distinguir.
Los **piojos de los animales** (orden *Phthiraptera*) son parásitos muy especializados en aves y mamíferos que raramente superan los 5 mm de longitud. Como adaptación a su forma de vida parasitaria, tienen el cuerpo muy aplanado y unas características uñas con cuya ayuda se pueden agarrar al pelaje o a las plumas de sus hospedadores. Los huevos se adhieren al pelaje o las plumas de los huéspedes con ayuda de una masilla. Las larvas y los imagos tienen el mismo modo de vida. Los **piojos masticadores** y **piojos de las aves** (suborden *Mallophaga*) tienen órganos bucales masticadores. Viven sobre todo en aves y más raramente en mamíferos, y se alimentan de escamas de la piel y de la queratina del pelaje o

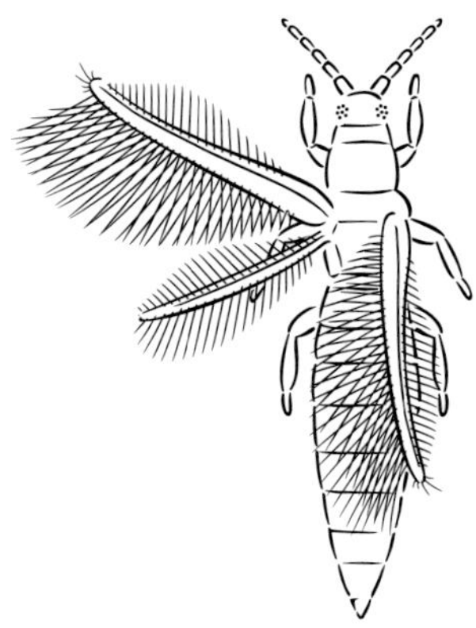

Trip

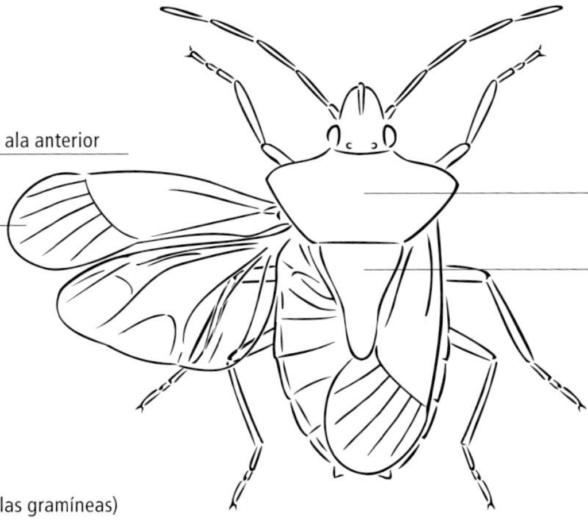

Chinche (chinche de las gramíneas)

las plumas. Los **piojos chupadores** (suborden *Anoplura*) tienen, en cambio, órganos bucales perforantes, sólo aparecen en mamíferos y viven exclusivamente de la sangre de los hospedadores. Se encuentran unas 25 especies en Centroeuropa.

Las **chinches** (orden *Heteroptera*) son el orden más conocido de los rincotos (antes designados como orden *Rhynchota o Hemiptera*), a saber, los insectos con órganos bucales perforantes y chupadores. Se encuentran entre ellos asimismo las cigarras y los estenorrincos. Todos ellos tienen las mandíbulas y las maxilas transformadas en estiletes aciculares que quedan cubiertos por el labio inferior en posición de reposo. Dicho labio se repliega cuando el animal va a chupar. El pico de las chinches sale en la parte anterior del lado inferior de la cabeza y se repliega hacia atrás en posición de reposo. Las alas anteriores sólo están endurecidas en la parte basal; la parte de la punta es membranosa como las alas posteriores. En posición de reposo, las membranas de las dos alas anteriores se encuentran superpuestas, de modo que forman una superficie oscura en forma de rombo en la parte posterior del cuerpo. La mayoría de chinches son chupadoras de plantas, pero también hay numerosas especies depredadoras. Sólo unas pocas son chupadoras de sangre. En la península Ibérica hay unas 1400 especies, que viven de forma acuática, anfibia o terrestre.

Las **cigarras** (orden *Auchenorrhyncha*) tienen un pico que comienza en el lado inferior de la cabeza. Las alas anteriores están más endurecidas en toda su extensión que las posteriores. En posición de reposo las colocan sobre el abdomen en forma de tejadillo. Las antenas se componen de entre 1 y 3 segmentos básicos más anchos y una cerda final. A diferencia de los estenorrincos, los tarsos tienen 3 artejos. La mayoría de especies tienen una capacidad de salto bien desarrollada: los fémures y tibias de las patas posteriores suelen estar prolongados, pero la musculatura se halla oculta en el tórax. Algunas especies pueden emitir sonidos, en caso contrario la comunicación entre ambos sexos tiene lugar a partir de vibraciones en el suelo. Todas las especies son chupadoras de savia. En la península Ibérica se encuentran unas 180 especies.

Los **estenorrincos** (orden *Stenorrhyncha*) se asemejan a las cigarras en muchas características y antes se englobaban junto con estas en el orden de los homópteros. No obstante, se diferencian de las cigarras, entre otros, por los tarsos, que sólo tienen 1 o 2 artejos, y por las antenas segmentadas, sin cerda final. Se dividen en 4 subórdenes. Los **pulgones** (suborden *Aphidina*) tienen las alas vidriosas transparentes o son ápteros. Casi siempre tienen sifones en forma de botón, maza o palo, de los que exudan una gota de líquido sanguíneo pegajoso como forma de defensa en caso de contacto. La mayoría de las especies tienen un cambio generacional, según la generación realizan una reproducción sexual o asexual.

Los **piojos saltadores de las plantas** (suborden *Psyllina*) tienen el fémur posterior muy engrosado

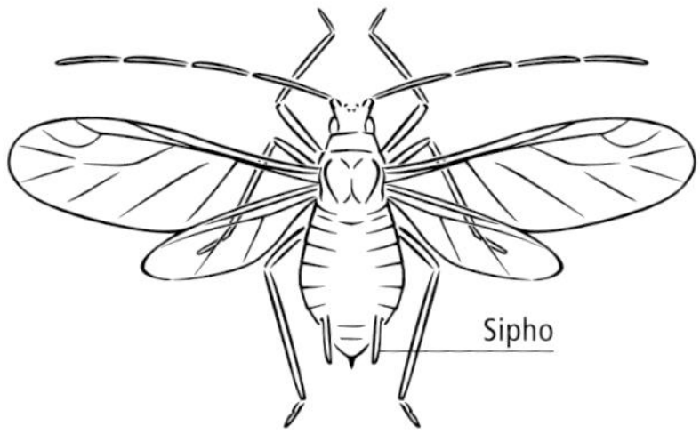

Pulgón

y una buena capacidad de salto. Las vulgarmente denominadas **mosquitas blancas** (suborden *Aleyrodina*) tienen las alas cubiertas de un polvo céreo blanco y dispuestas en forma de tejadillo; se desarrollan mediante un estadio casi inmóvil, similar a la pupa: el pupario. Las **cochinillas** (subgénero *Coccina*) son muy distintas entre sexos. Los diminutos machos tienen alas (con las alas anteriores normalmente desarrolladas y las posteriores muy reducidas), y las hembras siempre son ápteras`` y por lo general prácticamente inmóviles: a menudo llevan una vida sésil en la planta hospedante. Todos los estenorrincos viven como chupadores de plantas. En la península Ibérica hay unas 600 especies.

Las **siálidas** (orden *Megaloptera*) pertenecen a los insectos con metamorfosis completa, al igual que los órdenes siguientes. Se engloban en el supergénero *Neuropteroidea* junto con las "moscas" serpiente y los neurópteros. Estos animales de color oscuro tienen las alas dispuestas en forma de tejadillo en posición de reposo. Los imagos apenas toman alimento con sus órganos bucales masticadores. Las larvas, de vida acuática, tienen unas branquias traqueales largas y segmentadas, situadas en los laterales del abdomen, y se alimentan de forma depredadora. En la península Ibérica se han inventariado 3 especies.

Las **"moscas" serpiente** (orden *Raphidioptera*) se caracterizan por el protórax prolongado en forma de "cuello". Las patas anteriores comienzan en el extremo posterior, a diferencia de las mantis, por ejemplo. Se alimentan de forma depredadora de otros insectos, igual que sus larvas. En la península Ibérica hay una docena de especies.

Los **neurópteros** (orden *Neuroptera*) tienen dos pares de alas muy parecidos entre sí y con una rica venación. Mientras que los imagos poseen órganos bucales masticadores, las larvas tienen las mandíbulas y las maxilas fusionadas y transformadas en pinzas chupadoras. Las larvas de la mayoría de especies se desarrollan en tierra firme, algunas de forma anfibia o incluso bajo el agua. Las larvas y los imagos viven de forma de-

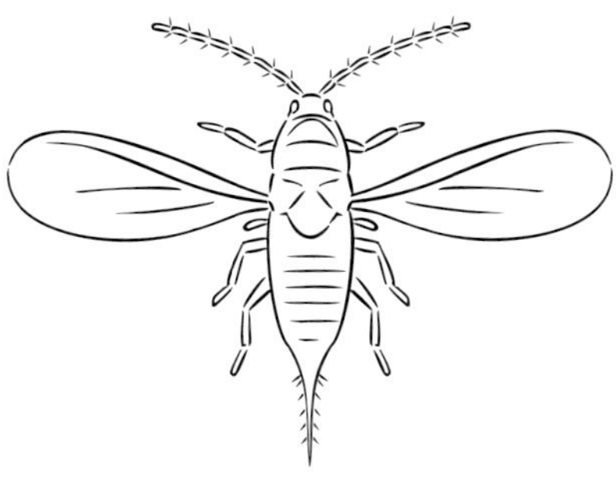

Macho de cochinilla

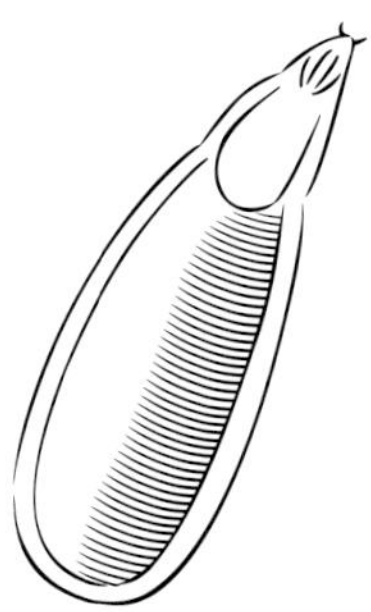

Hembra de cochinilla (serpeta)

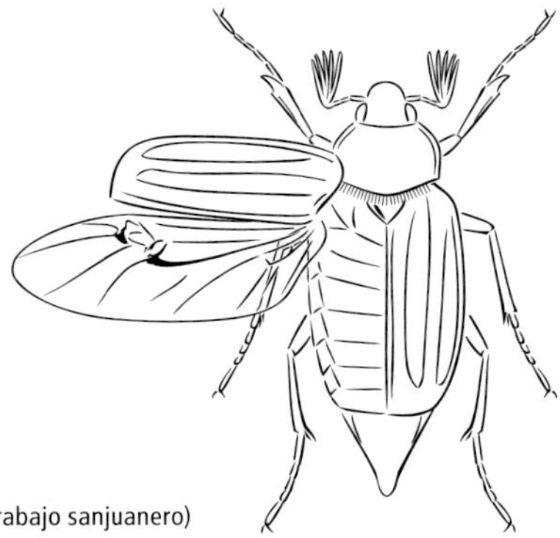

Coleóptero (escarabajo sanjuanero)

predadora, sobre todo de otros insectos. En la península Ibérica hay unas 200 especies.
Los **escarabajos** (orden *Coleoptera*) se caracterizan principalmente por sus alas.
Las alas anteriores están transformadas en élitros; las alas posteriores, membranosas y claramente más grandes, se hallan plegadas y ocultas bajo las primeras en posición de reposo. Antes de emprender el vuelo, se elevan ligeramente los élitros y luego se despliegan las alas posteriores, las únicas que sirven de motor. Este orden, muy rico en especies y que cuenta con unos 6500 representantes en la península Ibérica, ha conquistado todos los hábitats imaginables, tanto en la tierra como en el agua.
Los **estilópidos** (orden *Strepsiptera*) son insectos parasitarios extremadamente transformados. Mientras que los machos viven de forma libre como imagos y tienen las alas posteriores grandes y desplegadas como un abanico, así como unas alas anteriores transformadas en balancines, las hembras permanecen toda la vida en el hospedador y son larviformes. La veintena de especies que se dan en la península Ibérica se desarrollan en el abdomen de cigarras, avispas o abejas. No matan al hospedador, pero suelen causarle la esterilidad. Las **"moscas" escorpión** (orden *Mecoptera*) tienen la cabeza alargada hacia abajo en forma de pico, con los órganos bucales masticadores en el extremo inferior. Los dos pares de alas presentan una venación rica y una forma similar, o bien están reducidos a vestigios diminutos. Los animales se alimentan de presas vivas, de partes de plantas o de cadáveres de animales. En Europa hay unas 30 especies. Las **pulgas** (orden *Siphonaptera*) tienen el cuerpo muy aplanado lateralmente y siempre son ápteras. Muchas especies poseen unas filas de espinas en forma de cresta situadas en la cabeza o en el borde del pronoto y con ellas se agarran al pelaje o a las plumas del hospedador. Los órganos bucales de las pulgas adultas están transformados en estile-

Macho de estilópido

Hembra de estilópido

Cabeza de una "mosca" escorpión

tes aciculares, como en las chinches. Los imagos chupan la sangre de animales de sangre caliente, mientras que las larvas vermiformes se alimentan de diversos materiales detríticos en los nidos de los hospedadores. En la península Ibérica hay unas 70 especies. Las **moscas verdaderas** (orden *Diptera*) tienen las alas anteriores normalmente desarrolladas, mientras que las posteriores están reducidas a unos diminutos balancines y sirven sobre todo como órganos de equilibrio que estabilizan la posición de vuelo. Las más de 9200 especies europeas se dividen en 2 subórdenes.
Los **mosquitos** (suborden *Nematocera*) suelen ser animales de estructura esbelta con las antenas con numerosos artejos y a veces divididas como pinnas. Las **moscas** (suborden *Brachycera*), claramente más compactas, tienen las antenas compuestas por un máximo de 5 artejos, a veces sólo 3, y por una cerda final más larga. Los órganos bucales de los imagos de todas las especies sólo son aptos para tomar alimento líquido, bien como trompa perforadora para chupar sangre o para succionar otros insectos, bien como trompa chupadora en forma de punzón para tomar néctar y otros jugos con azúcar. Las larvas tienen muñones carnosos en el lugar de los pies o son ápodas; muchas larvas de mosca también tienen la cabeza reducida.
Los **himenópteros** (orden *Hymenoptera*), con unas 9300 especies en la península Ibérica, son el orden de insectos más rico en especies. Las dos alas son membranosas y se unen mediante una fila de ganchos situados en el borde anterior de las alas posteriores durante el vuelo. En las **"moscas"** o **avispas portasierra** (suborden *Symphyta*) el tórax se convierte paulatinamente en el abdomen. Los **apócritos** (suborden *Apocrita*) tienen un profundo estrechamiento entre el primer y el segundo segmento abdominal: la "cintura de avispa". El primer segmento abdominal forma una unidad con el tórax y recibe el nombre de "segmento medio". Este segundo suborden se

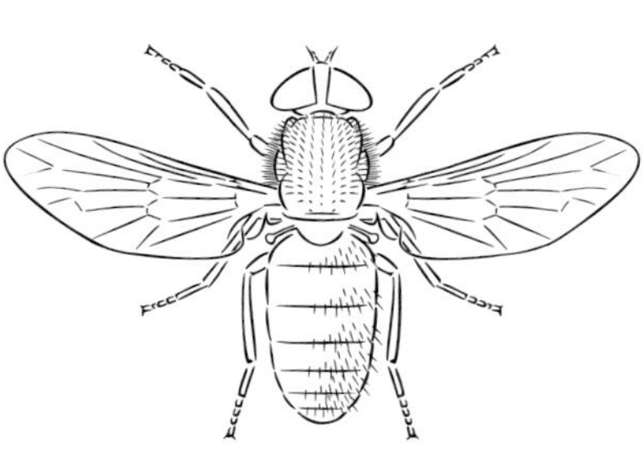
Díptero (mosca)

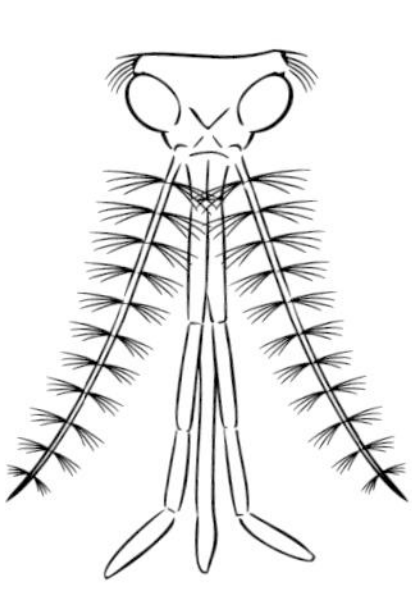
Cabeza de un mosquito (macho) con antenas y órganos bucales

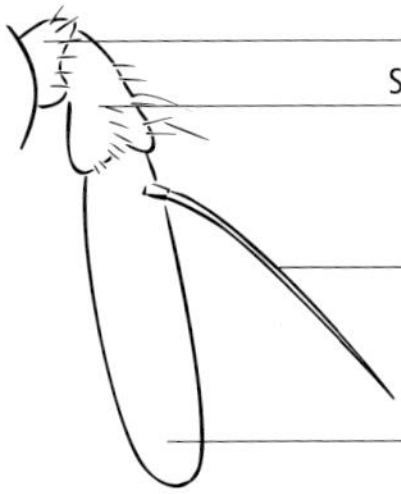

Antena de una mosca

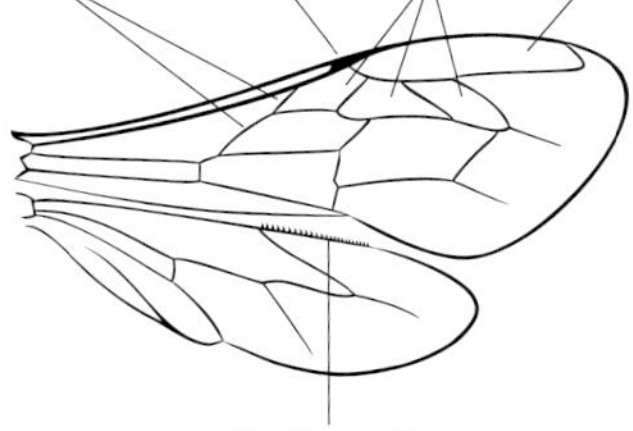

Alas de un himenóptero

divide a su vez en las secciones *Terebrantes*, cuyas hembras se caracterizan por un a menudo largo ovopositor, y *Aculeata*, en las que el ovopositor se ha transformado en un aguijón de defensa. Todos los himenópteros tienen órganos bucales lamedores-chupadores, que sólo permiten tomar alimento líquido (sobre todo néctar). Las larvas son en parte similares a una oruga (avispas portasierra) y fitófagas y en parte vermiformes (apócritos) y parásitas de animales o plantas (*Terebrantes* y algunos aculeados), o bien se alimentan de reservas (la mayoría de aculeados).

Las **frigáneas** (orden *Trichoptera*) recuerdan a las mariposas nocturnas por sus alas, dispuestas en forma de tejadillo y por lo general de tono pardusco, pero no tienen las alas escamosas, sino velludas. Los órganos bucales de los imagos están muy reducidos, de modo que pueden tomar como máximo líquidos. Las larvas se desarrollan siempre en el agua; suelen tener branquias traqueales filamentosas, situadas a los lados del abdomen, y se alimentan de plantas acuáticas y de otros animales acuáticos. Viven en estuches de seda cubiertos de pequeñas piedras o restos ve-

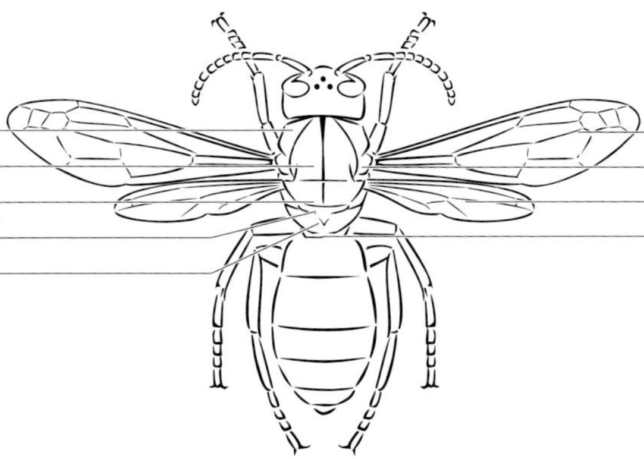

Himenóptero (avispón)

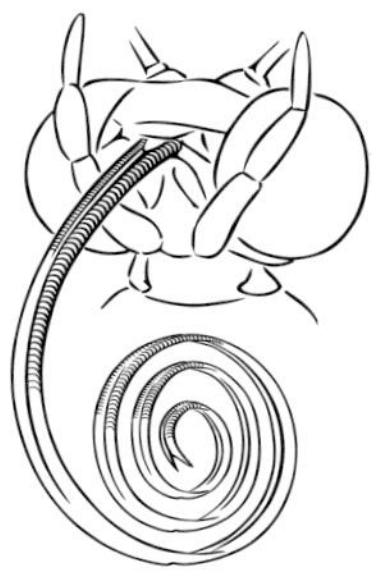

Cabeza de un lepidóptero
con probóscide espiral

getales por fuera, o bien construyen redes. En la península Ibérica hay unas 400 especies.
Las alas de las **mariposas** (orden *Lepidoptera*) normalmente son muy grandes y están cubiertas de una densa capa de escamas. Estas escamas suelen ser de colores, de modo que se forman dibujos muy ornamentales que sirven para la identificación sexual y también para el camuflaje. No obstante, cada escama tiene un solo color. Su coloración procede de pigmentos acumulados y en parte también debido a la estructura de la superficie (p. ej., las escamas irisadas de algunas mariposas diurnas). De los órganos bucales sólo restan partes del maxilar inferior; cada una representa un semitubo y juntas forman una larga probóscide chupadora que se enrolla en espiral en posición de reposo. La mayoría de especies toman néctar con la probóscide, pero algunas también chupan, por ejemplo, heces y frutas en fermentación. Las larvas, conocidas como orugas, suelen desarrollarse como fitófagas. La pupación tiene lugar en el capullo que tejen antes o también de forma libre en las ramas. En este caso hay dos métodos: la pupa se agarra con ganchos situados en el extremo a una almohadilla de seda (pupa ceñida) o es sostenida por una especie de cinturón o faja de seda alrededor del centro del cuerpo (pupa suspendida). En la península Ibérica hay unas 4500 especies.

Abreviaturas y símbolos utilizados

L	Longitud total del imago sin apéndices corporales (p. ej., cercos u ovopositor)
Env	Envergadura de las alas
♂	Macho
♀	Hembra
§	Protección legal (por ejemplo, ordenanza federal de protección de especies, pautas de la FFH) en Alemania

Categorías de amenazas de la Lista Roja (Binot-Hafke et al. 2011, Gruttke et al. 2016)

RL0	Extinguidos o desaparecidos
RL1	Amenazados de extinción
RL2	Intensamente amenazados
RL3	Amenazados
RLG	Amenaza de proporciones desconocidas
RLR	Extremadamente raros

Indicaciones mensuales: época de aparición de la imago (eventualmente incluso en el descanso invernal)

Los Insectos

Saltarines, proturos

1 | Poduro acuático
Podura aquatica (Podúridos)
L 1-1,5 mm todo el año

DESCRIPCIÓN: saltarín de forma tosca, negro azulado, antenas bastante cortas. La fúrcula sobresale por encima del par de patas central cuando está replegada.
HÁBITAT: en la superficie y en la orilla de aguas estancadas, frecuente en general.
GENERALIDADES: los animales suelen encontrarse en densos enjambres en el agua, principalmente sobre restos de plantas muertas flotantes que les sirven de alimento. A veces el agua parece negra debido a su presencia.

2 | *Ceratophysella sigillata*
(Hipogastrúridos)
L 1-1,5 mm todo el año

DESCRIPCIÓN: similar a *Podura*, pero con el cuerpo más estrechado hacia delante y la fúrcula más corta. Sólo puede distinguirse de especies emparentadas bajo el microscopio.
HÁBITAT: sobre todo al final del invierno en la superficie de restos de nieve, bastante frecuente.
GENERALIDADES: se alimenta, entre otros, de granos de polen y restos vegetales que se acumulan sobre la nieve durante el deshielo.

3 | *Orchesella flavescens* (Entomobríidos)
L 2,5-5 mm todo el año

DESCRIPCIÓN: saltarín estrecho, relativamente grande, de antenas largas con anillos blancos, superficie del cuerpo cubierta de pelo de colores.
HÁBITAT: en el suelo de bosques húmedos.
GENERALIDADES: esta especie es una importante generadora de humus en el bosque.

4 | *Tetrodontophora bielanensis*
(Onychiúridos)
L 5-9 mm todo el año

DESCRIPCIÓN: el saltarín más grande de Centroeuropa, colores y forma corporal similares a *Podura*.
HÁBITAT: en el suelo de bosques en el follaje caído, sólo en el este de Centroeuropa (desde los Sudetes hasta los Alpes orientales).

5 | *Allacma fusca* (Esmintúridos)
L 3-3,5 mm todo el año

DESCRIPCIÓN: saltarín de forma esférica, marrón oscuro.
HÁBITAT: frecuente en casi todos los lugares en bosques caducifolios y mixtos.
GENERALIDADES: Con clima húmedo, los animales se desplazan a la madera caída y allí pastan entre las algas.

6 | *Sminthurides aquaticus* (Esmintúridos)
L 0,5-1 mm todo el año

DESCRIPCIÓN: color verdoso con dibujos violeta de distinta extensión, en caso extremo casi totalmente violeta oscuro. Macho con "órgano de agarre" en el centro de las larguísimas antenas.
HÁBITAT: en la superficie de aguas estancadas, sobre todo en pequeñas charcas cubiertas de lentejas de agua.
GENERALIDADES: durante el entretenido apareamiento, el macho agarra las antenas de la hembra por el centro con sus antenas. La hembra levanta al macho y lo lleva de un lado a otro durante un rato. Finalmente el macho consigue dominar otra vez a la hembra y desciende hasta la superficie del agua, donde deposita un espermatóforo cuyo contenido es tomado por la hembra. La puesta se realiza en agujeros roídos por los animales en el tapiz de lentejas de agua.

7 | *Acerentomon* sp.(Acerentómidos)
L 1-2 mm todo el año

DESCRIPCIÓN: diminuto insecto primitivo sin antenas. Utiliza las patas anteriores como órgano táctil en lugar de las antenas.
HÁBITAT: subterráneo, en la zona de las raíces de coníferas, frecuente localmente.
GENERALIDADES: aparentemente se alimenta solo de micorrizas de las raíces de los árboles.

1

2

3

4

5

6

7

1 **Dipluro**

Campodea sp. (Campodéidos)
L 3-5 mm todo el año

DESCRIPCIÓN: cercos segmentados, casi igual de largos que el cuerpo, en el extremo del abdomen; aprox. igual de largos que las antenas. Sin ojos.
HÁBITAT: sobre todo bajo piedras hundidas en el suelo, bastante frecuente en todos los lugares.
GENERALIDADES: los animales se alimentan de restos vegetales e hifas, y también de otros insectos. Si el tiempo es seco, se introducen a mayor profundidad en la tierra.

2 *Familia Japygidae*

L 5-14 mm todo el año

DESCRIPCIÓN: fuertes pinzas de color oscuro de tamaño desigual, situadas en el extremo del abdomen.
HÁBITAT: en grietas del suelo y bajo piedras; muy raro en Centroeuropa, más frecuente en la región mediterránea (el animal de la foto procede de un invernadero).
GENERALIDADES: se alimenta aparentemente sólo de otros insectos que captura con los órganos bucales o las pinzas.

3 *Lepismachilis y signata* (Maquílidos)

L 8-10 mm todo el año

DESCRIPCIÓN: 3 cercos muy juntos entre sí en el extremo del abdomen. Cuerpo con una capa densa de escamas de colores. Ojos grandes y pegados, con un dibujo oscuro en forma de Y **(3b)**. Palpo maxilar muy prominente.
HÁBITAT: en zonas de montaña rocosas, por lo general en lugares abiertos. Bastante frecuente localmente.
GENERALIDADES: los animales pueden verse sobre todo al atardecer, también sobre rocas y piedras; de día suelen ocultarse en grietas o bajo piedras. Si los molestan pueden dar grandes saltos encogiendo mucho el cuerpo y después impulsándose con el extremo del abdomen.
ESPECIES SIMILARES: varias especies más a las que les falta el dibujo de los ojos característico de esta especie.

4 **pececillos**

Atelura formicaria (Atelúridos)
L 5-7 mm todo el año

DESCRIPCIÓN: cuerpo con escamas doradas, 3 cercos con segmentos poco definidos, muy cortos, en el extremo del abdomen. Sin ojos.
HÁBITAT: en lugares cálidos bajo piedras. Bastante frecuente en la región mediterránea.
GENERALIDADES: la especie vive siempre en hormigueros, donde al parecer es tolerada como huésped. Se alimenta de residuos del hormiguero, pero a veces también roba alimento mientras las hormigas se alimentan entre sí.

5 **Pececillo de plata**

Lepisma saccharina (Lepismátidos)
L 8-11 mm todo el año

DESCRIPCIÓN: cuerpo cubierto de escamas plateadas, ojos bastante pequeños.
HÁBITAT: en Centroeuropa casi únicamente en edificios, sobre todo en lugares húmedos.
GENERALIDADES: la especie se alimenta de diversos residuos orgánicos, pero apenas causa daños excepto si aparece de forma masiva. En el apareamiento, el macho teje en un rincón de la pared un pequeño techo de seda bajo el que deposita una gota de semen. La hembra se introduce bajo el techo, se queda sobre el espermatóforo y absorbe el líquido seminal.

6 *Neoasterolepisma wasmanni*

(Lepismátidos)
L 9-12 mm todo el año

DESCRIPCIÓN: similar al Pececillo de plata, pero con las escamas más amarillentas y con el segmento torácico anterior claramente ensanchado y un poco aplanado.
HÁBITAT: en la región mediterránea, sobre todo en zonas semiumbrías y bajo piedras. Ausente en Centroeuropa.

1

2

3a

3b

4

5

6

1 "Mosca" de mayo
Ephemera danica (Efeméridos)
Env 35-45 mm mayo-sep.

DESCRIPCIÓN: alas del subimago **(1a)** de color turbio lechoso, y las del imago **(1c)**, vidriosas transparentes, con manchas marrón oscuro. Imago con 3 cercos de varias veces la longitud del cuerpo, con un dibujo par en forma de coma poco nítido en el segmento abdominal anterior y muy claro en el posterior. Larva **(1d)** de cuerpo estrecho y cilíndrico; maxila puntiaguda, patas cortas y fuertes.
HÁBITAT: en aguas corrientes limpias, sobre todo en arroyos de montaña no demasiado turbulentos y en arroyos de praderas tranquilos. Bastante frecuente en todos los lugares.
GENERALIDADES: el período de vuelo se extiende a lo largo de todo el semestre de verano, pero se concentra en el mes de junio. Como es típico de las efímeras, de la larva emerge primero el subimago alado **(1a)**, que se diferencia claramente del imago **(1c)** por las alas, de color turbio lechoso, y los cercos, mucho más cortos. Vuela en la vegetación cercana a la orilla, donde muda al día siguiente o a los dos días y se convierte en el insecto adulto **(1b)**. Este vive también varios días (hasta 4), a diferencia de lo que hace suponer el nombre. Finalmente los machos bailan formando un enjambre poco denso sobre las aguas describiendo curvas, por lo general cuando hace calor, por la tarde y a primera hora de la noche. En cuanto se acerca una hembra, es asida por un macho y la pareja desciende hasta el suelo junto al agua. Para poner los huevos, la hembra sumerge el abdomen varias veces brevemente en el agua mientras vuela y se desprende así de los huevos que sobresalen. Por último se deja caer en el agua, agotada. La larva se desarrolla en el fondo de las aguas, en zonas de arena fina o lodo. Excava a través del fondo con las estrechas mandíbulas y las fuertes patas y va tomando componentes del suelo y filtrándolos como sustancias alimenticias. Necesita como mínimo 2 años para desarrollarse.
ESPECIE SIMILAR: *Ephemera vulgata* se distingue por un claro y ancho dibujo de coma en todos los segmentos abdominales. Vive en aguas estancadas claras, p. ej., en lagos artificiales, y es menos común que *E. danica* en la mayoría de zonas.

2 *Potamanthus luteus* (Potamántidos)
Env 25-30 mm jun.-ago. RL3

DESCRIPCIÓN: imago amarillo azufre de ojos verdes y 3 cercos. Larva (foto) con branquias traqueales filamentosas y ciliadas en el abdomen.
HÁBITAT: en cursos de agua limpios y grandes, ha disminuido mucho debido a la contaminación acuática.
GENERALIDADES: la larva suele encontrarse sobre piedras grandes. Extiende los filamentos branquiales y así aumenta el área de contacto con el sustrato. Se alimenta preferentemente de algas que crecen sobre las piedras.

3 *Habrophlebia lauta* (Leptoflebíidos)
Env 12-15 mm jun.-sep.

DESCRIPCIÓN: especie muy delicada de 3 cercos, alas posteriores diminutas. El macho (foto) tiene el abdomen blanquecino en el centro y oscuro en la parte posterior. Patas anteriores de fémures negros, el resto, blanco. Larva con filamentos branquiales ramificados en penachos.
HÁBITAT: en pequeños arroyos de montañas de altitud media, bastante frecuente.

4 *Leptophlebia marginata* (Leptoflebíidos)
Env 14-22 mm mayo-oct.

DESCRIPCIÓN: imago similar a *Habrophlebia*, pero más grande y de alas posteriores grandes. Branquias traqueales de la larva (foto) divididas en 2 segmentos en forma de hoja y prolongados en una larga punta estrecha.
HÁBITAT: en aguas estancadas y de curso lento, con mucha vegetación, no rara en la mayoría de zonas.

1a

1b

1c

1d

2

3

4

1 | *Ephemerella ignita* (Efemerélidos)
Env 15-24 mm mayo-sep.

DESCRIPCIÓN: efímera pequeña, por lo general bastante oscura, con 3 cercos. Coloración muy variable, p. ej., junto a animales marrón oscuro de patas amarillas pueden aparecer ejemplares amarillentos de patas marrones incluso en las mismas aguas. Alas posteriores aprox. 1/4 de la longitud de las anteriores, con una venación tupida. Ojos del macho **(1a, 1b)** divididos en 2 secciones por un claro surco transversal, una superior de facetas más toscas y una inferior de facetas más finas. La parte superior, abombada como una esfera, destaca claramente por su color rojo luminoso del resto del ojo (amarillento), mucho menos llamativo. Larva **(1d)** de cuerpo compacto, con pequeñas laminillas branquiales en el lado superior del abdomen.
HÁBITAT: sobre todo en aguas circulantes, más raramente en aguas estancadas, en acequias y en ríos grandes o arroyos de montaña turbulentos, una de las efímeras más frecuentes.
GENERALIDADES: la muda a subimago se produce en la superficie del agua –a última hora de la tarde–, incluso en cursos de agua con fuertes corrientes. Al subimago, con las alas grises, le gusta posarse en farolas o ventanas iluminadas. A la mañana siguiente realiza la muda a imago. El apareamiento, que tiene lugar en el vuelo, se produce por la mañana o por la noche. Luego aparecen los huevos en la hembra en forma de grumo esférico y compacto en el extremo del abdomen, donde permanecen aprox. un día **(1b)**. Estas hembras con huevos pueden verse a menudo por la noche en fuentes de luz. Finalmente la hembra vuela hasta el agua y suelta los huevos. Estos, de color verdoso, se separan y se adhieren a piedras y plantas acuáticas con órganos especiales de adherencia. Las larvas se encuentran regularmente en plantas acuáticas y en el lado inferior de piedras grandes.
ESPECIES SIMILARES: las demás especies de este género, muy similares, son mucho menos comunes.

2 | *Baetis* sp. (Bétidos)
Env 10-20 mm mar.-nov.

DESCRIPCIÓN: imagos y subimagos con sólo 2 cercos. Alas posteriores diminutas (aprox. 1/7 de la longitud de las anteriores), con pocas venas. Macho con "ojos turbante": parte superior ensanchada hacia arriba, lisa en los lados y con facetas muy toscas orientadas hacia arriba, parte inferior con facetas finas. Larva **(2b)** muy esbelta, con 3 cercos y laminillas branquiales simples, ovadas y estrechas. Aprox. 15 especies muy difíciles de distinguir. La más frecuente, con diferencia, es *Baetis rhodani*.
HÁBITAT: en aguas estancadas y corrientes de los más diversos tipos, muy frecuente en todas partes *(B. rhodani)*.
GENERALIDADES: las larvas pueden mudar a subimago casi todo el año, cuando las aguas aún están cubiertas en parte de hielo e incluso todavía cuando empiezan las primeras heladas. El subimago muda a imago después de un día, el cual vive 2 días más. El apareamiento se realiza en el vuelo, siempre a bastante altura, por lo que es difícil verlo. La parte superior de los "ojos turbante", de facetas toscas, facilita al macho (debido a la mayor intensidad de la luz de las facetas) el acercamiento desde abajo a la hembra que baila con él. Para poner los huevos, las hembras se sumergen en el agua y pegan los huevos en paquetes planos en las piedras que encuentran o en trozos de madera. Las piedras bien situadas, cerca de la orilla, muchas veces están totalmente cubiertas de puestas. Las larvas habitan sobre todo en grupos de plantas acuáticas. Con sus fuertes uñas se pueden agarrar con seguridad aunque haya corrientes fuertes, y su forma estrecha ofrece poca resistencia a la corriente. Se alimentan sobre todo de detrito vegetal y animal y de algas.
ESPECIES SIMILARES: en el género *Cloeon* (especie más frecuente *Cloeon dipterum*), muy similar y pobre en especies, las alas posteriores han desaparecido totalmente.

1a

1b

2a

1c

2b

2c

1 | *Heptagenia flava* (Heptageníidos)
Env 20-30 mm mayo-ago. RL3

DESCRIPCIÓN: imago amarillo azufre, con 2 cercos. Una franja longitudinal oscura sobre el abdomen. Larva **(1b)** con 3 cercos, claramente aplanada, pero no tan ancha como la larva de *Ecdyonurus*.
HÁBITAT: en aguas limpias y lentas, bastante rara en general.
ESPECIE SIMILAR: *Heptagenia sulphurea*, mucho más frecuente, no tiene la franja oscura sobre el abdomen.

2 | *Rhitrogena* sp. (Heptageníidos)
Env 15-25 mm jun.-ago.

DESCRIPCIÓN: imago con 2 cercos, por lo general con las alas teñidas de marrón amarillento. Larva (foto) con 3 cercos, claramente aplanada. Par branquial anterior ensanchado bajo el cuerpo en forma de largos lóbulos orientados hacia el centro del cuerpo que se tocan (no visibles desde arriba).
HÁBITAT: en cursos de agua limpios y de corriente fuerte, frecuente sobre todo en zonas de montaña.
GENERALIDADES: las larvas aumentan el área de contacto con la base mediante las laminillas branquiales anteriores, peculiarmente ensanchadas; así reducen el peligro de ser arrastradas.

3 | *Ecdyonurus venosus* (Heptageníidos)
Env 25-35 mm mayo-sep.

DESCRIPCIÓN: imago con 2 cercos, difícil de distinguir de las especies emparentadas. Larva (foto) muy aplanada, con 3 cercos y apéndices lobulares orientados hacia atrás en los laterales del primer segmento torácico.
HÁBITAT: en arroyos y ríos pedregosos y de curso rápido, bastante frecuente en zonas de montaña.
GENERALIDADES: la larva de *Ecdyonurus* representa uno de los ejemplos clásicos de fauna acuática reófila (que le gustan las corrientes) debido a su forma corporal idónea para ellas. Los animales pueden moverse sobre las piedras sin que los arrastren las turbulencias gracias a su forma plana. Las laminillas branquiales no se mueven en las aguas corrientes; en cambio, si se pone una larva en aguas estancadas, empieza a golpear con las laminillas al instante para obtener agua nueva para respirar.

4 | *Ecdyonurus forcipula* (Heptageníidos)
Env 20-30 mm jun.-sep.

DESCRIPCIÓN: imago difícil de distinguir de *E. venosus*, la larva (foto) sí puede distinguirse bien gracias a los dibujos del cuerpo, bien definidos.
HÁBITAT: en lugares similares a *E. venosus*; a menudo en asociación con esta, pero en general más rara.

5 | *Epeorus sylvicola* (Heptageníidos)
Env 30-40 mm jul.-ago.

DESCRIPCIÓN: imago similar al de *Ecdyonurus*, pero la larva (foto) sólo tiene 2 cercos. Primer segmento torácico sin ensanchamientos.
HÁBITAT: en lugares similares a *Ecdyonurus*, pero aún más limitado a regiones montañosas; más frecuente en los Alpes que *Ecdyonurus*. No aparece en el norte de Alemania.
GENERALIDADES: a diferencia de la larva de *Ecdyonurus*, la de esta especie no puede mover las laminillas branquiales, por lo que depende de aguas movidas con una buena aportación de oxígeno.

6 | *Oligoneuriella rhenana* (Heptageníidos)
Env 25-35 mm jul.-sep. RL2

DESCRIPCIÓN: imago con alas blanquecinas de venación débil (sólo venas longitudinales) y 3 cercos. Larva (foto) con forma de torpedo estrecho, aplanada en el lado inferior.
HÁBITAT: sólo en aguas corrientes limpias en estado natural, especie muy disminuida en general, ya extinguida en muchos lugares. Esta especie fue, en tiempos, muy común en el Rin y sus afluentes.

1a

1b

2

3

4

5

6

1 | *Perla marginata* (Pérlidos)
L 15-25 mm mayo-ago. RL3

DESCRIPCIÓN: especie grande y oscura. Espacio entre los 3 ocelos simples ocupado por una mancha oscura. Larva **(1b)** marrón amarillento, con un dibujo de manchas oscuras bien definidas. Patas con largos flecos de pelo denso y claro. Penachos densos de branquias blanquecinas en el tórax.
HÁBITAT: en arroyos de montaña y ríos limpios y pedregosos.
GENERALIDADES: los imagos suelen estar posados perezosamente en la vegetación de la ribera (p. ej., en el reverso de hojas de *Petasites*) y vuelan sólo trechos cortos con poca frecuencia. Al igual que todas las especies grandes de "moscas" de las piedras, no tienen órganos bucales funcionales, por lo que no toman alimento cuando son adultos y sólo tienen fines reproductivos. La fuerte larva suele encontrarse en aguas someras de la ribera, oculta bajo piedras. Se alimenta de forma depredadora de otros animales acuáticos, sobre todo larvas de insectos, que pueden ser casi de su mismo tamaño.
ESPECIE SIMILAR: *Perla maxima*, sólo presente en los Alpes, se distingue sobre todo por la cabeza, de color amarillento. Su larva también tiene penachos de branquias en el extremo del abdomen. *P. burmeisteriana* tiene la cabeza negra, con unas pocas manchas claras. Sustituye a *P. marginata* en ríos más grandes y limpios, pero se ha extinguido en casi todos los lugares debido a la contaminación acuática.

2 | *Dinocras cephalotes* (Pérlidos)
L 13-29 mm mayo-ago.

DESCRIPCIÓN: similar a *Perla marginata* en tamaño y color. Parte posterior de la cabeza rojiza, con una mancha oscura, angulosa, abierta hacia delante, a la altura de los ocelos posteriores. Hembra con alas normales, macho **(2b)** siempre con alas reducidas que ni se acercan al extremo del abdomen. Larva **(2c)** marrón oscuro, con dibujo claro y reducido y flecos de pelo oscuro en las patas; por lo demás, similar a la larva de *Perla*.
HÁBITAT: en arroyos de montaña limpios y pedregosos, desde la zona de manantiales hacia abajo. En las zonas inferiores de su hábitat aparece a menudo junto con *Perla marginata*, pero no está en ríos.
GENERALIDADES: en los preliminares del apareamiento, el macho tamborilea con el abdomen sobre la base (p. ej., sobre una hoja) y produce un sonido audible. Para aparearse **(1a)** se sube a la hembra y curva la punta de su abdomen lateralmente junto al abdomen de la hembra hasta alcanzar la abertura genital femenina, en el lado inferior, con sus órganos genitales, en el lado superior. El macho muere poco después, la hembra vive 3-4 semanas más.

3 | *Isoperla* sp.(Pérlidos)
L 10-15 mm mayo-sep.

DESCRIPCIÓN: "mosca" de las piedras de color verdoso o amarillento desteñido, con frecuencia con una mancha oscura en la cabeza, en forma de herradura abierta hacia atrás, que une los ocelos. 10 especies difíciles de distinguir.
HÁBITAT: en arroyos turbulentos y de curso lento, algunas especies con una amplia distribución (sobre todo *Isoperla grammatica*, frecuente en todos los lugares).

4 | *Perlodes* sp.(Pérlidos)
L 15-25 mm mar.-ago.

DESCRIPCIÓN: recuerda a *Perla* y *Dinocras* por el tamaño y el color, pero tiene una venación muy tupida en la punta de las alas anteriores, mientras que *Dinocras* tiene celdas largas y estrechas. Larva **(4b)** sólo con débiles flecos de pelo en las patas, sin penacho de branquias. 4 especies difíciles de distinguir, 2 especies con el macho de alas claramente reducidas.
HÁBITAT: diferente en cada especie, en parte en arroyos estrechos, en parte en ríos grandes.

1a

1b

2a

2b

2c

3

4a

4b

1 | *Nemoura* sp. (Nemúridos)
L 6-9 mm mayo-sep.

DESCRIPCIÓN: cercos reducidos a muñones de un artejo, en forma de gancho en el macho. Alas con un dibujo de venas en forma de X en diagonal en el tercio de la punta. Larva **(1b)** sin branquias traqueales, con vainas alares orientadas hacia fuera en diagonal, sobresalientes del cuerpo lateralmente. 13 especies que sólo pueden distinguirse por los apéndices genitales del macho (las hembras no pueden identificarse con seguridad).
HÁBITAT: la mayoría de especies sólo en arroyos de montaña limpios. *Nemoura cinerea*, la especie más frecuente, también en charcas y acequias, tolera incluso un grado moderado de contaminación del agua.
GENERALIDADES: antes de la puesta, los huevos sobresalen en forma de paca compacta en el extremo del abdomen de la hembra **(1a)**, que después los suelta en el agua.

2 | *Protonemura* sp. (Nemúridos)
L 5-10 mm mar.-oct.

DESCRIPCIÓN: muy similar al género *Nemoura* pero la larva (foto) tiene 6 branquias traqueales digitiformes (pueden verse en la foto) en el lado inferior del tórax anterior, las cuales todavía están desarrolladas en los imagos (aunque entonces carecen de función). 14 especies difíciles de distinguir.
HÁBITAT: sólo en arroyos de montaña limpios, varias especies bastante frecuentes.
GENERALIDADES: las 14 especies de este género muestran un claro escalonamiento por especie del período de vuelo. Mientras que algunas especies ya vuelan a principios de primavera, otras no aparecen hasta principios o finales de verano. Esto tiene la función principal de evitar apareamientos erróneos en caso de presencia simultánea de varias especies en el mismo hábitat.
ESPECIES SIMILARES: las 4 especies del género *Amphinemura* tienen 4 branquias traqueales ramificadas en penachos en lugar de 8 digitiformes cuando son larvas.

3 | *Leuctra* sp. (Leúctridos)
L 5-14 mm abr.-oct.

DESCRIPCIÓN: color marrón oscuro, igual que *Nemoura*, pero las alas sin el dibujo de las venas en forma de X típico de este género y de los emparentados. Alas enrolladas en forma de puro en posición de reposo. Cercos de un artejo, pero no en forma de gancho. Larva **(3b)** muy estrecha, las vainas alares no sobresalen del cuerpo lateralmente. 23 especies difíciles de distinguir.
HÁBITAT: según la especie en manantiales, arroyos de montaña o ríos grandes, más raramente en lagos fríos. Algunas especies muy frecuentes en zona de montaña.
GENERALIDADES: a diferencia de las "moscas" de las piedras grandes presentadas en la página anterior, las especies pequeñas tienen mandíbulas funcionales. Se ha observado en ellas no sólo la ingesta de agua, sino también de algas y líquenes.

4 | *Chloroperla tripunctata* (Cloropérlidos)
L 7-10 mm abr.-sep.

DESCRIPCIÓN: color amarillo brillante (más claro que el de *Isoperla*). Cada ocelo rodeado por un anillo negro.
HÁBITAT: arroyos de montaña pedregosos y turbulentos, frecuente localmente.

5 | *Brachyptera seticornis* (Teniopterígidos)
L 7-16 mm mar.-jul.

DESCRIPCIÓN: alas con franjas transversales oscuras, un poco enrolladas en posición de reposo. Cercos con 2 artejos cortos, en cuya punta aún se pueden reconocer vestigios de un tercer artejo.
HÁBITAT: en arroyos de montaña turbulentos y limpios cercanos a manantiales.
ESPECIES SIMILARES: varias especies similares que sólo se pueden distinguir de forma segura por los apéndices genitales.

1a

1b

2

3b

3a

4

5

Los **caballitos del diablo de alas anchas** (familia *Calopterygidae*) se caracterizan por unos colores del cuerpo brillantes y metálicos, y los machos, por unos extensos dibujos en las alas de color negro y verde o negro y azul metálico. Los machos carecen de pterostigma; el de las hembras está bien definido y blanco. Larvas llamativamente esbeltas y de patas y antenas largas, con 3 laminillas caudales. En Europa sólo hay 4 especies, y se desarrollan exclusivamente en aguas corrientes.

1 | *Calopteryx virgo* (Calopterígidos)
Env 60-70 mm mayo-ago. RL3 §

DESCRIPCIÓN: alas del macho **(1a)** negras casi hasta la punta, con brillo metálico verde o azul; las de la hembra **(1b)**, pardusco translúcido. Las 3 laminillas caudales de la larva **(1c)** son de la misma anchura, con una banda clara en el centro.
HÁBITAT: sobre todo en aguas pequeñas de curso rápido, también en zonas muy umbrías. A veces en sociedad con *C. splendens*. Extendida en Centroeuropa, aunque ha disminuido notablemente en muchos lugares debido a la modificación de cursos de agua y su contaminación. En algunas zonas ya es muy raro verla.
GENERALIDADES: el macho ocupa un territorio en la orilla que defiende contra compañeros de especie machos. Durante el cortejo extiende el extremo del abdomen hacia la hembra, curva los últimos segmentos un poco hacia arriba y le presenta a la pareja el lado inferior, de rojo claro intenso, su "luz trasera", por así llamarla. Tras el apareamiento, la hembra pone los huevos con el ovopositor en forma de cuchilla en plantas acuáticas flotantes; para ello a veces se sumerge totalmente bajo el agua. El macho vigila durante este tiempo desde su puesto. La larva, muy grande y esbelta, es activa sobre todo al atardecer y durante la noche, y se encuentra preferentemente bajo partes de la vegetación de la orilla que penetran en el agua. Su desarrollo podría durar 2 años.

2 | *Calopteryx splendens* (Calopterígidos)
Env 60-70 mm mayo-sep. §

DESCRIPCIÓN: alas del macho **(2a)** con banda oscura, delante y detrás verdoso translúcido. Alas de la hembra verdosas **(2b)**. Laminilla caudal de la larva con dos bandas transversales claras, laminilla central más ancha que las exteriores.
HÁBITAT: sobre todo en cursos grandes de agua corriente poco turbulentos; en acequias con poco movimiento del agua y canales de drenaje. Sólo en zonas soleadas.
GENERALIDADES: una diferencia clara de *C. virgo* es que el macho de esta especie presenta durante el cortejo una "luz trasera" blanquecina en el lado inferior del abdomen. Esto facilita a las hembras dispuestas al apareamiento la localización de la pareja "correcta" cuando las dos especies aparecen juntas.
ESPECIE SIMILAR: en *C. xanthostigma*, una especie muy similar presente sólo en el sur de Europa, la banda oscura del macho alcanza hasta la punta de las alas.

3 | *Calopteryx haemorrhoidalis* (Calopterígidos)
Env 60-70 mm abr.-sep. §

DESCRIPCIÓN: macho **(3a)** con irisaciones rojas en todo el cuerpo, la banda de las alas más ancha que la de *C. splendens*. Hembra **(3b)** con una mancha parda en la punta de las alas posteriores.
HÁBITAT: en cursos de agua corriente limpios y por lo general pequeños, a menudo en riachuelos diminutos. Frecuente junto con otros caballitos del diablo. Sólo en el sur de Europa.
GENERALIDADES: la "luz trasera" del macho de esta especie es de un color rojo carmín especialmente chillón. El macho interpreta una danza del cortejo ante la pareja con el extremo del abdomen muy arqueado hacia arriba y las alas extendidas; durante la danza se desliza sobre la superficie del agua describiendo figuras en forma de arco. Si la hembra desea aparearse, sigue las figuras de la danza. También recibe el nombre de dama de cobre.

1a
1b
1c
2a
2b
3a
3b

Los **léstidos** (familia *Lestidae*) tienen algunas partes del cuerpo de color verde metálico o cobre, y otras cubiertas a menudo de una pruina azul claro. Las láminas branquiales de las larvas son bastante anchas y las venas laterales salen casi en ángulo recto de la vena principal. En Europa hay 8 especies.

1 | **Caballito del diablo esmeralda**
Lestes sponsa (Léstidos) §

Env 40-50 mm jun.-oct.
DESCRIPCIÓN: alas extendidas en diagonal en posición de reposo (como todas las especies de *Lestes*) **(1a)**. Macho en parte verde metálico, en parte con pruina azul claro. La pruina cubre los dos segmentos abdominales anteriores. Hembra más de color cobre **(1a)**, sin pruina azul. Pterostigma marrón negruzco. Larva con laminillas caudales redondeadas, con franjas transversales **(1c)**.
HÁBITAT: en aguas estancadas, sobre todo de pantanos y estanques con peces. Muy frecuente en casi todos los lugares.
GENERALIDADES: la copulación tiene lugar en un círculo de apareamiento. para poner los huevos, la pareja se sumerge en el agua hasta aprox. medio metro bajando por los tallos de los juncos. La hembra va insertando con el ovopositor los huevos en filas en el tejido de la planta. Los animales están cubiertos de una finísima capa de aire durante este tiempo, lo que les permite respirar también bajo el agua. Después de una media hora, vuelven a salir a la superficie.
ESPECIE SIMILAR: *Lestes dryas* es un poco más grande; la pruina azul del macho sólo llega hasta la mitad del 2.° segmento abdominal. Sólo vuela en aguas con un nivel muy fluctuante y es muy rara.

2 | *Sympecma fusca* (Léstidos)
Env 45-50 mm jul.-mayo RL3 §

DESCRIPCIÓN: color marrón claro con dibujos cobre oscuro.
HÁBITAT: en aguas estancadas, sobre todo con vegetación de juncos. Por lo general no rara en Centroeuropa.
GENERALIDADES: inverna como adulta de forma libre sobre la vegetación. A principios de primavera (a partir de marzo), ya pone los huevos en grupos de 2 en restos de plantas muertas flotantes, p. ej., en hojas de espadaña.

3 | *Chalcolestes viridis* (Léstidos)
Env 50-55 mm jul.-oct. §

DESCRIPCIÓN: color de verde metálico a cobre en ambos sexos, sin pruina azul. Pterostigma marrón claro.
HÁBITAT: preferentemente en estanques con peces y otras aguas artificiales, bastante frecuente en todos los lugares.
GENERALIDADES: la complicada conducta de apareamiento de las libélulas puede observarse muy bien en esta especie. Primero el macho agarra a la hembra con las pinzas abdominales por detrás de la cabeza. Luego curva el extremo del abdomen hacia abajo hasta poner en contacto la abertura genital (situada en el extremo del abdomen) con el órgano reproductor (situado en el primer anillo abdominal) **(3a)**. Una vez que el órgano está lleno de esperma y el macho se ha vuelto a estirar, la hembra curva hacia delante la punta del abdomen hasta que se ha consumado la copulación con el peculiar "círculo del apareamiento" **(3b)**. Este caballito siempre pone los huevos bajo la corteza de arbustos y árboles de la orilla. Es frecuente que los días de septiembre soleados se reúna un gran número de parejas **(3c)** ocupadas en poner los huevos en ramas de aliso o sauce bien situadas sobre la superficie del agua. Los huevos invernan; en primavera las larvas que eclosionan se dejan caer en el agua. El primer estadio larvario, la prolarva, no tiene patas ni órganos bucales funcionales. Tiene forma de gusano, no se humedece y flota sobre el agua. Después de unos minutos hace la primera muda al primer estadio de larva completa, que se hunde en el agua, donde al principio se alimenta de unicelulares y después sobre todo de pequeños crustáceos. Transcurridos unos 3 meses y numerosas mudas emerge la libélula madura.

1a

1b

1c

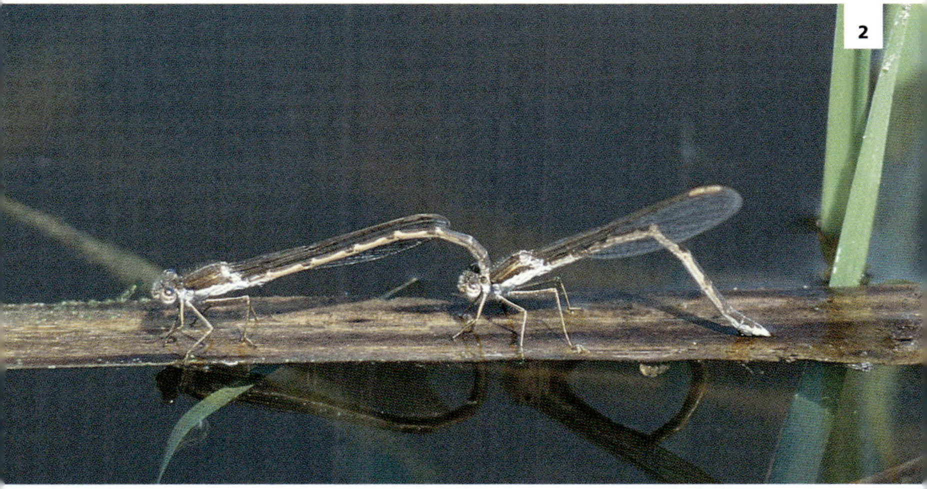
2

3a

3b

3c

Los **platicnemídidos** (familia *Platycnemidae*, **1**) se reconocen por las tibias de las patas centrales y posteriores, aplanadas y ensanchadas, y cubiertas en los laterales de hileras regulares de cerdas rígidas, por lo que recuerdan a plumas. En Europa hay 4 especies.

1 | **Caballito del diablo patiblanco**
Platycnemis pennipes (Platicnémidos)
Env 40-50 mm mayo-sep. §

DESCRIPCIÓN: se distingue por las tibias aplanadas y cubiertas de cerdas en los laterales (ver arriba). Las laminillas caudales de la larva **(1c)** se prolongan en un apéndice filiforme en el extremo.
HÁBITAT: en aguas estancadas y de curso lento, ricas en vegetación; bastante frecuente.
GENERALIDADES: tras el apareamiento **(1b)**, el macho permanece anclado detrás de la cabeza de la hembra con los apéndices abdominales, y los dos empiezan a poner los huevos en la posición llamada "tándem". Para ello, la hembra se sienta sobre partes de plantas que flotan en el agua o sobresalen de la superficie e inserta los huevos en el tejido vegetal. El macho se mantiene erguido sobre la hembra y observa el entorno, de modo que puedan ponerse a salvo si aparece un enemigo. En las plantas ubicadas favorablemente es común ver grandes grupos de parejas poniendo los huevos **(1a)**.
ESPECIE SIMILAR: el Caballito del diablo patiblanco mediterráneo *(Platycnemis latipes)* tiene las tibias, sobre todo el macho, aún más ensanchadas. El color es llamativamente blanquecino, como el de los ejemplares de *P. pennipes* aún sin color.

Los **cenágridos** (familia *Coenagrionidae*) se diferencian de los léstidos sobre todo por el pterostigma más pequeño, que se sitúa sólo delante de una celda, mientras que en los léstidos está como mínimo delante de dos celdas. Las venas laterales de las laminillas caudales de las larvas salen en diagonal de la vena principal. En Europa hay 22 especies.

2 | **Caballito del diablo rojo**
Pyrrhosoma nymphula (Cenagriónidos)
Env 40-50 mm abr.-ago. §

DESCRIPCIÓN: los dos sexos son de color rojo y negro, y tienen las patas negras. Las larvas **(2b)**, con laminillas branquiales cortas y anchas, claramente apuntadas en el extremo.
HÁBITAT: en aguas estancadas y de curso lento con mucha vegetación.
GENERALIDADES: pone los huevos en grupos de 2 de diferentes formas, a veces el macho está sentado, como en el caso de los léstidos, a veces está erguido, como en el caso de los platicnemídidos.

3 | *Ischnura elegans* (Cenagriónidos)
Env 35-45 mm mayo-sep. §

DESCRIPCIÓN: los dos sexos de color negro en el lado superior, sólo el 8.° segmento azul claro. Mientras que la hembra coloreada es difícil de distinguir del macho, las hembras jóvenes (p. ej., durante la 1.ª semana de vida) tienen una coloración muy llamativa en el tórax, violeta o rosa.
HÁBITAT: en aguas estancadas de todo tipo, frecuente en todos los lugares.
GENERALIDADES: la hembra siempre pone los huevos en plantas acuáticas sin ir acompañada del macho. Para que la molesten lo mínimo posible los machos que quieren aparearse, suele buscar lugares escondidos entre vegetación frondosa y prefiere las últimas horas de la tarde, un período de menor actividad de apareamiento.
ESPECIE SIMILAR: *Ischnura pumilio* es una especie rara que tiene el tercio posterior de los segmentos 8.° y 9.° de color azul. La hembra carece del color azul en el abdomen; primero tiene el tórax naranja luminoso y después adopta un discreto tono verde oliva. La especie vuela alrededor de charcos en el camino y otras masas de agua de diminuto tamaño. Se producen 2 generaciones al año.

1a

1b

1c

2a

2b

3a

3b

1 | *Coenagrion puella* (Cenagriónidos)
Env 40-50 mm mayo-sep. §

DESCRIPCIÓN: macho azul claro con un dibujo en forma de herradura **(1a)** en el 2.° segmento. Hembra verdosa con el lado superior oscuro. Larva por lo general amarillento pálido, sin dibujos claros.
HÁBITAT: principalmente en aguas pequeñas y estancadas, uno de los caballitos del diablo más frecuentes.
GENERALIDADES: pone los huevos con frecuencia en grandes grupos, como el caballito del diablo patiblanco. Los machos se encuentran erguidos sobre las hembras, al igual que en dicha especie.

2 | *Coenagrion pulchellum* (Cenagriónidos)
Env 40-50 mm mayo-sep. RL3 §

DESCRIPCIÓN: macho de abdomen muy estrecho (en el centro tan sólo 0,5 mm de ancho), con un dibujo en forma de copa en el 2.° segmento. Hembra notablemente más fuerte, de color azul claro con dibujos negros.
HÁBITAT: en aguas estancadas limpias y ricas en vegetación, mucho más rara que *C. puella.*
GENERALIDADES: esta especie pone los huevos preferentemente en hojas flotantes. La hembra suele introducir el abdomen hasta el envés de la hoja a través de minas dejadas por escarabajos.

3 | *Coenagrion hastulatum* (Cenagriónidos)
Env 40-50 mm mayo-ago. RL3 §

DESCRIPCIÓN: dibujo en el 2.° segmento del macho en forma de una lanza corta y ancha, con una manchita oscura delante a cada lado. Hembra muy similar a *C. puella.*
HÁBITAT: principalmente en aguas pantanosas.
GENERALIDADES: los dibujos del 2.° segmento del macho a veces tienen formas no típicas. Para hacer una identificación segura, en muchos casos es importante observar también el dibujo de los demás segmentos y la estructura de los apéndices abdominales, así como la forma del borde posterior del pronoto.

4 | *Enallagma cyathigerum* (Cenagriónidos)
Env 40-45 mm mayo-sep. §

DESCRIPCIÓN: 2.° segmento del macho con un dibujo de un botón o una copa pedunculados.
HÁBITAT: principalmente en aguas estancadas grandes, p. ej., a menudo en lagos aptos para el baño. Bastante frecuente en todos los lugares.
GENERALIDADES: al macho le gusta sentarse en tallos de plantas que emergen rectos del agua. Su postura corporal es entonces casi en ángulo recto respecto a la base, lo que permite reconocerlos a veces ya desde una gran distancia.

5 | *Cercion lindeni* (Cenagriónidos)
Env 40-50 mm jun.-sep. §

DESCRIPCIÓN: 2.° segmento del macho con una banda longitudinal oscura que se ensancha de forma redondeada poco antes del margen posterior.
HÁBITAT: principalmente en aguas grandes estancadas, también en aguas de curso lento, sobre todo en lagos artificiales en valles fluviales.

6 | *Erythromma viridulum* (Cenagriónidos)
Env 35-45 mm jun.-sep. §

DESCRIPCIÓN: macho azul claro con dibujos cobre brillante y marrón oscuro, dibujo en forma de X en el 10.° segmento; ojos rojos. Hembra de color azul y verdoso con el lado superior oscuro.
HÁBITAT: principalmente en aguas estancadas con vegetación de hojas flotantes, sobre todo en el sur de Centroeuropa.
GENERALIDADES: los machos suelen estar posados en hojas flotantes.

1a
1b
2
3
4
5
6

Los **ésnidos** (familia *Aeshnidae*), cuentan con representantes bastante grandes. El abdomen suele presentar manchas claras y oscuras. El macho posee unas "orejitas" (ensanchamientos redondeados visibles desde arriba) en los laterales del 2.° segmento abdominal y, por lo general, la base de las alas posteriores es angular. En Europa hay 18 especies.

1 | *Aeshna cyanea* (Ésnidos)
Env 90-100 mm jun.-nov. §

DESCRIPCIÓN: abdomen del macho con manchas negras, verdes y azules **(1a)**; negras y verdes en el de la hembra. Tórax con anchas bandas laterales de color verde. Larva **(1c)** en forma de puro, con los ojos muy saltones.
HÁBITAT: en aguas por lo general pequeñas y estancadas de todo tipo, muy frecuente en todos los lugares. Regularmente en estanques de jardines.
GENERALIDADES: la hembra pone los huevos en plantas o trozos de madera en la orilla sin ir acompañada **(1b)**. El macho sobrevuela constantemente las riberas en busca de parejas sexuales. También se acercan sin temor a personas que se encuentran en la zona, lo que se malinterpreta como agresividad peligrosa. En realidad todas las libélulas son absolutamente inofensivas.

2 | *Aeshna juncea* (Ésnidos)
Env 85-100 mm jun.-oct. RL3 §

DESCRIPCIÓN: abdomen del macho negro, con grandes manchas azules y estrechas bandas transversales amarillentas; el de la hembra, negro con manchas verdes.
HÁBITAT: principalmente en aguas pantanosas.
GENERALIDADES: tras un período de desarrollo de unos dos años y medio se produce la metamorfosis de la libélula; en el caso de esta especie, durante un tiempo muy prolongado (de junio a agosto). Poco después de la salida del sol, la larva suele salir del agua trepando por un tallo de junco y se agarra a la planta a unos decímetros por encima del nivel del agua. Poco después se hiende la cutícula dorsal del tórax y emerge la libélula madura de la abertura, que se va haciendo más grande **(2b)**. Sale deslizándose hacia atrás y hacia abajo y, finalmente, permanece con la cabeza hacia abajo **(2c)** cuando ya sólo está unida con el extremo del abdomen a la cutícula vacía (la exuvia). Después de una media hora sale de repente, se agarra con las patas a la exuvia y extrae por completo el abdomen **(2d)**. Entonces estira las alas, todavía flácidas, bombeando líquido sanguíneo, y después de 1 o 2 horas ya sale volando la libélula madura. Aún necesitará varios días hasta adquirir los colores definitivos.

3 | *Aeshna mixta* (Ésnidos)
Env 75-85 mm jul.-nov. §

DESCRIPCIÓN: macho de abdomen con manchas azules y negras, con un triángulo amarillo en la parte anterior. En la parte superior anterior del tórax, manchas en forma de líneas o puntos.
HÁBITAT: preferentemente en aguas estancadas ricas en vegetación, sobre todo si tienen cinturón de juncos, a menudo también en estanques con peces. No rara en la mayoría de zonas.
GENERALIDADES: esta especie es una de las últimas libélulas que todavía puede observarse los días soleados de noviembre regularmente, también después de las primeras heladas nocturnas, cuando ya apenas quedan otros insectos.

4 | *Aeshna grandis* (Ésnidos)
Env 90-100 mm jun.-oct. §

DESCRIPCIÓN: única especie de los ésnidos con el cuerpo marrón y las alas teñidas de marrón. Macho con manchas azul claro en los laterales del abdomen; las de la hembra, amarillas.
HÁBITAT: principalmente en aguas estancadas grandes, p. ej., en estanques con peces y lagos artificiales.

1a

1b

1c

2a

2b

2c

2d

3

4

1 **Libélula emperador**
Anax imperator (Ésnidos)
Env 90-105 mm jun.-ago. §

DESCRIPCIÓN: el abdomen no tiene las manchas en forma de cuadrado, como los ésnidos, sino que es azul con una banda longitudinal negra un poco en zigzag. Tórax casi totalmente verde. Larva **(1b)** con forma de puro, con los ojos ensanchados en la parte posterior, por lo que la cabeza se hace más ancha hacia atrás.
HÁBITAT: principalmente en aguas estancadas de tamaño mediano y ricas en vegetación. Frecuente en la mayoría de zonas.
GENERALIDADES: las larvas que habitan en las mismas aguas suelen transformarse en imago casi al mismo tiempo. La última muda tiene lugar normalmente durante la noche, a menudo en árboles a gran altura. Los machos, voladores de gran resistencia, suelen ser las libélulas dominantes en las aguas que habitan. Por lo general echan de su territorio incluso a otros ésnidos y con frecuencia se comen a otras libélulas más débiles. Las hembras se sientan sobre partes de plantas flotantes para poner los huevos **(1a)**.
ESPECIE SIMILAR: *Anax parthenope*, sólo un poco más pequeña, tiene un color básico más pardusco violeta. El abdomen sólo es claramente azul claro en la base. Es bastante frecuente en la región mediterránea, y muy rara en Centroeuropa. Las parejas de esta especie suelen ir juntas a poner los huevos, a diferencia de casi todos los demás ésnidos.

2 *Brachytron pratense* (Ésnidos)
Env 70-80 mm mayo-jul. RL3 §

DESCRIPCIÓN: cuerpo más pequeño y compacto que los demás ésnidos, con vello. La larva se diferencia claramente de las demás especies de esta familia por los ojos, muy pequeños y en forma de botón.
HÁBITAT: principalmente en tierras bajas en aguas estancadas cercanas a ríos, sobre todo en aguas antiguas con juncos. Bastante rara en la mayoría de zonas.

Los **cordulegastéridos** (familia *Cordulegastridae*) son muy grandes y tienen el cuerpo negro y amarillo y los ojos verde brillante, los cuales se tocan en un solo punto en el centro de la cabeza. El macho tiene "orejitas" en el 2.° segmento abdominal y la base de las alas posteriores está ensanchada de forma angular. La hembra tiene un ovopositor en forma de estilete, claramente sobresaliente de la punta del abdomen. En Europa hay 5 especies.

3 *Cordulegaster boltoni*
(Cordulegástridos)
Env 85-95 mm jun.-ago. RL3 §

DESCRIPCIÓN: anillos centrales del abdomen con 2 bandas transversales amarillas cada uno (una ancha y una estrecha).
HÁBITAT: en arroyos estrechos y limpios, tanto en montaña como en tierras llanas, pero su presencia ha disminuido en muchos lugares.
GENERALIDADES: la hembra vuela por una zona de aguas someras para poner los huevos; insertando el ovopositor repetidamente en el fondo durante el vuelo mientras mantiene el cuerpo erguido.

4 *Cordulegaster bidentatus*
(Cordulegástridos)
Env 85-100 mm jun.-ago. RL2 §

DESCRIPCIÓN: anillos centrales del abdomen con sólo una banda transversal amarilla cada uno. Larva **(4b)** de cabeza cuadrada, ojos en forma de botón y cuerpo en forma de puro, sin espina lateral en el abdomen (*C. boltoni* con espinas laterales cortas en la parte posterior).
HÁBITAT: por lo general en aguas aún más pequeñas que la otra especie, a menudo en riachuelos apenas reconocibles. Sobre todo en arroyos de manantiales con depósitos minerales. Bastante frecuente localmente.
GENERALIDADES: la larva se entierra en el fondo dejando sólo al descubierto los ojos en forma de botón y el extremo del abdomen, y se alimenta preferentemente de anfípodos de arroyos. Su desarrollo puede extenderse unos 5 años.

1a

1b

2

3

4a

4b

Los **gónfidos** (familia *Gomphidae*) son las únicas libélulas grandes con ojos compuestos bien separados; sin embargo, a diferencia de los zigópteros, la distancia entre ellos es menor que el diámetro de los ojos **(1a)**. Los machos tienen la base de las alas posteriores angular y "orejitas" en los laterales del 2.° segmento abdominal. En Europa hay 12 especies.

1 | *Gomphus vulgatissimus* (Gónfidos)
Env 60-70 mm mayo-jul. VU RL2 §

DESCRIPCIÓN: patas totalmente negras. Color del macho: amarillo verdoso. Hembra: amarillo puro **(1a)**. Los dos sexos con el abdomen ensanchado en forma de cuña en la parte posterior. Larva **(1b)** muy aplanada, extremo del abdomen más o menos redondeado.
HÁBITAT: en aguas corrientes limpias, por lo general arenosas, más rara en lagos muy claros. Muy poco habitual en casi todos los lugares debido a la contaminación acuática.
GENERALIDADES: la especie puede verse a veces muy lejos de sus aguas de desarrollo mientras caza insectos. Sin embargo, en sus aguas es normal buscarla sin resultado, aunque el gran número de exuvias den fe de que las libélulas han emergido.
ESPECIE SIMILAR: *Stylurus flavipes*, muy rara y de distribución centroeuropea oriental, tiene las patas con rayas amarillas.

2 | *Gomphus pulchellus* (Gónfidos)
Env 60-70 mm mayo-ago. §

DESCRIPCIÓN: mucho más esbelta que *G. vulgatissimus,* abdomen no ensanchado. Patas con rayas amarillas, por lo demás, color base de amarillento a verde oliva grisáceo (en la vejez). Larva **(2b)** muy aplanada, con una punta sobresaliente en el extremo posterior.
HÁBITAT: en lagos transparentes con guijarros, sobre todo en valles fluviales junto a lagos artificiales. Se ha extendido mucho en Centroeuropa los últimos años.
GENERALIDADES: la hembra pone los huevos durante el vuelo, al igual que todos los gónfidos, describiendo movimientos basculantes con el abdomen sobre el agua.

3 | *Ophiogomphus cecilia* (Gónfidos)
Env 60-70 mm jul.-oct. RL2 §

DESCRIPCIÓN: imposible confundirla con otro gónfido gracias al color verde brillante del tórax y la cabeza y al abdomen con manchas amarillas. Abdomen del macho **(3a)** ensanchado en la parte posterior; el de la hembra, cilíndrico. Larva no claramente aplanada, con largas espinas dorsales curvadas.
HÁBITAT: en arroyos limpios y arenosos, bastante rara en todas partes. Debido a la construcción y a la contaminación de las aguas corrientes, se ha retirado en muchos casos a zonas con pocas infraestructuras, como la República Checa.

4 | *Onychogomphus forcipatus* (Gónfidos)
Env 55-70 mm jun.-ago. RL2 §

DESCRIPCIÓN: en Centroeuropa, dibujo claro (foto) de color amarillo verdoso (subespecie *forcipatus*); en la región mediterránea, en cambio, amarillo puro y más extenso (subespecie *unguiculatus*). El abdomen del macho (foto) claramente ensanchado en la parte posterior, con largas pinzas curvadas en el extremo.
HÁBITAT: en arroyos pedregosos, lagos arenosos limpios, y en prolongaciones de lagos. Rara en Centroeuropa, muy frecuente en la región mediterránea.
GENERALIDADES: los machos ocupan piedras y otros puestos similares en las orillas con el extremo del abdomen erguido en diagonal, a la espera de que aparezcan hembras dispuestas a aparearse. Si aparecen otros machos, los atacan y persiguen.
ESPECIE SIMILAR: *O. uncatus*, muy similar a la subespecie meridional y sólo un poco más grande, tiene una única mancha amarilla en el vértice entre los ojos compuestos (*O. forcipatus* tiene dos). En el sur de Europa suele aparecer junto con *O. forcipatus*.

1a

1b

2a

2b

3a

3b

4

Los **cordúlidos** (familia *Corduliidae,*) tienen –con una única excepción no presentada aquí– un color básico metálico oscuro y los ojos azules o verde metálico brillante. El macho suele tener "orejitas" en el 2.° segmento abdominal y la base de las alas posteriores es angulosa. Hay 11 especies en Europa.

1 | *Cordulia aenea* (Cordúlidos)
Env 60-70 mm mayo-ago. §

DESCRIPCIÓN: color de verde oscuro a cobrizo, ojos verde brillante. Abdomen del macho **(1a)** claramente engrosado en forma de maza en la parte posterior; el de la hembra, uniformemente cilíndrico, sin ovopositor visible. Larva compacta, de patas muy largas, como de araña, y espinas dorsales poco desarrolladas.
HÁBITAT: sobre todo en estanques pequeños con mucha vegetación, también en estanques con peces muy explotados. Bastante frecuente en la mayoría de zonas.
GENERALIDADES: el macho es un volador muy resistente que apenas se posa, al igual que los ésnidos. Suelen patrullar sobre el agua muy cerca de la orilla, buscando hembras que se acerquen al agua para poner los huevos. Al igual que los gónfidos, los huevos se expulsan durante el vuelo sin acompañamiento del macho.

2 | *Somatochlora metallica* (Cordúlidos)
Env 70-75 mm jun.-sep. §

DESCRIPCIÓN: por lo general de color verde más intenso que *Cordulia aenea* (la foto muestra un macho recién emergido, aún sin color). Abdomen del macho con la anchura máxima en el centro; el de la hembra, con ovopositor sobresaliente en ángulo recto en el lado inferior.
HÁBITAT: en aguas similares a *Cordulia*, a menudo acompañada de esta. Muestra una cierta preferencia por aguas con bosque en las orillas.
GENERALIDADES: para poner los huevos, la hembra arquea hacia arriba los dos últimos segmentos abdominales y sumerge el ovopositor, sobresaliente hacia abajo, en el agua.

Los **libelúlidos** (familia *Libellulidae*) se parecen a los cordúlidos, pero no tienen colores metálicos. El macho carece de "orejitas" y de alas posteriores angulosas. En Europa hay 32 especies de esta familia de libélulas, la más rica en especies.

3 | **Libélula de vientre plano**
Platetrum depressa (Libelúlidos)
Env 65-75 mm mayo-ago. §

DESCRIPCIÓN: abdomen muy ancho y aplanado, el macho **(3a)** con pruina azul, la hembra marrón con manchas laterales amarillas. Base del ala con una gran mancha oscura. Larva **(3b)** muy compacta y de patas cortas, por lo general totalmente cubierta de fango.
HÁBITAT: en pequeñas aguas estancadas sin apenas vegetación, p. ej., en estanques de jardín de reciente creación. Frecuente en todos los lugares.
GENERALIDADES: al final del desarrollo larvario, por lo general de 2 años de duración, las aguas ya no son aptas para esta especie, ya que han desarrollado demasiada vegetación. Por eso las libélulas emergidas suelen alejarse inmediatamente de las aguas de desarrollo para buscar otro lugar de nueva creación.

4 | **Libélula de cuatro manchas**
Libellula quadrimaculata (Libelúlidos)
Env 65-80 mm mayo-ago. §

DESCRIPCIÓN: los dos sexos de color marrón. Una mancha oscura en cada ala aparte del pterostigma. La larva **(4b)** se asemeja mucho a la libélula de vientre plano, pero es más larga y tiene una máscara negra.
HÁBITAT: en estanques y charcas con mucha vegetación, sobre todo en aguas pantanosas.
GENERALIDADES: la especie se aparea exclusivamente volando durante sólo unos pocos segundos. Justo después de la separación, la hembra empieza a poner los huevos, lo que realiza durante el vuelo, igual que los gónfidos.

1a

1b

2

3a

3b

4a

4b

1 | *Orthetrum cancellatum* (Libelúlidos)
Env 70-80 mm jun.-sep. §

DESCRIPCIÓN: el color y el tamaño recuerdan a *Libellula depressa*, pero sin manchas marrones en la base del ala. Abdomen claramente más estrecho; el de la hembra (imagen), pardo amarillento con 2 bandas verticales negras paralelas.
HÁBITAT: por lo general en lagos y estanques con guijarros o arena, con no demasiada vegetación. Bastante frecuente en la mayoría de zonas.
GENERALIDADES: les gusta posarse en piedras y en puntos del suelo sin vegetación cerca del agua. A menudo se observan lejos del agua, en caminos con guijarros, mientras cazan, sobre todo durante la fase de maduración después de haber emergido.
ESPECIE SIMILAR: *Ladona fulva* también tiene manchas oscuras en la base del ala, como *L. depressa*, pero la forma del abdomen recuerda mucho a *Orthetrum*. Rara vez en estanques con mucha vegetación.

2 | *Orthetrum brunneum* (Libelúlidos)
Env 65-75 mm jun.-ago. RL3 §

DESCRIPCIÓN: el macho tiene cubierto no sólo el abdomen, sino también el tórax, de una pelusilla o pruina azul claro.
HÁBITAT: en Centroeuropa sobre todo en pequeñas aguas estancadas y de curso lento en fosas de grava y lodo, más raramente en aguas corrientes naturales y acequias. En la región mediterránea, en arroyos y canales. No rara localmente.
GENERALIDADES: la especie suele colocar las patas anteriores juntas tras la cabeza cuando está posada, al igual que todas las especies de *Orthetrum*, por lo que suele posarse sólo sobre 4 patas.

3 | **Libélula escarlata**
Crocothemis erythraea (Libelúlidos)
Env 60-65 mm mayo-oct. §

DESCRIPCIÓN: cuerpo similar a las especies de *Orthetrum*, pero el macho es rojo intenso.
HÁBITAT: en aguas estancadas cálidas y de curso lento. En Centroeuropa, en aguas antiguas y fosas de grava; en la región mediterránea, sobre todo en arroyos y campos de arroz inundados. Los años favorables aparece cada vez con mayor frecuencia al norte de los Alpes como libélula migratoria típica.

4 | *Leucorrhinia pectoralis* (Libelúlidos)
Env 60-70 mm mayo-jul. RL2 §

DESCRIPCIÓN: al igual que todas las *Leucorrhinia*, con la frente blanco brillante. Macho (foto) de color marrón, con una mancha amarillo brillante en el 7.° segmento.
HÁBITAT: principalmente en aguas pantanosas intermedias. Rara en general.

5 | *Leucorrhinia rubicunda* (Libelúlidos)
Env 55-65 mm abr.-jun. RL2 §

DESCRIPCIÓN: abdomen del macho (foto) con manchas rojas y marrones que alcanzan unos dos tercios de la longitud del segmento.
HÁBITAT: sólo en aguas pantanosas.
ESPECIE SIMILAR: *Leucorrhinia dubia* es tan similar que puede confundirse. Es algo más frecuente y tiene las manchas del abdomen un poco más pequeñas.

6 | *Leucorrhinia caudalis* (Libelúlidos)
Env 55-65 mm mayo-jul. RL1 §

DESCRIPCIÓN: abdomen del macho (foto) con pruina azul y ensanchamiento en forma de maza en la parte posterior. Pterostigmas y cercos blancos.
HÁBITAT: en aguas antiguas y estanques con nenúfares, muy rara en general.
GENERALIDADES: el macho ocupa puestos de observación en las hojas de los nenúfares manteniendo el abdomen claramente erguido.
ESPECIE SIMILAR: *Leucorrhinia albifrons*, de color similar y también muy rara, no tiene el abdomen ensanchado.

1

2

3

4

5

6

1 | *Sympetrum vulgatum* (Libelúlidos)
Env 50-60 mm jul.-nov. §

DESCRIPCIÓN: patas con rayas amarillas. La frente tiene una banda transversal negra entre los ojos compuestos, que invade también una parte de los ojos. Larva con espinas laterales y dorsales en el abdomen.
HÁBITAT: en aguas estancadas de todo tipo, sobre todo en aguas pequeñas con mucha vegetación. Frecuente en general.
GENERALIDADES: al igual que todas las especies del género *Sympetrum*, esta pone los huevos en grupos de 2 durante el vuelo. La pareja vuela como tándem sobre aguas someras o en la orilla y la hembra pone los huevos mediante movimientos basculantes del abdomen. Los huevos invernan en aguas someras o en un lugar seco.

2 | *Sympetrum striolatum* (Libelúlidos)
Env 55-60 mm jul.-nov. §

DESCRIPCIÓN: muy similar a *S. vulgatum*, pero la banda transversal no invade los ojos.
HÁBITAT: en aguas estancadas, sobre todo artificiales (p. ej., fosas de grava). Bastante frecuente en el sur de Centroeuropa, rara en el norte.
GENERALIDADES: esta especie tiende a migrar y llega al norte de Centroeuropa durante los veranos cálidos.

3 | *Sympetrum flaveolum* (Libelúlidos)
Env 50-60 mm jun.-sep. VU RL3 §

DESCRIPCIÓN: alas con una mancha amarilla de diferente extensión en la base, sobre todo las posteriores.
HÁBITAT: en aguas estancadas con un nivel de agua muy fluctuante, p. ej., zonas inundables en pantanos y vegas fluviales.
GENERALIDADES: las aguas de desarrollo suelen estar secas durante el período de vuelo, por lo que la libélula puede verse con frecuencia cazando en zonas totalmente secas, como campos de cereales.

4 | *Sympetrum sanguineum* (Libelúlidos)
Env 50-60 mm jun.-oct. §

DESCRIPCIÓN: patas totalmente negras, frente del macho de color rojo intenso.
HÁBITAT: especie habitual en aguas estancadas, a menudo junto con ejemplares de *S. vulgatum*.
GENERALIDADES: cuando hace mucho calor, los animales estiran el extremo del abdomen directamente hacia el sol para ofrecer una menor superficie a la radiación solar. De este modo evitan que se caliente demasiado el cuerpo. Esta postura, denominada del obelisco, también puede observarse en otros libelúlidos.

5 | *Sympetrum pedemontanum* (Libelúlidos)
Env 45-55 mm jul.-oct. RL3 §

DESCRIPCIÓN: inconfundible gracias a las bandas transversales oscuras de las alas en ambos sexos.
HÁBITAT: principalmente en aguas estancadas y de curso lento pequeñas, en charcas recién excavadas y canales de drenaje. No es frecuente, pero se está extendiendo en algunas zonas.
GENERALIDADES: las franjas de las alas dan lugar a un centelleo especial durante el vuelo.

6 | *Sympetrum danae* (Libelúlidos)
Env 45-55 mm jul.-nov. §

DESCRIPCIÓN: el macho es casi totalmente negro (caso único entre las especies de *Sympetrum*), y la hembra es marrón amarillento (al igual que el macho todavía no coloreado) y tiene el lado inferior del abdomen negro.
HÁBITAT: en aguas estancadas pequeñas, sobre todo en fosas de grava y zonas pantanosas. Bastante frecuente en casi todos los lugares.
GENERALIDADES: la especie tiende a la reproducción masiva algunos años.

1a

1b

2

3

4

5

6

1 Cucaracha negra o común
Blatta orientalis (Blatélidos)
L 19-25 mm todo el año

DESCRIPCIÓN: macho **(1a)** de alas marrón rojizo, un poco más cortas que el abdomen, hembra **(1b)** con cortos rudimentos alares oscuros.
HÁBITAT: en Centroeuropa sólo en edificios. Antes frecuente en todas partes; actualmente, gracias al uso de insecticidas y a las mejores condiciones higiénicas, rara en muchos lugares, pero aún se encuentra, p. ej., en edificios antiguos y panaderías.
GENERALIDADES: esta especie fotofóbica se mantiene oculta durante el día y muestra su máxima actividad poco después de la puesta de sol y al amanecer. Se alimenta de residuos de la cocina y provisiones, y puede transmitir enfermedades. Al principio, la hembra lleva los huevos en el extremo del abdomen en una ooteca de 7 a 10 mm que alberga unos 15 huevos, pero después de unos días la deposita. Las larvas salen tras 7 u 8 semanas y son adultas después de 6 a 8 meses.

2 Cucaracha australiana
Periplaneta australiasae (Blatélidos)
L 23-30 mm todo el año

DESCRIPCIÓN: color marrón rojizo oscuro, pronoto con una banda marginal de color amarillo bien definida (que normalmente discurre alrededor) más ancha en la parte posterior.
HÁBITAT: principalmente en edificios cálidos y húmedos, sobre todo en invernaderos, más rara que las otras cucarachas de edificios.
ESPECIE SIMILAR: la Cucaracha americana *(Periplaneta americana)*, más frecuente, tiene un color marrón rojizo más claro y una banda amarilla de límites difuminados en el margen posterior del pronoto.

3 Cucaracha roja o alemana
Blattella germanica (Blatélidos)
L 11-13 mm todo el año

DESCRIPCIÓN: color básico amarillento o marrón rojizo claro. Las alas sobresalen un poco del extremo del abdomen en ambos sexos.
HÁBITAT: en Centroeuropa sólo en edificios, al igual que la cucaracha común, mucho más rara que antes.
GENERALIDADES: la ooteca de esta especie contiene más huevos que la de la cucaracha común (hasta unos 50). Tras un apareamiento pueden producirse 3 ootecas. Tras cada apareamiento posterior se realizan nuevas puestas.

4 Cucaracha pardusca
Ectobius lapponicus (Blatélidos)
L 7-11 mm mayo-sep.

DESCRIPCIÓN: macho **(4a)** de alas largas, con una mancha negra de límites difuminados en el centro del pronoto. Hembra (**4b**, animal a la dcha.) con las alas un poco reducidas y el pronoto marrón claro.
HÁBITAT: principalmente en lindes de bosques entre arbustos, frecuente en general. No aparece en edificios.

5 *Ectobius sylvestris* (Blátidos)
L 7-11 mm mayo-sep.

DESCRIPCIÓN: pronoto con una mancha negra, ribeteada en blanco, en ambos sexos. Alas de la hembra (foto) claramente reducidas.
HÁBITAT: en lugares similares a *E. lapponicus*, asimismo frecuente.
GENERALIDADES: esta especie suele encontrarse en arbustos o hierbas altas. El macho puede volar bien.

6 *Phyllodromica maculata* (Blatélidos)
L 6-8 mm mayo-sep.

DESCRIPCIÓN: negra con alas marrón amarillento, con una gran mancha negra en la punta hasta el extremo del abdomen en el macho y hasta el centro en la hembra.
HÁBITAT: en lugares soleados en lindes de bosques y en prados secos con matorrales, bastante rara.

1a

1b

2

3

4a

4b

5

6

Tijeretas

1 Tijereta común

Forficula auricularia (Forficulídeos)
L 10-16 mm todo el año

DESCRIPCIÓN: alas posteriores totalmente desarrolladas, plegadas varias veces, que sobresalen de las alas anteriores escamiformes en forma de pequeña punta. Pinzas del macho (foto) de longitud muy variable (4-9 mm), muy curvadas, con varios dientes en el interior de la base. Pinzas de la hembra paralelas, con puntas que se cruzan.
HÁBITAT: muy frecuente en general, también en tierras de cultivo.
GENERALIDADES: la especie se alimenta de partes tiernas de las plantas, pero también de insectos de cutícula blanda, sobre todo pulgones. En invierno la hembra pone unos 50 huevos en una cavidad en la tierra y los limpia de mohos. Las ninfas dejan la cavidad para buscar alimento, pero siempre vuelven junto a la madre. Después de la 2.ª muda, aprox., se va desintegrando la familia. Si la hembra muere antes, las ninfas se la comen. A pesar de las alas posteriores bien desarrolladas, obviamente los animales no pueden volar.

2 *Chelidurella acanthopygia*

(Forficulídeos)
L 6-15 mm todo el año

DESCRIPCIÓN: alas anteriores diminutas, alas posteriores ausentes. Pinzas no dentadas, las del macho (foto) muy largas y curvadas, las de la hembra mucho más cortas y menos curvadas.
HÁBITAT: bastante frecuente en bosques caducifolios y mixtos.
GENERALIDADES: se encuentra tanto en el suelo en la capa de follaje como en las ramas con hojas. En invierno se encuentra a menudo bajo la corteza de los árboles.

3 *Apterygida media* (Forficulídeos)

L 6-10 mm todo el año

DESCRIPCIÓN: alas anteriores como las de *Forficula*, alas posteriores ausentes. Pinzas del macho curvadas, con un diente interior en el centro; las de la hembra (foto), casi rectas y no dentadas.
HÁBITAT: en la capa arbustiva de bosques y lindes de bosques, bastante frecuente en la mayoría de lugares.

4 *Labidura riparia* (Labidúridos)

L 13-26 mm todo el año RL2

DESCRIPCIÓN: tijereta europea más grande. Color amarillento pálido con dibujo oscuro muy variable. Pinzas casi rectas en ambos sexos, las del macho **(4a)** con dientes en el interior.
HÁBITAT: sólo en arena fina de dunas, orillas fluviales y costas marinas, rara en general.
GENERALIDADES: los animales viven en tubos excavados en la tierra por ellos mismos y cuya entrada tapan desde dentro. Dichos tubos suelen situarse bajo piedras y trozos de madera, donde es fácil encontrar a las tijeretas. Los machos suelen adoptar una característica postura de amenaza **(4b)** si son molestados (p. ej., si alguien descubre su escondrijo): arquean el abdomen hacia arriba y hacia delante y estiran las pinzas, de aspecto peligroso, hacia el supuesto enemigo.

5 *Anechura bipunctata* (Forficulídeos)

L 9-14 mm todo el año RL1

DESCRIPCIÓN: fácil de reconocer por los élitros, con puntos amarillentos. Macho **(5a)** con pinzas curvadas tridimensionalmente.
HÁBITAT: frecuente localmente en los Alpes centrales por encima del límite del bosque.
GENERALIDADES: cuida los huevos de forma similar a la tijereta común, pero aún más avanzada. Muy pronto en el año, probablemente aún durante el largo invierno de las montañas, la hembra pone los huevos bajo una piedra plana, de unos 30 cm, en un hueco plano. Primero cuida la puesta igual que *Forficula* **(5b)**, pero en cuanto han eclosionado las ninfas, transporta partes muy tiernas de las plantas (p. ej., pétalos) y se las ofrece como primer alimento; más adelante les da alimentos más consistentes.

1

2

3

4a

4b

5a

5b

5c

1 Mantis religiosa

Mantis religiosa (Mántidos)
L 45-75 mm ago.-nov. RL3 §

DESCRIPCIÓN: mantis verde o marrón, rara vez amarilla. Macho claramente más pequeño y delicado que la hembra. Diferencias notables de tamaño dentro del mismo sexo (en el sur de Europa por lo general más grandes que en el centro). Sólo pueden volar los machos.
HÁBITAT: en lugares cálidos y secos, por lo general con muchos matorrales. Frecuente en muchos lugares en la región mediterránea; rara en Centroeuropa, excepto zonas de clima más benigno. Poco a poco su área de expansión va aumentando.
GENERALIDADES: la Mantis religiosa acecha desde la hierba o matorrales –bien camuflada por su color– a presas que puedan pasar, como moscas o saltamontes, a las que atrapa rápida como el rayo con las patas prensoras, llenas de espinas, y las introduce en los órganos bucales. Caza insectos de hasta casi su mismo tamaño, así como compañeros de especie más débiles. Corre un especial peligro el macho que desea aparearse; por este motivo, suele acercarse con gran sigilo a la hembra desde atrás, entonces salta sobre el dorso de esta y se agarra con las patas prensoras. Si la hembra está dispuesta a aparearse, permite que el macho pase el extremo de su abdomen lateralmente por el abdomen de la hembra y que realice la cópula desde abajo. Hacia el final del apareamiento, que a menudo dura varias horas, desaparece el letargo de la hembra, y el macho debe apurarse en ponerse a salvo. Sin embargo, con cierta frecuencia deberá servir de alimento a la hembra. Las semanas siguientes el abdomen de la hembra se hincha mucho debido a la maduración de los huevos. Finalmente, suele poner varios cientos de huevos en un capullo formado por una secreción espumosa expulsada con los huevos y que se endurece rápidamente, el cual deja en piedras o ramas, por lo general en lugares bien protegidos **(1d)**. Los huevos invernan y a la primavera siguiente (normalmente en mayo) eclosionan las larvas, que ya se parecen mucho a los padres y se inician en la misma forma de vida depredadora nada más salir del capullo.

2 *Ameles decolor* (Mántidos)

L 20-27 mm ago.-oct.

DESCRIPCIÓN: pequeña mantis de color gris o marrón. Ojos esféricos. Hembra (foto) con cortos rudimentos alares, macho totalmente alado.
HÁBITAT: frecuente en zonas secas y con hierba de casi toda la región mediterránea. Ausente en Centroeuropa.

3 *Ameles spallanziana* (Mántidos)

L 18-25 mm jun.-oct.

DESCRIPCIÓN: color verde, gris o marrón, también ejemplares con colores mezclados, como el de la foto. Ojos apuntados hacia arriba en forma de cono. Hembra (foto) de alas cortas, con el abdomen muy ancho y claramente arqueado. Macho totalmente alado, similar al de *A. decolor.*
HÁBITAT: muy común en lugares secos y con matorrales de la región mediterránea.
GENERALIDADES: en este caso, como la mayoría de las otras especies de insecto palo, es raro que aparezcan machos. La reproducción tiene lugar la mayoría de las veces por partogénesis, a partir de huevos no fecundados.

4 *Empusa pennata* (Empúsidos)

L 50-65 mm mayo-jul.

DESCRIPCIÓN: primer segmento torácico casi igual de largo que el resto del cuerpo. Segmentos abdominales con apéndices lobulados en los lados. Cabeza con una cofia clara en la parte superior.
HÁBITAT: en zonas áridas de la región mediterránea, desde la península Ibérica hasta Istria; bastante frecuente localmente, pero difícil de encontrar debido al buen camuflaje.
GENERALIDADES: a diferencia de la Mantis religiosa, inverna como larva semiadulta, por lo que a principios de primavera ya es adulta y en pleno verano ya no puede verse.
ESPECIE SIMILAR: sustituida por la muy similar *Empusa fasciata* en la península Balcánica.

A1

1b

1c

2

1d

3

4

1 Reticulitermes lucifugus
Reticulitermes lucifugus
(Rinotermítidos)
L 2-9 mm todo el año

DESCRIPCIÓN: obreras blanquecinas, de 2- 3 mm; soldados algo más grandes, también blanquecinos, con la cabeza amarilla agrandada, mandíbulas oscuras en forma de tijera; reproductores marrón oscuro, 6-9 mm.
HÁBITAT: muy extendida en la región mediterránea, bajo piedras y en madera muerta, sobre todo en zonas boscosas.
GENERALIDADES: nidos en la superficie o bajo tierra. Los animales se alimentan de madera muerta que pueden digerir por los protozoos de su estómago. Las obreras son larvas que nunca llegan a adultas. Algunas se transforman en soldados de cabeza grande, que se encargan principalmente de tareas defensivas. Otras larvas se convierten en reproductoras de largas alas **(1b)** en primavera, y dejan el nido para el vuelo nupcial. Durante este vuelo se forman parejas que se desprenden de las alas rompiéndolas por un punto predeterminado y emprenden juntos la "marcha nupcial". Finalmente se retiran a un escondrijo para el apareamiento. Más adelante fundarán en él una nueva colonia de termes que puede durar varios años bajo su regencia conjunta. Si un día falta el rey o la reina, las obreras pueden criar una casta reproductora suplementaria a partir de las larvas que quedan, y así se pueden cubrir sus puestos.
ESPECIE SIMILAR: *Reticulitermes flavipes* se introdujo en Europa desde Norteamérica. Puede causar daños en edificios.

2 Termes de cuello amarillo
Kalotermes flavicollis (Calotermítidos)
L 4-11 mm todo el año

DESCRIPCIÓN: todas las castas un poco más grandes que *Reticulitermes lucifugus*. Los soldados algo más oscuros, con la cabeza marrón rojizo y las mandíbulas dentadas. Reproductores (foto) de color oscuro con pronoto amarillento.
HÁBITAT: en los mismos lugares que *R. lucifugus*, menos frecuente.
GENERALIDADES: el vuelo nupcial del termes de cuello amarillo tiene lugar mucho más tarde que el de la otra especie. Los nidos suelen hacerse en árboles enfermos.

3 Tejedor
Monotylota ramburi (Embiídeos)
L 8-14 mm todo el año

DESCRIPCIÓN: animales de suelo ápteros, de cuerpo cilíndrico estrecho, marrón negruzco. Los animales juveniles son de color marrón más claro. Artejo basal de los pretarsos abultado.
HÁBITAT: frecuente en casi todos los lugares en la región mediterránea, sobre todo en zonas soleadas y secas. Ausente en Centroeuropa.
GENERALIDADES: el artejo basal abultado de los pretarsos contiene glándulas productoras de seda cuya secreción se deposita en el primer y segundo artejo del tarso. Los animales crean con esta delicados tubos sedosos de color blanco que revisten sus túneles subterráneos y se prolongan en la superficie. Los animales se desplazan ágilmente hacia delante y hacia atrás en estos túneles y se retiran inmediatamente a las zonas subterráneas si son molestados. Aparentemente se alimentan sobre todo de hojas caídas. Durante el apareamiento, que tiene lugar a principios de primavera, el macho, que ya no toma alimento, sujeta a la hembra con sus mandíbulas como pinzas por la cabeza. El macho muere poco después, y la hembra vive más tiempo con las larvas en los túneles.

4 Insecto palo
Bacillus rossius (Bacílidos)
L 50-100 mm mayo-oct.

DESCRIPCIÓN: cuerpo en forma de palo estrecho, verde o marrón amarillento. Las antenas tienen 20-25 artejos en los dos sexos; las de la hembra (fotos) son aprox. igual de largas que la cabeza, las del macho son mucho más largas.
HÁBITAT: toda la región mediterránea en terrenos con matorrales; muy frecuente, pero difícil de ver debido a su camuflaje.

1a

1b

2

3a

3b

4a

4b

Los **saltamontes o grillos de matorral** (familia *Tettigoniidae*), tienen el cuerpo algo aplanado lateralmente y 4 segmentos tarsales, a menudo son verdes y el macho frota el ala izquierda sobre la derecha durante la estridulación.
Los miembros de la subfamilia *Conocephalinae* tienen un órgano auditivo en forma de ranura en las rodillas de las patas anteriores, y la cabeza es puntiaguda en la parte superior. En Centroeuropa sólo hay 3 especies y viven principalmente en zonas húmedas.
La subfamilia *Meconeminae*, que habita en los árboles, tiene el tímpano redondo. Las dos especies de Centroeuropa carecen de órganos de estridulación (aun así, producen un extraño canto. La subfamilia *Phaneropterinae* tiene el tímpano redondo y un ovopositor muy ancho y por lo general curvado. Las 7 especies de Centroeuropa, excepto *Phaneroptera*, tienen las alas cortas.

1 | **Saltamontes cabeza de bolo**
Conocephalus dorsalis (Tetigónidos)
L 11-18 mm jul.-oct. RL3

DESCRIPCIÓN: verde con una banda longitudinal oscura en el dorso. Las alas no llegan al extremo del abdomen. Hembra (foto) con ovopositor largo en forma de sable.
HÁBITAT: en prados húmedos y en pantanos. Ha disminuido mucho en numerosos lugares.
GENERALIDADES: el canto, bajo y chirriante, se compone de dos formas de cantar que se van alternando, un chirrido agudo de unos 2 s de duración y un canto más grave, un poco balbuceante, de la misma duración.
ESPECIE SIMILAR: las alas del Saltamontes conocéfalo bicolor (*C. discolor)* sobrepasan el extremo del abdomen. El ovopositor de la hembra es casi recto.

2 | **Grillo de matorral de los robles**
Meconema thalassinum (Tetigónidos)
L 12-15 mm jul.-nov.

DESCRIPCIÓN: grillo de matorral verde claro, muy delicado; el ovopositor de la hembra (foto) tiene forma de sable estrecho.
HÁBITAT: en bosques, por lo general en el envés de hojas de roble; frecuente en general.
GENERALIDADES: la especie se alimenta exclusivamente de otros insectos de cutícula blanda, lo que la hace muy útil. En la oscuridad, el macho tamborilea con una pata posterior sobre una hoja en secuencias rápidas, produciendo así un canto chirriante claramente audible.

3 | *Meconema meridionale* (Tetigónidos)
L 12-17 mayo-nov.

DESCRIPCIÓN: semejante al *Meconema thalassinum*, pero sólo posee pequeños rudimentos alares.
HÁBITAT: en bosques y arbustos de bosques luminosos y parques. Especie del Mediterráneo oriental que poco a poco se ha ido extendiendo a zonas cálidas a lo largo del Rin. Por propagación, también en ciudades.
GENERALIDADES: además de pulgones y otros insectos de cutícula blanda, también come las larvas de la *Cameraria ohridella*, abriendo con los dientes las minas que las larvas han excavado en las hojas.

4 | *Leptophyes albovittata* (Tetigónidos)
L 9-16 mm ago.-sep.

DESCRIPCIÓN: especie muy delicada con bandas longitudinales blancas a los lados del cuerpo. Alas diminutas.
HÁBITAT: en lindes de bosques soleadas y matorrales secos. No es frecuente en ninguna zona.
GENERALIDADES: *Leptophyes punctatissima* es una especie un poco más grande y frecuente, también se puede encontrar en jardines. Carece de la banda longitudinal clara.

5 | *Phaneroptera falcata* (Tetigónidos)
L 12-18 mm ago.-oct.

DESCRIPCIÓN: alas muy largas, alas posteriores claramente más largas que las anteriores. Ovopositor corto y ancho, curvado casi en ángulo recto.
HÁBITAT: sobre todo en prados secos con matorrales. Bastante frecuente en zonas cálidas.
GENERALIDADES: los huevos, planos, se introducen con el ovopositor en el interior de las hojas a través de un agujero roído anteriormente en el margen de la hoja.

1

2

3

4

5

1 | *Isophya kraussi* (Tetigónidos)
L 16-26 mm jul.-sep.

DESCRIPCIÓN: alas reducidas a diminutos lóbulos **(1a)**. Desde el ojo discurre una estrecha raya blanca hacia atrás, que pasa por los lados del pronoto y el margen del ala, donde concluye. Hembra con ovopositor curvado de manera uniforme, con muchos dientes en el margen superior y posterior de la parte trasera.
HÁBITAT: en lindes de bosques, en prados secos y prados pobres en nutrientes con muchas flores.
GENERALIDADES: durante la noche, el macho produce un canto audible a sólo 1 m de distancia con sus rudimentos alares. Las secuencias, emitidas con gran perseverancia, están formadas por sonidos dobles breves, con un componente más largo y suave y uno más corto y duro. Podría decirse que suena como "ss-z". Este canto sirve para atraer a una hembra dispuesta a aparearse, que entonces se subirá al macho por detrás, ya que son las hembras las que tienen el papel más activo durante la cópula, al igual que en todas las especies de grillos y saltamontes longicornios. El macho agarra el extremo posterior de la hembra con las pinzas abdominales. Poco después sale de su abertura genital una masa gelatinosa voluminosa, el espermatóforo, en el que se encuentran numerosos espermatozoides **(1b)**. El macho adhiere el espermatóforo en la abertura genital femenina; poco después, la pareja se separa. La hembra empieza a comer el extenso espermatóforo justo después de la separación. Durante este proceso, que puede durar horas, los espermatozoides van llegando al tracto genital. Unos días después, cuando el abdomen ya está hinchado por los huevos en maduración, la hembra empieza con la puesta. Para ello busca un lugar abierto en el suelo e introduce el ovopositor en la tierra a través de las mandíbulas, mientras curva fuertemente el abdomen hacia abajo y hacia delante **(1c)** (la conducción del ovopositor con los órganos bucales es típica de la subfamilia *Phaneropterinae*).

2 | *Polysarcus denticauda* (Tetigónidos)
L 24-44 mm jun.-jul. RL2

DESCRIPCIÓN: grillo grande muy robusto. Macho (fotos) con punta lingüiforme en el extremo posterior, que sobresale hacia arriba entre las pinzas abdominales.
HÁBITAT: en prados de montaña con hierbas altas, por lo general un poco húmedos; es bastante rara, pero cuando se encuentra suele aparecer en grandes números.
GENERALIDADES: a pesar de los cortos rudimentos alares, la especie produce un canto muy alto de elevada frecuencia gracias al pronoto arqueado que tiene, que funciona a modo de campana. El canto está formado por una misma secuencia de chirridos agudos y de tono cada vez más alto, y al final se interrumpe con un "tartamudeo" y vuelve a empezar una y otra vez desde el principio.

3 | *Barbitistes serricauda* (Tetigónidos)
L 15-20 mm jul.-sep.

DESCRIPCIÓN: macho (foto) de patas rojas y rudimentos alares rojos con rayas amarillas. Pinzas abdominales en forma de S.
HÁBITAT: en lindes de bosques y matorrales, muy extendido en zonas de montaña y en general no raro.
GENERALIDADES: la especie se sitúa a menudo en la parte alta de los árboles, por lo que es difícil de encontrar.

4 | *Poecilimon ornatus* (Tetigónidos)
L 21-30 mm mayo-sep.

DESCRIPCIÓN: grillo grande muy variable y a menudo con muchos colores.
HÁBITAT: en prados algo húmedos de la península Balcánica, hacia el norte hasta el sur de Austria.
GENERALIDADES: muchas otras especies de este género, pero normalmente no llegan tan al norte.

1a

1b

1c

3

2a

2b

4

La subfamilia *Tettigoniinae* incluye grillos de matorral muy fuertes y grandes, de color verde. En Centroeuropa hay 3 especies.

1 **Saltamontes verde común**

Tettigonia viridissima (Tetigónidos)
L 28-42 mm jul.-oct.

DESCRIPCIÓN: color uniformemente verde, dorso por lo general marrón. Más raramente con patas amarillas **(1a)**, muy rara vez netamente amarillo. Las alas, muy largas, sobrepasan claramente las rodillas de las patas posteriores. Hembra con ovopositor largo, que alcanza hasta la punta de las alas **(1a) (1b)**.
HÁBITAT: especie muy adaptable; se encuentra tanto en tierras de cultivo (p. ej., en jardines y campos de cereales) como en prados pobres en nutrientes, prados secos y márgenes de caminos. No obstante, evita los terrenos muy húmedos y las zonas altas de las montañas de altitud media.
GENERALIDADES: se alimenta principalmente de otros animales, sobre todo moscas, orugas e incluso larvas de escarabajo de la patata, lo que lo convierte en muy útil. Los alimentos vegetales, por el contrario, parecen no tener mucha importancia. A partir de finales de julio, desde las horas de mediodía hasta medianoche, produce su canto, audible a gran distancia. Los tonos, cortos e individuales, se suceden en grupos de dos con breves pausas, de modo que coinciden temporalmente pero están separados del siguiente tono doble. De este modo, la impresión es de un canto entrecortado, no de un chirrido uniforme como el de *T. cantans*. Los machos cantores son bastante fieles a una ubicación, a pesar de que pueden volar. Suelen cantar muchas noches desde el mismo árbol. Durante las horas de oscuridad, van trepando cada vez más alto. Durante el apareamiento, que dura unos 45 minutos, el macho se pone cabeza abajo y se agarra con las patas al ovopositor de la hembra, que se encuentra erguida. Un cuarto de hora después el macho ya puede seguir cantando. La hembra tarda hasta 15 horas en comerse el espermatóforo. Posteriormente, hunde los huevos, de color marrón claro u oscuro y 5-6 mm de largo, con el ovopositor en la tierra (individualmente o en pequeños grupos). El desarrollo de los huevos se prolonga durante un mínimo de 1,5 años, y en casos extremos puede durar más de 5 años. Las diminutas larvas, que eclosionan en abril o mayo, ya recuerdan a los padres en el primer estadio. Todavía carecen de rudimentos alares, y apenas se puede distinguir el rudimento del ovopositor en las larvas hembra. A lo largo de 6 mudas van aumentando el tamaño corporal, los rudimentos alares y el rudimento del ovopositor (en las larvas hembra). En el 7.° y último estadio larvario, el ovopositor ya casi ha alcanzado su tamaño definitivo.

2 *Tettigonia cantans* (Tetigónidos)

L 20-33 mm jul.-oct.

DESCRIPCIÓN: alas claramente más cortas que las del Saltamontes verde común, llegan aprox. hasta las rodillas posteriores. Por este motivo, el ovopositor de la hembra **(2a)** sobrepasa claramente la punta de las alas.
HÁBITAT: en prados más o menos húmedos, sobre todo en valles fluviales y en montaña, casi únicamente en lugares donde no aparece el Saltamontes verde común.
GENERALIDADES: el canto está formado por chirridos altos que se van sucediendo uniformemente. Los sonidos individuales se funden entre sí. Sólo si hace mucho frío (p. ej., las noches frías de principios de otoño), estos sonidos parecen separados debido al movimiento más lento de las alas. La especie se desarrolla en sólo 6 estadios larvarios. Durante la última muda, el imago debe doblar los fémures, todavía blandos, para poder sacarlos de la estrecha cutícula **(2c)**. Poco después vuelven a estirarse los fémures, y las alas, que al principio están flácidas, se abren hasta su tamaño definitivo mediante el bombeo de líquido sanguíneo a las venas **(2d)**. Una vez endurecido, el saltamontes maduro se come la cutícula vacía de la larva.

1a

1b

1c

2a

2b

2c

2d

La subfamilia *Bradporinae* es inconfundible gracias al pronoto, doblado angularmente en el centro y arqueado en forma de embudo en la parte posterior. Una sola especie en Centroeuropa.

1 | **Chicharra alicorta**
Ephippiger ephippiger (Tetigónidos)
L 22-30 mm ago.-oct. RL2 §

DESCRIPCIÓN: el color varía entre el verde claro y oliva, a veces también amarillento o verde azulado. Parte posterior de la cabeza negra. Alas en forma de rudimentos, muy arqueadas, que apenas sobresalen bajo el pronoto infundibuliforme.
HÁBITAT: en laderas cálidas cubiertas de matorrales; frecuente en la península Ibérica y todo el suroeste europeo, muy rara en Centroeuropa.
GENERALIDADES: el canto está formado por tonos dobles muy altos y de gran frecuencia.
ESPECIE SIMILAR: en la región mediterránea y en el sur de los Alpes existen varias especies muy similares.

La subfamilia *Saginae* se caracteriza por las espinas a modo de sierra que presentan las patas anteriores y posteriores en su lado inferior.

2 | *Saga pedo* (Tetigónidos)
L 53-75 mm ago.-oct.

DESCRIPCIÓN: el grillo europeo más grande, inconfundible gracias a la forma del cuerpo y las patas con espinas.
HÁBITAT: en zonas esteparias muy cálidas, sobre todo en el sur de Europa.
GENERALIDADES: de esta especie depredadora se ha sabido sólo de un macho, de modo que se reproduce casi exclusivamente de forma partenogenética. Suele acechar inmóvil en la hierba o en matorrales bajos y es muy difícil de encontrar. Sus presas preferidas son otros grillos y saltamontes; puede dominar sin dificultades incluso a *Decticus verrucivorus* **(2b)**.

La subfamilia *Decticinae* tiene los órganos auditivos en forma de hendidura, y el primer segmento de los tarsos posteriores presenta unos lóbulos pares, a diferencia de los demás grillos de matorral. En la región mediterránea están presentes numerosas especies.

3 | **Saltamontes de matorral pardo**
Pholidoptera griseoaptera (Tetigónidos)
L 13-18 mm jul.-oct.

DESCRIPCIÓN: especie de alas cortas, de marrón grisáceo a marrón rojizo. Las alas del macho **(3a)** son aprox. igual de largas que el pronoto, las de la hembra **(3b)** apenas sobresalen debajo de este.
HÁBITAT: en lindes de bosques y matorrales, frecuente en general.
GENERALIDADES: el canto está formado por estridentes tonos breves repetidos a intervalos largos.

4 | *Pholidoptera aptera* (Tetigónidos)
L 19-25 mm jul.-oct.

DESCRIPCIÓN: color de marrón grisáceo o rojizo a casi negro, pronoto con una raya blanca, muy marcada, en la parte posterior.
HÁBITAT: en claros de bosques en los Alpes y en la región prealpina, bastante frecuente localmente.

5 | **Saltamontes curador de verrugas**
Decticus verrucivorus (Tetigónidos)
L 22-44 mm jun.-oct. RL3

DESCRIPCIÓN: saltamontes grande y tosco, de color verde o marrón. Alas por lo general algo más largas que el abdomen, con manchas oscuras en forma de cuadrado.
HÁBITAT: en prados de hierba corta, de secos a moderadamente húmedos, y brezales. Sobre todo en zonas de montaña, pero también presente en zonas llanas.
GENERALIDADES: el nombre de la especie se debe a la antigua creencia popular de que el jugo gástrico que expulsaba el saltamontes al morder servía para curar las verrugas.

1

2a

2b

3a

3b

4

5

1 | *Metrioptera roeseli* (Tetigónidos)
L 14-18 mm jul.-oct.

DESCRIPCIÓN: color verde o marrón, lados del pronoto rodeados por una banda marginal clara. Alas hasta la mitad del abdomen, rara vez completamente alado.
HÁBITAT: en terrenos con hierba, secos y húmedos, muy frecuente en general. También en prados con muchos fertilizantes en los que casi es imposible encontrar otros saltamontes.
GENERALIDADES: el canto está formado por un chirrido agudo y suave que es emitido de forma persistente.

2 | *Metrioptera brachyptera* (Tetigónidos)
L 12-18 mm jul.-oct.

DESCRIPCIÓN: color de marrón oscuro hasta casi negro, normalmente con el dorso verde. Lados del pronoto con un borde claro muy estrecho en la parte posterior.
HÁBITAT: en prados húmedos, más raramente secos, mucho más raro que *M. roeseli*.
GENERALIDADES: a diferencia de la especie de parentesco cercano, el canto no está formado por un chirrido uniforme, sino por sonidos individuales que se van sucediendo en intervalos cortos.

3 | *Platycleis albopunctata* (Tetigónidos)
L 18-22 mm jun.-sep.

DESCRIPCIÓN: color casi siempre marrón, con largas alas marrón oscuro con manchas blancas. Muy raramente se ven animales verdes.
HÁBITAT: en laderas de montaña cálidas y con poca vegetación y en prados secos con zonas abiertas en el suelo.
GENERALIDADES: es una especie tímida que sabe volar muy bien y se encuentra siempre en el suelo.
ESPECIES SIMILARES: en la región mediterránea hay numerosas especies muy similares.

4 | *Gampsocleis glabra* (Tetigónidos)
L 20-26 mm jul.-sep. RL1 §

DESCRIPCIÓN: marrón o verde con los lados del pronoto con un margen claro estrecho. Se parece a *Decticus verrucivorus*, pero es claramente más delicado.
HÁBITAT: en estepas de hierba y brezales. Frecuente en las estepas de Europa del Este (p. ej., en Hungría).
GENERALIDADES: durante el día, el macho emite su canto alto y chirriante desde puestos de observación un poco elevados (p. ej., las puntas de un brezo en flor). Mientras canta está siempre sentado boca abajo. El animal de la foto está tomando el sol.

5 | *Anonconotus alpinus* (Tetigónidos)
L 16-23 mm ago.-sep.

DESCRIPCIÓN: saltamontes longicornio de patas llamativamente cortas, con dibujos muy atractivos (en verde, negro, rojo vino y blanquecino). Alas en forma de diminutos rudimentos blanquecinos que sobresalen bajo el pronoto.
HÁBITAT: en brezales alpinos con arbustos enanos en altitudes en torno a los 2000 m, raramente en altitudes menores. En el este de los Alpes centrales y en los Alpes del sur.
GENERALIDADES: la forma compacta del cuerpo y las cortas patas, antenas y alas pueden interpretarse como adaptación a las inhóspitas condiciones de los Alpes.

6 | *Antaxius pedestris* (Tetigónidos)
L 15-23 mm ago.-oct.

DESCRIPCIÓN: marrón claro u oscuro con dibujos blancos o amarillos que contrastan mucho. Alas en forma de rudimentos; las del macho, negras con una mancha blanca.
HÁBITAT: en zonas cálidas y con muchos arbustos en el oeste y el sur de los Alpes.

1

2

3

4

5

6

Los **grillos-camello ápteros** o **grillos de las cuevas** (familia *Rhaphidophoridae),* tienen las patas muy largas y carecen de alas. En Centroeuropa hay 2 especies.

1

Troglophilus sp. (Rafidofóridos)
L 15-25 mm todo el año

DESCRIPCIÓN: patas muy largas, de marrón grisáceo a marrón rojizo con jaspeado más oscuro.
HÁBITAT: en cuevas y galerías, desde la península Balcánica hasta el sur de Austria.

Los **grillos verdaderos** (familia *Gryllidae*) sólo tienen 3 segmentos tarsales. El color nunca es verde. Cuando cantan **(2)** frotan el ala derecha sobre la izquierda. En Centroeuropa hay 7 especies.

2

Grillo campestre o común
Gryllus campestris (Gríllidos)
L 20-26 mm mayo-jul. RL3

DESCRIPCIÓN: negro con alas con dibujos en amarillo, cabeza redonda y grande.
HÁBITAT: en prados pobres en nutrientes, brezales y prados secos.
GENERALIDADES: el Grillo campestre vive en agujeros en la tierra excavados por él mismo, en cuyas aberturas los machos estridulan sin cesar.

3

Grillo doméstico
Acheta domesticus (Gríllidos)
L 16-20 mm todo el año

DESCRIPCIÓN: marrón con dibujos oscuros, más delgado que el grillo campestre.
HÁBITAT: sobre todo en casas, en el verano también en vertederos.

4

Grillo italiano
Oecanthus pellucens (Gríllidos)
L 9-15 mm ago.-oct.

DESCRIPCIÓN: grillo muy esbelto de color claro y alas largas.
HÁBITAT: en lugares cálidos en arbustos y plantas más altas. Frecuente en la región mediterránea.
GENERALIDADES: el alto canto del Grillo italiano forma parte de los sonidos clásicos de las cálidas noches de finales de verano en la región mediterránea.

5

Grillo del bosque
Nemobius sylvestris (Gríllidos)
L 7-10 mm jun.-nov.

DESCRIPCIÓN: pequeño grillo de color marrón oscuro con las alas claramente reducidas.
HÁBITAT: sobre todo en lindes de bosques en la capa de follaje.
GENERALIDADES: es muy difícil localizar con precisión el canto murmurante de esta especie.

6

Myrmecophilus acervorum (Gríllidos)
L 3-3,5 mm todo el año

DESCRIPCIÓN: el grillo europeo más pequeño, casi sin alas.
HÁBITAT: por lo general en lugares cálidos y soleados, pero también en bosques y jardines.
GENERALIDADES: la especie vive siempre en compañía de hormigas y tiene un período de desarrollo de dos años.

Los **alacranes cebolleros** (familia *Gryllotalpidae,*) tienen unas llamativas patas prensoras. Una sola especie en Centroeuropa.

7

Alacrán cebollero o grillotopo
Gryllotalpa gryllotalpa (Grillotálpidos)
L 30-50 mm todo el año

DESCRIPCIÓN: inconfundible debido al tamaño y a las patas excavadoras.
HÁBITAT: en suelos húmedos, de arenosos a lodosos o turbosos, también a la orilla del agua y jardines. Frecuente localmente, pero ha disminuido en muchos lugares.
GENERALIDADES: el Alacrán cebollero vive en túneles excavados por él mismo en la tierra y se alimenta de larvas de insectos y raíces de plantas. Puede causar daños en jardines. A principios de verano, la hembra vigila la puesta en un hueco en la tierra (foto).

1

2

3

4

5

6

7

Los **saltamontes de tierra** (familia *Tetrigidae*) son saltamontes bastante pequeños con el pronoto prolongado hacia atrás en un espolón que llega hasta el extremo del abdomen o lo sobrepasa.

1 | **Saltamontes común de tierra**
Tetrix undulata (Tetrígidos)
L 8-11 mm todo el año

DESCRIPCIÓN: alas posteriores aprox. el doble de largas que las diminutas alas anteriores.
HÁBITAT: en prados y claros de bosques, especie más frecuente de la familia.

2 | *Tetrix tenuicornis* (Tetrígidos)
L 8-10 mm todo el año

DESCRIPCIÓN: antenas más finas y largas que las de *T. undulata*. Las alas posteriores alcanzan hasta el extremo del abdomen, aprox.
HÁBITAT: en lugares soleados y secos, p. ej., en fosas de arena y prados secos.

3 | *Tetrix subulata* (Tetrígidos)
L 7-12 mm todo el año

DESCRIPCIÓN: el espolón suele sobrepasar el extremo del abdomen, las alas posteriores sobresalen un poco de la punta del espolón.
HÁBITAT: sobre todo en zonas húmedas, p. ej., en orillas y áreas lodosas de cursos de agua que se han secado. No rara en la mayoría de zonas.
GENERALIDADES: la especie puede volar muy bien con sus largas alas posteriores, a pesar de las alas anteriores escamiformes.

Los **alacranes cebolleros pigmeos** (familia *Tridactylidae*) son también pequeños; tienen el pronoto casi esférico y el fémur posterior muy engrosado.

4 | *Tridactylus pfaendleri* (Tridactílidos)
L 4-6,5 mm todo el año

DESCRIPCIÓN: diminuto saltamontes de antenas cortas con el fémur posterior extremadamente engrosado.
HÁBITAT: en la orilla de aguas estancadas y corrientes. Sobre todo en la región mediterránea.
GENERALIDADES: los animales construyen galerías con granos de arena estratificados de forma suelta **(4b)**, en las que se suelen encontrar. Viven principalmente de algas.

La familia *Pamphagidae* sólo se encuentra en la Europa meridional y son los saltamontes de antenas cortas más grandes de Europa. Pueden identificarse con facilidad gracias al tosco cuerpo.

5 | *Prionotropis hystrix* (Panfágidos)
L 30-54 mm jun.-ago.

DESCRIPCIÓN: saltamontes de antenas cortas grande y tosco, con una quilla elevada y afilada en el pronoto. Alas reducidas.
HÁBITAT: en zonas áridas y pedregosas. En la costa oriental del Adriático y en el sur de los Alpes franceses. Bastante rara en general.
GENERALIDADES: ya que la especie suele moverse despacio, es fácil no verla a pesar de su tamaño.

La familia *Pyrgomorphidae*, también únicamente presente en los países meridionales, recuerda a la subfamilia *Acridinae* (ver p. siguiente), pero son claramente más pequeños. La frente, orientada hacia delante y abajo, está doblada debajo de los ojos.

6 | *Pyrgomorpha conica* (Pirgomórfidos)
L 15-30 mm abr.-jul.

DESCRIPCIÓN: característica forma corporal que recuerda mucho a *Acrida ungarica*. Gris, marrón o verde, base de las alas posteriores de color rosa.
HÁBITAT: en terrenos secos, pedregosos o arenosos. No rara localmente en la región mediterránea.
GENERALIDADES: la especie inverna como larva y es adulta ya a principios del año.

1

2

3

4a

4b

5

6

La familia *Catantopinae* cuenta con muchas especies en los países cálidos. Su característica especial es la presencia de un largo cono en forma de dedo en el lado inferior del protórax (entre las coxas de las patas posteriores). Muchas especies se caracterizan por su gran colorido. Los animales estridulan frotando las mandíbulas entre sí.

1

Calliptamus italicus (Acrídidos)
L 15-34 mm jul.-oct. RL2 §

DESCRIPCIÓN: saltamontes con las alas plenamente desarrolladas. Alas posteriores rosa. Conos en forma de dedo entre las coxas de las patas anteriores.
HÁBITAT: en zonas cálidas y pobres en vegetación. Muy frecuente en la región mediterránea.
GENERALIDADES: los machos cantan con las mandíbulas con gran entusiasmo en cuanto ven a un compañero de especie. Los sonidos, que pueden oírse a una distancia de 50 cm, van acompañados de movimientos espasmódicos de las antenas, los palpos y las patas posteriores.

2

Langosta egipcia
Anacridium aegypticum (Acrídidos)
L 30-70 mm sep.-mayo

DESCRIPCIÓN: saltamontes muy grande y volador. Alas posteriores transparentes con una banda oscura. Ojos con rayas verticales.
HÁBITAT: frecuente en general sobre todo en primavera en la región mediterránea.
GENERALIDADES: esta especie recorre con gran agilidad largos tramos volando y parece un pájaro pequeño si se mira brevemente. En verano sólo se encuentran las larvas **(1b)**, de color verde vivo. Los animales adultos, que no aparecen hasta el otoño, invernan.

3

Saltamontes alpino
Miramella alpina (Acrídidos)
L 16-31 mm jul.-sep.

DESCRIPCIÓN: color verde brillante con dibujos negros y borde inferior rojo en el fémur posterior. Alas por lo general igual de largas que el pronoto.
HÁBITAT: preferentemente en claros de bosques húmedos y prados en el piso montano de los Alpes, también en la región prealpina y en la Selva Negra, frecuente localmente.

4

Saltamontes de montaña
Melanoplus frigidus (Acrídidos)
L 17-26 mm jul.-oct.

DESCRIPCIÓN: con jaspeado de gran colorido, color básico verde amarillento, verde grisáceo o marrón grisáceo. Las alas llegan hasta el centro del abdomen.
HÁBITAT: prácticamente sólo por encima del límite de bosque en praderas alpinas y brezales con arbustos enanos, hasta altitudes de casi 3000 m. Frecuente localmente en los Alpes Centrales de Suiza y Austria.

5

Langosta de montaña
Podisma pedestris (Acrídidos)
L 17-30 mm jun.-oct. RL2

DESCRIPCIÓN: color básico marrón rojizo o marrón grisáceo con dibujos en negro y blanco que contrastan mucho. Fémur posterior rojo en la parte baja, tibia posterior azul claro. Alas por lo general más cortas que el pronoto.
HÁBITAT: en praderas alpinas, en brezales rocosos y en claros de bosques con brezo. A diferencia de *Miramella*, normalmente en lugares secos. Bastante frecuente en el centro y el sur de los Alpes, muy rara al norte de los Alpes.

6

Odontopodisma sp. (Acrídidos)
L 13-26 mm jun.-sep.

DESCRIPCIÓN: verde claro brillante con una banda longitudinal negra, rudimentos alares estrechos de color rosa y partes posteriores de la rodilla también rosa. Varias especies muy difíciles de distinguir.
HÁBITAT: sobre todo en bosques caducifolios ralos y matorrales. Desde la península Balcánica hasta el sur de Austria y de Suiza.

1a

1b

2

3

4

5

6

Los **saltamontes** y **langostas verdaderos** (familia *Acrididae*) son, con diferencia, la familia de saltamontes más rica en especies. La mayoría cantan frotando el fémur posterior sobre el ala. Los órganos auditivos están situados en la parte anterior de los laterales del abdomen. Se subdividen en la subfamilia *Oedipodinae*, con una capacidad para cantar poco desarrollada y a menudo alas posteriores de colores; la subfamilia *Acridinae* **(6)**, con su característica forma de la cabeza, y la subfamilia *Gomphocerinae*, grandes cantores. El pronoto tiene quillas laterales.

1

Langosta migratoria
Locusta migratoria (Acrídidos)
L 32-54 mm jun.-abr.

DESCRIPCIÓN: por lo general verde, más raramente marrón amarillenta con los fémures posteriores rojos. Los animales migratorios, de color marrón amarillento pálido con los fémures posteriores casi sin color.
HÁBITAT: con mayor frecuencia en zonas húmedas arenosas, pero también en terrenos baldíos secos y áreas de cultivo. Bastante frecuente en la región mediterránea.
GENERALIDADES: hace siglos la especie formaba ocasionalmente grandes grupos migratorios en el sureste de Europa que podían llegar hasta Centroeuropa.

2

Saltamontes de alas azules
Oedipoda caerulescens (Acrídidos)
L 15-28 mm jul.-oct. §

DESCRIPCIÓN: alas anteriores de color mimético, alas posteriores azules con una banda oscura. Los fémures posteriores con un escalón claro poco después del centro.
HÁBITAT: en áreas secas con poca vegetación, sobre todo en zonas cálidas. Ha disminuido notablemente en muchos lugares de Centroeuropa.
ESPECIE SIMILAR: el Saltamontes de alas rojas *(Oedipoda germanica)* tiene las alas posteriores rojas; por lo demás es casi imposible de distinguir de esta especie.

3

Saltamontes estridente
Psophus stridulus (Acrídidos)
L 23-40 mm jul.-oct. RL2 §

DESCRIPCIÓN: alas posteriores rojas con punta negra. Macho **(3a)** oscuro y de alas largas. Hembra **(3b)** de alas reducidas.
HÁBITAT: en zonas áridas y pedregosas, sobre todo en montaña.
GENERALIDADES: el macho vuela con un chirrido bastante alto.

4

Sphingonotus caerulans (Acrídidos)
L 14-31 mm ago.-oct. RL2 §

DESCRIPCIÓN: más esbelto que *Oedipoda,* fémur posterior sin escalón en la parte superior. Alas posteriores azul claro sin banda oscura.
HÁBITAT: en zonas arenosas con poca vegetación, p. ej., dunas.

5

Saltamontes de los pantanos
Stethophyma grossuma (Acrídidos)
L 12-39 mm jul.-oct.

DESCRIPCIÓN: verde amarillento o verde oliva, a menudo con dibujos de colores. Alas con rayas amarillas, fémures posteriores rojos en la parte inferior.
HÁBITAT: en prados muy húmedos y pantanos, ha disminuido mucho por el drenaje.
GENERALIDADES: los machos producen tonos cortos y chasqueantes moviendo las patas posteriores hacia atrás y rascando con las puntas espinosas de las tibias sobre las alas.

6

Acrida ungarica (Acrídidos)
L 30-60 mm jul.-oct.

DESCRIPCIÓN: saltamontes bastante grande, marrón o verde, con la cabeza muy prolongada hacia delante y hacia arriba.
HÁBITAT: en terrenos baldíos secos y con poca vegetación, raramente en prados húmedos. Frecuente en la región mediterránea, hasta Hungría y el este de Austria.

1

2

3a

3b

4

5

6

1 | *Chrysochraon dispar* (Acrídidos)
L 16-30 mm jun.-oct.

DESCRIPCIÓN: los dos sexos muy distintos. Macho **(1b)** verde claro brillante con un claro brillo metálico; tibias posteriores amarillentas. Las alas alcanzan casi hasta el extremo del abdomen. Hembra **(1a)** marrón grisácea, más raramente amarilla, con un ligero brillo metálico; tibias posteriores y lado inferior de los fémures posteriores, rojo vino claro. Las alas apenas son más largas que el pronoto.
HÁBITAT: sobre todo en prados húmedos, también en lindes de bosques secas con muchos matorrales, no rara en la mayoría de zonas.
GENERALIDADES: la hembra siempre pone los huevos en la superficie, p. ej., en madera podrida o en tallos jugosos rotos. Para ello estira el abdomen tanto como la longitud de su cuerpo y perfora un canal de hasta 4 cm de profundidad con las tapas del ovopositor, que son como pinzas. En este canal oculta los huevos insertados en una secreción espumosa que se endurece rápidamente.

2 | *Euthystira brachyptera* (Acrídidos)
L 13-26 mm jun.-sep.

DESCRIPCIÓN: los dos sexos con brillo verde metálico. Macho (foto) de alas verdes que alcanzan aprox. hasta el centro del abdomen, hembra de alas rosa reducidas y escamiformes. En ocasiones se observan también animales con las alas totalmente desarrolladas (al igual que en otras muchas especies de alas cortas) que tienen una apariencia muy distinta a los ejemplares normales.
HÁBITAT: en prados húmedos y prados secos de hierba alta.
GENERALIDADES: también esta especie pone los huevos en la superficie. La puesta tiene lugar entre hojas dobladas de gramíneas y otras plantas. Los capullos, que después son marrones, contienen 5-6 huevos cada uno. La puesta en la superficie puede interpretarse como adaptación a zonas húmedas.

3 | *Gomphocerippus rufus* (Acrídidos)
L 14-24 mm jul.-nov.

DESCRIPCIÓN: antenas con las puntas ensanchadas y aplanadas, como una lanza, extremos blancos, resto negro.
HÁBITAT: en lindes de bosques y prados secos con matorrales.
GENERALIDADES: se encuentra en matorrales y rara vez en el suelo, a diferencia de la mayoría de especies de esta subfamilia.

4 | *Gomphocerus sibiricus* (Acrídidos)
L 18-25 mm jul.-sep.

DESCRIPCIÓN: puntas de las antenas menos ensanchadas que en *G. rufus*, sin el extremo blanco. Macho **(4a, 4b)** con tibias anteriores engrosadas en forma de maza.
HÁBITAT: principalmente en praderas alpinas secas y en matorrales con rosa de los Alpes. Muy frecuente localmente por encima del límite de árboles (sobre todo en los Alpes Centrales), mucho más rara en altitudes más bajas.
GENERALIDADES: la especie produce un canto alto y rítmicamente rasposo. Durante el cortejo de la hembra se realizan además movimientos pantomímicos con las tibias anteriores.

5 | *Myrmeleotettix maculatus* (Acrídidos)
L 11-17 mm jun.-oct.

DESCRIPCIÓN: las puntas de las antenas del macho **(5b)** están engrosadas en forma de cabeza de pipa y arqueadas hacia fuera; las de la hembra **(5a)** sólo están un poco ensanchadas. Color muy variable: en la misma ubicación y en un espacio muy reducido pueden encontrarse hembras de color verde, marrón amarillento, rosa, marrón rojizo o con dibujos de colores; los machos, en cambio, suelen ser marrones.
HÁBITAT: en lugares muy secos, con poca vegetación y, por lo general, arenosos. También en zonas pantanosas que se han secado y donde se ha extraído turba.

1a
1b
3
2
4b
4a
5a
5b

1 | *Arcyptera fusca* (Acrídidos)
L 23-40 mm jul.-sep. RL1 §

DESCRIPCIÓN: saltamontes muy grande, con llamativos dibujos de colores. Color básico de amarillento a verde oliva con dibujos amarillos y negros. Tibias posteriores rojo brillante, con un anillo negro y amarillo en la base. Alas posteriores marrón negruzco. Hembra (animal a la dcha.) con las alas claramente reducidas.
HÁBITAT: en prados de montaña y brezales secos y con poca vegetación. Bastante frecuente localmente en el centro y el sur de los Alpes hasta altitudes de más de 2000 m.
GENERALIDADES: encontrarse con esta bonita especie en un prado de montaña apartado es una experiencia impresionante. Los machos, con buena capacidad para volar, vuelan emitiendo un tono chirriante suave. Tras aterrizar, a menudo frotan las alas con las patas posteriores, produciendo así un sonido muy alto y chirriante. Es fácil demostrar cómo se produce utilizando un animal capturado: sólo hay que mover una de las patas posteriores hacia arriba y abajo presionando al mismo tiempo ligeramente contra el ala. Este sonido se emite también como canto normal en combinación con un chirrido silbante.

2 | Saltamontes de ala listada
Stenobothrus lineatus (Acrídidos)
L 15-26 mm jul.-oct.

DESCRIPCIÓN: el género *Stenobothrus* se diferencia de *Omocestus* por la zona media ensanchada con venas regulares transversales (la zona alargada en la parte basal del centro del ala puede distinguirse bien en **2b**), y de *Chorthippus* (v. p. siguiente), por el margen inferior de las alas no ensanchado, o sea, recto. Coloración muy variable. Macho **(2a)** por lo general verde con la punta del abdomen roja. Hembra **(2b)** verde o marrón, más raramente rojo vino, con rayas blancas en el margen superior e inferior de las alas anteriores. A veces incluso pueden verse ejemplares de color violeta azulado (también machos).
HÁBITAT: principalmente en prados y brezales secos con vegetación baja, puede encontrarse regularmente en casi todos los lugares.
GENERALIDADES: el destacado canto está formado por un chirrido que sube y baja de forma muy regular.

3 | *Omocestus rufipes* (Acrídidos)
L 12-21 mm jul.-nov. RL2

DESCRIPCIÓN: como representante del género *Omocestus,* se diferencia de *Stenobothrus* por el área media de las alas anteriores, no ensanchada y con una venación reticulada, y de *Chorthippus,* por la característica explicada en *Stenobothrus* (v. arriba). El macho **(3a)** es uno de los saltamontes más bonitos. El lado superior es casi completamente de color marrón negruzco; el lado inferior, en cambio, puede presentar una auténtica explosión de colorido: los palpos son blanco nieve y el lado inferior del tórax y la parte anterior del abdomen, amarillo limón. En dirección al extremo del abdomen, este color se convierte en un rojo chillón. La hembra **(3b)** suele ser marrón negruzco con el dorso verde.
HÁBITAT: en zonas arenosas o pedregosas abiertas, sobre todo en montaña, aunque también en algunas zonas llanas. No es frecuente en ningún lugar.

4 | Saltamontes verde
Omocestus viridulus (Acrídidos)
L 13-24 mm jun.-oct.

DESCRIPCIÓN: colores variables igual que *Stenobothrus lineatus*, pero el dorso casi siempre verde.
HÁBITAT: sobre todo en prados de montaña de secos a moderadamente húmedos, pero también en llanuras. Frecuente en los Alpes.
GENERALIDADES: el canto está formado por un chirrido que aumenta claramente al principio y al que se superpone un ruido de tictac; dura entre 10 y 20 segundos. Recuerda mucho a un despertador que hace tictac muy rápido.

1

2a

2b

3a

3b

4

El género *Chorthippus*, presentado en las próximas páginas, se diferencia de los géneros *Stenobothrus* y *Omocestus* (v. p. anterior) por el margen ensanchado de las alas. El margen anterior (el inferior si el animal está sentado) muestra una pequeña muesca de varios mm detrás del principio del ala (visible en **1b** y **5**).

1 | **Saltamontes de campo común**
Chorthippus brunneus (Acrídidos)
L 14-25 mm jul.-oct.

DESCRIPCIÓN: quillas laterales del pronoto (líneas elevadas y estrechas en la parte superior del pronoto) dobladas angularmente; si se observan desde arriba tienen la forma de una X. Alas anteriores largas y estrechas, de unos 3 mm de ancho y una media de 14,5 mm de largo en el macho **(1a)** y 18 mm en la hembra **(1b)**.
HÁBITAT: en áreas abiertas y soleadas, tales como claros de bosques y márgenes de caminos, bastante frecuente.
GENERALIDADES: el canto está formado por sonidos "sst" muy cortos emitidos cada 2 s, aprox.

2 | *Chorthippus biguttulus* (Acrídidos)
L 13-22 mm jul.-nov.

DESCRIPCIÓN: muy similar a *C. brunneus*, pero las alas un poco más cortas y relativamente más anchas: 3 mm de ancho y una media de 12 mm de largo en el macho (foto) y 15 mm en la hembra.
HÁBITAT: en prados secos y márgenes de caminos soleados. Frecuente en general.
GENERALIDADES: el canto es claramente diferente al de *C. brunneus*, y está formado por estrofas de chirridos resonantes que aumentan un poco al principio y concluyen abruptamente después de 2 o 3 s.

3 | **Saltamontes de los prados**
Chorthippus parallelus (Acrídidos)
L 13-23 mm jun.-nov.

DESCRIPCIÓN: quillas laterales del pronoto sólo un poco curvadas. Color verde, marrón o mezclado. Hembra (foto) con las alas muy cortas y apuntadas. Las del macho no llegan del todo al extremo del abdomen.
HÁBITAT: en prados húmedos y secos; muy frecuente en general, probablemente la especie de saltamontes europea más frecuente.
GENERALIDADES: el canto está formado por estrofas cortas de tonos chirriantes que se suceden rápidamente.

4 | *Chorthippus albomarginatus* (Acrídidos)
L 13-21 mm jul.-oct.

DESCRIPCIÓN: quillas laterales del pronoto casi rectas. Color marrón, gris, amarillento o verde. Hembra **(4a)** con una raya blanca en el margen de las alas, ausente en el macho **(4b)**.
HÁBITAT: en prados húmedos.

5 | *Chorthippus apricarius* (Acrídidos)
L 13-22 mm jul.-oct.

DESCRIPCIÓN: quillas laterales del pronoto angulares. Área media del ala anterior igual que en *Stenobothrus*, claramente ensanchada y con venación transversal regular.
HÁBITAT: en márgenes de caminos, lindes de campos y terrenos baldíos secos.
GENERALIDADES: el canto se emite en sucesiones bastante prolongadas formadas por sonidos golpeantes y algo silbantes que se van alternando. Recuerda curiosamente a una locomotora de vapor.

6 | *Chorthippus pullus* (Acrídidos)
L 12-22 mm jul.-oct. RL1

DESCRIPCIÓN: color básico marrón grisáceo oscuro con las tibias posteriores rojo brillante y las rodillas oscuras, delimitadas en tonos claros. Alas del macho (foto) un poco reducidas; las de la hembra, claramente reducidas.
HÁBITAT: en bancos de guijarros de ríos alpinos y brezales arenosos con poca vegetación.

1a

1b

2

3

4a

4b

5

6

1 *Mesopsocus unipunctatus* (Mesopsócidos)

L 3-4 mm jun.-oct.

DESCRIPCIÓN: macho (foto) de alas transparentes y pterostigma marrón, hembra áptera.
HÁBITAT: en cortezas de árboles caducifolios y coníferas, frecuente en general.
GENERALIDADES: los animales se alimentan de algas y líquenes que crecen sobre las cortezas de los árboles. Los machos son más raros que las hembras.

2 *Loensia fasciata* (Psócidos)

L 3-4 mm mayo-ago.

DESCRIPCIÓN: ambos sexos alados. Alas anteriores con 4 bandas transversales oscuras, en parte unidas, y numerosos puntos oscuros.
HÁBITAT: en lugares similares a *Mesopsocus unipunctatus*, pero más rara que esta especie.

3 *Liposcelis* sp. (Liposcélidos)

L 0,7-1,5 mm todo el año

DESCRIPCIÓN: muy aplanado y totalmente sin alas, órganos bucales orientados hacia delante. Marrón oscuro (también hay especies amarillento pálido). Varias especies difíciles de distinguir.
HÁBITAT: sobre todo bajo cortezas de árboles, algunas especies también en edificios. Frecuente en general.
GENERALIDADES: se alimentan sobre todo de hongos de debajo de las cortezas.

4 *Lepinotus patruelis* (Trógidos)

L 1,3-2 mm todo el año

DESCRIPCIÓN: alas reducidas a diminutas escamas. Marrón más claro u oscuro, con una raya oscura entre los ojos y la base de las antenas.
HÁBITAT: sólo en lugares húmedos de edificios, frecuente en general.
GENERALIDADES: se alimenta de mohos. Puede producir sonidos de tic tac audibles golpeando el abdomen sobre la base.

5 *Parthenothrips dracenae* (Trípidos)

L 1-1,3 mm todo el año

DESCRIPCIÓN: alas muy estrechas, blanquecinas, con una banda transversal oscura y con largos flecos de pelo en el margen.
HÁBITAT: en plantas útiles y ornamentales en pisos, invernaderos, frecuente en general.
GENERALIDADES: se reproducen deprisa y pueden causar daños considerables en las plantas por su actividad chupadora.

6 *Columbicula columbae* (Filoptéridos)

L 2 mm todo el año

DESCRIPCIÓN: cuerpo muy estrecho y aplanado. Antenas en el centro de la estrecha cabeza, orientadas hacia atrás.
HÁBITAT: sólo en el plumaje de la paloma doméstica, frecuente.
GENERALIDADES: la especie se alimenta de la queratina de las plumas de la paloma. Si la infestación es muy grande, el plumaje puede sufrir daños patentes. Sin la especie hospedadora sólo pueden sobrevivir unos pocos días.

7 **Piojo del pelo**

Pediculus capitis (Pediculidos)

L 2,5-3 mm todo el año

DESCRIPCIÓN: muy aplanado, forma de pera estrecha si se observa desde arriba. Patas típicas con garras.
HÁBITAT: sólo en el cabello humano. Antes frecuente en general, en las últimas décadas ha disminuido considerablemente, pero sigue apareciendo de vez en cuando (sobre todo en niños de parvulario).
GENERALIDADES: el Piojo del pelo se alimenta de sangre; sólo puede pasar unos pocos días de ayuno. Los huevos **(7b)**, las llamadas "liendres" se adhieren a los cabellos. Las larvas salen después de 6 días y una semana después ya son adultas.

1

2

3

4

5

6

7a

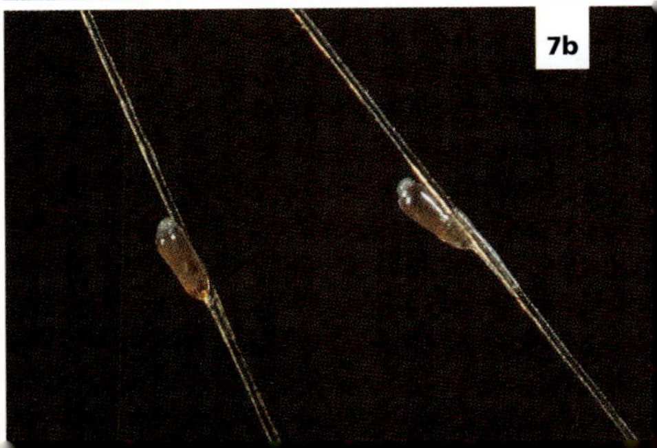
7b

1 Chinche acuática vikinga

Ilyocoris cimicoides (Naucóridos)
L 12-15 mm todo el año

DESCRIPCIÓN: forma de escarabajo; las patas anteriores son patas prensoras cortas, como navajas.
HÁBITAT: frecuente en general en aguas estancadas con mucha vegetación.
GENERALIDADES: se alimenta de otros insectos acuáticos; picadura dolorosa.

2 Escorpión acuático

Nepa cinerea (Népidos)
L 17-22 mm todo el año

DESCRIPCIÓN: muy aplanado, con patas prensoras. Con tubo respiratorio en el extremo posterior.
HÁBITAT: en aguas de todo tipo, por lo general en zonas llanas cerca de la orilla.

3 Insecto palo acuático

Ranatra linearis (Népidos)
L 30-40 mm ago.-jun.

DESCRIPCIÓN: chinche grande muy estrecha, tubo respiratorio casi igual de largo que el cuerpo.
HÁBITAT: en aguas estancadas con mucha vegetación. Bastante frecuente.
GENERALIDADES: en caso de peligro se hace pasar por muerta y entonces es fácil que pase desapercibida. Captura con las patas prensoras otros insectos acuáticos y pequeños peces. Puede volar muy bien. Los huevos, con dos apéndices respiratorios filiformes, se ponen en partes de plantas a la altura del nivel del agua **(3b)**.

4 Garapito

Notonecta glauca (Notonéctidos)
L 15-16 mm jul.-mayo

DESCRIPCIÓN: nada con el dorso hacia abajo. Patas posteriores como remos, con largos pelos natatorios.
HÁBITAT: en aguas estancadas de todo tipo, muy frecuente en general.
GENERALIDADES: el "nadador de espalda" obtiene un fuerte impulso ventral mediante el aire almacenado en dos canales de pelo situados bajo el abdomen; este impulso gira su parte inferior hacia arriba y hace subir al animal a la superficie del agua en la posición de reposo si no se agarra a las plantas.

5 *Anisops sardea* (Notonéctidos)

L 8-10 mm todo el año

DESCRIPCIÓN: nada sobre el dorso, pero es claramente más pequeña y esbelta que *Notonecta*, y tiene las patas más largas.
HÁBITAT: en aguas estancadas y de curso lento. No rara localmente en la región mediterránea, ausente en Centroeuropa.
GENERALIDADES: esta especie, a diferencia de *Notonecta*, es igual de pesada que el agua con el aire respiratorio, por lo que es la única chinche acuática que puede flotar en el agua sin esfuerzo.

6 *Plea leachi* (Pléidos)

L 2-3 mm todo el año

DESCRIPCIÓN: diminuta chinche acuática de cuerpo muy arqueado que nada con la cara ventral hacia arriba.
HÁBITAT: en estanques y charcas limpios y con mucha vegetación, por lo general no rara.
GENERALIDADES: recibe impulso por una gran burbuja de aire de la cara ventral.

7 *Aphelocheirus aestivalis*

(Afeloquéiridos)
L 9-10 mm todo el año

DESCRIPCIÓN: muy aplanada, con alas vestigiales y patas muy delgadas.
HÁBITAT: en aguas corrientes limpias, bastante rara.

8 *Corixa punctata* (Coríxidos)

L 13-15 mm jul.-mayo

DESCRIPCIÓN: similar a un garapito, pero nada con el dorso hacia arriba.
HÁBITAT: en aguas estancadas con mucha vegetación, bastante frecuente.

1
2
3a
4
3b
5
6
7
8

1 Zapatero
Gerris sp. (Gérridos)
L 10-17 mm todo el año

DESCRIPCIÓN: patas centrales y posteriores claramente más largas que el cuerpo, extendidas sobre el agua en forma de cruz. Patas anteriores mucho más cortas y dobladas en ángulo. Varias especies difíciles de distinguir.
HÁBITAT: en aguas estancadas y de curso lento. Algunas especies muy frecuentes.
GENERALIDADES: el pelo denso e hidrófugo que cubre el lado inferior de las patas evita que se hunda. Es un animal que avanza muy deprisa mediante rápidos movimientos de las patas centrales. Su desarrollado sentido vibratorio le permite percibir pequeños movimientos de la superficie del agua y, por lo tanto, dirigirse directamente a los insectos caídos, su alimento principal, a los que agarra con las patas anteriores dobladas.

2 Medidor de los estanques
Hydrometra stagnorum (Hidrométridos)
L 9-12 mm todo el año

DESCRIPCIÓN: cuerpo en forma de palo estrecho, con la cabeza muy alargada y patas delgadísimas.
HÁBITAT: en aguas estancadas y de curso lento, bastante frecuente en general.
GENERALIDADES: suele mantenerse oculta en la orilla debajo de piedras o cojines de hierba. Para buscar alimento se desplaza sobre la superficie del agua con sus patas de aspecto frágil y captura insectos que han caído en el agua, también muertos, a los que probablemente perciba por el olor.

3 Grillo de agua
Velia caprai (Velíidos)
L 6-9 mm todo el año

DESCRIPCIÓN: todas las patas cortas y fuertes, las mantiene siempre un poco dobladas en ángulo. Margen del abdomen con manchas rojas.
HÁBITAT: en aguas corrientes estrechas, frecuente en general.
GENERALIDADES: los animales suelen mantenerse ocultos en la orilla, pero también pueden observarse en grandes grupos sobre la superficie del agua. Toleran muy bien el frío y son en parte activos incluso en invierno. Para capturar alimento se lanzan desde la orilla sobre la presa que pasa flotando por delante.

4 *Microvelia reticulata* (Velíidos)
L 1,5-2 mm todo el año

DESCRIPCIÓN: diminuta, de color oscuro, forma similar al grillo de agua.
HÁBITAT: en aguas estancadas, normalmente cerca de la orilla. Bastante frecuente.
GENERALIDADES: a pesar de su pequeño tamaño, a menudo llama la atención porque le gusta correr sobre la superficie del agua en grandes grupos.

5 *Mesovelia furcata* (Mesovelíidos)
L 3-3,5 mm todo el año

DESCRIPCIÓN: verdosa o verde oliva con dibujos oscuros de diferente extensión. La forma, el color y el tamaño recuerdan mucho a un pulgón.
HÁBITAT: en aguas estancadas con plantas de hojas flotantes, sobre todo nenúfares, bastante frecuente.
GENERALIDADES: los animales se encuentran a menudo en densos grupos sobre hojas de nenúfar y otras hojas flotantes. Es fácil no verlos debido a su color. Se alimentan de los animales que caen al agua.

6 Chinche de ribazo
Saldula saltatoria (Sáldidos)
L 3,5-4,5 mm todo el año

DESCRIPCIÓN: cuerpo oval, muy aplanado. Cabeza con los ojos muy saltones. Color marrón oscuro con dibujo amarillento.
HÁBITAT: en orillas de aguas fangosas y ciénagas, frecuente.
GENERALIDADES: esta especie extraordinariamente ágil puede saltar bien y se alimenta preferentemente de saltarines.

1

2

3

4

5

6

1 | **Chinche de las camas**
Cimex lectularius (Cimícidos)
L 5-6 mm todo el año

DESCRIPCIÓN: cuerpo muy ancho y extremadamente aplanado; alas reducidas a diminutas escamas.
HÁBITAT: en edificios; mayor presencia en zonas costeras de la región mediterránea. Aunque son escasos, pueden volver a aparecer, por ejemplo, escondidos entre los bultos.
GENERALIDADES: esta chinche se oculta de día en grietas estrechas y sale de noche a chupar sangre **(1b)** atraída por el calor irradiado por las personas. Son complicados de descubrir pero en las habitaciones infestadas se suele percibir un típico olor dulzón. Puede ayunar unos 6 meses. No se limita al ser humano para escoger hospedador; también puede vivir de la sangre de diversos animales domésticos. Esta chinche de las camas puede transmitir distintas enfermedades a personas y animales.

2 | *Oeciacus hirundinis* (Cimícidos)
L 3,5 mm todo el año

DESCRIPCIÓN: similar a la chinche de las camas, pero más pequeña y con más pelo.
HÁBITAT: en nidos de aves, sobre todo de golondrinas.

3 | **Chinche de las flores**
Anthocoris nemorum (Antocóridos)
L 3,5-4,5 mm jul.-mayo

DESCRIPCIÓN: pequeña especie de color oscuro con un característico dibujo en las alas.
HÁBITAT: en lindes de bosques y jardines, frecuente en general.
GENERALIDADES: se trata de una especie muy útil que se alimenta de otros insectos, sobre todo pulgones.

4 | *Hadrodemus m-flavum* (Míridos)
L 7-8 mm jun.-ago.

DESCRIPCIÓN: chinche oscura con un marcado dibujo de color claro en forma de M en las alas.
HÁBITAT: en prados secos y en lindes de bosques soleadas.
GENERALIDADES: se alimenta, como la mayoría de chinches blandas, de savia. Prefiere chupar en plantas de salvia de los prados.

5 | *Closterotomus norvegicus* (Míridos)
L 6-9 mm jun.-sep.

DESCRIPCIÓN: casi de un solo color, de verde a verde amarillento, con 2 puntos negros en el pronoto.
HÁBITAT: en prados húmedos, terrenos baldíos y cultivados. Frecuente en general.

6 | *Calocoris roseomaculatus* (Míridos)
L 6-8 mm jul.-ago.

DESCRIPCIÓN: color básico verde grisáceo. Patas y alas con llamativas manchas rojas.
HÁBITAT: en la capa herbácea de prados secos, sobre todo en zonas de montaña.
GENERALIDADES: chupa diferentes hierbas, sobre todo margaritas y milenrama.

7 | *Stenodema laevigata* (Míridos)
L 8-9 mm jul.-mayo

DESCRIPCIÓN: especie llamativamente esbelta. El color cambia a lo largo de la vida de amarillo paja a marrón amarillento, después tiene rayas negras y finalmente es de verde hasta casi negro.
HÁBITAT: en prados y lindes de bosques, frecuente en general.
GENERALIDADES: esta chinche vive en hierbas e inverna como adulta, a diferencia de la mayoría de chinches blandas.

8 | *Deraeocoris ruber* (Míridos)
L 6,5-7,5 mm jul.-sep.

DESCRIPCIÓN: cuerpo llamativamente ancho, con dibujos en rojo y negro muy variables.
HÁBITAT: en prados y lindes de bosques.
GENERALIDADES: se alimenta de forma depredadora de otros insectos, a diferencia de la mayoría de chinches blandas.

1a

1b

2

3

4

5

6

7

8

Las **chinches asesinas** (familia *Reduviidae*) poseen un pico muy fuerte y grueso, arqueado. Además de para chupar las presas, a veces lo utilizan como órgano de estridulación, frotando con la punta sobre un canal transversal situado en el lado inferior del protórax. En Centroeuropa hay unas 10 especies.

1 | **Cazador enmascarado**
Reduvius personatus (Reduvíidos)
L 15-18 mm mayo-ago.

DESCRIPCIÓN: gran chinche depredadora, negra, claramente aplanada.
HÁBITAT: principalmente en edificios antiguos, más raramente en áreas libres. Bastante extendida, no es infrecuente.
GENERALIDADES: es una especie activa de noche y se posa con frecuencia en ventanas iluminadas. Caza moscas, escarabajos e incluso chinches de las camas, lo que la convierte en muy útil en las casas. No obstante, no debe cogerse con las manos. La puesta tiene lugar en pleno verano; la larva se desarrolla durante el invierno. Tiene pelos pegajosos y se camufla con partículas de polvo que se quedan adheridas a estos **(1b)**, de este modo es casi invisible si no se mueve.

2 | *Rhynocoris iracundus* (Reduvíidos)
L 14-17 mm mayo-jul.

DESCRIPCIÓN: especie grande y fuerte, con dibujos rojo vivo.
HÁBITAT: en lindes de bosques cálidas y prados secos; bastante frecuente en lugares secos al sur de los Alpes.
GENERALIDADES: esta llamativa especie caza otros insectos en plantas y en el suelo. Incluso los animales con armas de defensa tan buenas como las abejas se convierten en sus víctimas. Hay que protegerse de su fuerte pico.
ESPECIE SIMILAR: *Rhinocoris erythropus* necesita aún más calor y es rara en Centroeuropa. Es de color rojo vino con manchas amarillas.

3 | *Rhynocoris annulatus* (Reduvíidos)
L 12-15 mm mayo-jul.

DESCRIPCIÓN: similar a *R. iracundus*, pero sólo tiene manchas rojas en el margen del abdomen y en las patas.
HÁBITAT: en lindes de bosques soleadas, muy extendida y no rara localmente.

4 | *Empicoris vagabundus* (Reduvíidos)
L 6-7 mm mayo-ago.

DESCRIPCIÓN: chinche depredadora de aspecto frágil y grácil, con las patas anteriores transformadas en esbeltas patas prensoras.
HÁBITAT: en ramas en bosques, sobre todo en zonas umbrías. También en casas. Bastante frecuente en general.
GENERALIDADES: es muy difícil de encontrar debido a su camuflaje. Caza otros insectos, a los que atrapa con las patas prensoras. En las casas es útil porque caza mosquitos.

5 | **Chinche asesina de los brezales**
Coranus subapterus (Reduvíidos)
L 9-12 mm jul.-oct.

DESCRIPCIÓN: chinche depredadora pequeña, de color marrón grisáceo nada llamativo. Alas por lo general reducidas.
HÁBITAT: Principalmente en lugares arenosos y secos con zonas sin vegetación; una de las especies más frecuentes de esta familia.
GENERALIDADES: suele encontrarse en el suelo, donde es difícil de descubrir debido a su color.

6 | *Peirates hybridus* (Reduvíidos)
L 12-15 mm sep.-jun. RL1

DESCRIPCIÓN: forma del cuerpo bastante estrecha; color negro brillante con alas con dibujos en rojo, negro y amarillento.
HÁBITAT: en lugares muy cálidos y secos. Muy extendida en la región mediterránea, y muy rara en Centroeuropa.

1a

1b

2a

2b

3

4

5

6

1 | *Phymata crassipes* (Reduvíidos)
L 8-9 mm mayo-jun. RL3

DESCRIPCIÓN: forma muy extravagante; márgenes del abdomen ensanchados en forma de escudos triangulares claramente arqueados y patas anteriores con forma de patas prensoras cortas y fuertes. Macho **(1a)** marrón más oscuro que la hembra **(1b)**.
HÁBITAT: en prados secos y prados pobres en nutrientes con muchas flores.
GENERALIDADES: esta pequeña chinche de forma monstruosa acecha preferentemente desde plantas con flor, como margaritas, y es relativamente fácil de encontrar a pesar de su pequeño tamaño. Captura insectos que visitan las flores y es capaz de dominar a presas que superan su tamaño, como lepidópteros.

2 | *Nabis limbatus* (Nábidos)
L 7-9 mm jul.-sep.

DESCRIPCIÓN: tiene el pico sobresaliente en forma de arco, como es habitual en su género, pero mucho más fino que el de las chinches asesinas. Alas por lo general muy reducidas, con líneas oscuras; las formas totalmente aladas son raras. Dorso del abdomen con 3 rayas longitudinales marrones.
HÁBITAT: en prados húmedos y caminos forestales, frecuente en general.
GENERALIDADES: forma de vida depredadora, como las chinches asesinas. Captura orugas y otros insectos más pequeños.
ESPECIES SIMILARES: varias especies más de este género, que son difíciles de distinguir de esta.

3 | *Himacerus mirmicoides* (Nábidos)
L 7-9 mm sep.-mayo

DESCRIPCIÓN: color de la chinche adulta marrón oscuro, márgenes laterales del abdomen con manchas claras y oscuras, alas claramente reducidas. Larva con dibujo blanco en la parte anterior del abdomen que imita la estrecha cintura de una hormiga.
HÁBITAT: en prados y lindes de bosques en la capa herbácea; bastante frecuente.
GENERALIDADES: a diferencia de *N. limbatus*, inverna el imago. La larva puede verse en flores y hierbas en verano.

4 | *Corizus hyoscyami* (Ropálidos)
L 9-12 mm sep.-jul.

DESCRIPCIÓN: recuerda a una chinche de la malva arbórea (p. siguiente) o a *Lygaeus equestris* y sus familiares (p. 108) por su llamativo dibujo en rojo y negro, pero tiene más pelo y la forma del dibujo es distinta.
HÁBITAT: en hierbas situadas en lugares soleados y secos, bastante frecuente.
GENERALIDADES: chupa preferentemente plantas compuestas y candelarias. Inverna como adulta y pone los huevos en primavera. El animal tienen un ligero olor a canela.

5 | *Chorosoma schillingi* (Ropálidos)
L 10-16 mm jul.-sep.

DESCRIPCIÓN: larga y estrecha, con patas y antenas largas y delgadas. Por lo general de color marrón amarillento, más raramente verde o negruzco.
HÁBITAT: en hierbas situadas en lugares arenosos y secos, por lo general no rara.

6 | *Myrmus miriformis* (Ropálidos)
L 6-8 mm jul.-sep.

DESCRIPCIÓN: alas por lo general muy reducidas, más raramente totalmente desarrolladas. Macho de abdomen estrecho y paralelo, el de la hembra (foto) más ancho y oval. Color de verde a casi negro.
HÁBITAT: en prados secos y húmedos, bastante frecuente.
GENERALIDADES: se alimenta de hierbas e inverna como huevo.

1a

1b

2

3

4

5

6

1 Tigre de los plátanos
Corythucha ciliata (Tíngidos)
L 3,4-4 mm todo el año

DESCRIPCIÓN: cuerpo negro, pronoto y alas blancos con un dibujo reticulado muy artístico y 2 manchas negras.
HÁBITAT: en las hojas y debajo de la corteza de plátanos. Frecuente en la región mediterránea.
GENERALIDADES: esta chinche se alimenta exclusivamente de savia celular de plátanos. No es autóctona de Europa, al igual que la planta hospedadora, sino que fue introducida desde América con plantas. Después de llevar muchos años establecida en la región mediterránea, se empezó a detectar también en Centroeuropa, donde sigue avanzando. Las hojas de los plátanos tienen muchas veces el envés cubierto de estas chinches, y entonces pueden verse manchas claras a consecuencia de la actividad chupadora.

2
Acalypta musci (Tíngidos)
L 2,5-3 mm jul.-mayo

DESCRIPCIÓN: chinche marrón, de forma oval ancha, con dibujo reticulado fino y muy regular.
HÁBITAT: en la capa de musgo en el suelo de bosques, infrecuente.

3 Chinche de encaje de los cardos
Tingis cardui (Tíngidos)
L 3-4 mm jul.-mayo

DESCRIPCIÓN: forma elíptica, claramente estrechada hacia delante y atrás, con un dibujo reticulado muy tupido. Color claro con dibujos oscuros.
HÁBITAT: en prados húmedos y secos en cardos, bastante frecuente en casi todos los lugares.
GENERALIDADES: se encuentra preferentemente en cardos del género *Cirsium*, y menos en los del género *Carduus*, sobre todo en el Cardo común. Se encuentra con relativa facilidad si se abren las brácteas de las flores en verano.

4
Copium teucrii (Tíngidos)
L 2,5-3 mm jul.-mayo

DESCRIPCIÓN: inconfundible debido a las antenas negras, muy engrosadas en el extremo en forma de maza. Parte anterior del cuerpo gris; a partir del principio de las alas, marrón amarillento.
HÁBITAT: en laderas pedregosas con poca vegetación y presencia de *Teucrium montanum*. Infrecuente.
GENERALIDADES: los animales se desarrollan en capullos huecos con agallas de la planta hospedadora **(4b)**. A principios de verano se encuentran las larvas en ellos, y a partir de julio, los adultos. Es muy fácil encontrar esta especie en sus ubicaciones debido a las llamativas agallas.

5 Chinche plana del pino
Aradus cinnamomeus (Arádidos)
L 3,5-4 mm todo el año

DESCRIPCIÓN: cuerpo muy aplanado. Alas del macho (foto) extraordinariamente estrechas; las de la hembra, muy reducidas.
HÁBITAT: principalmente en pinos jóvenes bajo las escamas de la corteza, frecuente.
GENERALIDADES: se alimenta de la savia de los árboles hospedadores; desarrollo de 2 años.

6 Chinche roja o de las malvas
Pyrrhocoris apterus (Pirrocóridos)
L 10-12 mm ago.-mayo

DESCRIPCIÓN: dibujos rojos y negros que contrastan mucho, dos puntos negros en cada ala, alas rojas y reducidas.
HÁBITAT: sobre todo en zonas habitadas, a menudo en grandes grupos bajo viejos tilos y robinias, bastante frecuente en general.
GENERALIDADES: chupan preferentemente las semillas de tilos y robinias, además de frutos de malvas (v. foto).

1

2

3

4a

4b

5

6

1 Chinche de campo
Lygaeus equestris (Ligaéidos)
L 10-12 mm ago.-jun.

DESCRIPCIÓN: roja con dibujos negros, pronoto con dos bandas transversales irregulares, de color negro. Membrana alar con mancha blanca redonda.
HÁBITAT: en lindes de bosques soleadas y prados secos.
GENERALIDADES: vive preferentemente en vencetósigo, pero también en algunas otras plantas. A principios de primavera aparece a menudo en grandes números para tomar el sol en troncos y zonas del suelo abiertas.

2 Chinche del avellano
Spilostethus saxatilis (Ligaéidos)
L 10-11 mm ago.-jun.

DESCRIPCIÓN: con dibujos rojos y negros que contrastan mucho, pronoto rojo con 2 bandas longitudinales negras. Membrana alar sin mancha blanca.
HÁBITAT: en márgenes de caminos y lindes de bosques soleadas.
GENERALIDADES: suele encontrarse tanto en el suelo como en plantas compuestas y umbelíferas. Es una plaga del avellano en España.

3 *Tropidothorax leucopterus* (Ligaéidos)
L 9-10 mm ago.-jun. RL3

DESCRIPCIÓN: similar a las especies del género *Lygaeus*, pero el pronoto con 2 bandas longitudinales negras claramente ensanchadas hacia atrás. Una pequeña mancha blanca en el ángulo interior de la membrana alar.
HÁBITAT: en prados secos y lindes de bosques soleadas. Bastante frecuente en la región mediterránea; al norte de los Alpes, sólo en unas pocas zonas de clima especialmente benigno.
GENERALIDADES: vive preferentemente en el vencetósigo, al igual que *Lygaeus equestris*, en cuyas hojas puede encontrarse en densos grupos a finales del verano; más raramente también en otras plantas (p. ej., manzanilla de pastor y solidago).

4 Chinche de la calabaza
Coreus marginatus (Coréidos)
L 11-16 mm todo el año

DESCRIPCIÓN: casi totalmente marrón más claro u oscuro; márgenes laterales del abdomen claramente ensanchados, que sobresalen lateralmente bajo las alas (conexivo).
HÁBITAT: en prados húmedos y en bosques, muy frecuente en general.
GENERALIDADES: vive preferentemente de especies de acedera, en las que se suele encontrar en gran número.

5 *Enoplops scapha* (Coréidos)
L 11-13 mm jul.-mayo

DESCRIPCIÓN: similar a *Coreus marginatus*, pero el cuerpo tiene un borde blanco y estrecho.
HÁBITAT: en lugares secos y soleados. Menos común que *C. marginatus*.

6 *Phyllomorpha laciniata* (Coréidos)
L 9-11 mm ago.-mayo

DESCRIPCIÓN: cuerpo con apéndices lobulares de formas extrañas, con muchas espinas.
HÁBITAT: en lugares secos y arenosos con presencia de *Paronychia*, una planta rastrera afelpada de la familia de las cariofiláceas. Presente en la región mediterránea.
GENERALIDADES: la hembra pone los huevos preferentemente en el dorso de compañeros de especie, entre cuyas espinas se pueden desarrollar bien protegidos.

7 *Gonocerus juniperi* (Coréidos)
L 11-14 mm jul.-mayo

DESCRIPCIÓN: chinche llamativamente estrecha con dibujos rojos y amarillos. Conexivo con manchas claras y oscuras.
HÁBITAT: en lugares soleados con enebro. No es frecuente.

1

2

3

4

5

6

7

1 Chinche del espino rojo

Acanthosoma haemorrhoidale
(Acantosomátidos)
L 15-18 mm ago.-jun.

DESCRIPCIÓN: con un aguijón afilado orientado hacia delante bajo el tórax. Tarsos con sólo 2 artejos (diferencia respecto a la familia *Pentatomidae*, presentada en la p. siguiente). Verde con 2 bandas rojas diagonales y la punta del abdomen roja. Con puntos negros.
HÁBITAT: en matas en lindes de bosques, siempre aislada.
GENERALIDADES: chupa preferentemente diferentes bayas.

2

Cyphostethus tristriatus
(Acantosomátidos)
L 8-10 mm ago.-jun.

DESCRIPCIÓN: similar a la chinche del espino rojo, pero claramente más pequeña, más brillante y de colores más intensos. Los puntos no tienen color.
HÁBITAT: en enebro en prados secos y en zonas húmedas, frecuente localmente.

3

Elasmucha ferrugata (Acantosomátidos)
L 6-8 mm todo el año RL3

DESCRIPCIÓN: laterales del pronoto prolongados en largas espinas agudas.
HÁBITAT: en lindes de bosques con presencia de arándanos. Más frecuente en la montaña que en el llano.

4 Chinche clueca

Elasmucha grisea (Acantosomátidos)
L 6-9 mm todo el año

DESCRIPCIÓN: verde grisáceo, verde o marrón rojiza, con marcados puntos negros en el lado superior.
HÁBITAT: en lindes de bosques y otros lugares con abedules.
GENERALIDADES: esta pequeña especie muestra un cuidado de los huevos muy desarrollado y divertido. La puesta tiene lugar en junio en el envés de las hojas de abedules con frutos. A continuación, la madre permanece sentada sobre los huevos. Si se acerca un enemigo **(4a)** (p. ej., una hormiga), inclina el dorso en la dirección de la que procede el peligro, es decir, se coloca a modo de escudo entre el atacante y los huevos. Si continúa el peligro, produce chirridos con las alas. Si se le acerca un dedo podrá observarse el mismo comportamiento. Si las larvas han eclosionado, al principio se quedan en las cáscaras de los huevos y la madre sigue vigilándolas. Después de unos días realizan la muda y están listas para tomar el primer alimento. Entonces la madre marcha delante y las larvas la siguen en fila india **(4b)**. El objetivo es una piña o una hoja de abedul en maduración, en la que se reúne todo el grupo para comer **(4c)**.

5

Coptosoma scutellatum (Plataspídidos)
L 3,5-4,5 mm jun.-ago.

DESCRIPCIÓN: el escutelo, muy engrosado y arqueado, cubre totalmente el abdomen.
HÁBITAT: en prados secos con *Securigera varia* y esparceta, su plantas de alimento preferidas. Frecuente localmente.

6

Canthophorus dubius (Cídnidos)
L 6-8 mm mayo-jul.

DESCRIPCIÓN: negra con un ligero brillo azul metálico. Margen lateral blanco, difuminado en manchas blancas en la parte posterior.
HÁBITAT: en prados secos con *Thesium*, la única planta nutricia.

7 Chinche de las gramíneas

Eurygaster maura (Escuteléridos)
L 9-11 mm todo el año

DESCRIPCIÓN: escutelo muy engrosado, como en *Coptosoma scutellatum*, que cubre todo el abdomen excepto el conexivo, que sobresale lateralmente. Marrón más claro u oscuro, con dibujos oscuros muy variables.
HÁBITAT: en lugares secos con mucha hierba, no rara localmente.
GENERALIDADES: estos animales se encuentran en las gramíneas y en los campos de cereales.

1
2
3
4a
4b
4c
5
6
7

Los **pentatómidos** (familia *Pentatomidae*) se diferencian de las chinches del espino rojo (p. anterior) por los tarsos con 3 artejos y de *Eurygaster* por el escutelo triangular y más pequeño; sólo *Graphosoma lineatum* lo tiene también muy grande.

1 | **Chinche rayada**
Graphosoma lineatum (Pentatómidos)
L 8-12 mm ago.-jun.

DESCRIPCIÓN: inconfundible debido al dibujo de rayas rojas y negras.
HÁBITAT: en praderas y prados secos. Frecuente en casi todos los lugares.
GENERALIDADES: se alimenta de diferentes umbelíferas.

2 | *Pentatoma rufipes* (Pentatómidos)
L 13-15 mm mayo-oct.

DESCRIPCIÓN: escutelo con las esquinas laterales curvadas. Marrón oscuro con la punta del escutelo roja y el conexivo con manchas claras y oscuras.
HÁBITAT: en lindes de bosques en diferentes árboles caducifolios, frecuente en general.

3 | **Chinche de escudo verde**
Palomena prasina (Pentatómidos)
L 12-14 mm ago.-jun.

DESCRIPCIÓN: verde brillante sin dibujos definidos.
HÁBITAT: en lindes de bosques y prados, frecuente en general.
GENERALIDADES: chupa a menudo bayas en las que deja el repugnante sabor a chinche. Antes de invernar se vuelve marrón o marrón rojiza **(3b)**; en primavera recupera su color verde normal. En junio tiene lugar la puesta de los huevos, también verdes, en el envés de hojas caducifolias. En el extremo superior puede reconocerse la tapa preformada. Poco antes de la eclosión brillan los ojos rojos y el diente del huevo triangular de la larva a través de la tapa **(3c)**. Finalmente la tapa se levanta con el diente y la larva consigue salir.

4 | *Aelia acuminata* (Pentatómidos)
L 8-9 mm ago.-jun.

DESCRIPCIÓN: estrecha chinche con la cabeza apuntada.
HÁBITAT: en prados secos y campos de cereales, frecuente localmente.
GENERALIDADES: chupa gramíneas y antiguamente aparecía con frecuencia como parásito de los cereales.

5 | **Chinche de la col**
Eurydema oleraceum (Pentatómidos)
L 5-7,5 mm ago.-jun.

DESCRIPCIÓN: de color negro con brillo verde, con dibujos blancos o rojos.
HÁBITAT: en prados y lindes de bosques, frecuente.
GENERALIDADES: chupa crucíferas, pero también se alimenta de insectos.

6 | **Chinche de la fresa**
Dolycoris baccarum (Pentatómidos)
L 10-14 mm ago.-jun.

DESCRIPCIÓN: verde pardusco y rojo vino con antenas con anillos claros y margen del abdomen con cuadros claros y oscuros. Un poco de vello en todo el cuerpo.
HÁBITAT: en lindes de bosques y prados, muy frecuente en general.
GENERALIDADES: a esta especie le gusta chupar frutos, igual que a *Palomena*, con lo cual los hace inservibles para su consumo.

7 | *Picromerus bidens* (Pentatómidos)
L 10-13 mm jul.-oct.

DESCRIPCIÓN: marrón con brillo cobrizo, escutelo con las puntas laterales afiladas
HÁBITAT: bastante frecuente en márgenes de caminos y lindes de bosques algo húmedos.
GENERALIDADES: se alimenta exclusivamente de otros insectos, sobre todo orugas.

1
2
3a
3b
3c
4
5
6
7

1 | *Lyristes plebejus* (Cicádidos)
L 40-50 mm jun.-sep.

DESCRIPCIÓN: la cigarra europea más grande, con una envergadura de hasta 100 mm. Cuerpo llamativamente ancho, alas sin dibujos definidos.
HÁBITAT: muy extendida y frecuente localmente en la región mediterránea en terrenos con arbustos, hacia el norte hasta al sur del Tirol.
GENERALIDADES: de día emite su característico canto, bastante alto, desde arbustos. Está formado por un chirrido duro que se va haciendo cada vez más bajo después de unos 5 s y finaliza totalmente entre 5 y 10 s después, como una máquina que sigue rodando un poco después de que la apaguen. El sonido se produce con un timbal situado en el lado inferior del abdomen, el cual se puede comparar con una lata metálica redonda cuya tapa es presionada y después vuelve a su posición haciendo clic.
ESPECIE SIMILAR: *Cicada orni*, un poco más pequeña y claramente más estrecha, tiene manchas oscuras en las alas. Su prolongado canto es mucho más fuerte (recuerda un poco a un concierto de Ranita de San Antonio) y suele emitirse desde lo alto de los árboles.

2 | *Cicadetta montana* (Cicádidos)
L 23-28 mm mayo-jun. RL2

DESCRIPCIÓN: gran cigarra de alas transparentes, con bandas naranja en el abdomen.
HÁBITAT: en matorrales en lugares cálidos y abiertos. Infrecuente.
GENERALIDADES: el canto está formado por un chirrido agudo de alta frecuencia que va aumentado progresivamente y finaliza abruptamente tras 2 o 3 s. Las personas mayores normalmente no pueden oírlo. Los animales son muy tímidos y saben volar muy bien; es muy difícil localizarlos entre los matorrales por el canto. La hembra hunde los huevos con el ovopositor en ramas de arbustos. Las larvas eclosionadas van avanzando a través del suelo y se desarrollan subterráneamente alimentándose de raíces de plantas durante varios años. Disponen de unas patas excavadoras especiales. En mayo realizan la muda a cigarra adulta justo por encima del suelo. La muda se puede encontrar después en los árboles o en los arbustos.

3 | *Issus coleoptratus* (Ísidos)
L 6-7 mm jun.-ago.

DESCRIPCIÓN: cigarra de cuerpo llamativamente corto y ancho, con dibujos y colores muy variables.
HÁBITAT: en árboles y arbustos de bosques y jardines. Frecuente en casi todos los lugares.
GENERALIDADES: vive en árboles muy diversos, de cuya savia se alimenta.

4 | *Gargara genistae* (Membrácidos)
L 3-4 mm jul.-sep.

DESCRIPCIÓN: como representante de las chinches arbóreas (familia *Membracidae*), tiene un apéndice apuntado del pronoto que llega hasta muy atrás.
HÁBITAT: en lugares soleados con retamas, frecuente localmente.
GENERALIDADES: chupa preferentemente escobones *(Cytisus scoparius)*. La larva, verde y apuntada hacia atrás **(4b)**, es visitada a menudo por hormigas que degustan sus secreciones azucaradas.

5 | *Centrotus cornutus* (Membrácidos)
L 7-9 mm mayo-ago.

DESCRIPCIÓN: chinche arbórea con una prolongación del pronoto apuntada y ondulada, con espinas triangulares planas en los laterales **(5b)**. Claramente más grande que *Gargara genistae*.
HÁBITAT: en prados y claros de bosque, bastante frecuente en la mayoría de zonas.
GENERALIDADES: chupa hierbas muy diversas y también plantas leñosas, preferentemente cardos del género *Cirsium* o en vencetósigo Los animales tienen un ciclo de desarrollo de dos años.

1

2

3

4a

4b

5a

5b

1 | *Dictyophara europaea* (Dictiofáridos)
L 9-13 mm jul.-sep. RL3

DESCRIPCIÓN: cigarra verde, a veces rojiza, con prolongación de la cabeza cónica, orientada hacia arriba en diagonal.
HÁBITAT: en terrenos abiertos, con hierba o matorrales. Frecuente en la región mediterránea, en Centroeuropa casi sólo en zonas cálidas.
GENERALIDADES: no es fácil de descubrir entre la vegetación. Pertenece a una familia con muchas especies en el Trópico, cuyos representantes se caracterizan por unas prolongaciones de la cabeza muy extravagantes, a veces casi igual de largas que el cuerpo. Después de su descubrimiento se creía que estas formaciones debían de ser órganos luminosos, pero no es así.

2 | *Bursinia* sp. (Dictiofáridos)
L 5-6 mm jul.-oct.

DESCRIPCIÓN: mucho más pequeña e inconspicua que *Dictyophara europaea*, color rosa pardusco con dibujos más oscuros y blancos. Alas reducidas a pequeñas escamas. Varias especies similares que no se pueden distinguir con seguridad.
HÁBITAT: en la región mediterránea en el suelo en terrenos abiertos. Aparentemente no infrecuente, pero no se conoce lo suficiente la distribución efectiva.

3 | *Cercopis vulnerata* (Cercópidos)
L 9-11 mm mayo-ago.

DESCRIPCIÓN: alas con 3 bandas rojas, de las que la exterior está muy curvada y discurre paralelamente al extremo del ala.
HÁBITAT: en prados húmedos y secos, en lindes y claros de bosques.
GENERALIDADES: las larvas, blanquecinas, se desarrollan subterráneamente en raíces de plantas. El líquido que toman en abundancia durante la ingesta de alimento –sobre todo agua que se distiende por la adición de proteínas– se expulsa a través del ano y se espuma mediante la introducción de aire por bombeo. (como en **5b** y **6**).

4 | *Cercopis sanguinolenta* (Cercópidos)
L 6-10 mm mayo-jul. RL2

DESCRIPCIÓN: coloración roja un poco menos extendida que en *C. vulnerata*. La banda exterior es casi recta, por lo que no sigue la curva de la punta del ala.
HÁBITAT: en lugares cálidos en hierbas y matorrales, mucho más rara que *C. vulnerata*.
GENERALIDADES: durante el apareamiento, como puede verse en la foto, los animales se sientan juntos formando un ángulo de unos 45°.

5 | **Cigarra espumadora**
Philaenus spumarius (Afrofóridos)
L 5-7 mm jul.-oct.

DESCRIPCIÓN: alas con un dibujo de manchas muy variable, a menudo también de un solo color.
HÁBITAT: sobre todo en prados húmedos. Especie muy abundante en la península Ibérica.
GENERALIDADES: la especie vive aislada en formaciones de espuma situadas en plantas herbáceas o leñosas (como en **5b**). Esta espuma rodea a la larva como protección contra la desecación y contra enemigos.

6 | *Aphrophora* sp. (Afrofóridos)
L 9-11 mm jul.-oct.

DESCRIPCIÓN: marrón con dibujos más claros. Varias especies difíciles de distinguir (no representadas).
HÁBITAT: en lindes de bosques y matorrales, bastante frecuente.
GENERALIDADES: las larvas viven en grupos de varias y se adhieren cabeza abajo en ramas de sauce dentro de una extensa formación de espuma.

1

2

3

4

5a

5b

6

1 | *Ledra aurita* (Cicadélidos)
L 13-18 mm jul.-sep.

DESCRIPCIÓN: a pesar de su imponente tamaño, es un representante de las cicadelas enanas (familia *Cicadellidae*), la familia de cigarras más rica en especies, con unas 300 en la península Ibérica. Esta inconfundible especie tiene excrecencias auriculares laterales en el pronoto, orientadas hacia arriba en diagonal. Cabeza aplanada como una pala.
HÁBITAT: en la corteza de árboles y arbustos en lindes de bosques. No rara localmente, pero muy difícil de encontrar.
GENERALIDADES: la larva, plana y verde grisácea **(1b)**, se desarrolla en 2 años. Inverna como juvenil y la segunda vez casi como adulta. Vive en cortezas, donde es muy difícil de encontrar, al igual que el animal adulto. El adulto suele encontrarse en las copas de los árboles y de noche a veces se posa en ventanas iluminadas.

2 | *Cicadella viridis* (Cicadélidos)
L 6-9 mm jun.-oct.

DESCRIPCIÓN: hembra **(2a)** verde, macho por lo general de alas azules.
HÁBITAT: en lindes de bosques húmedas y en prados pantanosos con juncos.
GENERALIDADES: inverna como huevo y produce 1 o 2 generaciones al año. La larva, pardo amarillenta clara, tiene tres bandas longitudinales anchas de color gris oscuro. Realiza la muda a adulta en tallos de plantas, un proceso que puede observarse con relativa frecuencia en los prados húmedos en pleno verano **(2b)**.

3 | *Aphrodes bicinctus* (Cicadélidos)
L 5-8 mm jul.-sep.

DESCRIPCIÓN: color básico marrón rojizo. Macho claramente más pequeño que la hembra, con 2 bandas transversales claras en el cuerpo anterior. Hembra (foto) salpicada de finas manchas oscuras.
HÁBITAT: en prados húmedos y secos y lindes de bosques, bastante frecuente en la mayoría de zonas.

4 | *Graphocephala fennahi* (Cicadélidos)
L 8-9 mm jul.-nov.

DESCRIPCIÓN: pequeña y esbelta cigarra de espléndidos colores. Lado inferior y patas amarillos, lado superior verde intenso con dos rayas longitudinales rojas en cada ala anterior.
HÁBITAT: en jardines y parques con arbustos de *Rhododendron*.
GENERALIDADES: la larva se desarrolla en plantas de *Rhododendron*, donde también puede encontrarse el animal adulto. Toma el sol en densos grupos en las haces de las hojas, pero se retira al envés si la molestan o bien se marcha volando. Como insecto adulto no depende de este arbusto, sino que también se puede alimentar de la savia de otras plantas. Cuando la presencia es masiva, los arbustos muestran muchas manchas en las hojas y caída del follaje; estos insectos también pueden transmitir una enfermedad vegetal. Se cree que se introdujo en Inglaterra desde Norteamérica en la década de 1930 del siglo xx a través de transportes de plantas; en Inglaterra se estableció inmediatamente en los jardines y comenzó una rápida expansión. A finales de la década de 1960 alcanzó el continente europeo, donde ahora puede encontrarse en casi todos los lugares.

5 | *Eupteryx* sp. (Cicadélidos)
L 3-4 mm jun.-oct.

DESCRIPCIÓN: cigarra pequeña y muy estrecha. Color básico amarillento claro con dibujo en negro en el dorso y las alas. Varias especies muy difíciles de distinguir.
HÁBITAT: por lo general en lugares húmedos y umbríos, tales como caminos forestales; bastante frecuente.
GENERALIDADES: vive en diversas plantas herbáceas, entre otras, en ortigas, labiadas y umbelíferas.

1a

1b

2a

2b

3

4

5

1

Uroleucon jaceae aeneus (Afídidos)
L 4-5 mm mayo-sep.

DESCRIPCIÓN: gran pulgón marrón oscuro, con brillo metálico, tubos abdominales (sifones) muy largos y delgados, aprox. 1/4 de la longitud del cuerpo.
HÁBITAT: en cardos de los géneros *Carduus* y *Cirsium*, frecuente en general.
GENERALIDADES: los animales colonizan los tallos de cardo desde la inflorescencia hacia abajo a menudo en colonias muy grandes. Siempre se sitúan con la cabeza hacia abajo. Al igual que la mayoría de pulgones, la hembra pare en verano jóvenes activos (foto) que después de poco tiempo ya podrán reproducirse.

2

Pulgón del saúco
Aphis sambuci (Afídidos)
L 2-3 mm mayo-sep.

DESCRIPCIÓN: pulgón esférico, verde oliva o gris plomo, con sifones delgados y moderadamente largos. En el dorso suele tener exudaciones céreas dispuestas en rayas pares.
HÁBITAT: en saúco, muy frecuente en general.
GENERALIDADES: ocupa ramas jóvenes y los enveses de las hojas de la planta hospedadora en colonias grandes y densas. Más adelante cambia en parte a una segunda planta, ya sea acedera, saxífraga o diversas cariofiláceas, donde chupan escondidos en el cuello de la raíz.

3

Pulgón ceroso del ciruelo
Hyalopterus pruni (Afídidos)
L 2-3 mm mayo-sep.

DESCRIPCIÓN: forma del cuerpo estrecha, un poco apuntada hacia atrás, con sifones muy cortos.
HÁBITAT: en ciruelos, endrinos y hierbas de zonas inundadas, frecuente en general.
GENERALIDADES: vive hasta pleno verano en el envés de las hojas de ciruelos o endrinos. Los individuos alados realizan un cambio de planta hospedadora a hierbas de zonas inundadas, sobre todo cañas.

4

Periphyllus sp. (Afídidos)
L 2-3 mm mayo-sep.

DESCRIPCIÓN: pulgón amarillo, verde o marrón, con vello largo y sifones muy cortos.
HÁBITAT: en el envés de hojas de arce, bastante frecuente.
GENERALIDADES: a principios de verano, las hembras depositan grandes grupos de larvas inactivas de 0,5 mm aprox., que permanecen en el envés de la hoja sin moverse durante 2 o 3 meses; pasado este tiempo, realizan la muda a animales activos.

5

Lachnus roboris (Afídidos)
L 4-5 mm mayo-sep.

DESCRIPCIÓN: gran pulgón marrón con sifones en forma de botón.
HÁBITAT: frecuente en ramas de roble.
GENERALIDADES: la especie es visitada regularmente por hormigas rojas.

6

Pulgón de las agallas del olmo
Tetraneura ulmi (Afídidos)
L 2 mm mayo-sep.

DESCRIPCIÓN: en agallas pedunculadas, huecas por dentro, como vainas de judía, en el haz de hojas de olmo.
HÁBITAT: se encuentra regularmente en olmos.
GENERALIDADES: realiza un cambio de hospedador a las raíces de hierbas, sobre todo de grama *(Agropyron)*. Antes de la salida de los animales alados se abren las agallas por el extremo inferior.

7

Adelges abietis (Adélgidos)
L 1-2 mm mayo-sep.

DESCRIPCIÓN: pulgón muy pequeño, en agallas en forma de piña en ramas de pícea.
HÁBITAT: muy frecuente en general en píceas.
GENERALIDADES: realiza un cambio de hospedador de píceas a alerces.

1
2
3
4
5
6
7a
7b

1 | *Psylla alni* (Psílidos)
L 3-5 mm jun.-oct.

DESCRIPCIÓN: verde vivo con las alas transparentes vidriosas, colocadas en forma de tejadillo. Buena capacidad de salto.
HÁBITAT: frecuente en general en ramas de aliso.
GENERALIDADES: las larvas **(1a)** colonizan las ramas de aliso en densos grupos en primavera. Producen grandes cantidades de secreciones céreas filamentosas, de color blanco, con las que se envuelven. De este modo están muy bien protegidas de la mayoría de enemigos.
ESPECIE SIMILAR: *Psylla mali*, muy similar, ocasionalmente causa daños en cultivos de frutales.

2 | *Livia juncorum* (Psílidos)
L 3-3,5 mm jul.-mayo

DESCRIPCIÓN: pulgón marrón, muy aplanado hacia delante, con las alas teñidas de marrón. 2.° artejo alar claramente engrosado.
HÁBITAT: frecuente localmente en áreas pantanosas con juncos.
GENERALIDADES: las larvas se desarrollan en agallas muy características en las inflorescencias de diferentes juncos **(2b)**, sobre todo de *Juncus bulbosus*.

3 | *Trioza dispar* (Triózidos)
L 2-2,5 mm jul.-mayo

DESCRIPCIÓN: pulgón marrón bastante pequeño, con las alas transparentes o teñidas de amarillo; forma similar a *Psylla alni* (no representada).
HÁBITAT: en diente de león y algunas plantas compuestas emparentadas en prados, no especialmente frecuente.
GENERALIDADES: las larvas (foto) se desarrollan en el envés de hojas de diente de león. Las hojas atacadas pueden reconocerse porque presentan zonas abultadas en el haz. El cuerpo de las larvas está muy aplanado, visto desde arriba tiene forma de pera, la cabeza y el tórax son más anchos y el abdomen más estrecho. En el margen de los laterales salen hilos céreos que forman un denso borde barbudo. En el abdomen crecen hasta superar la longitud del cuerpo y se doblan un poco hacia arriba. En conjunto las larvas causan una impresión muy extraña.

4 | Mosca blanca
Trialeurodes vaporariorum (Aleiródidos)
L 1-2 mm todo el año

DESCRIPCIÓN: diminutos animales amarillentos con las alas colocadas en forma de tejadillo y recubiertas de un polvo céreo blanco.
HÁBITAT: frecuente en general en plantas útiles y ornamentales en invernaderos y otros edificios, más rara en verano y en terrenos abiertos.
GENERALIDADES: esta especie se introdujo en Europa con plantas útiles de Centroamérica y se ha extendido sobre todo en pepinos y tomates cultivados en invernaderos. La hembra inserta los huevos con el corto pedúnculo en el tejido vegetal de modo que queden en la superficie de la hoja. Después de poner cada huevo, avanza un poco, de modo que la puesta completa adquiere forma de círculo cerrado. El 4.° y último estadio larvario forma un pupario inmóvil al final de su desarrollo, del que saldrá el insecto maduro.
ESPECIE SIMILAR: numerosas especies muy similares en terrenos abiertos, unidas a determinadas especies vegetales.

5 | *Aleurochiton complanatus* (Aleiródidos)
L 1-2 mm todo el año

DESCRIPCIÓN: muy similar a *Trialeurodes* (no representada).
HÁBITAT: en hojas de arce real, por lo general no infrecuente.
GENERALIDADES: la especie produce 2 generaciones al año cuyos puparios son muy diferentes. Los de verano son verdes, mientras que los de invierno (foto) son marrones y están recubiertos de cera.

1a

1b

2a

3

2b

4

5

1 Ortecia de las ortigas
Orthezia urticae (Ortézidos)
L 3-5 mm mayo-sep.

DESCRIPCIÓN: cochinilla totalmente móvil toda la vida, cubierta de secreciones céreas en forma de varitas por todo el cuerpo.
HÁBITAT: sobre todo en el sotobosque de bosques caducifolios y en márgenes de caminos umbríos, en diversas plantas herbáceas, sobre todo en ortigas.
GENERALIDADES: las hembras adultas forman en el extremo del abdomen un saco de aprox. la longitud del cuerpo con varitas céreas ligeramente curvadas, en el que depositan los huevos.

2 Cochinilla harinosa de los cítricos
Planococcus citri (Pseudocóccidos)
L 3-5 mm todo el año

DESCRIPCIÓN: al principio móvil, con varitas de cera cortas en los márgenes del abdomen **(2a)**; después de la puesta, totalmente cubierta por secreciones de cera lanosas y fijada a la base **(2b)**.
HÁBITAT: frecuente en general en plantas útiles y ornamentales en invernaderos y otros edificios.
GENERALIDADES: es bastante raro poder observar a los diminutos machos, de corta vida. Apenas superan 1 mm de longitud y son totalmente alados. A veces vuelan como finos copos de polvo sobre el alféizar. Se aparean con las hembras jóvenes **(2c)**, todavía bastante móviles.

3 Cochinilla acanalada
Cerya purchasi (Margaródidos)
L 5-8 mm todo el año

DESCRIPCIÓN: cochinilla grande de color naranja, con copos de cera y un saco para los huevos formado por varitas de cera.
HÁBITAT: bastante extendida en la región mediterránea, ausente en Centroeuropa.
GENERALIDADES: esta llamativa especie procede de Australia y primero fue introducida en California, donde causó daños graves en las plantaciones de cítricos. Posteriormente pudo combatirse con su enemigo natural, la mariquita *Rodolia cardinalis*, introducida de Australia, y se controló el problema. En la actualidad también se encuentra en el Mediterráneo en numerosas especies de plantas, como la retama y la flor del mediodía. Sólo se ha constatado la existencia de machos de forma excepcional. Por lo general se trata de hermafroditas que se autofecundan y pueden producir huevos, lo cual es muy raro entre los insectos.

4 *Pulvinaria vitis* (Cóccidos)
L 4-6 mm mayo-jun.

DESCRIPCIÓN: cuerpo cubierto por un escudo córneo de color marrón, arqueado en el extremo posterior, donde está cubierto parcialmente por un saco formado por secreciones de cera lanosas.
HÁBITAT: en las ramas de diferentes plantas leñosas, tales como chopos, espinos albares, vides y escobillas; en la mayoría de zonas no rara.

5 Serpeta
Lepidosaphes ulmi (Diaspídidos)
L 2-4 mm jun.-sep.

DESCRIPCIÓN: cuerpo totalmente cubierto por un escudo marrón en forma de mejillón.
HÁBITAT: en diversos árboles y arbustos, sobre todo en frutales.
GENERALIDADES: esta especie de la familia *Diaspididae* pertenece a las cochinillas más desarrolladas. Sólo el primer estadio larvario es móvil. Busca un lugar donde insertarse, se agarra y forma un primer escudo. Las hembras mudan tres veces y aumentan el tamaño del escudo con cada estadio, el cual está formado por secreciones glandulares, excrementos y exuvias de las larvas. La hembra adulta acaba cubierta por un escudo más largo que el cuerpo. Sólo en determinadas poblaciones aparecen los diminutos machos alados.

1
2a
2b
3
2c
4
5

Siálidas

1 Sialis
Sialis sp. (Siálidos)
Env 23-35 mm mayo-ago.

DESCRIPCIÓN: insecto neuroptérido de color marrón negruzco. Alas con venación de malla gruesa claramente sobresaliente, plegadas en forma de tejadillo sobre el abdomen en posición de reposo. 3 especies muy similares.
HÁBITAT: según la especie en diferentes hábitats. *Sialis lutaria*, la más frecuente, principalmente en aguas estancadas, más raramente de curso lento. *Sialis fuliginosa*, bastante frecuente en la montaña, casi únicamente en arroyos de curso rápido. *Sialis nigripes*, rara en general, más común en cursos de agua grandes.
GENERALIDADES: la sialis adulta es poco activa de día, ya que suele estar posada perezosamente en la vegetación de la ribera. A pesar de los órganos bucales bien desarrollados, parece que apenas toma alimento; no obstante, se la ha observado visitando flores. Antes del apareamiento, el macho persigue a la hembra, aparentemente atraído por feromonas. Luego se desliza bajo las alas de esta desde atrás. Para una hembra dispuesta a aparearse, esta es la señal de que debe quedarse quieta. El macho avanza bajo el abdomen de la hembra, se agarra con las patas y curva el extremo de su abdomen hacia arriba y hacia delante hasta que llega a la punta del abdomen de la hembra para la cópula. Después pone los huevos **(1b)**, de color gris oscuro, en una densa capa sobre las hojas de las plantas de la ribera. La larva **(1c)** se desarrolla en el fondo del agua. Posee un par de largas branquias traqueales filamentosas en cada segmento abdominal y un filamento terminal en el extremo del abdomen. Suele mantenerse oculta en los depósitos lodosos del suelo o repta lentamente, pero también puede nadar ágilmente zigzagueando arriba y abajo. Con sus fuertes mandíbulas puede dominar gusanos, larvas de insectos y otros animales acuáticos, de los que se alimenta. El desarrollo dura dos años. Después del 2.° invierno, deja el agua y se entierra en el suelo en la orilla, aunque a veces también hasta a 5 m de distancia del agua. En un agujero en la tierra realiza la muda a pupa, muy móvil y por lo general tumbada de lado. Unas 2 semanas después sale el insecto maduro. Las sialis forman un orden de insectos muy antiguo y con pocas especies, cuya área de distribución principal se encuentra en los trópicos, donde también se dan los representantes de mayor tamaño, con una envergadura de unos 15 cm.

2 "Mosca" serpiente
Raphidia sp. (Rafídidos)
Env 10-40 mm abr.-ago.

DESCRIPCIÓN: insecto gris oscuro pariente de los neurópteros, con el protórax prolongado en forma de cuello, en cuyo extremo posterior comienzan las patas anteriores. Alas en tejadillo en la posición de reposo, por lo general transparentes vidriosas. Cabeza con 3 ocelos en la parte superior, claramente estrechada detrás de los ojos compuestos. En Centroeuropa hay 13 especies difíciles de distinguir.
HÁBITAT: en árboles y arbustos de lindes de bosques, en matorrales y en jardines. Varias especies frecuentes.
GENERALIDADES: no saben volar especialmente bien y son activos de día. Persiguen a otros insectos, preferentemente pulgones y cochinillas, en los matorrales. Para ello les es muy útil la móvil cabeza, unida con el tórax por el largo "cuello", con órganos bucales masticadores. Después del apareamiento, la hembra pone los huevos en grietas de las cortezas con ayuda del largo ovopositor. La larva **(2b)**, algo aplanada y estrechada en la parte anterior del cuerpo, vive bajo la corteza de los árboles o en la zona de las raíces. Se alimenta, al igual que el imago, de otros insectos, tales como escolítidos y sus larvas. El desarrollo dura entre 2 y 3 años. Después del último invierno, la larva muda bajo la corteza a la pupa libre o exarata. Esta primero permanece en la cámara, pero poco antes de la muda a imago se vuelve muy móvil, estira las patas y finalmente abandona su escondrijo y sube por la corteza, a la que se agarra para realizar la muda a "mosca" serpiente madura.

1a

1b

1c

2a

2b

2c

1 Crisopa común

Chrysoperla carnea (Crisópidos)
Env 15-30 mm todo el año

DESCRIPCIÓN: neuróptero de estructura grácil, por lo general verde claro. Alas con venación verde muy densa, plegadas en forma de tejadillo en posición de reposo. Ojos en forma de botón, con irisación en todos los colores del arco iris **(1c)**.
HÁBITAT: muy frecuente en casi todos los lugares, también en terrenos agrícolas y en jardines.
GENERALIDADES: la crisopa adulta se alimenta de polen, néctar y las secreciones de los pulgones. Es activa sobre todo al anochecer y de día suele estar en el envés de ramas con follaje. En invierno cambia su color a marrón **(1b, 1c)** y busca un escondrijo para invernar en la capa de follaje, bajo las cortezas o en edificios. Tras el invierno, recupera el color verde y la crisopa pasa a la reproducción. Antes del apareamiento, hace oscilar el abdomen de forma rítmica, lo que produce una vibración de la base (por lo general una hoja) sin tocarla. La pareja percibe las vibraciones y responde del mismo modo. Según las últimas investigaciones, determinadas formas producen patrones de vibración diferente, por lo que actualmente se intenta dividir en varias especies la especie hasta ahora bien conocida. Tras el apareamiento, se pegan los huevos, con largos y finos pedúnculos, en filas o en paquetes en tallos de plantas u hojas **(1d)**, por lo general cerca de colonias de pulgones. Su peculiar forma hizo que se empezasen describiendo como hongos cuando se descubrieron. Después de salir, las larvas deben desplazarse por los pedúnculos para llegar a "tierra firme". Se alimenta preferentemente de pulgones, a los que captura con las mandíbulas chupadoras en forma de puñales, los levanta de la hoja y los succiona. Las cutículas succionadas quedan sobre el dorso de la larva, donde se adhieren a las cerdas curvadas, proporcionando así un excelente camuflaje **(1e)**. Para la pupación teje un capullo redondo un poco translúcido. Junto a las mariquitas, a las larvas de mosca cernícalo (sírfidos) y las avispas *Praon*, la larva de la crisopa es uno de los reguladores más importantes de las colonias de pulgones. Por este motivo se cría para combatir de forma biológica a parásitos y se suelta en las zonas atacadas. Durante el verano suelen producirse varias generaciones que se superponen.
ESPECIE SIMILAR: varias especies, por lo general más raras, del género *Chrysopa* que sólo se pueden diferenciar de *Chrysoperla* con seguridad por las características de la venación alar. Las especies de este género tienen más o menos la misma forma de vida.

2 *Nothochrysa fulviceps* (Crisópidos)

Env 27-50 mm mayo-sep.

DESCRIPCIÓN: especie bastante grande con un color básico más verdoso blanquecino y la cabeza roja.
HÁBITAT: en bosques caducifolios, bastante rara.
GENERALIDADES: esta especie, que aparece con poca densidad en general, se sitúa preferentemente en la copa de árboles caducifolios, por lo que es muy difícil de encontrar. La larva se alimenta asimismo sobre todo de pulgones y se camufla con las cutículas succionadas de sus presas, a veces también con partes de plantas.

3 *Depranepteryx phalaenoides*

(Hemeróbidos)
Env 22-32 mm todo el año

DESCRIPCIÓN: mayor representante de los crisópidos. Alas marrones, recortadas de forma característica antes de la punta.
HÁBITAT: por lo general no infrecuente en bosques y jardines.
GENERALIDADES: las alas, recortadas peculiarmente, le dan al animal el aspecto de una hoja seca. El color y el dibujo, formado por finas líneas oscuras, acentúan aún más esta impresión. Además, el animal coloca la cabeza a menudo entre las alas en la posición de reposo, de modo que el camuflaje ya es perfecto. La larva y el imago se alimentan de pulgones.

1a
1b
1c
1d
1e
2
3

1 **Hormiga león**
Euroleon nostras (Mirmeleóntidos)
Env 50-66 mm jun.-sep. §

DESCRIPCIÓN: neuróptero similar a una libélula, bastante grande, con las alas con manchas marrón oscuro. Antenas cortas y gruesas, un poco curvadas hacia fuera en la punta.
HÁBITAT: en lindes de bosques y márgenes de caminos soleados, con bordes abruptos, algo sobresalientes, también en los márgenes de fosas de arena. Principalmente en terrenos llanos, en zonas de montaña sólo por debajo de 500 m.
GENERALIDADES: el imago es activo sobre todo al anochecer y se alimenta de otros insectos pequeños. No vuela especialmente bien y suele encontrarse en arbustos o tallos de plantas, donde no es fácil de descubrir a pesar de su tamaño. No obstante, su ubicación suele situarse en las inmediaciones de los lugares de desarrollo de sus larvas. La larva, la conocida hormiga león, vive siempre en lugares abiertos, de arena fina y protegidos de la lluvia, por lo que se encuentra preferentemente en cantos sobresalientes arenosos cubiertos de hierbas colgantes y expuestos al sol. Se delata por un hoyo regular, de unos 5 cm de ancho, en cuyo fondo se oculta en la arena **(1b)**. En las ubicaciones favorables se encuentran numerosos hoyitos muy juntos, a veces hasta cientos. Se puede observar al habitante fácilmente si se saca con una cuchara o un colador de té la capa de arena superior del centro del hoyo y se examina. La hormiga león **(1c)**, de unos 10 mm de largo, posee un abdomen muy abultado y arqueado, un poco apuntado en el extremo, y dos fuertes pinzas chupadoras, con dientes afilados, en la cabeza. Donde la arena es suelta, se vuelve a enterrar inmediatamente, moviéndose siempre hacia atrás e introduciendo la punta del abdomen, un poco curvada hacia abajo, en el suelo. A continuación se mueve en una espiral cada vez más estrecha y va lanzando cargas de arena en diagonal con las pinzas. De este modo se va formando un nuevo hoyo. En cuanto una hormiga u otro insecto pisa la superficie interior en diagonal del hoyo, la arena empieza a deslizarse. Entonces aparece la cabeza de la hormiga león en la base del hoyo, que lanza chorros de arena sobre la víctima, la cual acaba cayendo en el centro del hoyo y es atrapada y succionada por las pinzas chupadoras. Al final de su desarrollo, por lo general de dos años, teje un capullo esférico, cubierto por fuera por una densa capa de granos de arena, en el que tiene lugar la pupación **(1d)**.

2 **Hormiga león**
Myrmeleon formicarius
(Mirmeleóntidos)
Env 70-80 mm mayo-ago. §

DESCRIPCIÓN: un poco más grande que *Euroleon nostras*, con las alas transparentes vidriosas.
HÁBITAT: en lugares secos, arenosos o pedregosos, preferentemente en cantos de ruptura sobresalientes. Muy extendida en Centroeuropa y bastante frecuente localmente.
GENERALIDADES: muestra más o menos la misma forma de vida que *Euroleon nostras*.
ESPECIE SIMILAR: *Myrmeleon bore*, muy similar y algo más pequeña, tiene las alas sin manchas y sólo está presente en dunas de arena. La larva excava el hoyito en una superficie de arena abierta.

3 **Hormiga león**
Palpares libelluloides (Mirmeleóntidos)
Env 100-120 mm mayo-ago.

DESCRIPCIÓN: neuróptero muy grande, con las alas relativamente anchas, con manchas oscuras.
HÁBITAT: en bosques secos con claros y en terrenos de estilo estepario. Muy extendida en la región mediterránea, pero siempre de forma aislada. Ausente en Centroeuropa.
GENERALIDADES: activa de día, es muy tímida y puede volar bien. Se posa muy cerca del suelo con las alas en diagonal **(3a)** y, después de un rato, las pliega **(3b)**. Las especies de Centroeuropa también muestran a menudo esta conducta **(2)**. La larva vive en la superficie, oculta en el suelo, y atrapa presas que pasan junto a ella.

1a

1b

1c

2

1d

3a

3b

Neurópteros

1 | *Osmylus fulvicephalus* (Osmílidos)
Env 40-52 mm mayo-jul.

DESCRIPCIÓN: neuróptero bastante grande, con las alas con manchas oscuras, cabeza roja y largas antenas filiformes.
HÁBITAT: en orillas de arroyos umbríos, preferentemente cerca de puentes. No rara en zonas de montaña, presencia sólo aislada en terrenos llanos.
GENERALIDADES: especie principalmente activa al anochecer. El macho se coloca en el envés de una hoja de una planta que sobresalga de la superficie del agua, curva el abdomen un poco hacia dentro y hace salir dos tubos blanquecinos de la punta **(1b)**. Se trata de órganos de atracción que producen aroma y que atraen a la hembra al cabo de poco tiempo. Poco después se produce el apareamiento **(1c)**. La puesta tiene lugar en hojas de plantas de la orilla. Los órganos bucales de la larva **(1d)**, de figura esbelta, consisten en unos largos tubos chupadores ligeramente curvados hacia fuera. La larva suele mantenerse oculta bajo piedras o en raíces de árboles en la orilla. Para buscar alimento parece que se sumerge en el agua, inserta los tubos en larvas de insectos de cutícula blanda y las arrastra a la orilla, donde las succiona mediante movimientos constantes de los dos tubos (formados por las mandíbulas superiores e inferiores plegadas juntas). Después del invierno la larva realiza la pupación en un capullo en la orilla (desarrollo de un año).

2 | *Sisyra fuscata* (Sisíridos)
Env 10-12 mm mayo-sep.

DESCRIPCIÓN: neuróptero muy pequeño, de color oscuro, con las alas teñidas de marrón oscuro. Alas ligeramente velludas y con una venación densa y sobresaliente. Puede confundirse fácilmente con frigáneas pequeñas, pero estas tienen una venación menos llamativa y de malla más grande, así como más vello en las alas.
HÁBITAT: en aguas estancadas y de curso lento con presencia de esponjas de agua dulce, p. ej., en estanques con peces y cursos de agua derivados de lagos. Muy extendida, sobre todo en vegas fluviales.
GENERALIDADES: la larva **(2b)**, de color amarillento o verdoso, vive en el lado superior de esponjas de agua dulce. Tiene unos tubos chupadores muy finos y largos, rectos, que clava en las esponjas para alimentarse. A veces pueden verse varios animales en la misma esponja. La actividad chupadora de las larvas parece que no daña especialmente a las esponjas. Al final del desarrollo, la larva abandona el agua y sube a una rama, donde teje un capullo en una grieta de la corteza y pasa el invierno. En primavera se produce la pupación en el capullo.

3 | *Mantispa styriaca* (Mantíspidos)
Env 15-35 mm jun.-ago. RLO

DESCRIPCIÓN: esta especie de color marrón recuerda a una mantis religiosa muy pequeña por sus patas prensoras. Al igual que en la mantis, el protórax está muy prolongado y las patas anteriores, como navajas, salen de su extremo anterior. Sin embargo, los ojos presentan colores metálicos, al igual que una crisopa; el fémur dentado de las patas prensoras, con la tibia plegada, se coloca hacia atrás en la posición de reposo, de modo que se sitúa detrás de la prolongada coxa **(3a)**.
HÁBITAT: en lugares muy cálidos en matorrales. Muy extendida en la región mediterránea, muy rara en Centroeuropa.
GENERALIDADES: activa de día y de noche, suele estar en el envés de hojas caducifolias, por lo que es difícil de encontrar. Caza moscas y otros insectos con las patas prensoras **(3b)**. Los huevos pedunculados se ponen en grandes grupos (hasta 8000 unidades) en lugares protegidos de la corteza del árbol. La larva pasa el invierno sin alimentarse, muda en primavera y penetra en el capullo ovígero de una araña licósida, en el que se alimenta de los huevos y luego realiza la pupación. Esta es una empresa muy espinosa si se tiene en cuenta que la araña está cuidando su cría y vigilando su capullo. Los elevados riesgos de esta extravagante forma de desarrollo explican el inusual número de huevos que pone este neuróptero.

1a
1b
1c
1d
2a
2b
3a
3b

Los **ascaláfidos** (familia *Ascalaphidae*) se diferencian de los demás neurópteros por las largas antenas de extremos claviformes; las especies del género *Libelloides (= Ascalaphus)* poseen además unas alas bastante anchas, con manchas amarillas o blancas. Existen varias especies europeas, algunas muy similares.

1 | *Libelloides coccaius* (Ascaláfidos)
Env 42-55 mm mayo-jul. RL2

DESCRIPCIÓN: alas anteriores con manchas amarillas claras (raramente blancas) y negras en la base, y punta transparente con venación negra; alas posteriores negras en la base, con manchas negro amarillentas en la punta. Macho con pinzas abdominales curvadas **(1a)**.
HÁBITAT: en laderas pedregosas cálidas, sobre todo en el margen de escombreras de bloques. Rara en Centroeuropa, más frecuente en el sur.
GENERALIDADES: esta llamativa especie vuela de forma muy activa si hace calor y brilla el sol. Los animales se deslizan justo por encima de la vegetación en un elegante vuelo zumbante y atrapan pequeños insectos como alimento. A veces se posan en cañas, orientando las alas hacia el sol, pero huyen a la mínima perturbación. En cuanto una nube tapa el sol, cambia su conducta: entonces pliegan las alas en forma de tejadillo sobre el abdomen y no parece que nada las moleste. A menudo se puede arrancar la caña en la que está sin que el animal salga volando. No obstante, procura ocultarse de las miradas girándose al lado oculto del tallo **(1b)**.

2 | *Libelloides longicornis* (Ascaláfidos)
Env 38-58 mm jun.-ago. RL1 §

DESCRIPCIÓN: alas anteriores y posteriores con extensas manchas amarillas y retículo de venas amarillo. Alas posteriores con una mancha negra triangular basal y una falciforme antes de la punta.
HÁBITAT: en lugares similares a *Libelloides coccaius*, pero necesita aún más calor. Ausente en el este y el sureste de Europa.
GENERALIDADES: *L. longicornis* y *L. coccaius* no aparecen casi nunca en los mismos lugares de Centroeuropa. Cuando es así, las dos especies vuelan en momentos diferentes (*L. longicornis* a partir de junio, cuando la otra especie ya disminuye). No obstante, en el cantón de Valais (Suiza) se han encontrado varios cruces de estas especies. *L. longicornis* muestra una conducta claramente distinta a la de *L. coccaius*. Los animales también se posan con las alas extendidas, pero las pliegan sólo después de unos segundos. Sólo si hace un poco más de frío, sobre todo en las horas de la mañana, se puede observar tomando el sol **(2a)**. El apareamiento suele tener lugar a última hora de la mañana, después de la fase de calentamiento matutina **(2b)**. El macho atrapa con sus largas pinzas en una breve lucha aérea el extremo del abdomen de la hembra y los dos se posan poco después en la vegetación. Los huevos, blanquecinos, suelen ponerse en densas filas dobles en los tallos de las plantas.

3 | **Ascálafo abigarrado**
Libelloides macaronius (Ascaláfidos)
Env 38-55 mm mayo-ago.

DESCRIPCIÓN: similar a *L. longicornis*, pero con dibujos en negro más extensos. Alas anteriores con 2 manchas negras, y puntas de las alas posteriores negras, con una mancha redonda amarilla **(3a)**.
HÁBITAT: en lugares similares a las otras especies, también en matorrales poco densos. Aislada en el este de Centroeuropa (Austria), más frecuente en la península Balcánica.
GENERALIDADES: la larva **(3b)** se parece a una hormiga león, pero tiene una figura más ancha y plana, y los laterales de los segmentos abdominales presentan unos apéndices en forma de piña. No excava hoyos, sino que vive libremente en el suelo, donde caza insectos.

1a

1b

2a

2b

3a

3b

Los **escarabajos del suelo** (familia *Carabidae*) tienen siempre los tarsos de 5 artejos y, con pocas excepciones, llevan un modo de vida depredador. Los **escarabajos cazadores** (subfamilia *Cicindelinae*) tienen los ojos muy saltones y llamativamente grandes, y los élitros son de color verde o marrón metálico, con franjas onduladas o puntos blancos. Las mandíbulas superiores son muy largas y de dientes agudos.

1 | Cicindela común

Cicindela campestris (Carábidos)
L 10-18 mm todo el año §

DESCRIPCIÓN: élitros de verde amarillentos a verde azulados con puntos y manchas blancos **(1a)**. Uno de los puntos está situado un poco por detrás del centro de cada élitro.
HÁBITAT: en lugares abiertos del suelo, tales como márgenes de caminos, en zonas de brezales y fosas de arena; bastante frecuente en general.
GENERALIDADES: escarabajo muy tímido, con buena capacidad para el vuelo, que se alimenta de otros insectos, a los que atrapa con un rápido movimiento de las mandíbulas **(1b)**. Las larvas viven en una galería en la tierra de unos 3-4 mm. Por lo general se encuentran varias salidas muy juntas y las aberturas llaman la atención por sus bordes lisos. La larva tiene la cabeza semicircular, aplanada en la parte superior, y un escutelo de la misma forma. Los dos juntos cierran la abertura de la galería como un corcho. En caso de peligro todas las larvas se deslizan hacia abajo, pero vuelven después de un rato **(1c)**. Se apoyan en la pared de la galería con una giba dorsal **(1d)** y pueden salir disparadas de la galería si se aproxima una presa, como p. ej. una hormiga.

2 | *Cicindela hybrida* (Carábidos)

L 11-19 mm todo el año §

DESCRIPCIÓN: élitros color cobre con franjas onduladas blancas. 1.er artejo de las antenas con pocos pelos.
HÁBITAT: en zonas de arena abiertas y grandes, sobre todo dunas y fosas de arena. Localmente frecuente.

3 | Cicindela de bosque

Cicindela sylvativa (Carábidos)
L 14-19 mm todo el año RL2

DESCRIPCIÓN: marrón negruzco con bandas en zigzag blancas. Único escarabajo cazador con el labio superior negro.
HÁBITAT: en claros de bosques arenosos y brezales, bastante rara.

4 | *Cicindela germanica* (Carábidos)

L 8-11 mm todo el año §

DESCRIPCIÓN: escarabajo cazador llamativamente pequeño y de patas muy largas. Élitros verde brillante, oliva o cobre, con pequeñas manchas blancas en el margen.
HÁBITAT: en lugares abiertos de prados secos margosos o fangosos y lindes de campos. Últimamente es muy rara.
GENERALIDADES: se contenta a menudo con lugares abiertos del suelo de pequeña superficie. No puede volar, pero lo compensa caminando a una velocidad casi increíble. Vista desde lejos parece una araña licósida que se desliza rápidamente por el suelo.

5 | *Cicindela gallica* (Carábidos)

L 11-15 mm todo el año §

DESCRIPCIÓN: escarabajo cazador verde brillante con bandas blancas en las alas.
HÁBITAT: la distribución de esta especie se limita a los Alpes, sobre todo los occidentales. Casi únicamente en praderas alpinas y zonas erosionadas abiertas por encima del límite del bosque hasta altitudes de más de 2800 m. Frecuente en muchos lugares de los Alpes Centrales suizos.
GENERALIDADES: especie que tolera muy bien el frío. Todavía se encuentra a finales de octubre en pendientes alpinas expuestas al sol y, después de la invernación, ya a principios de junio, justo al lado de grandes campos cubiertos de nieve.

1a

1c

1b

1d

2

3

4

5

Los **escarabajos del suelo en sentido estricto** (subfamilia *Carabinae*) se diferencian de los escarabajos cazadores sobre todo por los ojos más pequeños y los élitros, por lo general de color más oscuro y raramente con manchas blancas. En Centroeuropa se encuentran aproximadamente 570 especies.

1 Calosomas

Calosoma sycophanta (Carábidos)
L 18-28 mm todo el año RL2 §

DESCRIPCIÓN: gran escarabajo del suelo de cuerpo ancho, con los élitros brillantes, verdes y rojos, con finas rayas.
HÁBITAT: este escarabajo vive en bosques y en lindes de bosques, raro en casi todos los lugares.
GENERALIDADES: este depredador de pupas, a diferencia de la mayoría de escarabajos del suelo, suele encontrarse preferentemente en árboles y matorrales, donde caza sobre todo orugas de mariposa. Puede volar bien.

2

Calosoma auropunctatum (Carábidos)
L 18-30 mm todo el año §

DESCRIPCIÓN: color cobre o negro, con puntos hundidos de color dorado brillante dispuestos en filas en los élitros.
HÁBITAT: se encuentra en campos y estepas, rara.
GENERALIDADES: a diferencia de *C. sycophanta*, vive en el suelo, donde persigue orugas de noctuidos.

3 Cárabo violáceo

Carabus violaceus (Carábidos)
L 22-35 mm todo el año §

DESCRIPCIÓN: los élitros presentan un fino granulado uniforme; los bordes y el pronoto son claramente verdes, azules o violeta brillantes.
HÁBITAT: esta especie vive en árboles y matorrales, también en jardines, a veces incluso en sótanos, no infrecuente en la mayoría de zonas.
GENERALIDADES: los escarabajos capturan caracoles, insectos y arañas, ocasionalmente también pequeños anfibios.

4

Carabus coriaceus (Carábidos)
L 30-40 mm todo el año §

DESCRIPCIÓN: escarabajo del suelo de gran tamaño. Negro oscuro, élitros arrugados de forma irregular.
HÁBITAT: principalmente en bosques caducifolios y de coníferas, pero también en prados secos. Frecuente en muchas zonas.
GENERALIDADES: se alimenta sobre todo de gusanos, caracoles y carroña. Al igual que todas las especies de *Carabus*, para defenderse del atacante expulsa jugo digestivo de la boca o una secreción de olor intenso de las glándulas anales que irrita mucho las mucosas.

5 Cárabo dorado

Carabus auratus (Carábidos)
L 17-30 mm todo el año §

DESCRIPCIÓN: lado superior de dorado verde a cobre, élitros con tres estrías longitudinales lisas; los 4 primeros artejos de las antenas, rojos o amarillos.
HÁBITAT: en terrenos abiertos, también en jardines, bastante frecuente localmente.
GENERALIDADES: a diferencia de la mayoría de especies de este género, activo sobre todo de día.

6

Carabus nitens (Carábidos)
L 13-18 mm todo el año RL1 §

DESCRIPCIÓN: similar al Cárabo dorado, pero más pequeño. Élitros verde dorado con estrías longitudinales negras y margen lateral rojo, a veces rojo dorado. A menudo con el pronoto rojo y los élitros verdes.
HÁBITAT: en brezales y pantanos, raro.

7

Carabus irregularis (Carábidos)
L 19-30 mm todo el año RL3 §

DESCRIPCIÓN: élitros color cobre, con surcos distribuidos irregularmente y finas rayas longitudinales.
HÁBITAT: en bosques de montaña. No raro.
GENERALIDADES: la larva vive (igual que el escarabajo) de forma depredadora y se desarrolla en madera muerta.

1

2

3

4

5a

5b

6

7

1 | *Carabus nemoralis* (Carábidos)
L 18-28 mm todo el año §

DESCRIPCIÓN: élitros color bronce con el margen lateral violeta o rojo brillante, filas de puntos muy débilmente desarrolladas.
HÁBITAT: en bosques y terrenos abiertos, también en jardines. Bastante frecuente en general.
GENERALIDADES: El *Carabus nemoralis* caza preferentemente orugas de mariposa, por lo que resulta muy útil para la agricultura.

2 | *Carabus intricatus* (Carábidos)
L 24-36 mm todo el año RL3 §

DESCRIPCIÓN: llamativamente estrecho y un poco aplanado, élitros con rayas en cadena toscas y regulares, margen azul brillante.
HÁBITAT: casi exclusivamente en bosques, más frecuente en terrenos de montaña que en llanuras.
ESPECIE SIMILAR: *Carabus problematicus* tiene el cuerpo claramente más ancho, sobre todo un pronoto más ancho.

3 | *Carabus clathratus* (Carábidos)
L 20-36 mm todo el año RL2 §

DESCRIPCIÓN: élitros con grandes puntos hundidos de color cobre, dispuestos en filas regulares, entre ellos estrías lisas.
HÁBITAT: en ciénagas y pantanos, raro.
GENERALIDADES: es frecuente que se sumerja en el agua para cazar, donde atrapa caracoles, crustáceos e incluso pequeños peces.

4 | **Cárabo granulado**
Carabus granulatus (Carábidos)
L 16-33 mm todo el año §

DESCRIPCIÓN: élitros de color cobrizo oscuro o de verdoso a rojo cobre, cada uno con 2 cadenas de rayas, con estrías lisas entre estas. Antenas y patas negras.
HÁBITAT: en bosques húmedos y en terrenos pantanosos, bastante frecuente.
ESPECIE SIMILAR: *Carabus cancellatus*, especie frecuente, tiene los fémures y el primer artejo de las antenas de color rojo.

5 | *Cychrus caraboides* (Carábidos)
L 13-20 mm todo el año

DESCRIPCIÓN: cabeza muy estrecha, con los órganos bucales muy extendidos hacia delante. Élitros con arrugas finas y uniformes.
HÁBITAT: en bosques húmedos en general no rara.
GENERALIDADES: vive principalmente de caracoles en cuya concha puede penetrar mucho gracias a la estrecha parte anterior de su cuerpo.

6 | **Cárabo cabezón**
Broscus cephalotes (Carábidos)
L 17-22 mm mayo-sep.

DESCRIPCIÓN: cabeza muy grande, estrechamente unida al pronoto; este claramente separado del resto del cuerpo por un estrechamiento profundo.
HÁBITAT: frecuente localmente en zonas arenosas.
GENERALIDADES: de día se esconde en galerías en la tierra que excava él mismo. La puesta tiene lugar en cámaras que son ramificaciones de la galería.

7 | *Pterostichus niger* (Carábidos)
L 15-21 mm todo el año

DESCRIPCIÓN: negro brillante con profundos surcos longitudinales en los élitros. Pronoto ligeramente acorazonado.
HÁBITAT: frecuente en general en bosques y terrenos abiertos.

8 | *Abax parallelepipedus* (Carábidos)
L 16-21 mm todo el año

DESCRIPCIÓN: similar a *Pterostichus niger*, pero de cuerpo más ancho. Pronoto claramente más estrecho en el margen anterior que en el posterior.
HÁBITAT: principalmente en bosques, frecuente en general.

1

2

3

4

5

6

7

8

1 | *Omophron limbatum* (Carábidos)
L 4-6 mm todo el año

DESCRIPCIÓN: cuerpo llamativamente redondo, recuerda a un escarabajo acuático. Color amarillo paja con dibujo de manchas verde oscuro.
HÁBITAT: en orillas arenosas, bastante raro.
GENERALIDADES: escarabajo activo de noche que durante el día se encuentra oculto en la arena o bajo piedras.

2 | *Anchomenus dorsalis* (Carábidos)
L 6-8 mm todo el año

DESCRIPCIÓN: élitros marrones en la parte anterior y verde metálico en la parte posterior, como la cabeza y el pronoto.
HÁBITAT: en campos, prados y jardines, frecuente en general.
GENERALIDADES: a menudo pasa el invierno en grandes grupos bajo piedras.

3 | *Elaphrus cupreus* (Carábidos)
L 7-9 mm todo el año

DESCRIPCIÓN: ojos llamativamente grandes, casi como los de un escarabajo cazador. Élitros color bronce con grandes fosas azules en forma de punto.
HÁBITAT: en orillas umbrías, por lo general no raro.
ESPECIE SIMILAR: *Elaphrus riparius*, algo más pequeño, tiene un brillo claramente verdoso en todo el cuerpo y es bastante frecuente en las orillas soleadas de aguas estancadas y corrientes.

4 | *Lebia crux-minor* (Carábidos)
L 5-7 mm todo el año

DESCRIPCIÓN: élitros truncados que no llegan hasta el extremo del abdomen, de color rojo con dibujo en negro en forma de cruz. Pronoto también rojo.
HÁBITAT: en lugares secos y húmedos, soleados, raro.

5 | *Odacantha melanura* (Carábidos)
L 6-8 mm todo el año

DESCRIPCIÓN: pronoto muy estrecho. Élitros truncados en la parte posterior, marrón amarillentos con las puntas negras.
HÁBITAT: en cañaverales de cañas y espadañas en orillas, infrecuente.
GENERALIDADES: alcanza la edad adulta en otoño y pasa el invierno en las vainas foliares de espadañas. Apareamiento y puesta en primavera.

6 | *Callistus lunatus* (Carábidos)
L 4-7 mm todo el año RL3

DESCRIPCIÓN: élitros de color rojo claro con manchas negras y amarillas. Cabeza verde.
HÁBITAT: en lugares cálidos y secos, sobre todo en prados secos, raro.

7 | *Panageus bipustulatus* (Carábidos)
L 6-8 mm todo el año

DESCRIPCIÓN: élitros rojos con dibujo negro en forma de cruz, hasta el extremo del abdomen. Pronoto un poco más largo que ancho, negro.
HÁBITAT: en lugares secos y cálidos, tales como prados secos y canteras.

8 | **Escarabajo bombardero**
Brachinus crepitans (Carábidos)
L 6-10 mm todo el año

DESCRIPCIÓN: élitros azules o verdes metálicos, resto del cuerpo rojo.
HÁBITAT: en lugares cálidos y secos, tales como prados secos.
GENERALIDADES: para defenderse, puede producir un chasquido silbante claramente audible; Para ello reúne en una cavidad del cuerpo sustancias de producción propia que pueden alcanzar los 100 °C y que explotan formando una pequeña nube de gas caústico. El abdomen es tan móvil que el escarabajo incluso se puede doblar hacia delante.
ESPECIE SIMILAR: *Brachinus explodens* es un poco más pequeño (5-7 mm).

1

2

3

4

5

6

7

8

Los **escarabajos acuáticos** (familia *Dytiscidae*), poseen un cuerpo llamativamente aerodinámico. Los segmentos tarsales de las patas posteriores tienen largas cerdas en los laterales que se pegan a las patas durante los movimientos de avance pero se abren durante el movimiento síncrono de retroceso, de modo que contribuyen al efecto remo. Hay unas 160 especies en Centroeuropa.

1 | **Escarabajo buceador**
Dytiscus marginalis (Ditíscidos)
L 27-35 mm todo el año

DESCRIPCIÓN: uno de los escarabajos acuáticos más grandes. Pronoto con el margen amarillo claro, alas con el margen lateral amarillo. Macho **(1a)** con élitros lisos y ventosas en los pretarsos, élitros de la hembra **(1b)** con profundos surcos longitudinales. Lado inferior amarillo rojizo. Coxas posteriores de extremo redondeado.
HÁBITAT: en aguas estancadas de todo tipo, sobre todo estanques y charcas con muchas vegetación, más raramente en aguas de curso lento. Bastante frecuente en general.
GENERALIDADES: vive hasta 5 años como escarabajo adulto. Se alimenta preferentemente de las larvas de otros insectos acuáticos, de renacuajos y de carroña. Se defiende de enemigos más grandes con una secreción glandular lechosa de color blanco, que expulsa por el pronoto y que puede causar parálisis en los peces y anfibios. El apareamiento suele tener lugar en otoño. El macho se adhiere al pronoto de la hembra con sus 3 primeros artejos tarsales de las patas anteriores, ensanchados formando un disco. En el lado inferior de estos discos de adherencia hay 2 ventosas redondas grandes y unas 150 pequeñas, que aseguran una buena fijación. En primavera, la hembra inserta los huevos en las hojas de plantas acuáticas con su ovopositor plano. La larva, muy voraz y de hasta 6 cm de largo **(1c)**, tiene una gran cabeza con largas mandíbulas en forma de puñales huecos en el interior. Sólo come presas vivas, como larvas de insectos, renacuajos y pequeños peces, que atrapa con las largas mandíbulas y que mata y disuelve con una secreción digestiva. Las partículas alimenticias disueltas son absorbidas después a través de los canales de succión de las mandíbulas. Las larvas son muy incompatibles y se diezman entre sí en caso de falta de alimento. También pueden causar mordeduras desagradables en personas con sus afilados puñales. La larva suele estar colgada sobre la superficie del agua de forma encorvada, pero también puede nadar rápidamente con movimientos de remo de las patas y golpes del abdomen. Para la pupación, en verano sale a la orilla, donde excava un hoyo en el que se produce la metamorfosis a escarabajo.

2 | *Dytiscus lapponicus* (Ditíscidos)
L 24-28 mm todo el año RL2

DESCRIPCIÓN: muy similar a *D. marginalis*, pero algo más pequeño. Élitros del macho (foto) con numerosas finas líneas longitudinales de color amarillo. Coxas posteriores apuntadas.
HÁBITAT: en aguas pantanosas, raro.

3 | *Cybister lateralimarginalis* (Ditíscidos)
L 30-37 mm todo el año

DESCRIPCIÓN: similar a *D. marginalis*, pero cuerpo más ancho y plano. Élitros más anchos algo más atrás del centro. Pronoto con margen amarillo sólo en los laterales. Tibias de las patas posteriores llamativamente cortas y anchas (3 veces más largas que anchas). Macho **(3a)** con élitros lisos; los de la hembra, con una fina granulación.
HÁBITAT: en estanques y lagos limpios con mucha vegetación, raro en general.
GENERALIDADES: mejor nadador que *D. marginalis* gracias al cuerpo plano y a las patas nadadoras muy anchas. Se alimenta preferentemente de caracoles acuáticos. La larva **(3b)** tiene un cuerpo relativamente estrecho y la cabeza claramente más pequeña que *D. marginalis*.

1a

1b

1c

2

3a

3b

1 | *Acilius sulcatus* (Ditíscidos)
L 15-18 mm todo el año

DESCRIPCIÓN: escarabajo acuático mediano, llamativamente ancho y plano. Élitros amarillos con jaspeado marrón oscuro denso, con surcos longitudinales lisos en el macho y velludos en la hembra **(1a)**. Frente con 2 manchas oscuras entre los ojos, de angulosas a triangulares, que encierran una V amarilla entre sí.
HÁBITAT: aguas estancadas de todo tipo, frecuente en general.
GENERALIDADES: en el apareamiento, el macho se adhiere a la hembra con las ventosas, igual que *Dytiscus marginalis*. Para la puesta la hembra sale del agua y adhiere los huevos en pequeños montículos en la parte inferior de trozos de madera húmeda. La larva **(1b)** tiene la cabeza pequeña, con las mandíbulas cortas y como puñales. Todas las patas disponen de largas cerdas natatorias. Se desliza aparentemente ingrávida por el agua, pero también puede moverse hacia atrás golpeando con el abdomen debajo del tórax. Se alimenta principalmente de pequeños crustáceos. La pupación tiene lugar en la orilla, en una cavidad en la tierra.
ESPECIE SIMILAR: *Acilius canaliculatus*, un poco más pequeño, sólo tiene una mancha angular oscura en la frente.

2 | *Platambus maculatus* (Ditíscidos)
L 7-9 mm todo el año

DESCRIPCIÓN: élitros amarillos con dibujo de manchas negras continuas. Pronoto amarillo, con una banda transversal en la parte anterior y posterior, y con una raya blanca detrás de la anterior.
HÁBITAT: en arroyos de montaña y tierras bajas, así como en la zona de la orilla de lagos grandes; bastante frecuente en general.
GENERALIDADES: uno de los pocos escarabajos acuáticos que aparecen regularmente en cursos de agua turbulentos; no obstante, suelen encontrarse en zonas cercanas a la orilla con menos movimiento.

3 | *Hyphydrus ovatus* (Ditíscidos)
L 4-5 mm todo el año

DESCRIPCIÓN: pequeño escarabajo acuático de color rojo óxido, con el cuerpo llamativamente esférico.
HÁBITAT: aguas estancadas de todo tipo, frecuente en general.
GENERALIDADES: guarda sus reservas de aire no sólo bajo los élitros, como hacen la mayoría de escarabajos acuáticos, sino también en una burbuja de aire situada en el extremo del abdomen.

4 | *Graphoderus zonatus* (Ditíscidos)
L 14-16 mm todo el año RL3

DESCRIPCIÓN: similar a *Acilius sulcatus*. Pronoto con una franja transversal en la parte anterior y posterior, de color amarillo en medio. Ambos sexos con élitros lisos.
HÁBITAT: en aguas estancadas someras, sobre todo pantanosas.

5 | *Colymbetes fuscus* (Ditíscidos)
L 16-17 mm jul.-mayo

DESCRIPCIÓN: claramente más estrecho que *Acilius sulcatus*. Élitros con una densa retícula de finas estrías transversales negras. Patas marrones.
HÁBITAT: en pequeñas aguas estancadas, a menudo, p. ej., en charcas de fosas de grava. Frecuente en casi todos los lugares.
ESPECIE SIMILAR: *C. paykulli*, especie rara sólo presente en el norte de Alemania, tiene las patas negras.

6 | *Rhantus pulverosus* (Ditíscidos)
L 10-13 mm todo el año

DESCRIPCIÓN: similar a *Colymbetes fuscus*, pero con los élitros densamente punteados en negro, sin estrías transversales. Lado inferior negro.
HÁBITAT: en pequeñas aguas estancadas, también en las que se secan a menudo.

1a
1b
2
3
4
5
6

El **escarabajo chirriador** (familia *Hygrobiidae*) sólo aparece en Europa con la especie aquí presentada. El lugar de expansión de esta familia está en Australia.

1 | Escarabajo chirriador

Hygrobia hermanni (Higrobíidos)
L 8-11 mm ago.-mayo RL3 §

DESCRIPCIÓN: similar a un escarabajo acuático, pero con la cabeza estirada hacia delante, no retraída en el pronoto. Color básico amarillo o marrón claro. Élitros con una mancha negra continua en la parte posterior.
HÁBITAT: en aguas someras fangosas, sobre todo en fosas de arena; raro.
GENERALIDADES: nada muy rápido, pero no mueve las patas posteriores de forma sincrónica, sino alternativamente hacia atrás. En caso de ser molestado emite unos fuertes chirridos. Estos sonidos los produce frotando el extremo del abdomen contra las estrías transversales del lado inferior de los élitros. Renueva sus reservas de aire, almacenadas bajo los élitros, emergiendo sobre la superficie con el extremo del abdomen. En primavera, la hembra adhiere los huevos en filas en plantas acuáticas con una masilla. La larva, de color muy claro **(1b)** tiene 3 cercos pilosos de aprox. la misma longitud en el extremo del abdomen. Vive en el fondo de las aguas, donde se alimenta de gusanos y larvas de insectos.

Los **escarabajos acuáticos** (familia *Haliplidae*) son pequeños escarabajos que pueden volar bien y colonizan rápidamente aguas nuevas. Existen unos 20 especies difíciles de distinguir entre sí.

2 | Escarabajo acuático reptador

Haliplus sp. (Halíplidos)
L 2-3 mm todo el año

DESCRIPCIÓN: escarabajo acuático muy pequeño, con el cuerpo ovado apuntado hacia atrás. Cabeza pequeña, adelantada. Color amarillento con un dibujo de manchas oscuras poco claro en los élitros.
HÁBITAT: aguas estancadas y de curso lento de todo tipo. Varias especies frecuentes en general.
GENERALIDADES: nada con movimientos alternativos de las patas posteriores, igual que el escarabajo chirriador, pero menos ágilmente que este. Las esbeltas larvas **(2b)** se alimentan preferentemente de algas, al igual que los adultos.

El *Gyrinus substriatus* (Familia *Gyrinidae*) en ocasiones se cae debido a su forma de locomoción. Cuando aparecen en grupos grandes describen círculos o espirales en la superficie del agua. En Centroeuropa existen 13 especies.

3 | *Gyrinus substriatus* (Girínidos)

L 5-7 mm todo el año

DESCRIPCIÓN: cuerpo aerodinámico. Cabeza con 2 pares de ojos compuestos, de los que uno se encuentra en la parte superior de la cabeza y el otro en la parte inferior. Patas centrales y posteriores transformadas en patas natatorias muy cortas.
HÁBITAT: en aguas estancadas y corrientes, frecuente en casi todos los lugares.
GENERALIDADES: este escarabajo corretea con frecuencia en densos grupos sobre la superficie del agua. Sus patas natatorias son de las más perfectas de todos los órganos natatorios conocidos. Los segmentos tarsales están muy ensanchados hacia dentro y se superponen en forma de abanico durante el movimiento hacia delante, pero en el movimiento hacia atrás se separan como dedos. Se mueven con la asombrosa frecuencia de 50-60 impulsos por segundo, y hacen avanzar al escarabajo hasta 24 cm en un segundo. Con sus ojos divididos puede ver sobre y bajo el agua, pero no la superficie del agua, ya que se encuentra en el ángulo muerto. No obstante, con sus cortas antenas registra cada movimiento de las olas y así encuentra insectos que han caído al agua, su principal alimento. Si se le perturba, se sumerge como un rayo llevándose una burbuja de aire en el extremo del abdomen.

4 | *Orectochilus villosus* (Girínidos)

L 5-7 mm todo el año

DESCRIPCIÓN: A diferencia de *G. substratus*, el lado superior es denso y con pelo fino.
HÁBITAT: en pequeñas aguas corrientes, por lo general en ubicaciones umbrías, y en la zona de rompiente de lagos grandes. Infrecuente.
GENERALIDADES: le gusta moverse bajo presas o puentes. Es activo principalmente al anochecer, pero si el tiempo está nublado también puede verse de día. Si hace sol suele encontrarse oculto bajo raíces de árboles o plantas colgantes de la ribera.

1a

1b

2a

2b

3

4

Los **escarabajos acuáticos plateados** (familia *Hydrophilidae*) son claramente peores nadadores que los ditíscidos; nadan con movimientos alternos de las patas y suelen encontrarse entre plantas acuáticas. Renuevan la reserva de aire que llevan en el lado ventral subiendo la parte anterior del cuerpo hacia la superficie del agua y estableciendo una conexión entre la película de aire ventral y la superficie del agua mediante las cortas antenas. En Centroeuropa hay algo más de 100 especies.

1 | *Hydrophilus aterrimus* (Hidrofílidos)
L 32-43 mm todo el año §

DESCRIPCIÓN: escarabajo muy grande y negro con un claro brillo cobrizo. Metatórax con una larga espina recta y orientada hacia atrás. Lado inferior del abdomen con una ligera forma de tejado, pero no aquillado.
HÁBITAT: en estanques y charcas limpios y ricos en vegetación, raro en general.
GENERALIDADES: se alimenta principalmente de algas y plantas acuáticas, y también de carroña. Los huevos se ponen en un capullo flotante sobre la superficie del agua **(1b)**. Una chimenea lateral alta suministra el aire a los huevos. Las larvas **(1c)**, de hasta 7 cm de largo y forma tosca, se alimentan preferentemente de caracoles acuáticos. Para ello introducen la cabeza en la concha y rocían el cuerpo blando con jugo digestivo. A continuación succionan el alimento licuado.
ESPECIE SIMILAR: el Escarabajo acuático plateado grande *(Hydrophilus piceus)*, aún un poco más grande, tiene una aguda quilla en el lado inferior del abdomen.

2 | **Escarabajo plateado de agua**
Hydrochara caraboides (Hidrofílidos)
L 14-19 mm ago.-jun.

DESCRIPCIÓN: corresponde a una versión en miniatura de *Hydrophilus aterrimus*, pero con el lado inferior del abdomen plano.
HÁBITAT: en aguas estancadas con mucha vegetación, sobre todo en aguas de inundación. Frecuente localmente.
GENERALIDADES: la puesta tiene lugar en un capullo flotante, pero que suele estar cubierto por una hoja en el lado superior. La larva, de hasta 30 mm de largo **(2b)**, posee 7 pares de branquias traqueales filiformes en los laterales del abdomen. Se alimenta de diversos animales acuáticos, sobre todo de larvas de insectos. Para comerlas las sube a la superficie y las rocía con jugo digestivo, y luego succiona el alimento licuado. Debajo del agua se le escaparía el alimento.

3 | *Hydrobius fuscipes* (Hidrofílidos)
L 6-9 mm todo el año

DESCRIPCIÓN: pequeño escarabajo negro de patas rojas. Élitros con 10 finos surcos longitudinales cada uno.
HÁBITAT: frecuente en pequeñas aguas estancadas con mucha vegetación.

4 | *Helochares obscurus* (Hidrofílidos)
L 5-7 mm todo el año

DESCRIPCIÓN: pequeño escarabajo marrón, bastante plano.
HÁBITAT: frecuente en pequeñas aguas con mucha vegetación.
GENERALIDADES: en el lado ventral lleva una burbuja de aire bastante grande y suele encontrarse justo por debajo de la superficie del agua. En primavera, la hembra transporta los huevos en un capullo en el lado inferior del abdomen. De este escarabajo (*familia Spercheidae*) en Centroeuropa sólo aparece la especie aquí presentada.

5 | *Spercheus emarginatus* (Spercheidae)
L 5-7 mm todo el año

DESCRIPCIÓN: escarabajo corto y ancho con el cuerpo abombado. Color marrón con manchas oscuras.
HÁBITAT: en estanques y charcas fangosas y ricas en vegetación. Raro.
GENERALIDADES: al igual que *Helochares*, se encuentra siempre justo por debajo de la superficie del agua; la hembra también lleva el capullo ovígero bajo el abdomen.

1a

1c

1b

2a

2b

3

4

5

Los **escarabajos errantes** (familia *Staphylinidae*) se caracterizan por un esbelto cuerpo y unos élitros muy reducidos. Debajo de estos suelen encontrarse totalmente ocultas y plegadas varias veces las alas posteriores, que por lo general están plenamente desarrolladas. Es la familia de escarabajos con más especies (unas 1500 en Europa), sobre todo animales muy pequeños, muy difíciles de identificar.

1 | *Staphylinus caesareus* (Estafilínidos)
L 17-25 mm mayo-ago.

DESCRIPCIÓN: gran escarabajo errante de élitros marrones rojizos, patas rojas y manchas velludas triangulares de color dorado brillante en la parte superior de los laterales de los segmentos abdominales.
HÁBITAT: en lugares secos y soleados, tales como prados secos y márgenes de caminos.
GENERALIDADES: escarabajo errante activo también de día, que se alimenta de insectos, gusanos y caracoles. Al igual que la mayoría de especies de la familia, puede volar bien.

2 | *Dinothenarus fossor* (Estafilínidos)
L 15-20 mm ago.-jun.

DESCRIPCIÓN: pronoto y élitros marrón rojizo, estos últimos con pelo amarillo dorado en la parte posterior.
HÁBITAT: en bosques y terrenos abiertos, no raro en la mayoría de zonas.

3 | **Asnillo o estafilino oloroso**
Ocypus olens (Estafilínidos)
L 20-32 mm todo el año

DESCRIPCIÓN: escarabajo errante más grande. Color negro oscuro, cabeza llamativamente grande.
HÁBITAT: frecuente en general en bosques.
GENERALIDADES: activo de noche, aunque a veces puede verse de día. En caso de amenaza dobla el abdomen hacia delante y eleva la cabeza con las mandíbulas (foto) muy abiertas, con las que puede morder.

4 | *Stenus bimaculatus* (Estafilínidos)
L 6-7 mm todo el año

DESCRIPCIÓN: pequeño escarabajo errante muy estrecho, con los ojos muy grandes. Élitros con un punto rojo cada uno.
HÁBITAT: en lugares húmedos, especialmente en las orillas de aguas.
GENERALIDADES: escarabajo activo de día, cazador visual, con una lengua proyectable formada a partir del labio inferior, la cual puede lanzar a una distancia equivalente a la mitad de su cuerpo. Con ella captura sobre todo saltarines.
ESPECIES SIMILARES: numerosas especies muy similares de este género. En Centroeuropa engloba unas 100 especies.

5 | *Lomechusa* sp. (Estafilínidos)
L 4-5 mm ago.-jun.

DESCRIPCIÓN: escarabajo errante relativamente corto y de cuerpo ancho. Penachos de pelos amarillentos en la parte superior de los laterales de los anillos abdominales anteriores.
HÁBITAT: en hormigueros, infrecuente.
GENERALIDADES: exuda una secreción glandular en los penachos de pelo, que es lamida por las hormigas. Estas toleran que esté en el hormiguero y lo alimentan. Sin embargo, también se alimenta de los huevos de las hormigas.

6 | *Claviger longicornis* (Estafilínidos)
L 2,5-3 mm abr.-jun.

DESCRIPCIÓN: pequeño escarabajo marrón amarillento con la cabeza estrecha y las antenas claviformes. Penachos de pelo marrón en la parte anterior de los laterales del abdomen.
HÁBITAT: sólo en los hormigueros de *Lasius umbratus*, raro.
GENERALIDADES: embriaga a las hormigas hospedadoras, como *Lomechusa*, con las secreciones glandulares. En caso de perturbaciones en el hormiguero, las hormigas ponen a salvo sus huevos y al escarabajo.

1

2

3

4

5a

5b

6a

6b

La mayoría de las especies de la familia de los sílfidos, mientras se mantienen en estado de larva e imago, se alimentan de carroña. Algunos muestran también un interesante comportamiento de cuidados parentales. En Centroeuropa existen 22 especies.

1 | **Escarabajo sepulturero**

Necrophorus vespillo (Sílfidos)
L 12-22 mm todo el año

DESCRIPCIÓN: élitros truncados, negros con dos bandas transversales rojo amarillentas.
HÁBITAT: frecuente en general en claros de bosques y en terrenos abiertos.
GENERALIDADES: cuando el macho encuentra un cadáver pequeño, como un ratón, atrae a una hembra mediante feromonas expulsadas con el abdomen elevado. Tras el apareamiento, entierran la carroña y le dan forma de bola en una cámara. A continuación tiene lugar la puesta en un pasadizo lateral que parte de la cámara de sepultura. Después de eclosionar, las larvas acuden a la bola de carroña, en cuyo extremo superior la madre las espera en una depresión, donde tiene lugar la alimentación boca a boca hasta que las larvas pueden alimentarse solas en el último estadio.

2 | *Phosphuga atrata* (Sílfidos)

L 10-16 mm todo el año

DESCRIPCIÓN: escarabajo carroñero muy plano y ancho, con la cabeza llamativamente estrecha.
HÁBITAT: frecuente en general en bosques húmedos y ciénagas.
GENERALIDADES: se alimenta, a diferencia de lo que haría pensar su clasificación como escarabajo carroñero, casi exclusivamente de caracoles. Primero muerde a la víctima para que se retraiga en la concha y luego entra detrás de ella y la rocía con jugos digestivos.

3 | *Oieceoptoma thoracicum* (Sílfidos)

L 12-16 mm todo el año

DESCRIPCIÓN: escarabajo carroñero ancho y plano con los élitros grises negruzcos y el pronoto rojo.
HÁBITAT: frecuente en general en bosques y terrenos abiertos.
GENERALIDADES: se alimenta de carroña, pero también de excrementos y hongos en descomposición. La seta falo hediondo utiliza a este escarabajo para difundir sus esporas.

Los coleópteros de la familia *Drilidae* se asemejan (sobre todo las hembras) en su aspecto y modo de vida a las luciérnagas, pero no disponen de órgano luminoso. En Europa existen 16 especies, de las cuales dos son autóctonas de Centroeuropa.

4 | *Drilus concolor* (Drílidos)

L a 4-5 mm o 12-16 mm mayo-ago.

DESCRIPCIÓN: ambos sexos muy distintos. Macho negro, con las alas normalmente desarrolladas y las antenas pectinadas. Hembra más del doble de grande, como una larva, áptera.
HÁBITAT: en bosques y terrenos abiertos, regularmente también en jardines.
GENERALIDADES: la claramente reconocible larva trepa a menudo por muros y paredes de casas. En los laterales de los segmentos abdominales tiene unos largos apéndices digitiformes y pelo hirsuto de color marrón rojizo. Se alimenta solo de caracoles con concha. Cuando encuentra un caracol, primero se sube a la concha y se deja transportar. Finalmente avanza y muerde al caracol en la nuca. Como reacción al ataque, el caracol se retrae, pero vuelve a salir. La larva repite la mordedura y la inyección de veneno, y sigue repitiendo la acción hasta que el caracol deja de moverse. A continuación, la larva transporta la concha a un escondrijo, se come la víctima hasta dejar la concha vacía, realiza la muda y deja la abertura de la concha bloqueada con la exuvia **(5c)**. Después inverna y en primavera tiene lugar la pupación. El macho se desarrolla en caracoles mucho más pequeños que la hembra, que es un tubo andante lleno de huevos.

1

2

3

4a

4c

4b

Las **luciérnagas** (familia *Lampyridae*) se caracteriza por su órgano luminoso especial que genera luz (bioluminiscencia) por las noches. En Centroeuropa existen 3 especies.

1 *Lamprohiza splendidula* (Lampíridos)

L 8-10 mm jun.-jul.

DESCRIPCIÓN: sexos muy distintos. Macho (**1a**, animal a la Izquierda.) gris oscuro, normalmente alado. Pronoto en el centro con una ventana translúcida a través de la que se reconoce la cabeza con los grandes ojos. Parte posterior del abdomen con 2 anillos ventrales blancos **(1b)**. Hembra (**1a**, animal a la derecha.) de color blanquecino, larviforme, con rudimentos alares diminutos.
HÁBITAT: bastante frecuente en bosques caducifolios húmedos.
GENERALIDADES: los animales maduros dejan de alimentarse. Tanto el macho como la hembra producen una luz verdosa, casi sin formación de calor, a partir de luciferina y luciferasa, sustancias producidas por los propios escarabajos. Los órganos fotógenos (productores de luz) del macho se encuentran claramente visibles en forma de anillos blancos en el lado inferior del abdomen **(1b)**, mientras que en la hembra se encuentran en los laterales del abdomen (por lo general 3 pares, pero con disposiciones individuales diferentes) y en el lado inferior del extremo del abdomen **(1c)**. Los animales empiezan a producir luz al final del crepúsculo, independientemente del tiempo que haga. Primero se ve subir a los machos con los órganos fotógenos "encendidos" por el tallo de una planta y después se elevan en el aire. Poco después se observan en el suelo aquellas hembras, a menudo ocultas entre hierbas y ortigas, que quieren atraer a los machos con sus luces. Para que también destaque el extremo inferior del abdomen, con un destello especialmente claro, las hembras lo doblan hacia delante. Los machos las buscan desde unos 2 m de altura y se van acercando en una espiral cada vez más estrecha. Finalmente de repente se dejan caer al suelo y aterrizan sobre la hembra con total seguridad. Durante el apareamiento los animales siguen iluminados un rato. Los machos mueren poco después, mientras que las hembras viven unos días más y finalmente ponen los huevos en el suelo del bosque. Los huevos también tienen una luz ligeramente verdosa en la oscuridad. Las larvas son muy aplanadas, de color gris oscuro, y recuerdan un poco a cochinillas. Las larvas también producen una débil luz verdosa, que a veces permite localizarlas de noche. Se alimentan casi exclusivamente de caracoles.

2 Luciérnaga

Lampyris noctiluca (Lampíridos)
L 11-18 mm jul.-ago.

DESCRIPCIÓN: claramente más grande que *Lamprohiza splendidula*. Macho (**2a**, animal de la izquierda) alado, gris oscuro, con el pronoto transparente; sin anillos blancos en el lado inferior del abdomen. Hembra (**2b**, animal de la derecha) también gris oscuro, a menudo con partes de color rosa; sin alas.
HÁBITAT: en bosques caducifolios y prados secos, por lo general en lugares más secos que la especie más pequeña. Bastante frecuente.
GENERALIDADES: el macho carece de órganos fotógenos funcionales. La hembra tiene una gran mancha fotógena en el lado inferior del extremo del abdomen, formada por los 3 últimos anillos. Para presentar este órgano ventral, gira el extremo del abdomen en espiral hacia un lado y ligeramente hacia arriba **(2c)**. Si tarda mucho en llegar un macho, la hembra sigue elevando el extremo del abdomen y describe movimientos oscilantes. Si sigue sin tener éxito, la luz se "apaga" poco después de medianoche. Los machos localizan a las hembras igual que lo hacen los *Lamprohiza splendidula*. pero se dejan engañar con facilidad. Así, p. ej., se dirigen a machos de la otra especie que también desprenden luz sentados y cuyo patrón luminoso es similar. La larva **(2b)** se parece a la hembra, pero tiene unas manchas amarillentas redondas en los laterales del cuerpo. Se alimenta asimismo de caracoles. Muerde al caracol en la parte anterior del cuerpo para que se retraiga, después se sube a la concha **(2d)** y empieza a morder, de forma similar a la larva de *Drilus*, tantas veces como sea necesario. Finalmente, penetra en la concha y se come el cuerpo blando.

1a
1b
1c
2a
2b
2c
2d

Los **coraceros** (familia *Cantharidae*) tienen un cuerpo realmente blando, los élitros y la coloración de las especies independientes es muy variable. Las larvas y los escarabajos expulsan una secreción defensiva de mal sabor. El Centroeuropa existen unas 100 especies de las cuales 85 están también en Alemania.

1

Cantharis fusca (Cantáridos)
L 11-15 mm mayo-jul.

DESCRIPCIÓN: pronoto rojo, con una mancha oscura en la parte anterior, élitros grises oscuros. Abdomen de cutícula muy blanda, principalmente rojo.
HÁBITAT: muy frecuente en bosques y terrenos abiertos.
GENERALIDADES: puede observarse a menudo en flores. A veces también se alimenta de insectos muertos. Su larva gris se desarrolla en el suelo, donde se alimenta de gusanos y caracoles, así como de partes de plantas. Puede verse a menudo en la nieve en los días de invierno poco rigurosos **(1b)**.

2

Coracero
Rhagonycha fulva (Cantáridos)
L 7-10 mm jul.-ago.

DESCRIPCIÓN: de rojo óxido a marrón amarillento, y puntas de los élitros negras.
HÁBITAT: muy frecuente en general, es uno de los escarabajos más comunes.
GENERALIDADES: puede verse regularmente en flores.

En caso de amenaza, los *Agrypnus murinus* (familia Elateridae) pueden catapultarse en el aire, y así ponerse a salvo, con la ayuda de un aparato saltador situado en la parte inferior del cuerpo. Además emiten un sonido en forma de clic. El Centroeuropa hay aproximadamente 140 especies.

3

Agrypnus murinus (Elatéridos)
L 12-17 mm mayo-jun.

DESCRIPCIÓN: escarabajo de muelle gris oscuro con manchas peludas de color claro distribuidas irregularmente.
HÁBITAT: frecuente en general en lugares abiertos.
GENERALIDADES: resulta nocivo ocasionalmente por comerse plantas de cultivo. En cambio, la larva, de vida terrestre, se alimenta de gusanos y larvas de insectos.

4

Selatosomus cruciatus (Elatéridos)
L 10-14 mm mayo-jul. RL3

DESCRIPCIÓN: élitros marrones y amarillos con un llamativo dibujo en forma de cruz.
HÁBITAT: en bosques húmedos, infrecuente.
GENERALIDADES: los escarabajos adultos viven en arbustos, tocones de árboles y madera muerta. Las larvas se alimentan de la raíces de plantas.

5

Ctenicera sp. (Elatéridos)
L 12-18 mm mayo-ago.

DESCRIPCIÓN: escarabajo de muelle con claro brillo verde o violeta. Las esquinas posteriores del pronoto son llamativamente agudas y el macho (foto) tiene las antenas claramente pectinadas. Varias especies difíciles de distinguir.
HÁBITAT: en prados de montaña de los Alpes, no raro.
GENERALIDADES: posee un refinado mecanismo para enderezarse rápidamente cuando cae de espaldas. Una espina orientada hacia atrás, en el lado inferior del protórax, se bloquea en la parte anterior del mesotórax en posición de curvatura dorsal, pero se desbloquea con una contracción muscular. Esta espina resbala y entra disparada en una cavidad alargada más atrás, de modo que el escarabajo brinca por el aire gracias al movimiento repentino.

6

Lacon punctatus (Elatéridos)
L 14-19 mm abr.-jun.

DESCRIPCIÓN: escarabajo de muelle grande, de color negro mate oscuro, con escamas de pelo blancas aisladas.
HÁBITAT: en árboles caducifolios y coníferas en la región mediterránea, de vida muy oculta.
GENERALIDADES: se encuentran escarabajos realmente grandes debajo de la corteza de árboles caducifolios y coníferas. Aquí también se desarrollan las larvas.

1a

1b

2

3

4

5

6

Los **cléridos** (familia *Cleridae*) suelen ser escarabajos con pelos erguidos y a menudo tienen bandas transversales de colores llamativos. En Centroeuropa hay unas 30 especies.
Los **bupréstidos** (familia *Buprestidae*, **5** y p. siguiente) también suelen tener mucho colorido, pero principalmente colores metálicos. El cuerpo tiene una forma claramente apuntada hacia atrás. En Centroeuropa hay unas 125 especies.

1 | Escarabajo ajedrezado

Trichodes apiarius (Cléridos)
L 9-13 mm mayo-ago.

DESCRIPCIÓN: cabeza y cuerpo anterior negros con brillo metálico; élitros rojos brillantes con 3 bandas transversales negras, la posterior de las cuales toca la punta de las alas.
HÁBITAT: en lugares cálidos y soleados, como p. ej. en lindes de bosques y prados secos, también en jardines. Principalmente en zonas cálidas, infrecuente.
GENERALIDADES: a veces se encuentran en flores, donde se alimentan de polen, pero también persiguen a otros insectos. La larva, de color rosa, se desarrolla en colmenas y en nidos de abejas silvestres, cuyas larvas y pupas le sirven de alimento, pero normalmente no causa grandes daños.

2 | *Trichodes alvearius* (Cléridos)

L 10-17 mm mayo-jul. RL3 §

DESCRIPCIÓN: muy similar al Escarabajo ajedrezado *(Trichodes apiarius)*, pero un poco más grande por término medio. De las 3 bandas transversales de los élitros, la posterior no toca la punta de estos, sino que todavía deja espacio para un margen rojo.
HÁBITAT: En lugares similares a los del escarabajo ajedrezado, pero algo más rara.
GENERALIDADES: se desarrolla como larva en los nidos de abejas silvestres y del lobo de las abejas (*Philanthus triangulum*, p. 286), pero no en colmenas.

3 | *Thanasimus formicarius* (Cléridos)

L 7-11 mm todo el año

DESCRIPCIÓN: color negro y marrón rojizo, 2 bandas transversales blancas en los élitros.
HÁBITAT: frecuente en bosques de coníferas.
GENERALIDADES: el escarabajo y su larva, de color rosa, se alimentan casi exclusivamente de barrenillos de las cortezas. El nombre latino de la especie se basa en la similitud con la hormiga de bosque, tanto en su aspecto como en su forma de moverse.

4 | *Clerus mutillarius* (Cléridos)

L 11-15 mm mayo-jul. RL1 §

DESCRIPCIÓN: cuerpo negro, élitros rojos en la parte anterior, negros en la posterior y con una banda transversal blanca. El vello largo e hirsuto recuerda mucho a una hormiga aterciopelada.
HÁBITAT: sobre todo en robles talados. Sólo en regiones cálidas, pero rara en general.
GENERALIDADES: el escarabajo y su larva persiguen a los barrenillos de las cortezas, al igual que *Thanasimus formicarius*.

5 | *Chalcophora mariana* (Bupréstidos)

L 24-30 mm mayo-ago. RL3 §

DESCRIPCIÓN: el bupréstido más grande. Color negro con un claro brillo cobrizo. Anchos surcos longitudinales con escamas grises, en parte unidos entre sí, en la cabeza, el pronoto y los élitros.
HÁBITAT: en pinares, por lo general arenosos y cálidos, bastante rara.
GENERALIDADES: escarabajo muy tímido, sabe volar bien. Si hace sol, le gusta estar en troncos de pino, pero a la mínima molestia sale volando. Su larva **(5b)**, al igual que las demás especies de bupréstidos, tiene el cuerpo muy alargado, claramente ensanchado y aplanado en la parte anterior y muy estrecho en la parte posterior. Se desarrolla bajo la corteza de pinos muertos, sobre todo en tocones. Va creando una galería ancha y plana y realiza la pupación después de varios años de desarrollo en una cámara plana justo debajo de la corteza **(5c)**.

1

2

3

4

5a

5b

5c

1 | *Chrysobothris affinis* (Bupréstidos)
L 10-15 mm mayo-jul. §

DESCRIPCIÓN: élitros con brillo cobrizo, con débiles estrías longitudinales y 4-6 fosetas de color dorado brillante.
HÁBITAT: en bosques caducifolios ralos, principalmente en robles.
GENERALIDADES: las larvas se desarrollan en árboles caducifolios enfermos o caídos, por ejemplo en hayas, robles o frutales.

2 | *Palmar festiva* (Bupréstidos)
L 6-12 mm jun.-ago. RL1 §

DESCRIPCIÓN: cuerpo de color verde amarillento brillante, 10-13 manchas azules brillantes dispuestas simétricamente en los élitros.
HÁBITAT: frecuente en el sur de Europa, hasta el sur del Tirol.
GENERALIDADES: la larva se desarrolla debajo de la corteza de enebros.

3 | *Scintillatrix dives* (Bupréstidos)
L 10-15 mm jun.-ago. RL2 §

DESCRIPCIÓN: lado superior de color verde metálico vivo, con numerosos puntos azules, que pasa a verde dorado y rojo en los laterales.
HÁBITAT: en lindes de bosques con salcedas. Frecuente en el sur de los Alpes.
GENERALIDADES: la larva se desarrolla en ramas gruesas y troncos de sauce cabruno, en los que causa protuberancias nudosas.

4 | *Buprestis octoguttata* (Bupréstidos)
L 9-18 mm mayo-ago. RL3 §

DESCRIPCIÓN: lado superior de color azul metálico brillante, élitros con 4 manchas blanco amarillentas dispuestas regularmente en cada uno de ellos.
HÁBITAT: en las lindes de pinares soleados, especialmente en suelos arenosos. Bastante rara en general.
GENERALIDADES: las larvas se desarrollan en pinos muertos, prefiriendo la zona de las raíces y los tocones.

5 | *Capnodis* sp.(Bupréstidos)
L 15-30 mm mayo-sep.

DESCRIPCIÓN: bupréstido muy grande, negro mate, con zonas escamosas de color gris claro en el pronoto y los élitros. Varias especies similares.
HÁBITAT: muy extendido en huertos de frutales y terrenos abiertos en la región mediterránea, ausente en Centroeuropa.
GENERALIDADES: el escarabajo se desarrolla preferentemente en especies de *Prunus*, como endrinos y ciruelos, y a veces causa daños en terrenos de cultivo.

6 | *Agrilus biguttatus* (Bupréstidos)
L 8-13 mm mayo-jul.

DESCRIPCIÓN: bupréstido muy estrecho, de color verde brillante, con 2 puntos blancos en la parte posterior de los élitros y más manchas similares en los márgenes algo sobresalientes del abdomen.
HÁBITAT: bastante frecuente en robledales.

7 | *Anthaxia nitidula* (Bupréstidos)
L 5-7 mm abr.-jul. §

DESCRIPCIÓN: macho por lo general totalmente verde metálico, hembra (foto) con la cabeza y el pronoto rojos.
HÁBITAT: en lindes de bosques soleadas.
GENERALIDADES: se encuentra a menudo en arbustos en flor y en flores amarillas de los prados. Las larvas se desarrollan debajo de la corteza de frutales y endrinos.

8 | *Anthaxia quadripunctata* (Bupréstidos)
L 5-8 mm mayo-sep.

DESCRIPCIÓN: color marrón oscuro cobrizo. Pronoto por lo general con 4 fosetas dispuestas en una fila transversal.
HÁBITAT: por lo general frecuente en bosques de coníferas ralos.
GENERALIDADES: las larvas se desarrollan en madera de coníferas, los imagos devoran el amarillo polen floreciente.

1
2
3
4
5
6
7
8

1 | *Anthocomus rufus* (Malaquídeos)
L 4-5 mm ago.-oct.

DESCRIPCIÓN: élitros y laterales del pronoto rojos brillantes; el resto, verde negruzco.
HÁBITAT: principalmente en prados pantanosos, infrecuente.
GENERALIDADES: se alimenta de polen de flores. El macho posee unas glándulas cutáneas en el extremo del abdomen que emiten una feromona y que son presentadas a la hembra durante el cortejo. Las larvas se desarrollan en madera podrida, donde persiguen a las larvas de otros insectos que también viven allí.

El *Hister quadrimaculatus* (familia Histeridae) vive cerca de carroña y excrementos, también debajo de corteza, donde cazan insectos y sus larvas. En Centroeuropa existen unas 80 especies.

2 | *Hister quadrimaculatus* (Histéridos)
L 7-11 mm todo el año

DESCRIPCIÓN: escarabajo duro con los élitros claramente truncados; cada uno con una banda roja curvada.
HÁBITAT: principalmente en terrenos abiertos, no raro en regiones cálidas.
GENERALIDADES: se encuentra en abono de vaca y caballo y en plantas en descomposición, donde caza otros insectos.

Las **mariquitas** (familia *Coccinellidae*) se caracterizan por tener el cuerpo corto y ancho, abombado de forma casi semiesférica. Las antenas tienen los extremos engrosados como mazas y los tarsos se componen de cuatro artejos, aunque el tercero, muy pequeño, está oculto en una emarginación del segundo. Los escarabajos y las larvas de las mayoría de especies se alimentan preferentemente de pulgones o cochinillas, y pocas son fitófagas.

3 | **Mariquita roja de siete puntos**
Coccinella septempunctata
(Coccinélidos)
L 5-8 mm todo el año

DESCRIPCIÓN: la mariquita más conocida y frecuente, inconfundible gracias a los élitros rojos con 7 puntos negros.
HÁBITAT: frecuente en general, también en jardines e incluso en pisos.
GENERALIDADES: el escarabajo y la larva viven casi exclusivamente de pulgones. Para defenderse, el escarabajo puede exudar en las articulaciones de las patas unas gotas amarillas de su sangre, muy amarga y de fuerte olor. Su llamativa coloración señaliza este mecanismo de protección (coloración de advertencia) a sus depredadores. Pone los huevos, de color amarillo brillante **(3c)**, en densos montones cerca de colonias de pulgones. La larva **(1c)**, de color gris azulado **(3e)**, con dibujos amarillos en el tórax y en 2 segmentos abdominales, puede verse desde mayo. Durante su desarrollo, de unas 4 semanas de duración, devora más de 600 pulgones. No obstante, no todas las especies de pulgón son igualmente adecuadas como alimento. *Aphis sambuci* (p. 120), p. ej., resulta mortal para esta larva (pero otras especies de mariquita lo comen sin sufrir consecuencias negativas). La larva suele mudar a pupa obtecta en el haz de una hoja; la pupa permanece con el extremo posterior en la cutícula arrugada de la larva y describe movimientos oscilantes con el cuerpo si es molestada. A partir de junio emerge la nueva generación de escarabajos, que no se volverá a reproducir hasta el año siguiente. A veces se producen reproducciones masivas extraordinarias en esta especie.

1

2

3a

3b

3c

3d

3e

1 **Mariquita de dos puntos**
Adalia bipunctata (Coccinélidos)
L 4-6 mm todo el año

DESCRIPCIÓN: élitros con 2 puntos negros, a menudo también con los colores "al revés", es decir, con los élitros negros y los puntos rojos (foto).
HÁBITAT: Es frecuente, sobre todo, en jardines y bosques, también llegan a invernar en el interior de las casas.
GENERALIDADES: le gusta invernar en grandes grupos bajo la corteza de árboles muertos (foto).

2 *Myzia oblongoguttata* (Coccinélidos)
L 6-8 mm todo el año

DESCRIPCIÓN: élitros rojo pardusco con manchas y rayas alargadas de color blanco amarillento.
HÁBITAT: no rara en bosques de coníferas.

3 *Psyllobora vigintiduopunctata*
(Coccinélidos)
L 3-5 mm todo el año

DESCRIPCIÓN: pronoto y élitros amarillo limón con numerosos puntos negros, 5 en el pronoto y 22 en los élitros.
HÁBITAT: en lindes de bosques y jardines, por lo general en plantas atacadas por hongos que causan un recubrimiento blanco.
GENERALIDADES: a diferencia de la mayoría de mariquitas, se alimenta de hongos que causan un recubrimiento blanco de las plantas.

4 *Hippodamia tredecimpunctata*
(Coccinélidos)
L 5-7 mm todo el año

DESCRIPCIÓN: mariquita un poco más alargada y plana que las otras especies. Pronoto blanco amarillento con una gran mancha central negra y 2 puntos negros, élitros rojos con 13 puntos.
HÁBITAT: en orillas y en plantas acuáticas, frecuente localmente.
GENERALIDADES: el escarabajo y la larva se alimentan de pulgones que viven en plantas acuáticas, como la sagitaria y el esparganio.

5 **Mariquita asiática multicolor**
Harmonia axyridis (Coccinélidos)
L 6-8 mm todo el año

DESCRIPCIÓN: pronoto claro con dibujos en forma de W. Élitros desde amarillo claro hasta rojo oscuro con un máximo de 19 puntos negros. Gran cantidad de variantes de color.
HÁBITAT: Asia Oriental, avanzando hacia Europa y desde comienzos de siglo se ha extendido mucho.
GENERALIDADES: come grandes cantidades de pulgones, aunque también otros insectos de cutícula blanda, incluyendo huevos y larvas de otras mariquitas.

En Centroeuropa la familia de los **Trogosítidos** está presente con 4 especies. Se dedican a cazar insectos.

6 *Nemosoma elongatum* (Trogosítidos)
L 4-6 mm todo el año

DESCRIPCIÓN: escarabajo de cuerpo muy estrecho. Cabeza prolongada en 2 lóbulos frontales, con las antenas mazudas. Élitros marrones en la parte anterior y negros en la posterior con una mancha marrón.
HÁBITAT: por lo general no rara en bosques caducifolios y de coníferas.
GENERALIDADES: el escarabajo y su larva viven debajo de la corteza de árboles caducifolios y coníferas, y se alimentan de larvas de barrenillos de las cortezas.

Los *Pyropterus nigroruber* (familia Lycidae) son escarabajos llamativos y las siete especies que aparecen en Centroeuropa son de un rojo brillante.

7 *Pyropterus nigroruber* (Lícidos)
L 7-10 mm jun.-ago.

DESCRIPCIÓN: muy aplanado. Pronoto negro y élitros rojos con estrías longitudinales afiladas, y entre estas un patrón rectangular.
HÁBITAT: en bosques húmedos, rara.
GENERALIDADES: las larvas se desarrollan en madera podrida y se alimentan de otros insectos y sus larvas.

1

2

3

4

5a

5b

6

7

Este coleóptero (familia *Ptinidae*) tiene sólo unos pocos milímetros de tamaño y se alimenta de plantas secas y cereales. En Centroeuropa existen unas 30 especies.

1 | **Gorgojo araña dorado**
Niptus hololeucus (Ptínidos)
L 4-4,5 mm todo el año

DESCRIPCIÓN: cuerpo muy abombado, cabeza oculta bajo el pronoto. Todo el cuerpo cubierto de pelo de color latón.
HÁBITAT: en casas, sobre todo construcciones antiguas, frecuente en general.
GENERALIDADES: se alimenta de sustancias muy diversas, tanto de tabaco y restos de alimentos como de cuero, papel o engrudo de papel de empapelar, pero normalmente no causa daños dignos de mención.

2 | **Escarabajo araña**
Ptinus fur (Ptínidos)
L 3-4 mm todo el año

DESCRIPCIÓN: macho estrecho y de lados casi paralelos, marrón claro. Hembra (foto) claramente abombada, con los élitros marrón oscuro, con bandas transversales blanquecinas.
HÁBITAT: frecuente en casas, en nidos de aves y madera muerta en terrenos abiertos.
GENERALIDADES: se alimenta de sustancias tan diversas como *Niptus hololeucos*.

Los escarabajos de las despensas (familia Dermestidae) aparecen frecuentemente como parásitos domésticos. En Centroeuropa existen unas 60 especies.

3 | **Escarabajo de las despensas**
Dermestes lardarius (Derméstidos)
L 7-9 mm todo el año

DESCRIPCIÓN: negro, élitros con pelo amarillo grisáceo en la mitad anterior y también pequeñas manchas negras.
HÁBITAT: en cadáveres de animales secos, en antiguos avisperos y en casas, frecuente en general.
GENERALIDADES: el escarabajo y su larva se alimentan, entre otros, de restos de carne secos; se pueden utilizar para la preparación de esqueletos de animales pequeños.

Esta especie (familia *Dryopidae*) tienen unas llamativas y largas garras con las que se sujeta muy bien debajo del agua. En Centroeuropa aparecen 14 especies

4 | *Dryops* sp. (Driópidos)
L 4-6 mm todo el año

DESCRIPCIÓN: escarabajo estrecho, cubierto de pelo denso, de vida acuática. Antenas cortas, 2.° segmento ensanchado hacia delante en forma de hacha.
HÁBITAT: en aguas estancadas y corrientes, no raro localmente.
GENERALIDADES: está cubierto por una película de aire plateada en el agua. No puede nadar y se arrastra lentamente sobre plantas acuáticas, justo por debajo de la superficie del agua. Se alimenta de algas y musgos.

La familia de los élmidos se asemeja mucho a la familia de los driópidos, con los que están emparentados de cerca. En Centroeuropa existen 28 especies.

5 | *Elmis maugetii* (Élmidos)
L 1,5-2,5 mm todo el año

DESCRIPCIÓN: escarabajo acuático muy pequeño, con brillo cobrizo. Cuerpo sin pelo en el lado superior, con pelo afelpado, fino y denso, en el lado inferior y los laterales. Antenas largas y filiformes.
HÁBITAT: en aguas limpias de curso rápido, sobre todo en arroyos de montaña.
GENERALIDADES: el escarabajo y su larva **(7b)**, plana, se encuentran en piedras y cojines de musgos acuáticos. Se alimentan de musgos y algas.

1

2

3

4

5a

5b

Los escarabajos presentados a continuación pertenecen a la sección de los **heterómeros**. Todos ellos tienen en común tarsos heterómeros, es decir, las patas anteriores y centrales tienen 5 artejos y las patas posteriores sólo 4. Muchos de los escarabajos clasificados en este grupo se parecen engañosamente a otras familias de escarabajos.

La familia más conocida de los *Heteromera* son los **escarabajos negros** (familia *Tenebrionidae*), presentados en esta página. Delante de los ojos tienen una barra que sobresale lateralmente bajo la que están las antenas. En Centroeuropa hay unas 80 especies, por lo general pequeñas; en la región mediterránea hay muchas más especies y también más grandes.

1 | **Escarabajo molinero**

Tenebrio molitor (Tenebriónidos)
L 12-18 mm todo el año

DESCRIPCIÓN: su forma recuerda a un escarabajo del suelo. Cabeza ancha y plana, élitros con rayas longitudinales definidas, color de marrón oscuro a negro.
HÁBITAT: en cereales y productos de harina en casas; en terrenos abiertos en árboles y nidos de aves.
GENERALIDADES: la larva del Escarabajo molinero, el conocido "gusano" de la harina **(1b)**, se cría como alimento para aves insectívoras y otros animales.

2 | *Blaps gigas* (Tenebriónidos)

L 32-38 mm todo el año

DESCRIPCIÓN: el escarabajo negro europeo más grande. Élitros sin relieve, negro mate, prolongados en una estrecha punta en la parte posterior.
HÁBITAT: en casas viejas y debajo de piedras. Muy extendido en la región mediterránea, ocasionalmente introducido en Centroeuropa.
ESPECIE SIMILAR: *Blaps mortisaga*, autóctona de Centroeuropa y presente en sótanos viejos y lugares similares, tiene entre 20 y 31 mm de largo, por lo que es más pequeña que esta especie.

3 | *Opatrum sabulosum* (Tenebriónidos)

L 7-10 mm todo el año

DESCRIPCIÓN: escarabajo negro pequeño, llamativamente plano, con filas regulares de gibas brillantes en los élitros.
HÁBITAT: frecuente en muchos lugares en zonas soleadas y secas.

4 | *Pimelia* sp. (Tenebriónidos)

L 18-22 mm todo el año

DESCRIPCIÓN: escarabajo negro casi esférico, abombado, muy robusto. Élitros con estrías longitudinales, con un fino granulado en medio.
HÁBITAT: cerca de la costa en la región mediterránea, por lo general en terrenos arenosos, bastante frecuente.
GENERALIDADES: escarabajo activo de noche que se alimenta de partes de plantas.
Este coleóptero (familia Ptinidae) tiene sólo unos pocos milímetros de tamaño y se alimenta de plantas secas y cereales. En Centroeuropa existen unas 30 especies.

5 | *Akis* sp. (Tenebriónidos)

L 18-26 mm todo el año

DESCRIPCIÓN: lado superior plano, muy brillante. Pronoto prolongado en la parte posterior en 2 espinas agudas orientadas hacia fuera en diagonal. Varias especies similares.
HÁBITAT: en zonas arenosas cerca de la costa mediterránea; no rara en la región mediterránea occidental. Ausente en Centroeuropa.

6 | *Helops rossii* (Tenebriónidos)

L 13-20 mm todo el año

DESCRIPCIÓN: la forma del cuerpo recuerda mucho a un escarabajo del suelo o al Escarabajo molinero, pero el abdomen está más abombado hacia fuera que en este último y el color es claramente azul metálico.
HÁBITAT: desde el sur de Francia hasta la costa del Adriático.

7 | **Escarabajo lanudo**

Lagria hirta (Tenebriónidos)
L 7-10 mm mayo-ago.

DESCRIPCIÓN: pelo hirsuto marrón amarillento en todo el cuerpo, pero sobre todo en los élitros. Élitros marrón amarillento, resto del cuerpo negro.
HÁBITAT: frecuente en general en prados húmedos y claros de bosques.
GENERALIDADES: se alimenta de plantas muy diversas; la larva ingiere partes de plantas en descomposición que se encuentran en el suelo.

1a
1b
3
2
5
6
7

1 | *Cteniopus sulphureus* (Tenebriónidos)
L 7-9 mm mayo-ago. RL3

DESCRIPCIÓN: todo el escarabajo amarillo azufre brillante. La forma del cuerpo recuerda mucho a un escarabajo del suelo.
HÁBITAT: en lugares cálidos y soleados, por lo general no raro.
GENERALIDADES: el escarabajo suele encontrarse en umbelíferas o en arbustos en flor. Se alimenta de polen de flores. La larva se desarrolla en las raíces de plantas.

Los **meloidos** (familia *Meloidae*) tienen un aspecto muy distinto. Aparte de ejemplares muy torpes, de alas cortas, de color principalmente oscuro, encontramos formas esbeltas y totalmente aladas que suelen tener un gran colorido. Las larvas siguen un modo de vida parasitario con un desarrollo a menudo muy complicado, en parte en nidos de abejas, en parte en capullos ovígeros de saltamontes. Estos escarabajos son autóctonos principalmente de países cálidos; en la península Ibérica están representados con unas 70 especies.

2 | **Aceitera, carraleja común**
Meloe proscarabaeus (Meloideos)
L 11-35 mm abr.-jun. RL3 §

DESCRIPCIÓN: escarabajo muy tosco y torpe, con las alas muy reducidas y el abdomen muy hinchado. Color negro a negro azulado. Cabeza y pronoto con puntos poco finos, con espacios brillantes entre los puntos. Hembra **(1a)** de antenas rectas, las del macho **(1b)**, dobladas en el centro.
HÁBITAT: bastante rara, en lugares por lo general arenosos y abiertos.
GENERALIDADES: en caso de peligro, el escarabajo secreta sangre en las articulaciones de las patas, la cual contiene la venenosa cantaridina **(1b)**. Después del apareamiento, la hembra pone varios miles de huevos. Las larvas que eclosionan se reúnen en flores y se agarran a una abeja silvestre que las transportará a su nido. Una vez allí, la larva se come el huevo de la abeja y realiza una muda a larva vermiforme que se alimenta de una mezcla de polen y néctar en la celdilla. Si la larva inicial se ha subido a una abeja melífera por error, morirá en la colmena.

3 | **Aceitera violácea**
Meloe violaceus (Meloideos)
L 10-32 mm mayo-jun. RL3 §

DESCRIPCIÓN: similar a la aceitera, pero el color es claramente violeta azulado. Cabeza y pronoto punteados mucho más finamente, con los espacios entre los puntos bastante mates.
HÁBITAT: en lugares secos y soleados, en la mayoría de zonas algo más rara que *M. proscarabaeus*.

4 | *Mylabris quadripunctata* (Meloideos)
L 13-16 mm jun.-oct.

DESCRIPCIÓN: élitros rojos con 4 manchas negras y una banda negra terminal en cada uno.
HÁBITAT: por lo general no rara en lugares soleados y con muchas flores de la región mediterránea.
GENERALIDADES: se desarrolla bajo tierra en capullos ovígeros de saltamontes.

5 | *Mylabris pannonica* (Meloideos)
L 6-12 mm jun.-sep.

DESCRIPCIÓN: élitros marrón amarillento con bandas transversales negras, punta estrecha negra.
HÁBITAT: desde la región mediterránea hasta la cuenca panónica del Danubio hacia Hungría y Eslovaquia, frecuente localmente.

6 | *Mylabris variabilis* (Meloideos)
L 7-16 mm jun.-sep.

DESCRIPCIÓN: muy similar a *M. pannonica*, pero más grande y con una banda ancha y negra en la punta de los élitros.
HÁBITAT: al igual que *M. pannonica*, presencia dispersa hasta Austria.

1

2

3

4

5

6

1 | **"Mosca" de España, cantárida**
Lytta vesicatoria (Meloideos)
L 9-21 mm jun.-jul. RL3

DESCRIPCIÓN: escarabajo totalmente alado de color verde brillante.
HÁBITAT: en matorrales de lugares cálidos, bastante rara en general.
GENERALIDADES: se alimenta de hojas caducifolias, sobre todo de fresno. El desarrollo larvario tiene lugar en nidos de abejas silvestres. La especie produce cantaridina, antaño extraída para un filtro de amor y un afrodisíaco.

Este salpíngedo se asemeja mucho en apariencia a un gorgojo. En Centroeuropa existen 14 especies. Como no todos tienen una traducción al castellano intento encontrar alguna similitud con palabras que aparecen en el texto en español.

2 | *Salpingus ruficollis* (Salpíngidos)
L 3-5 mm sep.-mayo

DESCRIPCIÓN: pequeño escarabajo de forma similar a un gorgojo, pero tiene el cuerpo (y la trompa) claramente aplanado, y los tarsos heterómeros. Trompa ensanchada hacia delante. Trompa y pronoto marrones; cabeza entre los ojos y élitros azul oscuro con brillo verde.
HÁBITAT: en bosques bajo la corteza de árboles caducifolios con barrenillos de las cortezas, no raro en muchos lugares.
GENERALIDADES: el escarabajo y su larva persiguen a barrenillos de las cortezas y sus larvas debajo de la corteza de árboles caducifolios.

Los *Oedemera flavipes* (familia Oedemeridae) se asemejan a los escarabajos longicornes, pero tienen una coraza más blanda. En Centroeuropa existen unas 30 especies.

3 | *Oedemera flavipes* (Edeméridos)
L 5-9 mm mayo-ago.

DESCRIPCIÓN: verde dorado brillante. Élitros muy estrechados hacia atrás y separados. Fémur posterior muy engrosado en el macho (foto).
HÁBITAT: en lindes de bosques soleadas y en prados, bastante frecuente localmente.
GENERALIDADES: el escarabajo se encuentra en plantas en flor. La larva se desarrolla en los tallos de diversas hierbas.
ESPECIE SIMILAR: varias especies muy similares.

4 | *Oncomera femorata* (Edeméridos)
L 13-18 mm mayo-ago. RL2

DESCRIPCIÓN: escarabajo llamativamente grande, de cutícula blanda. Macho (foto) con el fémur posterior engrosado y la tibia posterior claramente curvada.
HÁBITAT: en lindes de bosques y en matorrales, bastante raro.

Los escarabajos cardenal (familia pyrochroidae) tienen unos característicos élitros rojos y un cuerpo ancho y largo. En Centroeuropa existen cuatro especies.

5 | **Escarabajo cardenal**
Pyrochroa coccinea (Pirocroidos)
L 14-18 mm jun.-jul.

DESCRIPCIÓN: cuerpo plano y ancho. Pronoto y élitros rojo luminoso, resto del cuerpo negro. Antenas del macho pectinadas, las de la hembra **(5a)**, serradas.
HÁBITAT: en claros y lindes de bosques, muy frecuente en general.
GENERALIDADES: la larva **(5b)**, llamativamente plana, con 2 fuertes espinas en el extremo posterior, vive bajo cortezas de árboles sueltas y se alimenta de larvas de otros insectos. Su desarrollo dura entre 2 y 3 años. Si hay escasez de alimento, las larvas se diezman entre sí.

6 | *Pyrochroa serraticornis* (Pirocroidos)
L 10-14 mm mayo-jun.

DESCRIPCIÓN: cabeza también roja, por lo demás similar a *P. coccinea*.
HÁBITAT: en las lindes de bosques caducifolios, claramente más rara en casi todos los lugares que *P. coccinea*.

1

2

3

4

5a

5b

6

Anteriormente los escarabajos peloteros (familia *Geotrupidae*) eran considerados una subfamilia de los escarabéidos. Por regla general se alimentan de excrementos y se ocupan de sus crías. En Centroeuropa hay 11 especies.

1 | **Escarabajo pelotero zumbador**
Anoplotrupes stercorosus (Geotrúpidos)
L 12-19 mm sep.-jul.

DESCRIPCIÓN: negro con brillo ligeramente azul, élitros con surcos longitudinales.
HÁBITAT: en bosques, frecuente.
GENERALIDADES: traslada excrementos, preferentemente humanos, a una galería de 7-8 cm de profundidad, en los que se desarrollan las larvas.

2 | *Trypocopris vernalis* (Geotrúpidos)
L 14-20 mm jul.-mayo

DESCRIPCIÓN: negro con brillo metálico azul o verde, élitros casi lisos.
HÁBITAT: principalmente en terrenos abiertos y arenosos, bastante frecuente.

3 | *Typhaeus typhoeus* (Geotrúpidos)
L 12-20 mm feb.-mayo

DESCRIPCIÓN: macho (foto) con 3 espinas orientadas hacia delante en el pronoto, hembra sin espinas.
HÁBITAT: en suelos arenosos abiertos, frecuente localmente.
GENERALIDADES: transportan sobre todo excrementos de oveja y conejo a una galería de más de 1,5 m de profundidad, con galerías horizontales para la puesta.

Los **escarabeidos** (familia *Scarabaeidae*), poseen una maza-antena en los últimos artejos antenales, ensanchados en forma de hoja; la maza puede tener forma de abanico. En Centroeuropa hay unas 200 especies.

4 | **Escarabajo pelotero de dunas**
Scarabaeus semipunctatus (Escarabeidos)
L 18-24 mm mar.-jun. VU

DESCRIPCIÓN: llamativamente ancho y plano, pronoto punteado, élitros casi lisos.
HÁBITAT: cerca de la costa en la región mediterránea occidental, frecuente en casi todos los lugares.

5 | *Scarabaeus laticollis* (Geotrúpidos)
L 15-23 mm mar.-jun.

DESCRIPCIÓN: élitros con claros surcos longitudinales.
HÁBITAT: cerca de la costa en la región mediterránea, frecuente en muchos lugares.
GENERALIDADES: cortan trozos de excrementos con el escudo cefálico en forma de pala; enrollan estos trozos para formar una bola de 2-3 cm que entierran y que sirve de alimento. A otras bolas les dan forma de pera después de enterrarlas.

6 | *Sisyphus schaefferi* (Geotrúpidos)
L 8-10 mm abr.-jun. RL2

DESCRIPCIÓN: escarabajo muy pequeño, de patas llamativamente largas.
HÁBITAT: en lugares cálidos y pedregosos.
GENERALIDADES: suele utilizar excrementos de oveja o vaca para sus bolas, que pueden medir algo más de 1 cm.

7 | *Onthophagus verticicornis*
(Geotrúpidos)
L 7-10 mm RL3

DESCRIPCIÓN: macho (foto) con cuerno cefálico curvado y plano, ausente en la hembra.
HÁBITAT: en zonas boscosas de montaña, infrecuente.
GENERALIDADES: Excava en estiércol diversas galerías de cría.

8 | **Unicornio lunar**
Copris lunaris (Escarabeidos)
L 16-24 mm oct.-jul. RL2 §

DESCRIPCIÓN: macho (foto) con cuerno cefálico, ausente en la hembra. Élitros estriados.
HÁBITAT: en prados secos de ovejas y vacas, bastante raro.
GENERALIDADES: la pareja de escarabajos construye debajo de un montón de estiércol una cavidad en la tierra adonde transporta estiércol; la hembra forma bolas ovoides para la alimentación de las larvas.

1

2

3

4

5

6

7

8

1 | **Escarabajo sanjuanero, cochorro**
Melolontha melolontha (Escarabeidos)
L 20-30 mm mayo-jun.

DESCRIPCIÓN: pronoto por lo general negro, élitros marrones. Macho **(1a, 1b)** con grandes antenas con abanico de 7 laminillas; hembra con sólo 6 laminillas cortas. Extremo del abdomen (pigidio) lingüiforme estrecho.
HÁBITAT: frecuente por años en lindes de bosques y terrenos abiertos.
GENERALIDADES: la larva, conocida como "gusano" blanco, se desarrolla en 3-4 años bajo tierra, en raíces de plantas, por lo que puede causar daños considerables. En caso de reproducciones masivas, que se producen cada 3-4 años, los escarabajos también pueden llamar la atención por defoliar los árboles.
ESPECIE SIMILAR: *M. hippocastani*, algo más rara, suele tener el pronoto marrón y el pigidio ensanchado en forma de botón en el extremo.

2 | *Amphimallon solstitiale* (Escarabeidos)
L 14-18 mm jun.-jul.

DESCRIPCIÓN: marrón amarillento, con pelo hirsuto amarillento en todo el cuerpo.
HÁBITAT: bastante frecuente en lindes de bosques y jardines.
GENERALIDADES: vuela típicamente al anochecer y a veces forma densos enjambres en junio. Las larvas se desarrollan en las raíces de plantas.

3 | *Amphimallon atrum* (Escarabeidos)
L 11-14 mm jun.-jul. RL2

DESCRIPCIÓN: macho **(3a)** marrón oscuro, casi negro; hembra **(3b)** marrón claro con pelo blanquecino.
HÁBITAT: en prados calizos secos y cálidos en las montañas del sur de Alemania, raro en general.
GENERALIDADES: los machos sólo vuelan por la mañana. Las hembras permanecen en el suelo, por lo que son difíciles de encontrar.

4 | **Escarabajo batanero**
Polyphylla fullo (Escarabeidos)
L 25-36 mm jul.-ago. RL2 §

DESCRIPCIÓN: segundo escarabeido más grande de Europa después del escarabajo rinoceronte. Color marrón rojizo o marrón negruzco con pelo afelpado blanco. Antenas del macho (foto) con abanico muy largo, de 7 laminillas (pero permanece siempre cerrado, a diferencia del escarabajo sanjuanero), hembra sólo con 5 laminillas muy cortas.
HÁBITAT: en pinares cálidos y arenosos, sobre todo en dunas interiores, raro en general.
GENERALIDADES: se encuentra en la zona de la copa de los pinos, por lo que es difícil de observar. Se alimenta casi exclusivamente de acículas de pino. Sus larvas se desarrollan bajo tierra en las raíces de plantas herbáceas.

5 | **Filoperta de las huertas**
Phyllopertha horticola (Escarabeidos)
L 8-12 mm jun.-jul.

DESCRIPCIÓN: pronoto negro con brillo metálico verde, élitros marrón rojizo. Todo el cuerpo con pelos erguidos.
HÁBITAT: frecuente en general en lindes de bosques y jardines.

6 | *Hoplia farinosa* (Escarabeidos)
L 9-11 mm mayo-jul.

DESCRIPCIÓN: cabeza y pronoto negros. Élitros marrones. Con escamas verde claro que pueden cubrir toda la superficie en el caso de animales jóvenes, pero en los animales mayores suelen estar más o menos desgastadas.
HÁBITAT: en lindes de bosques soleadas y prados secos, bastante frecuente en las montañas del sur de Alemania y en los Alpes, ausente en el resto de regiones.
GENERALIDADES: los escarabajos suelen estar en flores, donde comen los estambres. Las larvas se desarrollan en las raíces de plantas herbáceas y necesitan 2 años para su desarrollo.

1a

1b

2

3a

3b

4

5

6

1 Escarabajo rinoceronte

Oryctes nasicornis (Escarabeidos)
L 20-40 mm jun.-jul. §

DESCRIPCIÓN: el escarabeido más grande de Europa. Color marrón rojizo a marrón oscuro, muy brillante. Cabeza del macho (foto) con un fuerte cuerno curvado hacia atrás. Pronoto con una llamativa cresta transversal en la parte posterior, con una concavidad en el lado superior antes de la cresta. Hembra con quilla transversal o pequeña giba en la cabeza y concavidad poco profunda en la parte anterior del pronoto.
HÁBITAT: principalmente en jardines, parques y serrerías, por lo general raro, pero algunos años bastante frecuente localmente. Puede encontrarse regularmente en la región mediterránea.
GENERALIDADES: pertenece a la familia de distribución tropical del escarabajo Hércules, que se encuentra entre los escarabajos más grandes y pesados (subfamilia *Dynastinae*) de todo el mundo. Único representante en Centroeuropa de esta subfamilia. Durante los últimos siglos ha ido cambiando varias veces su modo de vida. Originariamente, es probable que la larva se desarrollase en madera podrida. Luego cambió a residuos de curtidurías como alimento preferente, después a serrín en serrerías y hoy en día preferentemente en montones de compost. Es probable que el calor generado durante los procesos de descomposición le proporcione la temperatura necesaria para su desarrollo. Los animales adultos pueden llegar a medir 12 cm de largo, para lo que necesitan entre 3 y 5 años. La pupación tiene lugar en una cápsula de tierra fijada con secreciones; su forma y tamaño corresponden a un huevo de gallina. A menudo se observan formas atrofiadas si no han recibido suficiente alimento. En los machos pequeños el cuerno es más corto cuanto menor sea el tamaño del cuerpo; los más débiles apenas pueden distinguirse de las hembras. Los escarabajos adultos parece que no toman alimento, durante las noches cálidas revolotean y son atraídos a menudo por fuentes de luz, como farolas.

2 Escarabajo abeja común

Trichius fasciatus (Escarabeidos)
L 9-12 mm jun.-jul.

DESCRIPCIÓN: élitros truncados en la parte posterior, amarillos, con 3 bandas transversales interrumpidas en el centro. No obstante, hay muchas variantes, incluso con los élitros casi totalmente negros.
HÁBITAT: no raro localmente en claros de bosques de zonas de montaña. Ausente en las zonas llanas.
GENERALIDADES: los escarabajos se encuentran preferentemente en umbelíferas.

3 Osmoderma eremita

Osmoderma eremita (Escarabeidos)
L 23-39 mm, jun.-sept. RL2 §

DESCRIPCIÓN: escarabajo grande marrón negruzco brillante. Cabeza y élitros con puntos, en parte arrugados.
HÁBITAT: en bosques y parques con árboles viejos a alturas medias y bajas, muy escaso.
GENERALIDADES: los machos, en especial cuando hay sol, dejan en la entrada de sus cuevas una sustancia atractiva que huele a cuenta de Rusia. Las larvas se desarrollan en grandes hendiduras de los árboles ricas en carcoma, estos "árboles-guardería" están poblados de escarabajos durante decenios.

4 Escarabajo del sudario

Oxythyrea funesta (Escarabeidos)
L 8-12 mm mayo-jul. RL2

DESCRIPCIÓN: todo el escarabajo negro brillante, con pelo hirsuto blanco y numerosas pequeñas manchas blancas en el pronoto y los élitros.
HÁBITAT: en lindes de bosques soleadas y prados con muchas flores. Bastante frecuente en la región mediterránea.
ESPECIE SIMILAR: *Tropinota hirta*, más frecuente en algunas zonas de Centroeuropa, tiene una clara quilla transversal en el pronoto.

5 Escarabajo de oro, cetonia dorada

Cetonia aurata (Escarabeidos)
L 14-20 mm mayo-oct. §

DESCRIPCIÓN: verde dorado brillante, con pequeñas manchas transversales blancas en la parte posterior de los élitros.
HÁBITAT: por lo general no rara en arbustos en flor.
GENERALIDADES: vuela con los élitros cerrados, sacando las alas posteriores membranosas por debajo de los élitros por unas hendiduras laterales. Su larva se desarrolla en hormigueros o montones de compost. Pupación en una cápsula de tierra firme de cáscara delgada.

1a

1b

2

3

4

5

Los **lucánidos** (familia *Lucanidae*) se diferencian de los escarabeidos por las antenas acodadas con mazas ensanchadas hacia dentro como dientes de sierra. Los machos de muchas especies poseen unas mandíbulas superiores muy engrosadas. Es de distribución tropical; en Centroeuropa sólo hay 7 especies raras.

1 Ciervo volante

Lucanus cervus (Lucánidos)
L 25-75 mm jun.-ago. RL2 §

DESCRIPCIÓN: el escarabajo europeo más grande e imponente. Color marrón rojizo oscuro con la cabeza y el pronoto negros. Las mandíbulas superiores del macho (foto) son pinzas gigantes como la cornamenta de un ciervo; las de la hembra, normalmente desarrolladas.
HÁBITAT: en antiguos robledales y paseos con árboles no transformados por el ser humano; muy raro en casi todos los lugares.
GENERALIDADES: el macho no puede triturar alimentos con sus mandíbulas modificadas; el resto de órganos bucales, transformados en una lengua como un pincel, sólo le permiten ingerir sustancias líquidas, como savia de árboles. En general es la hembra la que inicia la explotación de una fuente de alimento ensanchando una herida abierta en la corteza de un roble con sus mandíbulas superiores, cortas pero muy fuertes, y así intensifica el flujo de savia. Luego, expulsa excrementos para atraer a un macho, el cual se sube inmediatamente a la hembra y pasa su lengua entre las mandíbulas de esta, para ingerir también alimentos. Si se aproximan otros machos, con frecuencia se produce una lucha **(1b)** que suele ganar el macho más grande agarrando al oponente con las pinzas y arrojándolo al suelo. Después del apareamiento, la hembra pone los huevos hasta a 75 cm de profundidad junto a las raíces de robles en proceso de putrefacción, más raramente también de otros árboles caducifolios como hayas, sauces o tilos. Las larvas se desarrollan a lo largo de 5 a 8 años y pueden superar los 10 cm de longitud. Realizan la pupación en una cavidad en la tierra del tamaño de un puño. Los machos más grandes se encuentran en Centroeuropa. En el sur de Europa, con un desarrollo larvario más rápido, los escarabajos maduros son más pequeños. Este macho de ciervo volante, también denominado *forma capreolus*, no sólo tiene el cuerpo más pequeño, sino que las mandíbulas también son proporcionalmente más pequeñas.

2 Ciervo volante menor

Dorcus parallelipipedus (Lucánidos)
L 19-32 mm mayo-ago. §

DESCRIPCIÓN: pariente del Ciervo volante más pequeño, color negro mate. Cabeza del macho **(2a)** aprox. igual de ancha que el pronoto, con las mandíbulas superiores muy fuertes, curvadas hacia dentro; la de la hembra claramente más estrecha y con las mandíbulas más pequeñas.
HÁBITAT: en bosques caducifolios cálidos y húmedos, no rara localmente.
GENERALIDADES: la larva **(2b)** se desarrolla en madera podrida de árboles caducifolios.

3

Platycerus caraboides (Lucánidos)
L 9-13 mm mayo-jul. §

DESCRIPCIÓN: similar a un escarabajo del suelo, de color verde o azul metálico. Identificación fácil como lucánido por las antenas.
HÁBITAT: bastante frecuente localmente en bosques caducifolios.
GENERALIDADES: la larva suele desarrollarse en hayas o robles podridos.

4

Sinodendron cylindricum (Lucánidos)
L 12-16 mm mayo-jul. RL3 §

DESCRIPCIÓN: cuerpo cilíndrico, negro brillante con punteado denso. Macho (foto) con largo cuerno cefálico con pelo en la parte posterior. Hembra con cuerno corto.
HÁBITAT: en antiguos hayedos con carácter de bosque primitivo. Raro en general.
GENERALIDADES: la larva suele desarrollarse en madera de haya podrida, más raramente en otros árboles caducifolios.

1a

1b

2a

3

2b

4

Los **escarabajos longicornes** (familia *Cerambycidae*) tienen los tarsos pentasegmentados, pero suelen parecer tetrasegmentados ya que el penúltimo segmento está muy reducido. Las antenas, a menudo más largas que el cuerpo, y los espléndidos colores los convierten en unos de los escarabajos más llamativos de Europa. En la península Ibérica hay unas 300 especies.

1 Ergates carpintero

Ergates faber (Cerambícidos)
L 25-60 mm jul.-sep. RL2 §

DESCRIPCIÓN: el escarabajo longicorne más grande de Europa. Cuerpo llamativamente ancho y plano. Laterales del pronoto denticulados. Antenas del macho algo más largas que el cuerpo, las de la hembra **(1a)** llegan aprox. al centro de los élitros.
HÁBITAT: no raro en los pinares mediterráneos.
GENERALIDADES: la larva **(1b)** se desarrolla en 3-4 años en tocones de pino en proceso de putrefacción. Pupación justo por debajo de la superficie de la madera.

2 Longicornio de los pinos

Spondylis buprestoides (Cerambícidos)
L 12-24 mm jun.-sep. §

DESCRIPCIÓN: escarabajo longicorne negro con las mandíbulas superiores muy fuertes y unas antenas llamativamente cortas.
HÁBITAT: por lo general no raro en pinares.
GENERALIDADES: los escarabajos vuelan sobre todo por las noches. Las larvas se desarrollan en tocones y raíces secas de pinos y en ocasiones también de abetos.

3 Capricornio verde oloroso

Aromia moschata (Cerambícidos)
L 13-35 mm jun.-ago. §

DESCRIPCIÓN: grande, de color bronce o de verde a azul metálico. Antenas del macho más largas que el cuerpo; las de la hembra (foto) ni llegan a la longitud del cuerpo.
HÁBITAT: en zonas húmedas con viejos sauces, no rara en muchos lugares.
GENERALIDADES: puede exudar una secreción con aroma a almizcle de unas glándulas olorosas. Se encuentra en los árboles donde cría pero también en plantas en flor.

4 Pequeño capricornio de las encinas

Cerambyx scopolii (Cerambícidos)
L 17-28 mm mayo-jul. RL3 §

DESCRIPCIÓN: imponente escarabajo longicorne de color negro oscuro, con llamativa granulación en el pronoto y los élitros. Las antenas del macho (**4b**, animal inferior) son claramente más largas que el cuerpo.
HÁBITAT: en lindes de bosques soleadas y huertos de frutales, infrecuente.
GENERALIDADES: el desarrollo tiene lugar en árboles caducifolios muy distintos, aparte de en hayas, encinas y olmos; también en frutales.
ESPECIE SIMILAR: *Cerambyx cerdo*, más grande y muy raro, es marrón oscuro.

5

Rosalia alpina (Cerambícidos)
L 15-38 mm jul.-sep. RL2 §

DESCRIPCIÓN: uno de los escarabajos longicornes más llamativos y bonitos por el color azul claro mate y los dibujos negros.
HÁBITAT: en hayedos ralos poco transformados por el ser humano, en zonas de montaña del centro y el sur de Europa. Muy raro en general.
GENERALIDADES: el desarrollo suele tener lugar en hayas en estado de putrefacción. Es posible conseguir una buena reproducción de la especie mediante cuidados selectivos del biotopo en los hábitats que todavía se conservan (p. ej., cortando algunas hayas a unos 2 m de altura y dejando los troncos talados en el suelo).

6 Capricornio doméstico

Hylotrupes bajulus (Cerambícidos)
L 8-22 mm jun.-jul.

DESCRIPCIÓN: cuerpo bastante plano, con manchas de pelo gris en los élitros y antenas cortas.
HÁBITAT: en madera de coníferas muertas, también en edificios; frecuente en general.
GENERALIDADES: es uno de los parásitos de edificios más temidos, sobre todo en la armadura de los tejados.

1a

1b

2

3

4a

4b

5

6

1 | *Molorchus minor* (Cerambícidos)
L 6-16 mm mayo-jul. §

DESCRIPCIÓN: alas anteriores marrones con rayas transversales blancas, muy reducidas; alas posteriores libres. Fémur mazudo en el extremo.
HÁBITAT: no raro en claros de bosques de coníferas y lindes de bosques.
GENERALIDADES: la larva se desarrolla en madera de conífera muerta, sobre todo en ramas secas.
ESPECIE SIMILAR: *Necydalis major* y *N. ulmi* son claramente más grandes (19-32 mm); asimismo tienen las alas muy reducidas, pero los élitros son de un solo color.

2 | *Stenopterus rufus* (Cerambícidos)
L 8-16 mm mayo-ago. §

DESCRIPCIÓN: élitros marrón rojizo, muy estrechados y separados en el extremo. Cuerpo negro, con manchas blancas en los laterales del abdomen. Fémur muy mazudo, fémur posterior rojo.
HÁBITAT: en lindes de bosques soleadas, infrecuente.
GENERALIDADES: los escarabajos visitan preferentemente flores. Las larvas se desarrollan en diferentes árboles caducifolios.

3 | *Rhagium mordax* (Cerambícidos)
L 13-22 mm mayo-ago. §

DESCRIPCIÓN: antenas muy cortas, laterales del pronoto con una giba aguda. Cuerpo cubierto de pelo amarillento. Jaspeado fino de color gris oscuro en los élitros, con una mancha negra en cada lado exterior; una banda transversal amarilla de bordes difuminados delante y detrás de la mancha.
HÁBITAT: en flores en lindes de bosques, bastante frecuente.
GENERALIDADES: la larva **(3b)** se desarrolla en una galería plana justo por debajo de la corteza de árboles caducifolios muertos (normalmente robles o hayas), más raramente en coníferas. El desarrollo dura 2 años. La larva adulta prepara una cámara oval recubierta de virutas en forma de anillo, donde tendrá lugar la pupación **(3c)**. El escarabajo emerge en otoño e inverna en la cuna de la pupa, lugar donde se le puede descubrir a menudo levantando trozos de corteza suelta.
ESPECIE SIMILAR: *R. inquisitor*, la especie más frecuente del género, tiene manchas de pelo gris en los élitros y 2 bandas transversales oscuras poco definidas.

4 | *Rhagium sycophanta* (Cerambícidos)
L 15-26 mm mayo-jul. RL3 §

DESCRIPCIÓN: similar a *R. mordax*, pero más grande y fuerte. Élitros sin mancha oscura.
HÁBITAT: en bosques, más rara que las demás especies de este género.
GENERALIDADES: Los imagos visitan sobre todo apiáceas y arbustos en flor. Las larvas se desarrollan debajo de la corteza de troncos de robles caídos, en tocones y robles enfermos.

5 | *Arhopalus rusticus* (Cerambícidos)
L 10-30 mm jun.-sep. §

DESCRIPCIÓN: escarabajo de cutícula blanda con colores muy variables (de marrón claro a negro). Élitros con 2 o 3 estrías longitudinales poco marcadas en cada uno.
HÁBITAT: en bosques de coníferas.
GENERALIDADES: la larva suele desarrollarse en tocones de pino o debajo de la corteza y en las raíces de pinos muertos.

6 | *Pyrrhidium sanguineum* (Cerambícidos)
L 8-12 mm mayo-jun. §

DESCRIPCIÓN: con pelo rojo aterciopelado en el pronoto y los élitros; por lo demás, cuerpo negro.
HÁBITAT: en robledales, infrecuente.
GENERALIDADES: los escarabajos pueden encontrarse en sus árboles de cría. La larva se desarrolla preferentemente en madera muerta de roble, en troncos muertos en pie y también en trozos en el suelo.

1

2

3a

3b

3c

4

5

6

1 Longicornio rojo
Stictoleptura rubra (Cerambícidos)
L 10-20 mm mayo-sep.

DESCRIPCIÓN: sexos claramente diferenciados. Macho (**1a**) delicado, con el pronoto negro y los élitros marrón amarillento. Hembra **(1b)** claramente más robusta, pronoto y élitros marrón rojizo.
HÁBITAT: frecuente en general en claros y lindes de bosques, uno de los escarabajos cerambícidos más frecuentes.
GENERALIDADES: a los escarabajos les gusta estar en arbustos y hierbas en flor, sobre todo en umbelíferas, donde tiene lugar también el apareamiento. La hembra pone los huevos preferentemente en viejos tocones de pícea o pino. La larva va penetrando en la madera en proceso de putrefacción durante su desarrollo, de varios años de duración, y en ella realiza la pupación.

2 *Stictoleptura cordigera* (Cerambícidos)
L 14-20 mm jun.-ago. RLO

DESCRIPCIÓN: élitros rojo brillante, con un dibujo en forma de corazón o triángulo de color negro en el centro, con sutura y extremo negros detrás del dibujo. Las demás partes del cuerpo también negras.
HÁBITAT: en lindes de bosques en regiones cálidas. Especie muy extendida en la región mediterránea, hasta el sur de los Alpes, no rara localmente; muy rara al norte de los Alpes.
GENERALIDADES: el escarabajo se encuentra en rosáceas en flor y umbelíferas. La larva se desarrolla probablemente en madera caducifolia podrida.

3 *Pachyta quadrimaculata* (Cerambícidos)
L 11-20 mm jul.-ago. §

DESCRIPCIÓN: cerambícido negro, claramente estrechado hacia atrás; élitros marrón amarillentos, con un destacado dibujo formado por 4 grandes manchas negras de límites bien marcados.
HÁBITAT: en lindes de bosques de coníferas y claros de bosques en los Alpes. Infrecuente.
GENERALIDADES: la larva vive debajo de la corteza de raíces de pícea muertas y requiere 3 años para desarrollarse. Realiza la pupación en la tierra.

4 *Stenurella melanura* (Cerambícidos)
L 6-9 mm mayo-sep. §

DESCRIPCIÓN: pequeña especie de cuerpo estrecho. Élitros del macho amarillos con sutura y punta negras, los de la hembra (foto) rojos con el mismo dibujo.
HÁBITAT: muy frecuente en general en lindes de bosques y caminos forestales.
GENERALIDADES: desarrollo de la larva en árboles caducifolios y coníferas podridos, preferentemente en ramas delgadas en el suelo. El desarrollo requiere 2 años.

5 *Rutpela maculata* (Cerambícidos)
L 14-20 mm mayo-ago.

DESCRIPCIÓN: cerambícido llamativamente estrecho. Antenas con anillos negros y amarillos, a diferencia de todas las demás especies del género *Strangalia*. Élitros amarillos, con manchas negras separadas en la parte anterior, con bandas transversales más o menos continuas detrás.
HÁBITAT: muy frecuente en general en lugares abiertos en bosques.
GENERALIDADES: al escarabajo le gusta visitar plantas en flor. La larva suele desarrollarse en tocones podridos de árboles caducifolios, raramente también en coníferas.

6 *Carillia virginea* (Cerambícidos)
L 9-12 mm mayo-ago. §

DESCRIPCIÓN: cerambícido bastante compacto, élitros redondeados en la parte posterior, de color verde o azul, con brillo metálico. Pronoto rojo.
HÁBITAT: frecuente en lindes de bosques de montañas.
GENERALIDADES: los escarabajos visitan las flores. Las larvas se desarrollan en los pinos y abetos y pupan en la tierra.

1a

1b

2

3

4

5

6

1 Escarabajo avispa
Clytus arietis (Cerambícidos)
L 7-14 mm mayo-jul. §

DESCRIPCIÓN: pronoto y élitros negros con bandas y manchas amarillo brillante, en forma de raya curvada como los cuernos de un carnero en la mitad anterior de las alas. Antenas marrón claro, engrosadas hacia la punta, que está ennegrecida.
HÁBITAT: frecuente en general en lindes de bosques y caminos forestales.
GENERALIDADES: la larva suele desarrollarse en ramas muertas de haya.
ESPECIE SIMILAR: *C. rhamni*, algo más rara, tiene las antenas de color claro hasta la punta.

2
Chlorophorus varius (Cerambícidos)
L 8-14 mm mayo-sep. RL1 §

DESCRIPCIÓN: dibujo de las alas mate, pero más extenso que en el escarabajo avispa. La raya en forma de cuerno de carnero tiene una curvatura más prolongada. Patas y antenas negras.
HÁBITAT: en prados y lindes de bosques. Relativamente frecuente en el este y el sur de Europa.
GENERALIDADES: el escarabajo se encuentra regularmente en plantas en flor. La larva se desarrolla en 2 o 3 años en diversos árboles caducifolios, en Europa del Este incluso en tallos de plantas herbáceas (p. ej., milenrama).

3
Chlorophorus herbsti (Cerambícidos)
L 8-15 mm mayo-sep. RL2 §

DESCRIPCIÓN: lado superior con pelo predominantemente verde grisáceo o verde amarillento. Manchas en los élitros como bandas, pero no llegan a la sutura.
HÁBITAT: en matorrales ralos de lugares cálidos, rara.
GENERALIDADES: se desarrolla en árboles caducifolios muertos (especialmente tilos), por lo general en árboles que han muerto por ataque de barrenillos de las cortezas.

4 Escarabajo avispa del roble
Plagionotus arcuatus (Cerambícidos)
L 8-20 mm mayo-jul.

DESCRIPCIÓN: más fuerte que el escarabajo avispa. Bandas amarillas estrechas, también en la cabeza.
HÁBITAT: bastante frecuente en robledales.
GENERALIDADES: el escarabajo no visita flores, sino que sólo puede verse en el árbol de cría. El macho suele acompañar a la hembra (foto) para la puesta, que tiene lugar casi exclusivamente en madera de roble con corteza que se encuentra en el suelo.

5
Anaglyptus mysticus (Cerambícidos)
L 6-13 mm mayo-jun. §

DESCRIPCIÓN: élitros con dibujos muy atractivos, marrón rojizo delante, gris detrás y en medio negro y con rayas blancas.
HÁBITAT: en lindes de bosques soleadas, poco común en la península Ibérica.
GENERALIDADES: el desarrollo tiene lugar en madera dura sin corteza.

6
Pogonocherus hispidulus (Cerambícidos)
L 5-7 mm abr.-ago. §

DESCRIPCIÓN: élitros prolongados en una punta afilada en la parte posterior exterior, con una banda transversal blanco luminoso en la parte anterior. Antenas aprox. de la longitud del cuerpo.
HÁBITAT: en lindes de bosques con muchos matorrales, no rara en la mayoría de zonas.
GENERALIDADES: desarrollo en árboles caducifolios muy diversos.

7
Leiopus nebulosus (Cerambícidos)
L 6-10 mm mayo-ago. §

DESCRIPCIÓN: pronoto con espinas laterales agudas. Antenas de longitud claramente superior a la del cuerpo. Élitros con una banda transversal amarillenta de límites poco definidos en el centro.
HÁBITAT: en lindes de bosques, infrecuente.
GENERALIDADES: los escarabajos se encuentran en leña seca. Las larvas se desarrollan en troncos delgados y secos, en ramas secas sin corteza de distintos caducifolios, por ejemplo hayas, tilos y carpes.

1

2

4

3

5

6

7

1

Longicornio zapador
Iberodorcadion fuliginator
(Cerambícidos)
L 10-15 mm abr.-jun RL2 §

DESCRIPCIÓN: especie compacta con espinas laterales agudas en el pronoto. Existen 3 variantes cromáticas en cuanto a los élitros: variante 1 **(1a)** sólo gris claro; variante 2 **(1b)**, marrones con rayas grises; y variante 3, negros.
HÁBITAT: en prados secos con poca vegetación. Rara en general.
GENERALIDADES: el escarabajo tiene los élitros soldados entre sí, por lo que no puede volar. Se arrastra lentamente por el suelo y se alimenta de plantas herbáceas. Las larvas se desarrollan en raíces de plantas herbáceas.

2

Lamia textor (Cerambícidos)
L 15-30 mm mayo-jun. RL2 §

DESCRIPCIÓN: su forma recuerda al longicornio zapador, pero es algo más grande. Color siempre negro con un ligero pelo pardusco o gris. Élitros no soldados.
HÁBITAT: en bosques húmedos, sobre todo en prados fluviales. Se ha vuelto muy rara en general.
GENERALIDADES: tiene las alas bien desarrolladas, pero vuela raramente. Se arrastra por el suelo lentamente. Las larvas se desarrollan en sauces y chopos viejos, preferentemente en sauces cortados a una altura de 2 m y en estado de putrefacción.

3

Acanthocinus aedilis (Cerambícidos)
L 12-20 mm mar.-mayo §

DESCRIPCIÓN: antenas extraordinariamente largas, las del macho (foto) son 5 veces más largas que el cuerpo; las de la hembra, el doble de largas.
HÁBITAT: en pinares, localmente no raro.
GENERALIDADES: las larvas se desarrollan en un año, por lo general en tocones de pinos o en madera de pino en el suelo, más raramente en otras coníferas.

4

Longicornio del pino
Monochamus galloprovincialis
(Cerambícidos)
L 12-25 mm jun.-sep. RL3

DESCRIPCIÓN: imponente cerambícido de élitros marrón oscuro, con pelo amarillo y blanco en forma de manchas o bandas. Antenas del macho (foto) aprox. tres veces más largas que el cuerpo, escutelo con una mancha sin pelo en la parte anterior en el centro.
HÁBITAT: en pinares, aislado en Centroeuropa, más frecuente en la región mediterránea, como p. ej. en el sur de Francia.
GENERALIDADES: los escarabajos se comen la corteza y los brotes de las ramas jóvenes. Las larvas se desarrollan en pinos y allí provocan daños.

5

Longicornio de los cardos
Agapanthia villosoviridescens
(Cerambícidos)
L 10-23 mm mayo-sep. §

DESCRIPCIÓN: cabeza y pronoto con rayas longitudinales negras y amarillas, élitros con finas manchas amarillas y grises. Antenas un poco más largas que el cuerpo, con anillos grises y negros.
HÁBITAT: frecuente en general en lindes de bosques y caminos forestales.
GENERALIDADES: se encuentran sobre todo en cardos y umbelíferas, en cuyos tallos tiene lugar el desarrollo de las larvas.

6

Oberea oculata (Cerambícidos)
L 15-21 mm jun.-sep. §

DESCRIPCIÓN: cerambícido de lados paralelos y llamativamente estrecho. El color recuerda un poco a *Cantharis fusca* (p. 158). Antenas, cabeza y élitros grises, abdomen, patas y pronoto rojos, este último con 2 puntos negros.
HÁBITAT: en general no raro en lindes de bosques.
GENERALIDADES: las larvas se desarrollan en ramas de sauce de unos 10 mm de grosor. Antes de la puesta, la hembra roe varios surcos transversales y debajo de estos el agujero para el huevo, a través del que desliza el huevo bajo la corteza.

1a
1b
2
3
5
4
6

1 **Saperda del chopo**
Saperda carcharias (Cerambícidos)
L 20-23 mm jun.-ago. §

DESCRIPCIÓN: cubierto de denso pelo gris y amarillo. Antenas con anillos negros, élitros con puntos negros grandes; en la cabeza y el pronoto los puntos son finos.
HÁBITAT: frecuente localmente en lindes de bosques y paseos con chopos.
GENERALIDADES: puede verse en las copas de los chopos después de la puesta del sol. Para la puesta, la hembra roe surcos transversales en la corteza del tronco y deposita un huevo en cada uno.

2 **Saperda pequeña**
Saperda populnea (Cerambícidos)
L 9-15 mm mayo-jun. §

DESCRIPCIÓN: color muy similar a *Agapanthia villosoviridescens* (más grande), pero con 4 o 5 puntos amarillos, dispuestos regularmente, en cada élitro.
HÁBITAT: frecuente en todos los lugares en lindes de bosques y caminos forestales.
GENERALIDADES: las larvas se desarrollan en álamos temblones, raramente en otros chopos o sauces. Antes de la puesta, la hembra roe un lado de una figura en forma de herradura, abierta hacia la punta de la rama. Le siguen varios surcos transversales cortos en el interior de este lado roído. Luego el escarabajo regresa al punto de partida y roe el segundo lado. Le siguen varios surcos transversales. Finalmente, el escarabajo roe en la intersección de los dos lados el agujero para el huevo, a través del cual tiene lugar la puesta bajo la corteza. Al final queda una figura en forma de herradura. Los surcos forman una cicatriz que sirve de alimento inicial a la larva, la cual más adelante penetra en el canal medular de la rama. Durante la puesta se expulsa una secreción necrotizante que causa una hinchazón de la rama en forma de nudos, por lo que los lugares donde se han puesto huevos pueden reconocerse fácilmente incluso después de varios años. Los surcos se transforman en anchas muescas planas. El desarrollo dura 2 años.

3 *Saperda scalaris* (Cerambícidos)
L 12-18 mm mayo-ago. §

DESCRIPCIÓN: color negro con un atractivo dibujo formado por pelos de amarillo brillante a verdoso. A lo largo de la sutura de los élitros, el pelo forma una raya longitudinal con ramificaciones laterales transversales, dando como resultado un dibujo en forma de escalera.
HÁBITAT: preferentemente en bosques caducifolios húmedos, en general no rara.

4 *Phytoecia nigripes* (Cerambícidos)
L 10-16 mm mayo-jun. RL3 §

DESCRIPCIÓN: distribución de colores similar a la de *Oberea oculata*, pero el cuerpo es mucho más robusto.
HÁBITAT: en prados y lindes de caminos, bastante frecuente localmente.
GENERALIDADES: se desarrolla en tallos y raíces de umbelíferas.

5 *Phytoecia coerulea* (Cerambícidos)
L 6-12 mm abr.-jun. §

DESCRIPCIÓN: cerambícido bastante pequeño con denso pelo verde azulado, azul o gris.
HÁBITAT: en prados secos y lindes de caminos, frecuente localmente.
GENERALIDADES: se desarrolla en los tallos de borragináceas.

6 *Phytoecia cylindrica* (Cerambícidos)
L 6-14 mm mayo-ago. §

DESCRIPCIÓN: cuerpo cilíndrico estrecho. Color de gris oscuro a negro, patas anteriores parcialmente amarillas.
HÁBITAT: en general no rara en lindes de bosques y márgenes de caminos.
GENERALIDADES: el desarrollo, que dura un año, tiene lugar en tallos y en el cuello de la raíz de umbelíferas. La hembra roe el tallo por encima del lugar de la puesta, de modo que la parte superior se seca.

1
2a
2b
2c
2d
3
4
5
6

Los **escarabajos de las hojas** (familia *Chrysomelidae*), poseen tarsos aparentemente tetrasegmentados (penúltimo segmento muy pequeño), al igual que los cerambícidos. Suelen tener el cuerpo abombado y compacto y las antenas filiformes. En la península Ibérica hay unas 600 especies.

1 | **Escarabajo de la patata o de Colorado**

Leptinotarsa decemlineata (Crisomélidos)
L 7-11 mm todo el año

DESCRIPCIÓN: escarabajo amarillo con rayas longitudinales negras en los élitros y manchas negras en la cabeza y el pronoto.
HÁBITAT: muy frecuente localmente en campos de patatas y en jardines.
GENERALIDADES: originariamente sólo estaba presente en las Montañas Rocosas, donde vivía en una solanácea silvestre. Con la expansión del cultivo de la patata hasta dicha zona, a mediados del s. xix se cambió a la patatera y se extendió rápidamente por toda Norteamérica. En 1877 se registró por primera vez en Centroeuropa, pero gracias a las medidas de combate intensivas, en principio exitosas, no pudo extenderse hasta la década de 1930 del s. xx. Como no había enemigos naturales, no fue posible detener la expansión. Entretanto, los escarabajos del suelo se han establecido como enemigos. El escarabajo produce 1 o 2 generaciones al año. La hembra pone un total de 500-2500 huevos amarillos en pequeños grupos en el envés de las hojas. Las larvas **(1b)**, toscas y de color rojo sucio, sólo comen hojas de las patateras, al igual que los escarabajos, y pueden dejar defoliar campos enteros en caso de ataque masivo.

2 | **Escarabajo de nariz sangrante**

Timarcha tenebricosa (Crisomélidos)
L 15-20 mm mar.-jul. RL3

DESCRIPCIÓN: el escarabajo de las hojas más grande de Europa. Color negro con un ligero brillo azul, lado superior finamente punteado. Segmentos tarsales llamativamente gruesos (como zarpas).
HÁBITAT: en prados secos cálidos de zonas de montaña, por lo general no raro.
GENERALIDADES: este escarabajo de aspecto algo corpulento ya puede verse los primeros días un poco cálidos de principios de primavera. En caso de peligro (p. ej., si es atacado) exuda una gota de líquido naranja. La larva **(2b)**, muy tosca y lenta, se desarrolla en especies de galio.

3 | *Chrysomela populi* (Crisomélidos)

L 10-12 mm todo el año

DESCRIPCIÓN: cabeza y pronoto negros con brillo metálico verde, élitros rojo brillante.
HÁBITAT: frecuente en general en lindes de bosques y márgenes de caminos.
GENERALIDADES: el escarabajo se desarrolla en diferentes especies de sauce y chopo y produce 2 generaciones al año.

4 | **Crisomela del aliso**

Agelastica alni (Crisomélidos)
L 6-7 mm ago.-mayo

DESCRIPCIÓN: pequeño escarabajo de las hojas negro azulado, muy brillante. Lado superior punteado fina y densamente.
HÁBITAT: frecuente en general en lindes de bosques y márgenes de caminos; uno de los escarabajos de las hojas más frecuentes.
GENERALIDADES: las larvas, de color negro, comen hojas de aliso en densos grupos.

5 | *Cassida rubiginosa* (Crisomélidos)

L 6-8 mm jun.-ago.

DESCRIPCIÓN: pronoto y élitros aplanados en forma de escudo y muy ensanchados. Color verde con pequeñas manchas marrones en torno al escutelo.
HÁBITAT: por lo general frecuente en prados y márgenes de caminos.
GENERALIDADES: la larva **(5b)**, con fuertes espinas, vive en cardos y lampazos y se camufla con una campana de excrementos y restos de las mudas que transporta con una cola bifurcada levantada sobre el cuerpo.

1a

1b

2a

2b

3

4

5a

5b

1 | *Clytra laeviuscula* (Crisomélidos)
L 7-11 mm mayo-ago.

DESCRIPCIÓN: escarabajo de las hojas llamativamente alargado. Pronoto liso y brillante, negro; élitros rojo amarillentos, cada uno con un punto negro y una ancha banda transversal negra que no llega totalmente al borde interior ni exterior.
HÁBITAT: en lindes de bosques soleadas y prados secos, bastante frecuente.
GENERALIDADES: se alimenta de hojas de sauce y otros árboles caducifolios, y de plantas herbáceas. La hembra se sienta en la hierba cerca de un montículo de hormiga roja y envuelve los huevos individualmente en una cubierta hecha de trozos de excremento escamiformes. Se forman así estructuras de aprox. 1 mm que recuerdan a diminutas piñas de pino. Las deja caer al suelo y las hormigas que pasen por allí las transportarán al hormiguero y las utilizarán como material de construcción. Con las escamas de excremento la larva eclosionada se construye un estuche de paredes firmes que lleva consigo en el hormiguero y que aumenta añadiendo partículas de los excrementos propios **(1b)**. Se alimenta de los huevos de las hormigas y se retrae en su casa si las hormigas la atacan.

2 | *Cryptocephalus* sp. (Crisomélidos)
L 4-6 mm mayo-ago.

DESCRIPCIÓN: escarabajo brillante verde dorado con una cabeza relativamente pequeña, parcialmente retraída bajo el pronoto. El Centroeuropa presenta especies difíciles de diferenciar.
HÁBITAT: bastante frecuente en lindes de bosques y prados.
GENERALIDADES: la larva vive en el suelo en un saco de excrementos similar al de la larva de *Clytra*, y se alimenta de plantas.

3 | **Escarabajo del brezo**
Lochmaea suturalis (Crisomélidos)
L 5-6 mm mayo-oct.

DESCRIPCIÓN: escarabajo de las hojas muy inconspicuo, de color marrón amarillento, con la cabeza negra y los élitros densamente punteados.
HÁBITAT: frecuente en muchos lugares en zonas de brezales.
GENERALIDADES: el escarabajo, de aspecto inofensivo, puede destruir grandes superficies de brezales.

4 | *Donacia* sp. (Crisomélidos)
L 7-12 mm mayo-ago.

DESCRIPCIÓN: escarabajo de las hojas llamativamente esbelto, de color verde o cobre brillante. La forma del cuerpo recuerda un poco a un cerambícido. Numerosas especies muy difíciles de distinguir.
HÁBITAT: en aguas en diferentes plantas de la orilla, en plantas acuáticas que sobresalen del agua. Por lo general especie frecuente.
GENERALIDADES: las larvas de las distintas especies de *Donacia* se desarrollan bajo el agua, en los tallos de diversas plantas acuáticas. Se conectan con las cámaras de aire de las plantas y así obtienen el oxígeno necesario.

5 | *Dicladispa testacea* (Crisomélidos)
L 4-5 mm todo el año

DESCRIPCIÓN: color marrón, élitros y pronoto con espinas como las de un erizo.
HÁBITAT: bastante frecuente localmente en arbustos de la región mediterránea, ausente en Centroeuropa.
GENERALIDADES: las larvas excavan en la hierba.

6 | *Galerucella nymphaeae* (Crisomélidos)
L 6-8 mm mayo-ago.

DESCRIPCIÓN: escarabajo de las hojas alargado, marrón amarillento, con el lado superior gris en su mayor parte.
HÁBITAT: frecuente en general en las hojas de nenúfares en estanques y aguas antiguas.
GENERALIDADES: los escarabajos y las larvas comen las hojas de distintas plantas acuáticas, como por ejemplo los nenúfares y persicarias anfibias, también las fresas.

1a

1b

2

3

4

5

6

Los **barrenillos de las cortezas** (familia *Scolytidae*) normalmente son pequeños escarabajos cilíndricos. El extremo de los élitros suele caer abruptamente; esta superficie final, truncada y en parte ahuecada, está a menudo rodeada por gibas como dientes. En Centroeuropa hay unas 120 especies. Todas se desarrollan debajo de la corteza o en la madera de arbustos y árboles.

1 **Barrenillo tipógrafo**

Ips typographus (Escolítidos)
L 4-5 mm mayo-jul.

DESCRIPCIÓN: barrenillo cilíndrico y claramente peludo, de color marrón oscuro. Área truncada en el extremo posterior enmarcada por 4 dientes a cada lado.
HÁBITAT: frecuente en general en píceas enfermas y muertas.
GENERALIDADES: es uno de los parásitos del bosque más temidos. Las píceas que ya estaban dañadas (p. ej., por sustancias nocivas del aire) suelen morir si las ataca este barrenillo. Debido a la fuerte tasa de reproducción, en poco tiempo puede aniquilar grupos enteros de píceas. En primavera el macho busca una pícea adecuada (más raramente un pino), penetra en la corteza y crea debajo un túnel corto que al final se ensancha en una amplia cámara, la "cámara nupcial". Entonces atrae a 1-3 hembras expulsando feromonas y se aparea con ellas en la cámara. A continuación, cada hembra perfora una galería materna de unos 15 cm de largo que parte de la cámara y que sigue más o menos la dirección de las fibras. Si son 2 hembras, las galerías están una enfrente de la otra; si son 3, tienen forma de Y. Estas galerías se conectan con el exterior mediante 2-4 orificios de aire, a través de los cuales se saca el serrín que van produciendo con ayuda de la parte final de los élitros ahuecada y enmarcada por dientes. Luego cada hembra pone entre 30 y 60 huevos en nichos a lo largo de su galería. Los nichos son el punto de partida de los túneles que irán perforando las larvas, que irán avanzando a ambos lados de la galería materna, en el floema. Al final de su desarrollo ensanchan el final del túnel para formar la cuna pupal **(1d)** y pupan. En caso de infestación fuerte (se han llegado a contar varios cientos de lugares de cría por m2 de corteza), el árbol muere y debajo de la corteza, que se desprende, pueden observarse las galerías, con formas realmente ornamentales **(1a)**. Por lo general se producen 2 generaciones al año, más raramente 3.

2

Pityogenes chalcographus (Escolítidos)
L 2 mm mayo-jun.

DESCRIPCIÓN: barrenillo (no hay fotografía) claramente más pequeño que el tipógrafo, con 3 dientes a cada lado en el extremo posterior.
HÁBITAT: frecuente en bosques de píceas.
GENERALIDADES: cría más en la zona de la copa y en las ramas. La mina de las galerías tiene forma de estrella, ya que de la cámara nupcial parten entre 3 y 6 galerías maternas.

3

Scolytus ratzeburgi (Escolítidos)
L 4-7 mm mayo-jul.

DESCRIPCIÓN: barrenillo grande (no hay fotografía), no truncado en la parte posterior.
HÁBITAT: frecuente en abedules.
GENERALIDADES: la mina está formada por una sola galería materna de hasta 15 cm de largo, de la que parten las galerías de las larvas primero en ángulo recto y después progresivamente en la dirección de las fibras.

4

Hylesinus varius (Escolítidos)
L 3 mm abr.-oct.

DESCRIPCIÓN: barrenillo negro con manchas de escamas claras.
HÁBITAT: en fresnos enfermos o caídos.
GENERALIDADES: de la cámara nupcial parten 2 galerías maternas de 6-10 cm de largo en ángulo recto respecto a las fibras. Las galerías de las larvas, que discurren longitudinalmente respecto a las fibras, no superan los 4 cm de largo.

1a
1b
1c
1d
2
3
4

Los **antríbidos** (familia *Anthribidae*) tienen la cabeza prolongada en un pico o rostro corto y ancho, claramente aplanado en el lado superior. Las antenas no son acodadas. En Centroeuropa hay unas 19 especies.

1 | *Platyrrhinus resinosus* (Antríbidos)
L 8-15 mm jun.-ago.

DESCRIPCIÓN: negro mate con la superficie muy esculpida. Frente, lado superior del pico y puntas de los élitros cubiertos de denso pelo amarillento. Antenas oscuras.
HÁBITAT: por lo general no raro en bosques caducifolios antiguos con mucha madera muerta y en lindes de bosques.
GENERALIDADES: está muy bien camuflado gracias a sus colores. Se encuentra en madera caducifolia con hongos caída en el suelo y se alimenta de corteza con hongos. La larva también se desarrolla en madera con hongos de árboles caducifolios.

2 | *Platystomos albinus* (Antríbidos)
L 6-12 mm mayo-ago.

DESCRIPCIÓN: similar a *P. resinosus*, pero algo más pequeño. Colores muy variables, pero en conjunto algo más claro que la otra especie. Las partes claras del lado superior del pico, la frente y las puntas de los élitros por lo general netamente blancas; además, pelo blanco en el 8.° artejo de las larguísimas antenas y en una mancha redonda un poco antes del centro de cada élitro.
HÁBITAT: por lo general no raro en claros de bosques y en lindes de bosques caducifolios.
GENERALIDADES: el escarabajo suele encontrarse en troncos de árboles caducifolios en proceso de putrefacción y caídos al suelo, y en tocones. Al igual que la larva, se alimenta de hongos de árboles.

Los **gorgojos** (familia *Curculionidae*, se caracterizan por su pico, a menudo muy largo y no aplanado en el lado superior, y las antenas, por lo general claramente acodadas y claviformes. Con unas 2000 especies, se trata de la mayor familia ibérica de insectos.

3 | **Gorgojo de la vid**
Otiorhynchus sulcatus (Curculiónidos)
L 9-11 mm todo el año

DESCRIPCIÓN: gorgojo tosco, gris negruzco, con la superficie muy granulada, élitros con numerosas estrías longitudinales granuladas y manchas de pelo marrón amarillento.
HÁBITAT: bastante frecuente en lindes de bosques y en jardines, y también en pisos.
GENERALIDADES: activo de noche, se alimenta de diversas plantas. Los machos de esta especie son muy raros. Las hembras casi siempre ponen huevos fecundados por partenogénesis. Las larvas **(3b** a la izquierda, a la derecha la crisálida**)**, blancas y ápodas, se desarrollan bajo tierra, en las raíces de diversas plantas (últimamente también en macetas), lo que a menudo causa la muerte de la planta de la maceta.

4 | *Liparus glabrirostris* (Curculiónidos)
L 14-19 mm mayo-jul.

DESCRIPCIÓN: el gorgojo centroeuropeo más grande. Negro con manchas de pelo amarillento, con una banda longitudinal en Y en los laterales del pronoto.
HÁBITAT: en zonas con *Petasites* en la montaña, sobre todo en los Alpes.
GENERALIDADES: las larvas se desarrollan en las raíces de *Petasites*.
ESPECIE SIMILAR: *L. germanus* (12-16 mm) tiene el cuerpo más redondo y una banda lateral disuelta en manchas en el pronoto.

5 | *Pissodes pini* (Curculiónidos)
L 6-9 mm todo el año

DESCRIPCIÓN: marrón oscuro con manchas de pelo amarillo dispuestas en forma de bandas transversales en los élitros.
HÁBITAT: no raro en pinares.
GENERALIDADES: las larvas suelen desarrollarse en la región de la copa de pinos viejos, debajo de la corteza.

1a

1b

2

3a

3b

4

5

1 | *Curculio venosus* (Curculiónidos)
L 7-9 mm mayo-ago.

DESCRIPCIÓN: pico muy delgado, el del macho **(1a)** un poco más corto, el de la hembra **(1b)** más largo que los élitros. Toda la superficie cubierta de pelos escamosos marrón claro y oscuro. El lado superior del escutelo con pelo es más largo que ancho.
HÁBITAT: no raro localmente en robledales.
GENERALIDADES: en verano, la hembra perfora con su pico inusualmente largo un agujero en una bellota verde y pone en ella 1 o 2 huevos. Las larvas se alimentan del contenido de las bellotas y caen al suelo con estas en otoño, cuando perforan un orificio para salir. Invernan en el suelo, donde pupan a la primavera siguiente.
ESPECIE SIMILAR: el Gorgojo de las avellanas *(C. nucum)*, muy similar, suele ser de color más oscuro. La superficie con pelo del escutelo es aprox. igual de larga que ancha. La larva se desarrolla en avellanas.

2 | *Phyllobius* sp. (Curculiónidos)
L 5-10 mm abr.-jul.

DESCRIPCIÓN: trompa bastante corta, con un surco antenal en el lateral en forma de foseta que acaba siendo plano hacia atrás. Élitros con esquinas de hombro claramente desarrolladas en la parte anterior. Toda la superficie del cuerpo con una capa brillante de pelos escamosos verde azulados, verde dorados o cobrizos. Unas 15 especies difíciles de distinguir.
HÁBITAT: frecuente en general en bosques y terrenos con matas.
GENERALIDADES: los escarabajos se comen las hojas de diversos árboles caducifolios y hierbas, más raramente coníferas. Las larvas se desarrollan en la tierra, en raíces de árboles; algunas especies en las raíces de hierbas. Pueden causar la muerte de árboles jóvenes en caso de infestación fuerte.
ESPECIE SIMILAR: las 18 especies del género *Polydrusus*, en parte muy similares, se diferencian de las especies de *Phyllobius* sobre todo por los hombros de los élitros, truncados y no sobresalientes.

3 | *Chlorophanus viridis* (Curculiónidos)
L 8-11 mm mayo-ago.

DESCRIPCIÓN: recuerda al género *Phyllobius*, pero los laterales del cuerpo, desde la punta de los élitros hasta debajo del ojo, son de color amarillo verdoso bien definido.
HÁBITAT: en bosques húmedos, generalmente no raro.
GENERALIDADES: los escarabajos comen a menudo hojas de *Petasites*. Las larvas se desarrollan en las raíces de plantas.

4 | *Eubrychius velutus* (Curculiónidos)
L 2-3 mm todo el año

DESCRIPCIÓN: gorgojo acuático muy pequeño. Lado superior del cuerpo con escamas marrones, blancas en el lado inferior.
HÁBITAT: en estanques y charcas limpios con milenrama acuática.
GENERALIDADES: el escarabajo nada muy torpemente y suele encontrarse en plantas de milenrama acuática, de cuyas hojas se alimenta. La larva, de color blanco, también se desarrolla en esta planta.

5 | *Cleonis piger* (Curculiónidos)
L 10-16 mm ago.-jun.

DESCRIPCIÓN: gorgojo bastante grande, relativamente alargado, con manchas de pelo gris y blanco amarillento; 3 surcos longitudinales con pelo de color claro en el lado superior.
HÁBITAT: en márgenes de caminos y prados secos, bastante raro.
GENERALIDADES: las larvas se desarrollan en la zona baja del tallo y en las raíces de diferentes plantas compuestas, sobre todo en cardos del género *Carduus*. Al alimentarse causa un abultamiento como una agalla de 3-4 cm de largo en la zona de las raíces.

1a

1b

2

3

4

5

Los **gorgojos enrolladores de hojas** (familia *Attelabidae*) se diferencian de los curculiónidos, de parentesco cercano (antes se clasificaban con estos), sobre todo por las antenas no acodadas. Las hembras suelen enrollar las hojas de manera muy artística para poner los huevos; en estas hojas se desarrollan las larvas. En Centroeuropa hay unas 28 especies.

1

Deporaus betulae (Atelábidos)
L 3-5 mm abr.-jul.

DESCRIPCIÓN: pequeño escarabajo negro brillante, con filas de puntos regulares en los élitros. Trompa aprox. igual de larga que el resto del cuerpo.
HÁBITAT: frecuente en general en lindes de bosques y matorrales.
GENERALIDADES: el escarabajo suele desarrollarse en abedules, más raramente también en otros caducifolios como el aliso o el avellano. Antes de la puesta, prepara una hoja enrollada de forma muy artística, la cual puede encontrarse mucho más a menudo que el propio escarabajo. La hembra corta a unos 3 mm de distancia del principio del pedúnculo el margen de la hoja y perfora primero una figura en forma de S, cada vez más curvada, que llega hasta el nervio central **(1a)**. Luego la corta unos 2 mm a lo largo del nervio central en dirección a la base de la hoja, roe un poco el lado superior del nervio y sigue el trabajo en el otro lado de la hoja con una curva en forma de S, al principio más curvada y después cada vez menos. Una vez que llega al margen, desliza la cabeza entre los bordes del corte y recorre otra vez la figura de vuelta **(1b)**. En este proceso presiona la punta cortada de la hoja hacia abajo, pliega los dos lados el uno sobre el otro y así va formando un rollo en forma de puro. Finalmente pone entre 1 y 6 huevos en unas pequeñas bolsas moldeadas con la trompa en la epidermis de la hoja. El rollo se va marchitando **(1c)**, se rompe por el nervio central roído y acaba cayendo con las larvas al suelo. La pupación y la invernación tienen lugar en el suelo.

2

Cigarrero de la vid
Byctiscus betulae (Atelábidos)
L 5-7 mm mayo-sep.

DESCRIPCIÓN: escarabajo muy brillante, de color rojo cobre, verde metálico o azul. Trompa claramente más larga que el resto del cuerpo.
HÁBITAT: bastante frecuente en lindes de bosques y matorrales.
GENERALIDADES: se desarrolla en numerosas especies de árboles caducifolios. Hace el rollo con una hoja entera, si son pequeñas, utiliza varias y las enrolla una por encima de la otra. Cada rollo tiene 5 huevos por término medio. Como perfora antes el pedúnculo, el rollo empieza a marchitarse pronto y acaba cayendo al suelo.

3

Apoderus coryli (Atelábidos)
L 6-8 mm mayo-sep.

DESCRIPCIÓN: fácil de identificar por la forma de la cabeza y el color. Élitros y pronoto rojo brillante; la cabeza negra casi no tiene pico, pero está muy prolongada detrás de los ojos y estrechada en forma de cuello.
HÁBITAT: no raro en bosques caducifolios.
GENERALIDADES: la hembra corta en general hojas de avellano en una curva plana hasta sobrepasar el nervio de la hoja (lo separa) y enrolla la punta de la hoja formando un pequeño tonel alargado.

4

Gorgojo del roble
Attelabus nitens (Atelábidos)
L 4-7 mm mayo-ago.

DESCRIPCIÓN: color similar a *Apoderus coryli*, pero con la cabeza normalmente formada como la de un curculiónido.
HÁBITAT: por lo general no raro en bosques y matorrales.
GENERALIDADES: corta en línea recta desde los dos lados de la hoja hasta el nervio central, luego dobla las dos mitades de la punta de la hoja la una sobre la otra y las enrolla formando un pequeño tonel compacto. Generalmente con sólo 1 huevo.

1a

1b

1c

2a

2b

3

4

1 Estilópidos

Stylops sp. (Estilópidos)
Env a 6-10 mm L o 4-7 mm feb.-abr.

DESCRIPCIÓN: macho **(1a)** marrón negruzco, con grandes alas posteriores como abanicos. Hembra **(1b)** vermiforme, oculta toda la vida en el abdomen de una abeja del género Andrena, sólo sobresale con un apéndice escamiforme pardusco entre los anillos del abdomen.
HÁBITAT: en lindes de bosques soleadas y en terrenos abiertos secos, infrecuente.
GENERALIDADES: los miembros del género *Stylops* realizan el desarrollo como pará- sitos en el cuerpo de abejas *Andrena*. Pupan y se convierten en pequeños tone- les que sobresalen con la punta entre los anillos del abdomen. La hembra conserva esta forma, pero el macho muda a insecto alado. Se aparea con la hembra, que permanece en el hospedador, la cual produce a menudo varios miles de larvas en el cuerpo. Estas abandonan la hembra y son transportadas por la abeja a flores en las que pueden subirse a otras abejas. De este modo vuelven a llegar a un nido en el que se van desarrollando, primero a gusano, luego a pupa y a imago hasta convertirse en un estilópido maduro. Las abejas parasitadas suelen estar castradas y no construyen nidos.

2 "Mosca" escorpión

Panorpa germanica (Panórpidos)
Env 25-30 mm mayo-ago.

DESCRIPCIÓN: cabeza prolongada como un pico, órganos bucales masticadores en la punta del pico. Alas anteriores y posteriores con la misma forma, con numerosas manchas marrón oscuro. Extremo del abdomen del macho (foto) con una pinza como la de un escorpión.
HÁBITAT: frecuente en lindes de bosques.
GENERALIDADES: la "Mosca" escorpión se alimenta, entre otros, de insectos muertos y de ligamaza de los pulgones. No es raro verla robando presas de las telarañas. Aún cuando el final engrosado del abdomen del macho, semejante a una ampolla, recuerde el aguijón de un escorpión, estos animales son totalmente inofensivos y no pueden picar. La ampolla contiene glándulas olorosas que producen feromonas sexuales. El macho agarra a la hembra con la pinza abdominal para aparearse. Luego produce en las glándulas salivares unas gotas que deposita en la base y se las ofrece a la hembra como "caramelo". La hembra pone los huevos en la tierra. Las larvas, oruguiformes y de color oscuro, viven en túneles en la tierra y se alimentan principalmente de cadáveres de insectos, pero también de plantas.

3 Pulga de la nieve

Boreus westwoodi (Boreidos)
L 3,5 mm oct.-mar.

DESCRIPCIÓN: negro con brillo metálico verde. Cabeza con pico amarillo, marrón en la punta. Macho **(3a)** con rudimentos alares curvados, falciformes; hembra (**3b**, animal superior) con ovopositor amarillo.
HÁBITAT: no rara en lindes de caminos en zona de montaña.
GENERALIDADES: los días poco fríos de in- vierno puede verse en la superficie de la nieve. Se alimenta probablemente de restos de plantas y musgos. Para el apareamien- to, el macho agarra a la hembra desde un lado con los rudimentos alares curvados y se encaja entre estos y su dorso. Luego realiza la cópula, libera a la hembra y agarra sus patas anteriores con los rudimentos alares **(3b)**. Las larvas se desarrollan en la tierra.
ESPECIE SIMILAR: Boreus hyemalis, simi- lar, tiene el pico marrón oscuro.

4 Pulga aviar

Ceratophyllus sp. (Ceratofílidos)
L 2-3 mm todo el año

DESCRIPCIÓN: pulga marrón oscuro con una cresta de espinas negras en el borde posterior del primer segmento torácico.
HÁBITAT: frecuente en general en muchas especies de aves.
GENERALIDADES: dado que las pulgas no están estrictamente vinculadas a sus hos- pedadores, también visitan al ser humano, especialmente cuando han pasado hambre durante un período prolongado **(4a)**. El vínculo con el hospedador es más común entre las larvas **(4b)**, que se alimentan en los nidos del hospedador de excrementos y diferentes residuos.

1a

1b

2

3a

3b

4a

4b

Los dípteros europeos más grandes pertenecen a la familia de los **tipúlidos** *(Tipulidae)*. Las alas anteriores son llamativamente estrechas; en la posición de reposo suelen estar estiradas en ángulo recto o en diagonal. Las patas son muy largas. En Centroeuropa hay unas 150 especies.

1 | **Típula**
Tipula sp. (Tipúlidos)
Env 25-50 mm abr.-oct.

DESCRIPCIÓN: gran díptero de color marrón grisáceo inconspicuo, con alas sin apenas dibujo, más o menos transparentes.
HÁBITAT: es una especie muy frecuente en general.
GENERALIDADES: debido a su tamaño y a las patas largas como una araña, la Típula es temida en muchos lugares, pero carece de órganos bucales perforantes. Sus piezas bucales atrofiadas sólo le permiten ingerir agua o néctar expuesto. Las patas se rompen con facilidad en unos puntos predeterminados, lo que le permite huir en muchos casos. La hembra **(1a)** tiene la punta del abdomen prolongada en el ovopositor. Con este pone los huevos en tierra húmeda, insertándolo en el suelo mientras mantiene el cuerpo muy erguido. La larva, gris y tosca, vive de hojas caídas, pero también puede causar daños al roer raíces de plantas. Las dos aberturas respiratorias, que desembocan en el extremo posterior, están rodeadas por 6 apéndices cutáneos, en parte digitiformes, en parte agudos; vistos desde detrás, dan la impresión de una "cara de demonio" **(1b)**.

2 | **Típula gigante**
Tipula maxima (Tipúlidos)
Env 55-65 mm mayo-jul.

DESCRIPCIÓN: el díptero europeo más grande. Alas con 3 manchas más o menos triangulares, muy definidas, en el borde anterior; en el borde posterior dibujo gris poco definido.
HÁBITAT: en manantiales y arroyos, sobre todo en zona de montaña. No rara localmente.
GENERALIDADES: la larva, de hasta 5 cm de largo, se desarrolla en la zona somera de la orilla de aguas corrientes pequeñas. La segunda generación inverna en otoño.

3 | *Tipula cisalpina* (Tipúlidos)
L 13-15 mm mayo-jul.

DESCRIPCIÓN: hembra (foto) con diminutos rudimentos alares, macho normalmente alado y difícil de distinguir de otras especies del género.
HÁBITAT: sólo en el valle alpino suizo de Engadina (p. ej., en la región de la Bernina), a altitudes superiores a los 2000 m.
GENERALIDADES: esta interesante especie aparece justo después de que desaparezca la nieve y se la ve correteando por los primeros prados limpios.

4 | *Tanyptera atrata* (Tipúlidos)
Env 30-40 mm jun.-jul.

DESCRIPCIÓN: macho con antenas pectinadas y abdomen marrón amarillento o negro. Hembra (foto) con el abdomen rojo y muy brillante, ovopositor muy alargado.
HÁBITAT: en bosques húmedos, infrecuente.
GENERALIDADES: la hembra hunde los huevos con el ovopositor en madera podrida (foto), el lugar de desarrollo de las larvas.

5 | *Ctenophora ornata* (Tipúlidos)
Env 30-40 mm jun.-ago.

DESCRIPCIÓN: antenas del macho plumosas, muy largas y pectinadas; las de la hembra (foto), cortas. Cuerpo muy coloreado, con dibujos en amarillo, naranja y negro.
HÁBITAT: en bosques húmedos, infrecuente.
GENERALIDADES: la larva se desarrolla en madera en proceso de putrefacción. Prefieren árboles de gran tamaño y en avanzado estado de descomposición.

1a

1b

2

3

4

5

Los **Ptychopteridae**, sólo con 8 especies autóctonas, son una de las familias más pequeñas de los mosquitos. Los cuerpos de los imagos suelen tener dibujos de colores.

1 | *Ptychoptera albimana* (Ptychopteridae) L 9-12 mm mayo-ago.

DESCRIPCIÓN: díptero relativamente pequeño, parecido a los tipúlidos. Abdomen mazudo en el extremo posterior y con dibujos rojos y amarillos. Primer segmento tarsal de las patas posteriores blanco; el resto de segmentos, de marrón oscuro a negro.
HÁBITAT: en la orilla de aguas fangosas pequeñas, en general no raro.
GENERALIDADES: la larva, estrecha y de piel blanda, puede estirarse hasta 50 mm de largo. Vive en la zona somera de la orilla de arroyos y charcas, y respira a través de un tubo respiratorio que puede extenderse mucho, pero también tiene dos filamentos branquiales cortos.

La familia de los **Limoniidae** son, en comparación, mosquitos grandes. En estado de reposo las alas suelen estar colocadas una sobre otra. En Centroeuropa hay unas 280 especies.

2 | *Chionea belgica* (Limónidos) L 4-5 mm dic.-feb.

DESCRIPCIÓN: díptero muy pequeño, marrón oscuro, sin alas anteriores. Las alas posteriores, reducidas a unos pequeños balancines, suelen reconocerse muy bien.
HÁBITAT: en bosques y lindes de bosques, sobre todo en zonas de montaña.
GENERALIDADES: es habitual encontrarla los días de invierno poco fríos sobre la superficie de la nieve.

3 | *Pedicia rivosa* (Limónidos) Env 35-45 mm jun.-sep.

DESCRIPCIÓN: recuerda mucho a la Típula, pero por las características de las venas de las alas y las espinas de las patas pertenece a la familia *Limoniidae*. Entretanto muchos taxónomos han asignado a esta especie una familia propia (*Pediciidae*)
HÁBITAT: en zonas pantanosas de bosques, bastante rara.
GENERALIDADES: la larva se desarrolla, de forma similar a la de *Tipula maxima*, en arroyos y manantiales, también en zonas pantanosas en la tierra o debajo de follaje caído húmedo.

Los inofensivos **Trichocera** hiemalis (familia *Trichoceridae*) se asemejan a pequeñas mosquitos. Las larvas se alimentan de plantas descompuestas o excrementos. En Centroeuropa hay 18 especies.

4 | *Trichocera hiemalis* (Tricocéridos) Env 11-13 mm oct.-abr.

DESCRIPCIÓN: estructura extraordinariamente delicada, con los órganos bucales muy reducidos y patas delgadas y largas.
HÁBITAT: frecuente en general en lindes de bosques, jardines y terrenos abiertos.
GENERALIDADES: los días de invierno poco fríos y soleados, este mosquito, muy tolerante al frío, revolotea a menudo en densos enjambres sobre todo en puntos donde penetran rayos de sol a través de las ramas.

La familia **Blephariceridae** son pequeños mosquitos con probóscide con la que recogen néctar o succionan a otros insectos. En Centroeuropa existen 7 especies

5 | *Liponeura* sp. (Blefaricéridos) Env 15-20 mm jun.-oct.

DESCRIPCIÓN: patas largas, alas bastante anchas con arrugas (no representado).
HÁBITAT: en arroyos de montaña turbulentos y muy limpios. Bastante raro, pero en los lugares donde se encuentra suele aparecer en gran número.
GENERALIDADES: la larva (foto) tiene 6 ventosas ventrales con las que se agarra a las piedras incluso en las corrientes más fuertes. Para desplazarse eleva y adelanta un poco una ventosa, y las siguientes le siguen. El alimento consiste en algas que crecen en las piedras. Los mosquitos maduros succionan pequeños insectos.

1
2
3
4
5a
5b

Los **mosquitos** (familia *Culicedae*) son animales con miembros finos y aparatos aptos para picar y succionar, se alimentan de jugos de plantas con contenido de azúcar. Las hembras precisan de sangre para la formación de los huevos. Los machos, que no pican, se reconocen por sus antenas plumosas. En Centroeuropa hay aproximadamente 100 especies.

1 Mosquito
Aedes sp. (Culícidos)
L 7-9 mm abr.-oct.

DESCRIPCIÓN: mosquito típico con los tarsos por lo general con anillos claros y oscuros bien definidos. La hembra tiene el abdomen apuntado en la parte posterior. Palpos labiales cortos, como los del género *Culex*. Varias especies muy similares.
HÁBITAT: muy frecuente en general en bosques húmedos y terrenos abiertos, y en zonas habitadas.
GENERALIDADES: los machos, como todos los mosquitos, poseen una probóscide pilosa en forma de pincel que sólo ingiere néctar y sustancias similares. Las hembras, en cambio, pueden ser unas molestas plagas –más aún que *Culex*–. Insertan la probóscide perforante, formada por 6 estiletes finísimos, en la piel de animales de sangre caliente (especialmente el ser humano) y al mismo tiempo retraen en forma de arco el labio inferior, con forma de canal y que sirve de cubierta protectora **(1a)**. Entonces rocía saliva en la herida a través del tubo salivar en un estilete y luego chupa la sangre a través del tubo de alimentación situado en otro estilete acicular. Durante la succión, que dura entre 2 y 3 minutos, el intestino, lleno de sangre, se hincha mucho **(1b)**. Una toma de sangre así es imprescindible para que maduren los huevos. La puesta suele tener lugar en orillas de aguas que se han secado, donde los huevos pasan el invierno.

2 Mosquito tigre
Aedes albopictus (Culícidos)
L 2-10 mm mayo-oct.

DESCRIPCIÓN: llamativos dibujos blanquinegros en el cuerpo y las patas así como una línea blanca centrada en cabeza y tórax.
HÁBITAT: introducido en Europa desde Asia meridional y desde principios de siglo se ha extendido ampliamente. En ciudades y zonas rurales
GENERALIDADES: al mosquito le bastan pequeñas acumulaciones de agua, por ejemplo, en neumáticos viejos o macetas, para depositar sus huevos. Trasmite numerosos agentes patógenos, como los virus de la enfermedad del Nilo occidental, de la fiebre amarilla o del dengue.
ESPECIE SIMILAR: el mosquito de anillos (Culiseta annulata) es parecido, pero le falta la línea blanca en la cabeza y el tórax.

3 Mosquito
Culex pipiens (Culícidos)
L 4-6 mm todo el año

DESCRIPCIÓN: extremo del abdomen de la hembra, redondeado; tarsos sin anillos definidos.
HÁBITAT: especialmente en zonas habitadas, frecuente en general.
GENERALIDADES: raramente chupa sangre humana, prefiere la de las aves. La hembra adulta inverna en lugares protegidos, como sótanos, madrigueras o cuevas. Los huevos, pegados en grupos de 200 a 400, forman estrechas balsas que flotan sobre la superficie **(3a)**. Las larvas que eclosionan **(3b)** se fijan a la superficie del agua con el tubo respiratorio orientado oblicuamente, pero se sumergen con movimientos reptantes en caso de perturbación. Se alimentan de partículas flotantes atrapadas con los órganos bucales. Se transforman en pupas natatorias, con 2 tubos respiratorios cortos, que suelen estar colgadas de la superficie del agua **(3c)**. Después de unos días emerge el mosquito maduro, un macho en el ejemplo mostrado **(3d)**.

4 *Anopheles maculipennis* (Culícidos)
L 6-8 mm abr.-oct.

DESCRIPCIÓN: palpos labiales más largos que *Aedes* y *Culex*, casi igual de largo que la probóscide chupadora. Alas escamosas, con manchas.
HÁBITAT: bastante frecuente en bosques y terrenos abiertos; más raro que los otros mosquitos.
GENERALIDADES: puede distinguirse bien por su posición de sentado: mantiene el cuerpo muy erguido, pero en diagonal respecto a la base, mientras que las demás especies doblan la cabeza y la probóscide en diagonal respecto al resto del cuerpo, y mantienen éste paralelo a la base. El género *Anopheles* en los países más cálidos transmite la malaria, enfermedad transmitida al torrente sanguíneo. Una vez en la sangre, primero se reproducen en el hígado y después atacan los glóbulos rojos y se descomponen cada 1-3 días en nuevos individuos que visitan a su vez nuevas células sanguíneas. Cada vez se producen peligrosas subidas de la fiebre. En Europa ha desaparecido en su mayor parte esta enfermedad, antes muy extendida. Larva **(4b)** sin tubo respiratorio. Nada justo por debajo de la película superficial y va atrapando partículas en suspensión formando remolinos con los órganos bucales.

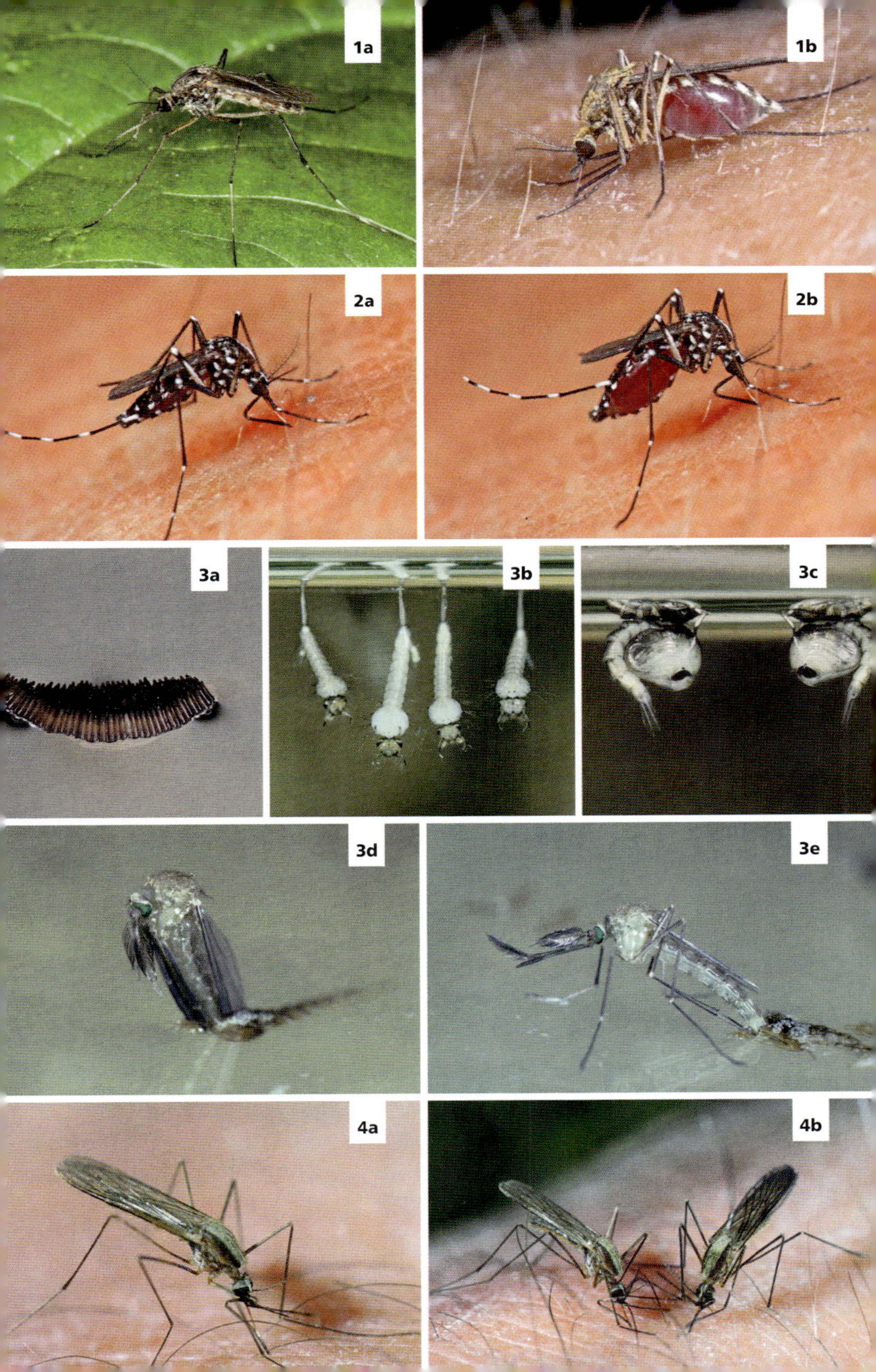
1a
1b
2a
2b
3a
3b
3c
3d
3e
4a
4b

Los **mosquitos** de la familia *Chaoboridae* no chupan sangre. Se distinguen de sus parientes, los *Culicidae*, por sus probóscides más cortos

1 | *Chaoborus* sp. (Caobóridos)
L 6-7 mm mayo-ago.

DESCRIPCIÓN: imago con órganos bucales atrofiados; recuerda al gusano de sangre (no representado).
HÁBITAT: según la especie, en aguas estancadas muy diversas. Mientras que determinadas especies sólo aparecen en lagos transparentes, otras se encuentran en pequeños estanques y charcas, incluso moderadamente sucios.
GENERALIDADES: los mosquitos no pueden ingerir alimento debido a los órganos bucales atrofiados. La hembra pone los huevos en grupos en forma de disco recubiertos de gelatina sobre la superficie del agua. La larva (foto) es muy estrecha y alargada. Tiene el cuerpo transparente y flota mediante burbujas traqueales pares llenas de aire, situadas en el tórax y en el antepenúltimo segmento. Su peso suele corresponder exactamente al agua, pero puede modificarlo aumentando o disminuyendo las burbujas para así subir o bajar. También puede nadar hacia delante dando golpes laterales con el abdomen, bajo cuyo extremo se encuentra un abanico de cerdas. Las antenas son fuertes ganchos con los que puede atrapar copépodos y otros animales acuáticos. La pupa tiene el cuerpo alargado y flota libremente en posición erguida en el agua.

Entre los mosquitos que pican también figura la familia **Simuliidae**; las hembras de las especies necesitan ingerir sangre. Los pequeños y encorvados imagos parecen moscas. Se conocen más de 1.700 especies

2 | *Simulium* sp.(Simúlidos)
L 3-6 mm mayo-ago.

DESCRIPCIÓN: mosca robusta, de aspecto un poco giboso, con probóscide corta. Color por lo general gris oscuro con manchas claras en las patas.
HÁBITAT: en aguas corrientes, sobre todo moderadamente sucias, frecuente en general.
GENERALIDADES: los imagos visitan flores y ocasionan néctar, las hembras además chupan sangre de animales de sangre caliente, en ocasiones también de personas. Debido a la gruesa probóscide y a la saliva venenosa expulsada al chupar, la picadura es muy dolorosa y a menudo produce fuertes hinchazones. El ganado de pasto que sufre picaduras puede llegar a morir. La larva **(2b)** tiene junto al labio superior unos apéndices pedunculados, en forma de abanico, que sostiene en la corriente; las partículas que se acumulan en éstos le sirven de alimento. En el extremo posterior hay un aparato de adherencia formado por numerosos ganchitos finos con el que se adhiere a un cojín hilado. La pupa **(2c)** se encuentra dentro de una especie de bolsa abierta a la corriente; respira a través de 2 penachos de branquias traqueales filiformes.

La familia **Ceratopogonidae** está formada por pequeños mosquitos con el tórax abombado en forma de giba y aparato bucal picador. Las alas de muchas de las especies presentan manchas blancas. La diferenciación de las especies es bastante complicada.

3 | **Cínife enano o beata**
Culicoides sp. (Ceratopogónidos)
L 1-2 mm mayo-ago.

DESCRIPCIÓN: diminuto mosquito, algo robusto; alas con manchas oscuras.
HÁBITAT: sobre todo en lindes de bosques y áreas húmedas, frecuente en general.
GENERALIDADES: la hembra de *Culicoides* chupa sangre de animales de sangre caliente y puede ser muy molesta para el ser humano. Por su pequeño tamaño, es casi imposible evitarla. Se guían por los olores para elegir hospedador y se encuentran a menudo en gran número en las flores en forma de copa del género *Arum*, con un olor similar a la orina. Las larvas, vermiformes y muy esbeltas, se desarrollan algunas en el agua y algunas en tierra húmeda.

4 | *Forcipomyia eques* (Ceratopogónidos)
L 1 mm mayo-ago.

DESCRIPCIÓN: diminuto mosquito marrón, claramente robusto, que se puede observar a menudo en crisopas.
HÁBITAT: no raro en lindes de bosques.
GENERALIDADES: esta especie está especializada en el líquido sanguíneo de neurópteros, sobre todo de crisopas. No es raro verla en grupos de varios ejemplares chupando en los hospedadores. Otras especies muestran preferencia por el líquido de meloidos, venenoso para otros animales, o incluso chupan sangre de mamíferos del cuerpo de mosquitos verdaderos.

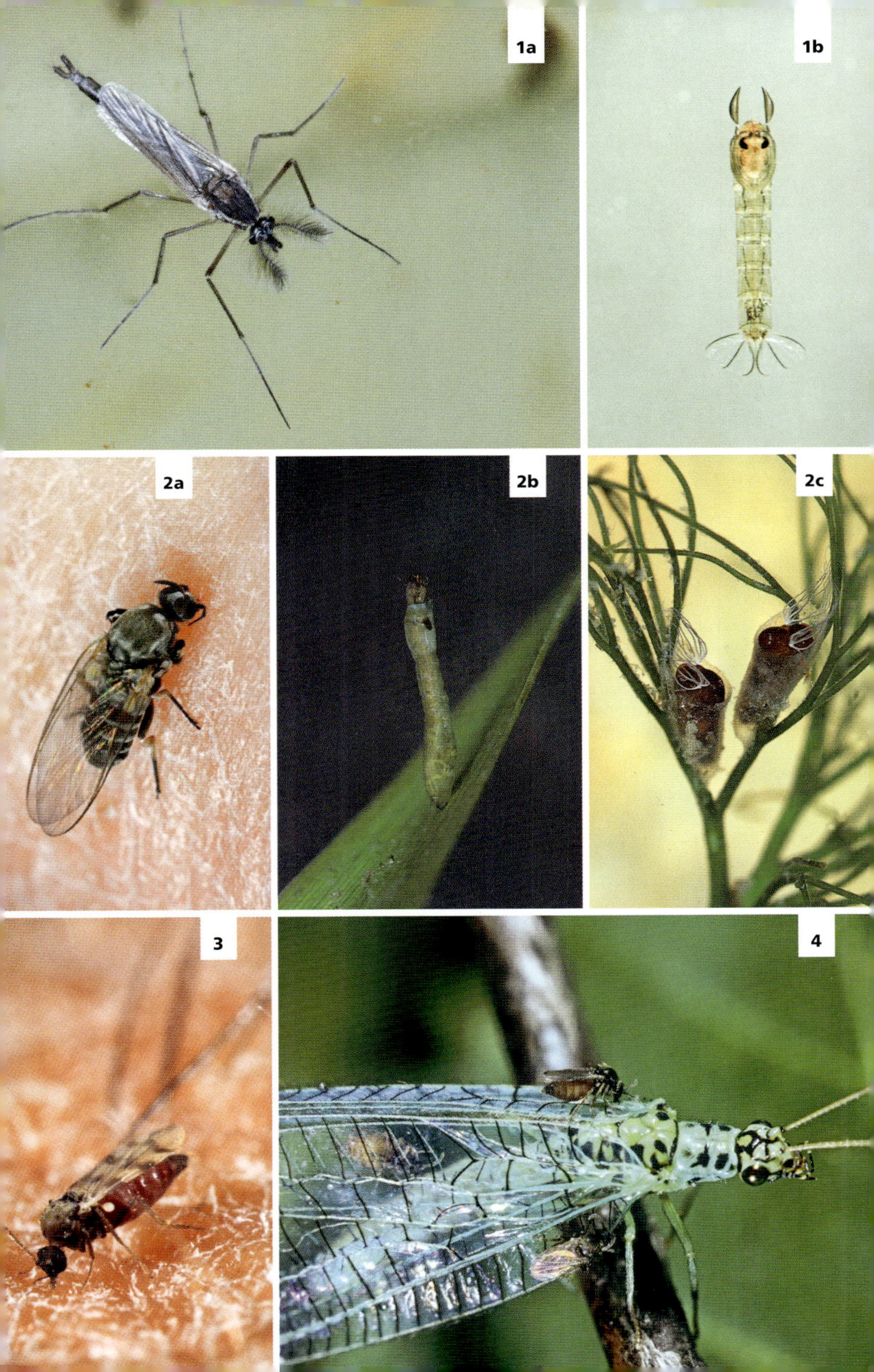
1a
1b
2a
2b
2c
3
4

Los frecuentemente masificados enjambres de la familia **Chironomidae** muestran, vistos de lado, un tórax muy abombado hacia arriba, en forma de giba, en el que suelen ocultar la cabeza. Las patas delanteras están muy prolongadas y, en posición de descanso, hacen movimientos bruscos. Las larvas de las distintas especies sirven como indicadores de la calidad del agua. Hay más de 5.000 especies descritas.

1 **Mosquito no picador**

Chironomus sp. (Quironómidos)
L 10-14 mm todo el año

DESCRIPCIÓN: mosquito bastante grande, cuyo abdomen sobrepasa claramente las puntas de las alas. Órganos bucales atrofiados. Macho **(1a)** con antenas cortas, anchamente pectinadas; las de la hembra **(1b)**, simples.
HÁBITAT: frecuente en general en aguas de todo tipo. También se puede ver regularmente en ventanas iluminadas.
GENERALIDADES: los mosquitos no picadores, especialmente las especies grandes, se desarrollan a menudo en cantidades enormes en masas de agua, sobre todo moderadamente sucias. Las noches cálidas de verano, los machos –que, al igual que las hembras, no pueden ingerir alimento– bailan a menudo en densos enjambres en forma de columna sobre o junto a sus aguas de desarrollo. En el pasado, muchas veces se producían falsas alarmas de incendio porque se observaban estos grupos y se creía que era humo. Los machos poseen en las finamente pectinadas antenas (al igual que los machos de otros muchos mosquitos) unos "órganos auditivos" muy sensibles que están ajustados al sonido de vuelo de las hembras de la propia especie, el cual provoca fuertes oscilaciones en dichos órganos. En cuanto entra una hembra en el enjambre, empiezan a acosarla numerosos machos hasta que uno puede realizar la cópula. Los huevos se ponen en aguas someras en cuerdas gelatinosas. Las larvas **(1c)** llaman la atención al instante por su color rojo. En el primer segmento tienen un par de rudimentos tarsales, y otro en el extremo posterior. Suelen estar en tubos hilados cubiertos con finas partículas de barro. Son un alimento muy importante de los peces.

2

Rheotanytarsus sp. (Quironómidos)
L 5-8 mm mayo-ago.

DESCRIPCIÓN: imago difícil de distinguir de los de los mosquitos no picadores, pero la larva es inconfundible.
HÁBITAT: en aguas corrientes ligeramente sucias, bastante frecuente.
GENERALIDADES: la larva, verdosa, teje un tubo anguloso, cubierto de finas partículas de barro por fuera (foto). Los cantos continúan en la abertura en 4-6 prolongaciones en forma de varilla, entre las que se encuentran finísimos hilos. La larva se los come periódicamente, junto con las partículas flotantes adheridas.

La familia de las **Psychodiae** recuerda a las mariposas a causa de sus alas grandes y velludas que, en posición de reposo, adoptan forma de tejadillo.

3

Pericoma sp. (Psicódidos)
L 1,5-2,5 mm mayo-oct.

DESCRIPCIÓN: díptero muy pequeño de alas muy velludas y separadas en diagonal. Superficie de las anchas alas con bandas transversales glabras.
HÁBITAT: frecuente en general en orillas de aguas y bosques.
GENERALIDADES: las larvas se desarrollan en aguas, en rocas sobre las que cae agua o en troncos de árboles húmedos. Los representantes de géneros emparentados se desarrollan incluso en heces y pueden encontrarse regularmente en lavabos en malas condiciones higiénicas.

Los dípteros de la familia **Bibionidae** son, por su robusta estructura, muy parecidos a las moscas, pero su longitud y sus antenas regularmente articuladas los identifican bien como mosquitos.

4 **Mosca de marzo**

Bibio marci (Bibiónidos)
L 8-10 mm mar.-mayo

DESCRIPCIÓN: mosquito muy peludo y robusto, lo que le hace parecer una mosca, negro brillante. Antenas muy cortas para un mosquito. Macho **(4a)** de ojos muy grandes y semiesféricos; los de la hembra (4b, animal de la dcha.), bastante pequeños, por lo que la cabeza también es mucho más pequeña.
HÁBITAT: en lindes de bosques, terrenos abiertos y jardines, frecuente en general.
GENERALIDADES: este mosquito, de vuelo torpe, aparece a menudo a principios de primavera en enjambres muy densos. Sus larvas se desarrollan en el suelo y pueden hacerse notar de forma desagradable por comer raíces. Por otra parte, participan en la descomposición del follaje y otros residuos vegetales, lo cual las hace útiles.

1a

1c

1b

2

4a

3

4b

Los **mosquitos de las agallas** (familia *Cecidomyiidae*) son una familia muy rica en especies, que cuentan con unos 830 representantes en Centroeuropa. Los imagos, muy pequeños (1-3 mm), tienen los órganos bucales atrofiados y las alas muy delicadas. Los ojos compuestos están unidos a menudo entre sí con un puente frontal formado por más facetas. En general sólo los especialistas pueden identificar las especies, pero hay algunas que se pueden reconocer bien basándose en las agallas que inducen. Por este motivo, la presentación que aquí hacemos se orienta según estas características formaciones que sólo se encuentran en determinadas especies de plantas. Además de las especies formadoras de agallas aquí presentadas, hay también especies con un modo de vida diferente; p. ej., larvas que se alimentan de pulgones, hongos o incluso de otras especies formadoras de agallas.

1 | *Mikiola fagi* (Cecidómidos)

DESCRIPCIÓN: agallas lisas, apuntadas hacia arriba, de hasta 12 mm de alto, en el haz de hojas de haya **(1a)**.
HÁBITAT: frecuente en general en lindes de hayedos.
GENERALIDADES: la agalla, verde, cambia a amarillo o rojo oscuro durante el desarrollo. Poco antes de la caída del follaje, suele desprenderse de la hoja y permanece en la capa de follaje caído. En la antigua superficie de contacto con la hoja suele permanecer una abertura cerrada por una delicada cutícula blanca. Todavía en otoño, o en primavera, la larva muda a pupa **(1b)**. De esta emerge ya a finales de marzo o en abril el mosquito maduro, de 4-5 mm de largo, una de las especies de mosquitos de las agallas más grandes **(1c)**. Atraviesa la cutícula y luego pone en los capullos de haya, en reposo, los huevos, de color rojo y sólo 0,3 mm de grande, en pequeños grupos o de uno en uno. Las larvas eclosionadas de los huevos chupan las hojas de haya que pronto brotan en la zona cercana a los nervios. Como reacción, en el transcurso de la primavera y el verano se forma la inconfundible agalla.

2 | *Hartigiola annulipes* (Cecidómidos)

DESCRIPCIÓN: agallas redondeadas, aplanadas en la parte superior, de hasta 4 mm de grande, en el haz de hojas de haya, por lo general rojas y claramente velludas.
HÁBITAT: en lugares similares a la agalla de *Mikiola*, a menudo juntas, pero más rara.
GENERALIDADES: las larvas, de 2-3 mm de largo, pasan el invierno en las agallas; los mosquitos emergen en mayo o junio.

3 | *Spurgia capitigena* (Cecidómidos)

DESCRIPCIÓN: agalla como una roseta; recuerda a una flor, en la punta de los brotes de *Euphorbia cyparissias*.
HÁBITAT: no rara en márgenes de caminos secos y prados secos.
GENERALIDADES: en cada agalla se desarrollan entre 20 y 30 larvas de color naranja y 2-3 mm de grande.

4 | *Rhopalomyia tanaceticola* (Cecidómidos)

DESCRIPCIÓN: agalla redondeada-cónica, verde, de hasta 10 mm de alto, en las inflorescencias de hierba lombricera *(Tanacetum vulgare)*.
HÁBITAT: en general no rara en márgenes de caminos y tierras baldías.

5 | *Syndiplosis petioli* (Cecidómidos)

DESCRIPCIÓN: agalla redondeada, primero verde y después roja, de 8-10 mm de diámetro, en pedúnculos de hojas de chopo, a menudo varias muy juntas.
HÁBITAT: en diferentes especies de álamo, sobre todo en el álamo temblón, bastante frecuente.
GENERALIDADES: en la agalla se forma un apéndice cónico lateral que luego se abre y deja salir a su habitante.

1a

1b

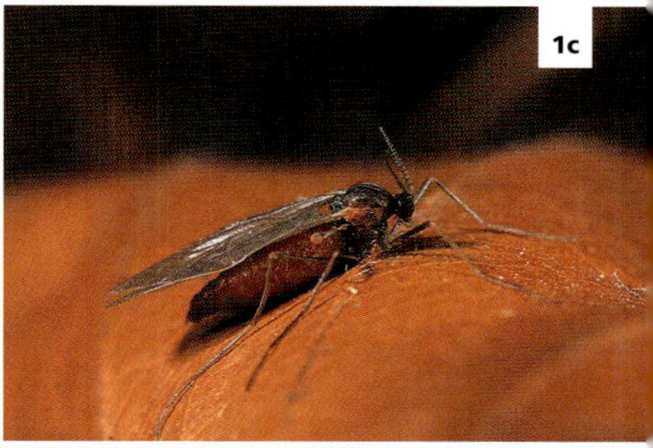
1c

2

3

4

5

Las **moscas acorazadas o de armadura** (familia *Stratiomyidae*) deben su nombre a 2 largas espinas agudas que sobresalen hacia atrás en diagonal desde el escutelo. No se sabe nada acerca de la función de estas formaciones de aspecto peligroso. Las 65 especies centroeuropeas suelen caracterizarse por colores brillantes. Las larvas, fusiformes y ápodas, se desarrollan algunas en el agua y algunas en el suelo o en madera podrida.

1 | Mosca camaleón

Stratiomys chamaeleon (Estratiomídeos)
L 12-16 mm jun.-sep.

DESCRIPCIÓN: la mosca acorazada centroeuropea más grande, con el abdomen llamativamente ancho y muy aplanado, que sobresale lateralmente de las alas plegadas. Color básico negro con dibujos amarillo brillante bien definidos en el escutelo y en los laterales de los segmentos abdominales.
HÁBITAT: por lo general no rara en prados húmedos y cerca de estanques y charcas.
GENERALIDADES: la larva **(1b)**, un poco aplanada y de hasta 5 cm de largo, tiene el cuerpo fusiforme, prolongado hacia atrás en un tubo respiratorio. En el extremo posterior se encuentra una corona de cerdas pinnadas entre las que desembocan las dos aberturas respiratorias. Vive en aguas someras fangosas, por lo general justo por debajo de la superficie, y adhiere las aberturas respiratorias a la película superficial mediante la corona de cerdas extendida. Los órganos bucales están desarrollados para formar un remolino que le permite atrapar las partículas flotantes que le sirven de alimento.

2 | *Oxycera rara* (Estratiomídeos)

L 8-9 mm jun.-ago.

DESCRIPCIÓN: pequeña mosca acorazada con dibujos en negro y amarillo brillante. Cabeza casi esférica, grandes ojos y antenas cortas. Abdomen aplanado y en forma de disco, de tamaño aprox. al del tórax.
HÁBITAT: en charcas fangosas con muchas plantas y riachuelos de manantiales.
GENERALIDADES: la larva se desarrolla preferentemente en musgos y bajo piedras en zonas someras sobre las que cae agua.

3 | *Oxycera trilineata* (Estratiomídeos)

L 5-7 mm jun.-ago.

DESCRIPCIÓN: a pesar de su pequeño tamaño, mosca muy llamativa e inconfundible, de color verde o verde amarillento brillante. Tórax con 3 bandas longitudinales negras, abdomen con bandas transversales negras, pero en general con dibujos muy variables.
HÁBITAT: en pantanos y riachuelos de manantiales, no rara.
GENERALIDADES: la larva se desarrolla preferentemente en zonas someras sobre las que cae agua, al igual que las de *Oxycera rara*.

4 | *Oplodontha viridula* (Estratiomídeos)

L 8-9 mm jun.-jul.

DESCRIPCIÓN: cabeza y tórax color bronce, abdomen verde claro brillante con banda longitudinal negra ensanchada hacia atrás.
HÁBITAT: en aguas pequeñas fangosas con mucha vegetación, bastante frecuente en general.
GENERALIDADES: la larva vive en la superficie del agua, como la de la mosca camaleón. Tiene el cuerpo mucho más corto y no supera los 15 mm de largo.

5 | *Chloromyia formosa* (Estratiomídeos)

L 7-9 mm abr.-ago.

DESCRIPCIÓN: mosca bastante estrecha, de color oscuro, con un brillo metálico azul, verde o violeta. Cabeza esférica, la del macho (foto) con los ojos pegados.
HÁBITAT: muy frecuente en general en lindes de bosques y prados; la especie centroeuropea más frecuente de la familia.
GENERALIDADES: la mosca puede verse a menudo en umbelíferas. La larva se desarrolla en el suelo en zonas con partes de plantas en putrefacción.

1a

1b

2

3

4

5

Los **tábanos** (familia *Tabanidae*) se encuentran entre los dípteros más temidos debido a que las hembras son chupadoras de sangre. Con su corta y gruesa probóscide que, a diferencia de las demás moscas que pican, también contiene unas mandíbulas como cuchillas, causan heridas muy dolorosas y que suelen sangrar bastante tiempo. Al picar pueden transmitir diversas enfermdades como, por ejemplo, la borreliosis de Lyme. No obstante, ni mucho menos las 80 especies centroeuropeas atacan al ser humano. Los machos carecen de órganos bucales aptos para picar y pueden verse visitando con regularidad flores. Las hembras también acuden a veces a flores.

1 | *Tabanus sudeticus* (Tabánidos)
L 20-25 mm jun.-ago.

DESCRIPCIÓN: especie europea de tábano más grande. Ojos marrón oscuro. Segmentos abdominales marrón claro en la parte posterior en los laterales, con triángulos blanquecinos en el centro orientados hacia delante.
HÁBITAT: bastante frecuente cerca de prados con vacas y caballos.
GENERALIDADES: esta especie vuela con un ruidoso zumbido que suena muy peligroso. Chupa preferentemente en vacas y caballos, y parece rechazar al ser humano. La hembra pone sus huevos blancos en montones planos en plantas de zonas húmedas **(1a)**. Las puestas de otras especies de este género, de color oscuro y llamativas por su disposición en forma de tejado, se encuentran también en lugares secos **(1b)**. Las larvas **(1c)**, blanquecinas y con protuberancias para reptar, viven en la tierra, en parte de trozos de plantas en descomposición, en parte de pequeños animales a los que matan mediante un veneno que inyectan con las mandíbulas y luego se los comen.
ESPECIE SIMILAR: *Tabanus bovinus*, sólo un poco más pequeña, se diferencia de esta especie sobre todo por los ojos verdes y los triángulos claros del abdomen, menos definidos. Se encuentra en los mismos lugares y a veces puede aparecer junto con *T. sudeticus*.

2 | *Tabanus tropicus* (Tabánidos)
L 13-15 mm mayo-ago.

DESCRIPCIÓN: tábano mediano con los ojos con franjas de color verde brillante, rojo y violeta. En el macho (foto) ocupan toda la parte superior de la cabeza.
HÁBITAT: frecuente en lindes de bosques y terrenos abiertos.
GENERALIDADES: aunque las hembras pican sobre todo al ganado de campo, no desprecian la sangre humana

3 | **Tábano gris mate** (Tabánidos)
Haematopota pluvialis
L 8-12 mm mayo-oct.

DESCRIPCIÓN: ojos con un patrón de colores espléndidos formado por bandas onduladas de color rojo, verde y violeta. Alas con finas manchas oscuras, plegadas planas sobre el abdomen en posición de reposo.
HÁBITAT: preferentemente en terrenos abiertos algo húmedos. Frecuente en general.
GENERALIDADES: el Tábano gris mate pica sobre todo cuando hace un tiempo húmedo y bochornoso, especialmente antes de una tormenta, por lo que puede convertirse en una presencia muy molesta. En el ser humano pica preferentemente en los brazos y se aproxima casi sin hacer ruido. El tábano no se inmuta mientras se está alimentando —a diferencia de, p. ej., los mosquitos—, por lo que se puede matar sin que intente huir.

4 | *Chrysops relictus* (Tabánidos)
L 9-11 mm mayo-sep.

DESCRIPCIÓN: ojos verde brillante, con manchas redondeadas violeta. Alas con una banda transversal negra, ancha y un poco curvada, aprox. en el centro; Extendidas en diagonal (en forma de delta) en posición de reposo.
HÁBITAT: frecuente en general en lindes de bosques y terrenos abiertos.
GENERALIDADES: pica al ser humano con mucha menos frecuencia que el tábano gris mate; además, prefiere la zona de la cabeza para picar.

1a

1b

1c

2

3

4

La familia **Rhagionidae** son moscas de un tamaño mediano y frecuentemente de tono amarillento. Ostenta una posición de acecho muy típica, con la parte delantera del cuerpo formando ángulo de 45° con el apoyo. Existen 35 especies en Europa central.

1 | **Mosca cechera**
Rhagio scolopaceus (Ragiónidos)
L 8-14 mm mayo-sep.

DESCRIPCIÓN: mosca mediana con probóscide corta y fuerte. Tórax gris, con tres rayas longitudinales más oscuras en la parte superior. Patas y abdomen marrón amarillento, este último con triángulos negros en la parte superior y la punta negra. Alas con manchas oscuras.
HÁBITAT: bastante frecuente en lindes de bosques y caminos forestales.
GENERALIDADES: la mosca acecha en troncos de árboles y madera muerta en una posición diagonal muy característica, con la cabeza ligeramente orientada hacia abajo. Desde esta posición de espera se abalanza sobre presas que pasan volando, sobre todo moscas pequeñas. Las larvas se desarrollan también de forma depredadora en el suelo del bosque; comen, p. ej., lombrices de tierra y larvas de insectos.

Un pequeño grupo lo constituye la familia **Athericidae**, formada sólo por 5 especies en Centroeuropa, que está emparentada con la *Rhagionidae*. Sin embargo, éstas suelen ser de tonos negros con vellosidad gris y alas intensamente manchadas.

2 | *Atherix ibis* (Atericidos)
L 9-11 mm mayo-jul.

DESCRIPCIÓN: mosca similar a un tábano, relativamente ancha, con el cuerpo algo aplanado. Alas en posición de reposo estiradas en diagonal, con manchas oscuras más o menos definidas, dispuestas en 3 bandas transversales. Los dos sexos con colores distintos: el macho **(2a)** tiene los ojos verdes y el abdomen marrón amarillento delante, con manchas centrales oscuras, y oscuro detrás. La hembra tiene los ojos marrones y los segmentos abdominales negros con franjas grises en los márgenes posteriores.
HÁBITAT: en aguas limpias de curso rápido, con piedras o guijarros en el fondo. Frecuente localmente en zonas de montaña.
GENERALIDADES: las hembras cuidan los huevos de una forma única en el reino animal. Vuelan en grupos sobre ramas o puentes situados sobre el agua hasta que un animal empieza a poner los huevos en un paquete pegajoso. A continuación muere. Le siguen las demás hembras en esta extraña forma de poner huevos, hasta que se forma un montón del tamaño de un puño (en casos extremos del tamaño de una cabeza) compuesto por las puestas pegadas entre sí y los numerosos cadáveres de moscas **(2b)**. La forma y la composición recuerdan un poco a un grupo de abejas. Las larvas eclosionan pasados unos días y empiezan alimentándose de los cadáveres de las madres; luego se dejan caer al agua o bien todo el montón se cae. En el agua, la larva **(2c)** se alimenta de carroña y de partes de plantas en descomposición. Tiene el cuerpo de color verdoso o pardusco, muy estrechado hacia delante, y 8 pares de rudimentos tarsales cilíndricos, con coronas de ganchos en el extremo.

Los imagos de la familia **Vermileonidae** son parecidos a los ragiónidos y tienen una larga trompa extendida. No son oriundos de Centroamérica.

3 | *Vermileo vermileo* (Vermileónidos)
L 5-12 mm mayo-jul.

DESCRIPCIÓN: mosca muy esbelta, con dibujos en amarillo y negro, parecida a *Rhagio scolopaceus*. Tórax llamativamente abombado, con tres rayas longitudinales negras en la parte superior.
HÁBITAT: en lugares cálidos, de semiumbríos a umbríos. Muy extendida en la región mediterránea, hacia el norte hasta los valles alpinos meridionales.
GENERALIDADES: la larva, vermiforme, de 9-12 mm de largo, construye unos hoyos muy similares a la conocida hormiga león (p. 130). A diferencia de esta, prefiere zonas umbrías, sobre todo debajo de fracturas del terreno o al pie de muros y paredes de casas. A veces incluso habita en medio de ciudades, p. ej. en Brixen (sur del Tirol), donde se pueden encontrar sus hoyos en las grietas de adoquines. La larva lanza la arena con el extremo anterior doblado como un ojal, de modo que se forma un hoyo de unos 2-3 cm de grande, con la base más bien redonda (similar a una huevera) en comparación con el hoyo de la hormiga león. La larva, oculta en el fondo, rodea la presa –por lo general, hormigas– con la parte anterior del cuerpo y la mata con el veneno de la secreción de sus glándulas salivares.

1

2a

2b

2c

3a

3b

3c

Los **acrocéridos** (familia *Acroceridae*, con sólo 11 especies en Centroeuropa, pueden reconocerse fácilmente por el cuerpo abombado y la pequeña cabeza. Se desarrollan de forma parasitaria en arañas.

1 | *Ogcodes* sp. (Acrocéridos)
L 4-7 mm jun.-ago.

DESCRIPCIÓN: pequeña mosca de aspecto muy giboso y cabeza muy pequeña, ocupada en su mayor parte por los ojos compuestos. Alas con gran escama en el ángulo interior que cubre los balancines.
HÁBITAT: en terrenos abiertos. Rara en casi todos los lugares, pero a veces se encuentra en gran número en los Alpes, por encima del límite del bosque.
GENERALIDADES: las moscas chupan néctar. Las larvas que eclosionan de los numerosos huevos (hasta 5000 por hembra) buscan arañas, se agarran a ellas y penetran en el cuerpo a través de una membrana sinovial. Viven de forma parasitaria en el abdomen, acaban matando a la hospedadora y pupan en la envoltura vacía.

2 | **Mosca abeja mayor**
Bombylius major (Bombílidos)
L 9-12 mm abr.-jun.

DESCRIPCIÓN: espeso pelaje marrón, probóscide igual de larga que el cuerpo, estirada hacia delante en reposo. Alas con banda marrón oscuro ancha en el margen anterior y en zigzag en el posterior.
HÁBITAT: no rara en lindes de bosques soleadas y bosques ralos, o en jardines.
GENERALIDADES: la hembra empuja el abdomen periódicamente contra el suelo para empolvar los huevos con una fina capa de tierra. Luego los lanza a la entrada de nidos de abejas silvestres (normalmente de la subfamilia *Andreninae*, v. p. 292). Las larvas juveniles entran en los nidos, mudan a cresas de movimientos lentos y viven primero de las reservas de comida y después de las cresas de abeja.

Las **moscas abejorro** (familia *Bombyliidae*) suelen estar cubiertas de espeso pelo y muchas tienen una probóscide muy larga. Se desarrollan también de forma parasitaria, algunas en larvas de abeja u orugas de mariposas y otras como "hiperparásitos" en larvas de taquínidos. En Centroeuropa hay unas 40 especies.

3 | **Mosca abeja europea**
Bombylius discolor (Bombílidos)
L 10-14 mm abr.-jun.

DESCRIPCIÓN: muy similar a *B. major*, pero algo más grande y con las alas con manchas oscuras en toda la superficie.
HÁBITAT: en los mismos lugares que *B. major*, a menudo junto con esta.

4 | *Bombylius ater* (Bombílidos)
L 6-11 mm mayo-jun.

DESCRIPCIÓN: pariente de *B. major*, más pequeña, de color negro oscuro.
HÁBITAT: en lindes de bosques soleadas y prados secos, bastante rara.

5 | *Villa hottentotta* (Bombílidos)
L 12-16 mm jul.-sep.

DESCRIPCIÓN: mosca abejorro de pelo marrón y probóscide muy corta. Alas sólo con el margen anterior oscuro.
HÁBITAT: en prados secos pedregosos, infrecuente.
GENERALIDADES: las larvas se desarrollan de forma parasitaria en orugas de noctuidos.

6 | *Hemipenthes maura* (Bombílidos)
L 6-12 mm jun.-ago.

DESCRIPCIÓN: probóscide corta, cuerpo con pelo negro, con 2 bandas longitudinales blancas en el tórax y bandas transversales blancas en el abdomen. Alas principalmente negras, parte posterior transparente, pero con una banda transversal ancha de color negro.
HÁBITAT: en lindes de bosques soleadas y prados secos, infrecuente.

Las **moscas salteadoras** (familia *Asilidae,*) suelen ser moscas fuertes, en muchos casos muy grandes y con fuertes cerdas. La frente está claramente hundida entre los grandes ojos y la probóscide es corta y fuerte. Sobre la probóscide se encuentra un "bigote" formado por largas cerdas. Se alimentan de otros insectos, a los que atrapa en el vuelo. En Centroeuropa hay unas 100 especies.

1 | **Mosca salteadora**
Machimus sp. (Asílidos)
L 16-25 mm jul.-sep.

DESCRIPCIÓN: mosca salteadora de mediana a grande, de largas patas con muchas espinas. Abdomen esbelto, el de la hembra (foto) prolongado en un ovopositor agudo. Varias especies difíciles de distinguir.
HÁBITAT: en lindes de bosques y en terrenos secos y abiertos, frecuente en general.
GENERALIDADES: la mosca se abalanza desde un puesto de vigilancia sobre los insectos que pasan volando y los atrapa con las patas de largas espinas para después succionarlos en su puesto de vigilancia. No es raro que domine a presas que casi alcanzan su mismo tamaño. La larva se desarrolla en el suelo y parece que se alimenta asimismo de otros insectos.

2 | **Mosca salteadora**
Laphria flava (Asílidos)
L 17-25 mm jul.-sep.

DESCRIPCIÓN: mosca salteadora fuerte, por lo general muy grande, con el cuerpo amarillo como un abejorro y cubierto de pelo marrón.
HÁBITAT: bastante frecuente en lindes de bosques soleadas y caminos forestales.
GENERALIDADES: a esta especie de aspecto peligroso le gusta acechar en madera apilada y otros trozos de madera. A menudo realiza vuelos circulares desde su posición de vigilancia, pero casi siempre acaba volviendo al mismo punto.

3 | **Mosca salteadora**
Dioctria rufipes (Asílidos)
L 12-14 mm jun.-ago.

DESCRIPCIÓN: pequeña mosca salteadora de abdomen estrecho y engrosado en forma de maza hacia atrás. Patas anteriores y centrales rojas amarillentas y patas posteriores negras. Antenas bastante largas, sobre una giba situada entre los ojos.
HÁBITAT: no rara en lindes de bosques.

Las **moscas bailarinas** (familia *Empididae,*) se caracterizan por un cuerpo esbelto y una larga probóscide orientada en línea recta hacia abajo. Lo más destacable de esta familia son las costumbres nupciales. En Centroeuropa hay unas 380 especies.

4 | *Empis teselatta* (Empídidos)
L 11-13 mm mayo-ago.

DESCRIPCIÓN: mosca bailarina centroeuropea más grande. Alas del macho claramente oscurecidas y más anchas que las de la hembra.
HÁBITAT: bastante frecuente en general en lindes de bosques.
GENERALIDADES: estas moscas inconfundibles suelen alimentarse de néctar de flores. No obstante, en la época del apareamiento (sobre todo en junio), los machos atrapan a otros insectos y los matan picándolos con la fuerte probóscide. Se reúnen en pequeños enjambres con la presa en el margen de matorrales y revolotean subiendo y bajando. En cuanto pasa una hembra volando, se le ofrece la presa y la pareja se instala en los matorrales, donde el macho se agarra a una rama con las patas anteriores. Mientras la hembra succiona el "regalo nupcial", el macho realiza la cópula.

5 | *Rhamphomya anthracina* (Asílidos)
L 7-9 mm jun.-ago.

DESCRIPCIÓN: negro oscuro, alas oscuras, patas y cuerpo con largas cerdas.
HÁBITAT: muy extendida en los Alpes hasta casi 3000 m de altitud, bastante frecuente localmente.

1

2

3

4

5

Los **conópidos** (familia *Conopidae*) llaman la atención por la cabeza esférica y bastante grande. El abdomen de estos animales, a menudo con dibujos como los de una avispa, es de base muy estrecha y de extremo mazudo. En Centroeuropa hay unas 50 especies.

1 | *Conops flavipes* (Conópidos)
L 9-13 mm mayo-ago.

DESCRIPCIÓN: cuerpo con dibujos en negro y amarillo, patas amarillas. Probóscide larga, orientada hacia arriba en diagonal.
HÁBITAT: bastante frecuente en lindes de bosques y terrenos abiertos, probablemente la especie más frecuente de la familia.
GENERALIDADES: la mosca puede verse visitando flores. Las larvas se desarrollan de forma parasitaria en larvas de diversas avispas, abejas silvestres y abejorros.

2 | *Myopa buccata* (Conópidos)
L 8-11 mm abr.-jun.

DESCRIPCIÓN: mosca robusta, de color rojo óxido. Abdomen mucho más largo que las alas, cabeza hinchada como una burbuja, la parte de la cabeza situada bajo el ojo es más alta que el ojo. Probóscide doblada dos veces en posición de reposo.
HÁBITAT: no rara localmente en lindes de bosques soleadas.
GENERALIDADES: la especie es parásita de diversas avispas y abejas, p. ej. del género *Andrena*.

3 | *Physocephala rufipes* (Conópidos)
L 10-15 mm mayo-sep.

DESCRIPCIÓN: primer anillo abdominal estrecho y largo como un pedúnculo. Frente amarilla con banda negra, bifurcada hacia abajo. Probóscide aún más larga que en *Conops*.
HÁBITAT: bastante frecuente en claros y lindes de bosques.
GENERALIDADES: las larvas son parásitas de abejorros y avispas.

Las **moscas cernícalo** (familia *Syrphidae*), mucho más ricas en especies (más de 470 en Europa), carecen de un aspecto unitario. Muchos representantes tienen dibujos muy parecidos a las avispas y otros presentan un denso pelaje como las abejas o los abejorros. La alimentación de las larvas es igual de diversa: algunas se desarrollan de forma parasitaria en nidos de abejorros y avispas, otras en madera podrida y aún otras como depredadoras en colonias de pulgones.

4 | *Episyrphus balteatus* (Sírfidos)
L 10-11 mm todo el año

DESCRIPCIÓN: mosca cernícalo relativamente estrecha; tórax de color cobre, con brillo metálico y 3 bandas longitudinales grises en la parte superior. Abdomen amarillo, segmentos 2-4 con bandas negras en el margen posterior, el 2.° además con una cruz negra, los dos siguientes con líneas transversales interrumpidas en el centro.
HÁBITAT: muy frecuente en casi todos los hábitats.
GENERALIDADES: como la mayoría de moscas cernícalo, puede quedarse estática en el vuelo. Visita regularmente flores, sobre todo umbelíferas. La hembra pone los huevos en colonias de pulgones. La larva **(4b)** es translúcida, se ven partes del tejido adiposo como un dibujo irregular. En el extremo, un cuerno oscuro con las aberturas respiratorias. Se alimenta de pulgones que atrapa con los ganchos bucales y los succiona. Realiza la pupación en un pupario en forma de botella **(4c)**.

5 | *Meliscaeva cinctella* (Sírfidos)
L 9-11 mm abr.-sep.

DESCRIPCIÓN: especie muy estrecha con bandas transversales negras en el abdomen; en el 2.° segmento, además, con una banda longitudinal negra.
HÁBITAT: frecuente en general. Se encuentra en todos los habitats, pero prefiere la cercanía del bosque.
GENERALIDADES: la larva también se desarrolla en colonias de pulgones.

1

2

3

4a

4b

4c

5

1 | *Scaeva pyrastri* (Sírfidos)
L 14-15 mm abr.-sep.

DESCRIPCIÓN: especie de mosca cernícalo con un dibujo muy destacado. Tórax negro con brillo metálico verde. Abdomen negro, con bandas transversales blancas interrumpidas en el centro, rectas en el 2.° segmento y curvadas en el 3.° y 4.°.
HÁBITAT: frecuente en general en lindes de bosques y en terrenos abiertos.
GENERALIDADES: se encuentra regularmente en plantas en flor, sobre todo en umbelíferas. Larvas verdes (raramente rosa), con una raya longitudinal blanca sobre el centro del cuerpo. Una de las depredadoras más importantes de los pulgones.
ESPECIE SIMILAR: *Scaeva selenitica*, más rara, tiene unas rayas de forma similar, pero amarillas, en el abdomen.

2 | *Ischyrosyrphus glaucius* (Sírfidos)
L 11-13 mm mayo-sep.

DESCRIPCIÓN: mosca cernícalo de colores inusuales, por lo que es fácil de identificar. El tórax es de color cobre metálico; el escutelo, amarillo; y el abdomen, azul claro con anchas bandas negras en el margen posterior, más anchas en los segmentos posteriores.
HÁBITAT: en general no rara en bosques, sobre todo en zonas de montaña.
GENERALIDADES: esta llamativa mosca visita umbelíferas regularmente.

3 | *Chrysotoxum intermedium* (Sírfidos)
L 10-14 mm mayo-jul.

DESCRIPCIÓN: mosca cernícalo muy similar a una avispa, con las antenas llamativamente largas. Escutelo amarillo con una mancha central negra. Abdomen negro con bandas transversales amarillas, partidas en el centro (la 1.ª está ligeramente curvada, las siguientes sólo débilmente). Márgenes posteriores de los segmentos parcialmente amarillos.
HÁBITAT: en claros y lindes de bosques en zonas de montaña, infrecuente.
GENERALIDADES: la larva, de color claro y vida terrestre, parece que se alimenta de pulgones de raíces.

4 | *Rhingia campestris* (Sírfidos)
L 8-11 mm abr.-sep.

DESCRIPCIÓN: frente adelantada como una nariz entre los ojos. Abdomen marrón rojizo con dibujos oscuros.
HÁBITAT: frecuente en general en prados y lindes de bosques.
GENERALIDADES: las larvas, a menudo en flores, se desarrollan en boñigas.
ESPECIES SIMILARES: 2 especies más de este género, mucho más raras.

5 | *Volucella pellucens* (Sírfidos)
L 12-16 mm mayo-ago.

DESCRIPCIÓN: mosca cernícalo de cuerpo ancho, llamativamente grande. De color principalmente negro, escutelo rojo óxido, 2.° segmento abdominal blanco.
HÁBITAT: bastante frecuente en claros de bosques y caminos forestales.
GENERALIDADES: esta inconfundible especie se encuentra preferentemente en cardos del género *Carduus*, en eupatorio y en plantas con flor similares, pero también se alimenta de savia de árboles. Las larvas se alimentan de residuos en el suelo, debajo de avisperos.

6 | **Mosca abejorro**
Volucella bombylans (Sírfidos)
L 11-15 mm mayo-ago.

DESCRIPCIÓN: con espeso pelaje, como un abejorro; abdomen negro con la punta roja o amarillo y negro con la punta blanca.
HÁBITAT: en lindes y prados de bosques, localmente no rara.
GENERALIDADES: las larvas se desarrollan en nidos de abejorros subterráneos y se alimentan de larvas muertas y otros residuos. No obstante, los animales, de diversos colores, no prefieren las especies de abejorros que se corresponden con ellos.

1

2

3

4

5

6

1 | *Spilomyia diophthalma* (Sírfidos)
L 15-18 mm jun.-jul. RL1

DESCRIPCIÓN: especie grande de mosca cernícalo, muy similar a una avispa. Color negro con bandas transversales estrechas amarillas en el abdomen. Tórax con un característico dibujo de bandas y manchas amarillas. Ojos amarillo verdosos con un patrón de rayas y manchas violeta. Alas con venas rojas y franjas longitudinales oscuras.
HÁBITAT: en claros de bosques en zonas de montaña, muy rara en general.
GENERALIDADES: esta llamativa especie visita umbelíferas. Es muy fácil de confundir con una avispa. La larva se desarrolla en madera muerta todavía dura.

2 | *Microdon* sp. (Sírfidos)
L 8-12 mm mayo-jul.

DESCRIPCIÓN: mosca robusta, de aspecto un poco giboso, con denso pelaje rojo óxido y gris. Varias especies difíciles de distinguir.
HÁBITAT: no rara en lindes de bosques y prados secos.
GENERALIDADES: la larva tiene una base lisa en el lado inferior para reptar, por lo que recuerda a una babosa, pero no presenta estructuras claramente reconocibles aparte de una elevación de color marrón oscuro en el extremo con las aberturas respiratorias y un dibujo reticulado oscuro en la superficie del cuerpo, de color blanco amarillento. Suele encontrarse debajo de piedras o de la corteza de árboles, siempre cerca de hormigueros, donde aparentemente se alimenta como huésped tolerado de residuos, pero se cree que también devora pulgones de las raíces, cuidados por las hormigas como sus "vacas lecheras".

3 | **Mosca de la cresa de cola de rata o mosca zángano** (Sírfidos)
Eristalis tenax
L 14-16 mm todo el año

DESCRIPCIÓN: mosca cernícalo muy parecida a una abeja. Marrón oscuro con 2 grandes manchas amarillo rojizas en los laterales del 2.° segmento abdominal.
HÁBITAT: muy frecuente en casi todos los hábitats, probablemente una de las moscas cernícalo más frecuentes.
GENERALIDADES: esta especie visita regularmente flores y puede encontrarse en casi todas las plantas en flor. El desarrollo de las larvas tiene lugar preferentemente en acumulaciones de agua de mala fama, como pozos de purín y márgenes de estercoleros. La larva, conocida como "cresa de cola de rata", es de color blanquecino y tiene 7 pares de protuberancias para reptar en el lado inferior y un largo tubo respiratorio en el extremo. La larva mide unos 2 cm de largo sin el tubo, el cual está formado por 3 partes que pueden desplegarse hasta unos 10 cm de longitud, según el nivel del agua. De este modo, las dos aberturas situadas en su extremo pueden llegar a la superficie. Las aberturas están rodeadas por 8 cerdas rígidas que se colocan sobre la película superficial para proteger las aberturas de la humectación. Los órganos bucales forman remolinos para atrapar las partículas de fango de las que se alimenta la larva. Para la pupación la larva sale del agua y busca un lugar oculto cerca de la orilla.
ESPECIES SIMILARES: varias especies de este género, en parte muy similares.

4 | *Eristalis intricarius* (Sírfidos)
L 11-13 mm abr.-sep.

DESCRIPCIÓN: tórax marrón oscuro, abdomen con pelo amarillento en la parte anterior y blanco en la posterior, por lo que su aspecto es muy similar a un abejorro. Pelaje más corto y espeso que el de *Volucella bombylans*.
HÁBITAT: por lo general no rara en prados húmedos y lindes de bosques.
GENERALIDADES: esta especie de mosca cernícalo, que recuerda mucho a *Volucella bombylans*, no se desarrolla en nidos de abejorros. La larva vive como cresa de cola de rata en aguas sucias y someras, de forma similar a la mosca zángano.

La familia **Drosophilidae** está formada por moscas pequeñas, tono de marrón a amarillento. En nuestras latitudes hay unas 60 especies.

5 | **Mosca del vinagre**
Drosophila funebris (Drosofílidos)
L 3-4 mm todo el año

DESCRIPCIÓN: pequeña mosca marrón de ojos rojo brillante.
HÁBITAT: muy frecuente en general.
GENERALIDADES: esta mosca se encuentra sobre todo en fruta en fermentación y en compost, los lugares de desarrollo preferidos por las larvas.
ESPECIE SIMILAR: *Drosophila melanogaster*, de sólo 2 mm, tiene mucha importancia como animal de laboratorio y de alimentación debido a la facilidad para criarla.

1a

1b

2a

3a

2b

3b

4

5

Las moscas de la familia **Dolichopodidae** suelen ser coloridas y de un brillo metálico con largas patas, en nuestras latitudes hay unas 350 especies.

1 | *Dolichopus* sp. (Dolicopódidos)
L 5-7 mm mayo-sep.

DESCRIPCIÓN: mosca de color verde brillante metálico en la parte superior y gris en la inferior, con los ojos con irisaciones en rojo y verde. Patas llamativamente largas, marrones. Varias especies difíciles de distinguir.
HÁBITAT: en orillas umbrías, bastante frecuente en general.
GENERALIDADES: las pequeñas moscas pueden verse con frecuencia en enjambres en las hojas de plantas de la orilla, donde acechan a pequeños insectos en su típica posición con las patas altas. A veces caminan sobre el agua, también con las patas altas. Las larvas se desarrollan en la tierra.

En la familia **Ephydridae** es llamativo que su cara está muy encorvada hacia delante. En Centroeuropa se contabilizan unas 170 especies

2 | *Ochthera mantis* (Efídridos)
L 4-5 mm jul.-sep.

DESCRIPCIÓN: pequeña mosca de brillo cobrizo con las patas anteriores transformadas en las típicas patas prensoras. El fémur está muy engrosado y tiene una fila de cerdas rígidas en el borde inferior; la tibia desemboca en una espuela rígida curvada y se puede plegar contra el fémur. Los ojos compuestos son muy grandes y están ensanchados hacia arriba; el vértice está un poco hundido, de modo que la cabeza parece triangular vista desde delante, igual que la de la Mantis religiosa (p. 66).
HÁBITAT: en orillas de aguas estancadas con mucha vegetación, bastante rara.
GENERALIDADES: la interesante y pequeña mosca caza otros insectos aún más pequeños con sus imponentes patas prensoras.

En la familia **Tephritidae** llama la atención las alas vistosamente dibujadas, hay 110 especies en Europa central.

3 | *Urophora stylata* (Tefrítidos)
L 4-6 mm jun.-ago.

DESCRIPCIÓN: tripétido muy colorista, con una banda oscura en forma de V en la punta de las alas y una banda transversal curvada antes. Hembra (foto) con ovopositor muy largo.
HÁBITAT: bastante frecuente en márgenes de caminos y terrenos baldíos.
GENERALIDADES: los machos ocupan territorios de *Cirsium vulgare*, más raramente de *Cirsium arvense*, de los que echan a otros machos. Si aparece una hembra, la cortejan moviendo las alas. Las larvas se desarrollan en el receptáculo de las flores.

4 | *Urophora cardui* (Tefrítidos)
L 5-6 mm jun.-jul.

DESCRIPCIÓN: imago con un dibujo oscuro en las alas en forma de omega (no representado).
HÁBITAT: principalmente en lugares umbríos húmedos, bastante frecuente.
GENERALIDADES: las larvas se desarrollan preferentemente en *Cirsium arvense*, en llamativas agallas esféricas (foto), por lo general con 3-4 larvas en cada agalla.

5 | *Terellia serratulae* (Tefrítidos)
L 4-6 mm jun.-ago.

DESCRIPCIÓN: alas sin dibujo, ojos verde brillante. Por lo demás, de color gris con dibujos negros en el abdomen.
HÁBITAT: por lo general no rara en lindes de bosques y márgenes de caminos.
GENERALIDADES: las larvas se desarrollan preferentemente en el receptáculo de *Cirsium vulgare*.

1

2

3

4a

5

4b

La familia **Chloropidae** está caracterizada por moscas pequeñas, tono negro amarillento u oscuro. En Centroeuropa hay unas 190 especies.

1 | *Lipara lucens* (Clorópidos)
L 6-7 mm abr.-oct.

DESCRIPCIÓN: mosca inconspicua, de color negro mate, con fino pelo gris claro (no representada).
HÁBITAT: principalmente en pantanos, frecuente en general.
GENERALIDADES: las larvas se desarrollan en tallos de cañas, donde forman una agalla muy característica en forma de puro (foto). Al acortar mucho los trozos de tallo, se superponen varias hojas. En cada una de las agallas se desarrolla una sola larva. Después de la salida de la mosca madura, la agalla vacía se conserva mucho tiempo.

La familia **Agromyzidae** de moscas minadoras se pueden distinguir basándose en la especie de sus plantas hospedadoras y en minas que excavan en ellas, en las que se desarrollan sus larvas. En Europa central hay unas 550 especies.

2 | **Mosca minadora**
Familia *Agromyzidae* (Agromícidos)
L 2-3 mm abr.-oct.

DESCRIPCIÓN: moscas inconspicuas, muy pequeñas, de color oscuro, sólo identificables por especialistas (no representadas).
HÁBITAT: se encuentran en muchos hábitats distintos.
GENERALIDADES: estas moscas, nada espectaculares, crean unas minas muy características en las plantas, normalmente entre la epidermis superior e inferior de hojas verdes. El resultado son unos caminos curvados de formas muy ornamentales, en los que se desarrollan las diminutas larvas. La mayoría de especies están especializadas en plantas determinadas.

La familia **Muscidae** está formada por moscas de constitución robusta y de tamaño pequeño a mediano. En Centroeuropa hay unas 300 especies.

3 | **Mosca doméstica común**
Musca domestica (Múscidos)
L 6-8 mm todo el año

DESCRIPCIÓN: mosca de color gris oscuro con el abdomen marrón amarillento, con dibujos negros en el lado superior y el extremo.
HÁBITAT: frecuente en general en zonas habitadas.
GENERALIDADES: la Mosca doméstica común puede revelarse como muy molesta si aparece en grandes enjambres. No es nada tímida y se posa sobre todo tipo de alimentos. Mediante el contacto con sus tarsos puede transmitir numerosos gérmenes. No sólo se alimenta de partículas líquidas, sino también sólidas diluibles, como el azúcar, que toma con la probóscide en forma de pistilo secretando saliva. Las larvas **(3b)**, de color blanco, son cresas típicas ápodas que muestran gran preferencia por desarrollarse en el estiércol de los establos, pero también pueden utilizar otras sustancias en descomposición. En condiciones favorables ya pueden transformarse después de una semana en la pupa típica en forma de tonel (cubierta por la última cutícula endurecida de la larva) **(3c)**. Pueden darse hasta 15 generaciones anuales.

4 | *Mesembrina meridana* (Múscidos)
L 9-13 mm abr.-oct.

DESCRIPCIÓN: gran mosca negra brillante con la base de las alas naranja y la zona de la frente situada bajo las antenas también de este color.
HÁBITAT: cerca de pastos de vacas y caballos, frecuente localmente.
GENERALIDADES: las larvas se desarrollan en estiércol de vaca y caballo, pero no comen el propio estiércol, sino otras cresas de mosca que viven en él.

5 | **Mosca de las cuadras**
Stomoxys calcitrans (Múscidos)
L 6-8 mm abr.-oct.

DESCRIPCIÓN: similar a la mosca doméstica, pero con el abdomen gris con manchas oscuras. Otra diferencia reside en la probóscide perforante, que está orientada hacia delante. Además, en posición de reposo las alas están ligeramente estiradas.
HÁBITAT: sobre todo cerca de caballerizas y pastos de caballos, frecuente en general.
GENERALIDADES: suele estar posada en las paredes con la cabeza hacia arriba (la mosca doméstica con la cabeza hacia abajo). Aparte de caballos y otros animales domésticos, a veces también pica al ser humano, preferentemente en las piernas. La picadura es muy dolorosa.

1
2
3a
3b
3c
4
5

Las moscas de la familia **Scathophagidae** llaman la atención por su fuerte vellosidad. Su tono es oscuro o amarillo. Patas largas y estructura delgada. En nuestras latitudes hay unas 60 especies.

1 **Mosca de los estercoleros**
Scatophaga stercoraria (Escatofágidos)
L 5-10 mm abr.-oct.

DESCRIPCIÓN: especie de mosca cubierta de denso pelaje amarillo dorado (macho) o amarillo verdoso (hembra).
HÁBITAT: sobre todo cerca de pastos de vacas, pero también frecuente en otros lugares.
GENERALIDADES: la mosca de los estercoleros visita flores regularmente, pero también se alimenta de pequeños insectos que succiona con la aguda probóscide. Las parejas se encuentran en boñigas recientes, muchas veces aún calientes, en cuya superficie la hembra pone los huevos, de aprox. 1 mm de largo y con unas estrechas alas laterales **(1b)**. Las larvas, de unos 10 mm de largo, se desarrollan en estiércol.

Las moscas de la familia **Sarcophagidae** muestran un típico dibujo a bandas en el tórax y, la mayoría de ellas, un patrón en mosaico en el abdomen. En nuestras latitudes hay unas 130 especies.

2 **Moscarda gris de la carne**
Sarcophaga carnaria (Sarcofágidos)
L 13-15 mm abr.-oct.

DESCRIPCIÓN: gran mosca gris con rayas longitudinales oscuras en el tórax y un dibujo de cuadrados claros y oscuros en el abdomen.
HÁBITAT: muy frecuente en general, también en zonas habitadas.
GENERALIDADES: las moscas pueden verse regularmente en flores. Respecto al desarrollo de las larvas los datos son contradictorios. La bibliografía más antigua suele indicar que se alimentan de carne o carroña, pero otras informaciones señalan que el desarrollo se produce exclusivamente en lombrices de tierra. Según esto, la hembra pone los huevos en la entrada de las galerías de las lombrices. Las larvas eclosionadas buscan la lombriz y penetran en su cuerpo, la matan y ya son adultas después de unos días.

Los dípteros de la familia **Tachidinae** se confunden frecuentemente con los califóridos, pero se pueden distinguir muy bien de éstos por las prominencias que presentan en el borde posterior de la parte superior del tórax. En nuestras latitudes hay casi unas 500 especies, son muy difíciles de distinguir entre sí.

3 *Tachina fera* (Taquínidos)
L 9-16 mm abr.-oct.

DESCRIPCIÓN: mosca muy llamativa con el cuerpo muy ancho y con muchas cerdas (sobre todo en el extremo). Parte posterior de la cabeza y abdomen rojo amarillentos, este último con una ancha banda longitudinal negra en el centro.
HÁBITAT: bastante frecuente en claros y lindes de bosques.
GENERALIDADES: la mosca se desarrolla en diversas orugas de mariposa, como p. ej. de la Monja, la Lagarta y la Mariposa de la col.

4 *Ectophasia crassipennis* (Taquínidos)
L 5-9 mm mayo-sep.

DESCRIPCIÓN: mosca muy llamativa, el macho (foto) con las alas muy ensanchadas, con manchas oscuras. Abdomen con poco pelo, amarillo, con una banda longitudinal muy ancha, de color negro.
HÁBITAT: frecuente en la región mediterránea, bastante rara en el sur de Centroeuropa.
GENERALIDADES: la larva se desarrolla en diversas especies de chinche de la familia de los pentatómidos.

5 *Cylindromyia bicolor* (Taquínidos)
L 11-14 mm jul.-oct.

DESCRIPCIÓN: mosca llamativamente estrecha, abdomen rojo oscuro, con muchas cerdas.
HÁBITAT: en prados secos y lindes de bosques del sur de Europa, infrecuente.
GENERALIDADES: la larva se desarrolla en la chinche *Rhaphigaster nebulosa*.

6 *Prosena siberita* (Taquínidos)
L 8-12 mm jun.-oct.

DESCRIPCIÓN: mosca inconfundible, de color gris, con una larga y delgada probóscide claramente curvada hacia abajo.
HÁBITAT: en prados secos, sobre todo en zonas arenosas. Bastante frecuente en regiones cálidas de Centroeuropa.
GENERALIDADES: la larva se desarrolla en larvas de escarabeidos del género *Anomala*.

1a

1b

2

3

4

5

6

Los dípteros de la familia **Calliphoridae** llaman la atención por el brillo metálico de su cuerpo. En nuestras latitudes unas 60 especies difíciles de distinguir entre sí.

1
Calliphora vicina (Califóridos)
L 8-12 mm mar.-nov.

DESCRIPCIÓN: color de gris azulado a azul negruzco, con manchas irisadas oscuras en el abdomen.
HÁBITAT: muy frecuente en general en zonas habitadas.
GENERALIDADES: esta fuerte mosca entra regularmente en las viviendas y pone sus huevos blancos en trozos de carne cocinada o cruda.

2
Moscarda verde
Lucilia caesar (Califóridos)
L 7-11 mm mayo-oct.

DESCRIPCIÓN: por lo general más pequeña que *Calliphora vicina*; todo el cuerpo verde dorado brillante.
HÁBITAT: muy frecuente en general.
GENERALIDADES: esta llamativa mosca visita tanto flores como carroña y heces. Suele poner los huevos en carroña, ocasionalmente también en heridas abiertas.

3
Lucilia bufonivora (Califóridos)
L 9 mm, aprox. mayo-ago.

DESCRIPCIÓN: imago muy similar a *L. caesar* (no representado).
HÁBITAT: no rara en prados húmedos y lindes de bosques.
GENERALIDADES: la mosca pone los huevos en las aberturas nasales de tortugas vivas. Las larvas penetran en la cabeza y se comen el cerebro y, después de la muerte de la tortuga, el resto de partes blandas.

Los **Nycteribiidae** son pequeños ectoparásitos parecidos a las arañas. Hay muy pocas especies en Europa.

4
Nycteribia kolenatii (Nicteríbidos)
L 2-2,5 mm todo el año

DESCRIPCIÓN: diminuto insecto áptero con largas patas como las de una araña. Cabeza muy pequeña, sin ojos, doblada hacia arriba en posición de reposo.
HÁBITAT: en el cuerpo de murciélagos, sobre todo el murciélago ratonero ribereño.
GENERALIDADES: la hembra da a luz a larvas ya adultas que pupan a un tonel negro de 2 mm de grande y mudan a la mosca madura después de unos días **(4b)**.

5
Estro de la oveja
Oestrus ovis (Éstridos)
L 10-12 mm mayo-jul.

DESCRIPCIÓN: mosca compacta marrón grisáceo, con pelo corto de color gris y la cabeza hinchada como una burbuja. Tiene los órganos bucales muy atrofiados.
HÁBITAT: en lindes de bosques y prados secos, infrecuente.
GENERALIDADES: las larvas se desarrollan en las cavidades nasales y la cavidad faríngea de ovejas y cabras.

Los dípteros de la familia **Hippoboscidae** son moscas muy aplanadas con potentes patas en forma de pinza. La cabeza se asienta en una muesca del tóraxma. Unas especies son aladas y otras ápteras, casi siempre disponen de halterios (pequeñas estructuras modificadas a partir de un par de alas). Hay muy pocas especies en Europa.

6
Mosca de los ciervos
Lipoptena cervi (Hipobóscidos)
L 5-6 mm todo el año

DESCRIPCIÓN: mosca muy aplanada, de color marrón brillante, con el cuerpo débilmente peludo.
HÁBITAT: frecuente en bosques y lindes de bosques.
GENERALIDADES: la especie busca nuevos hospedadores en otoño. Una vez localiza un ciervo o un corzo, se agarra al pelaje y se desprende de las alas por unos puntos de ruptura predeterminados. La hembra pare larvas ya maduras para la pupación.

7
Mosca borriquera
Hippobosca equina (Hipobóscidos)
L 6-8 mm mayo-oct.

DESCRIPCIÓN: mosca siempre alada con el cuerpo bastante ancho. Marrón oscuro con dibujos claros.
HÁBITAT: no rara en pastos y lindes de bosques.
GENERALIDADES: la especie suele chupar en caballos y vacas, ocasionalmente también en el ser humano. La hembra sólo pone unas 5 larvas maduras para la pupación en el curso de su vida.

1
2
3
4a
4b
5
6
7

Los **tentredínidos** (familia *Tenthredinidae*) cuentan con unas 600 especies en Centroeuropa, el grupo con más especies de las avispas portasierra, es decir, de las avispas sin "cintura". Cada especie tiene un aspecto muy distinto; a menudo recuerdan mucho a avispas de la sección de los aculeados.

1 | *Allantus scrophulariae* (Tentredínidos)
L 11-14 mm mayo-ago.

DESCRIPCIÓN: recuerda mucho a una avispa verdadera. Antenas y patas casi totalmente amarillas.
HÁBITAT: bastante frecuente en lindes de bosques y caminos forestales.
GENERALIDADES: las larvas se desarrollan en escrofularia y candelaria.

2 | *Rhogogaster punctulata* (Tentredínidos)
L 10-12 mm mayo-jul.

DESCRIPCIÓN: especie de color amarillo verdoso brillante, con un dibujo negro en forma de omega en la frente.
HÁBITAT: en bosques, infrecuente.
GENERALIDADES: la larva vive en diversos árboles caducifolios, como sauces y alisos.
ESPECIE SIMILAR: *R. viridis*, más frecuente, tiene el abdomen más verde, con rayas longitudinales de color negro en la parte superior.

3 | *Athalia rosae* (Tentredínidos)
L 6-8 mm mayo-oct.

DESCRIPCIÓN: avispa rojo amarillenta con manchas negras en el tórax y el margen anterior de las alas negro.
HÁBITAT: frecuente en general en jardines y márgenes de caminos.
GENERALIDADES: la larva se desarrolla en crucíferas, como nabos, mostaza y colza.

4 | *Ptenorus salicis* (Tentredínidos)
L 8-10 mm mayo-ago. RL3

DESCRIPCIÓN: imago similar a *Athalia rosae*, pero algo más grande (no representado).
HÁBITAT: bastante frecuente en lindes de bosques.
GENERALIDADES: es casi imposible confundir las larvas (foto), de color amarillo rojizo en la parte anterior y posterior y gris azulado en el centro, con larvas de otros tentredínidos. Viven en diferentes especies de sauce.

5 | *Caliroa annulipes* (Tentredínidos)
L 5-6 mm mayo-sep.

DESCRIPCIÓN: avispa inconspicua de color negro (no representada).
HÁBITAT: frecuente en lindes de bosques.
GENERALIDADES: las larvas (foto), similares a una babosa, se desarrollan en diversos árboles caducifolios, sobre todo en robles.

6 | *Pontania viminalis* (Tentredínidos)
L 4-6 mm mayo-ago.

DESCRIPCIÓN: pequeña avispa casi totalmente negra (no representada).
HÁBITAT: frecuente en general en lindes de bosques con salcedas.
GENERALIDADES: las larvas se desarrollan solitarias en agallas esféricas huecas por dentro, situadas en el envés de sauces de hoja estrecha.
ESPECIES SIMILARES: muchas otras.

Los **árgidos** (familia *Argidae*) se diferencian de los tentredínidos por las antenas, con sólo 3 artejos, y con el 3.er artejo muy largo. En Centroeuropa hay unas 40 especies.

7 | *Arge ustulata* (Árgidos)
L 7-10 mm jul.-ago.

DESCRIPCIÓN: avispa portasierra negra en su mayor parte, con las alas teñidas de amarillo. Antenas sólo con 3 artejos.
HÁBITAT: no rara en prados y lindes de bosques.
GENERALIDADES: la larva se desarrolla en abedules y sauces.

1

2

3

4

5

6

7

Los **cimbícidos** (familia *Cimbicidae*) son muy anchos y aplanados. Las antenas son fuertemente claviformes. En Centroeuropa hay más de 20 especies.

1 | *Cimbex femorata* (Cimbícidos)
L 17-23 mm mayo-ago. RLG §

DESCRIPCIÓN: cimbícido muy grande. Color básico negro oscuro. Mazas de las antenas amarillas o marrones, alas con un ancho borde negro en la punta. Abdomen del macho **(1a)** negro o rojo en los segmentos centrales; el de la hembra **(1b)**, negro, rojo o amarillo, a veces negro con manchas laterales amarillas. Ocasionalmente se encuentran hembras totalmente marrones.
HÁBITAT: en lindes de bosques con abedules, infrecuente.
GENERALIDADES: la avispa se desarrolla exclusivamente en abedules. Roe con sus fuertes mandíbulas surcos circulares en torno a las ramas, probablemente para obtener savia. Esto no produce daños, ya que las heridas se curan. La larva, de 40-45 mm de largo, está recubierta de una capa cérea blanquecina en los estadios más jóvenes, luego es verde con una línea dorsal oscura. Suele encontrarse en el margen exterior de las hojas de abedul, las cuales se come, incluida la vena central.

2 | *Zaraea fasciata* (Cimbícidos)
L 9-11 mm mayo-ago. RLG

DESCRIPCIÓN: cimbícido negro de tamaño mediano, con una ancha banda blanca en la zona de transición entre tórax y abdomen. Alas con una ancha banda transversal negra. Patas marrón oscuro.
HÁBITAT: en lindes de bosques, bastante rara.
GENERALIDADES: la larva se desarrolla en madreselva y otros arbustos.

3 | *Abia sericea* (Cimbícidos)
L 10-12 mm mayo-ago. RLG

DESCRIPCIÓN: cimbícido de tamaño mediano, de color verde intenso o cobrizo brillante. Abdomen con finas bandas de pelo claro, patas amarillas.
HÁBITAT: en lindes de bosques, infrecuente.
GENERALIDADES: la larva se desarrolla en diferentes plantas herbáceas.

Los **panfílidos** (familia *Pamphilidae*) tienen el cuerpo también muy ancho, pero las antenas son filiformes. En Centroeuropa están representados con unas 40 especies.

4 | *Acantholyda erythrocephala* (Panfilíidos)
L 10-12 mm abr.-jun.

DESCRIPCIÓN: color azul oscuro intenso, alas teñidas de oscuro. Hembra (foto) de cabeza rojo brillante.
HÁBITAT: en lindes de bosques y en pinares jóvenes, infrecuente.
GENERALIDADES: las larvas se desarrollan en pinos y habitan en grupos de varias en un capullo común que contiene sólo unas pocas bolas de excrementos. El desarrollo suele durar un año, pero también puede prolongarse hasta 3 años. La pupación tiene lugar en el suelo, en una pequeña cavidad.

5 | *Acantholyda hieroglyphica* (Panfilíidos)
L 12-17 mm jun.-jul.

DESCRIPCIÓN: cabeza y tórax negros con dibujos amarillos, abdomen amarillo rojizo en el centro, negro en la parte anterior y en el extremo (no representado).
HÁBITAT: en general no rara en lindes de bosques y en pinares jóvenes.
GENERALIDADES: la larva vive solitaria, preferentemente en pinos jóvenes. Se come los brotes de arriba hacia abajo y suele mantenerse oculta en un capullo alargado, cubierto de numerosas partículas de excrementos.
ESPECIE SIMILAR: las larvas de *Cephalcia abietis*, similar, se desarrollan gregariamente en capullos salpicados de excrementos situados en píceas. Pueden defoliar el árbol en casos de infestación fuerte.

1a

1b

2

3

4

5

En las moscas sierra de la familia **Diprionidae** son muy llamativas las antenas, que son pectinadas en los machos o serradas en las hembras. Hay muy pocas especies en Europa central.

1 | *Neodiprion sertifer* (Dipriónidos)
L 6-9 mm jul.-oct.

DESCRIPCIÓN: representante de la familia de los dipriónidos. Macho **(1a)** negro, con las antenas claramente pectinadas. Hembra **(1b)** amarillo rojizas con antenas simples.
HÁBITAT: frecuente según el año en pinares.
GENERALIDADES: la hembra pone los huevos en filas con el ovopositor en acículas de pino, donde invernan. Las larvas **(1c)**, de color gris verdoso y con rayas longitudinales más claras, se alimentan gregariamente de brotes de pinos jóvenes y pueden defoliar el árbol en caso de infestación masiva, pero es poco habitual que se produzcan daños de esta envergadura.

La mayoría de los grandes himenópteros de la familia **Siricidae** tienen una coloración básica negra o amarilla y un cuerpo largo con forma cilíndrica. La parte final del abdomen está dotada de una punta quitinosa. Las hembras disponen de un largo ovopositor, pero son inofensivas y no pican.

2 | *Xeris spectrum* (Sirícidos)
L 15-30 mm jun.-sep.

DESCRIPCIÓN: como representante típica de las avispas de la madera (familia *Siricidae*), tiene el cuerpo cilíndrico; hembra con largo ovopositor, a veces incluso de la misma longitud que el cuerpo. Color negro con patas rojas y rayas blancas en el tórax.
HÁBITAT: no rara en pinares.
GENERALIDADES: para poner el huevo (foto), la hembra perfora madera de pino (más raramente de otras coníferas) con el ovopositor y pone un huevo en el interior. La larva, blanca y ápoda, va formando una galería en la madera durante el desarrollo, por lo general de 3 años. Para salir, la avispa roe la madera con sus fuertes mandíbulas.

3 | **Sírice gigante**
Urocerus gigas (Sirícidos)
L 15-40 mm jun.-ago.

DESCRIPCIÓN: avispa de la madera por lo general muy grande y de aspecto peligroso. Su aspecto recuerda un poco a un avispón. Abdomen del macho, rojo; el de la hembra (foto), amarillo en su mayor parte. El ovopositor, que comienza muy adelante en el lado ventral del abdomen, suele sobrepasar el extremo del abdomen tan sólo unos 10 mm.
HÁBITAT: no rara en bosques de coníferas.
GENERALIDADES: a pesar de su peligroso aspecto, esta avispa es inofensiva. Sobre todo los días de verano bochornosos puede verse en troncos de coníferas tirados, en especial píceas. El finísimo ovopositor puede insertarse hasta la base en la madera para poner los huevos. Dado que la madera suele haberse utilizado en la construcción cuando llega el final del desarrollo de las larvas, puede suceder que las avispas salgan en las casas, donde causan cierto revuelo.

Los individuos de la familia **Xifidriidae** son parecidos a las avispas de la madera, distinguiéndose de ellas por su cabeza de aspecto pedunculado y la carencia de punta en el abdomen. Hay 5 especies en Europa central.

4 | *Xiphydria camelus* (Xifidríidos)
L 10-21 mm jun.-ago.

DESCRIPCIÓN: pertenece a la familia *Xiphydridae*. Cabeza de aspecto claramente pedunculado, a diferencia de la avispa de la madera. Color negro con manchas y rayas blancas en cabeza, tórax y abdomen, patas rojas. Hembra (foto) con ovopositor corto, pero sobrepasa claramente el abdomen.
HÁBITAT: en bosques caducifolios húmedos, infrecuente.
GENERALIDADES: la larva se desarrolla en madera de aliso o abedul, de forma similar a las larvas de la avispa de la madera.

Los integrantes de la familia **Cephidae** tienen una estructura corporal cilíndrica y estrecha. La cabeza está claramente separada del cuerpo. Hay 19 especies en Europa central.

5 | **Cefo pigmeo o del trigo**
Cephus pygmaeus (Céfidos)
L 5-10 mm mayo-jul.

DESCRIPCIÓN: como representante típico de la familia de los céfidos, tiene el cuerpo cilíndrico y muy estrecho. Tórax y abdomen con bandas amarillas. Hembra con ovopositor corto sobresaliente.
HÁBITAT: frecuente en casi todos los lugares en lindes de bosques y prados.
GENERALIDADES: en primavera se ve a menudo a las avispas en flores de ranúnculo. Las larvas se desarrollan en tallos de cereales (por lo general trigo, centeno o cebada) y pupan dentro de ellos, justo por encima del suelo. Los tallos infestados sólo desarrollan espigas atrofiadas.

1a

1b

1c

2

3

4

5

Los **icneumónidos** (familia *Ichneumonidae*) cuentan con más de 3300 especies en Centroeuropa, lo que los convierte en la familia más rica en especies de las superfamilias de los icneumonoideos y los cinipoideos. Se diferencian de las avispas portasierra por tener cintura y de los aculeados por el ovopositor. De sus parientes se distinguen por rasgos de la venación alar y de las largas antenas, normalmente formadas por numerosos segmentos. El ovopositor a veces sobresale mucho y a veces apenas puede verse en posición de reposo.

1 | *Dolichomitus imperator* (Icneumónidos)
L 20-35 mm jun.-oct.

DESCRIPCIÓN: avispa negra muy grande. Ovopositor claramente más largo que el cuerpo. Patas rojas; sólo las tibias y los tarsos de las patas posteriores negros.
HÁBITAT: no rara en caminos forestales y lindes de bosques.
GENERALIDADES: la especie busca larvas de escarabajo que viven en la madera para poner los huevos, p. ej. de escarabajos longicornes o de bupréstidos, a los que localiza con su fino sentido del olfato. Luego coloca el ovopositor entre las dos puntas de las antenas y despliega hacia arriba la vaina de dos hojas **(1a)**. A continuación, gira alrededor del ovopositor para ir introduciéndolo en la madera hasta llegar con la punta a la víctima; entonces pone un huevo y vuelve a extraer el ovopositor. La larva **(1b)** se come la larva de escarabajo y pupa en la cuna de esta.

2 | *Rhyssa persuasoria* (Icneumónidos)
L 18-35 mm jul.-ago.

DESCRIPCIÓN: avispa muy grande, con el ovopositor más largo que el cuerpo. Cuerpo negro con dibujos blancos en cabeza, tórax y abdomen.
HÁBITAT: no rara en bosques de coníferas.
GENERALIDADES: la avispa pone los huevos en larvas de avispas de la madera.
Para ello perfora la madera con el ovopositor, pero no gira para hacerlo. Las dos hojas de la vaina se deslizan hacia atrás cuando este penetra en la madera.

3 | *Ichneumon stramentarius* (Icneumónidos)
L 14-18 mm todo el año

DESCRIPCIÓN: avispa roja y negra, con manchas blancas en antenas, tórax y extremo del abdomen, sin ovopositor claramente visible.
HÁBITAT: frecuente en general en bosques.
GENERALIDADES: puede encontrarse en invierno debajo de cortezas sueltas. Se desarrolla en orugas de mariposa.

4 | *Pteroscopus trifasciatus* (Icneumónidos)
L 3-5 mm sep.-nov.

DESCRIPCIÓN: pequeña avispa marrón rojizo; cabeza y puntas de las antenas negras. Macho normalmente alado, hembra (foto) áptera.
HÁBITAT: en bosques, infrecuente.
GENERALIDADES: las larvas se desarrollan en las larvas de la frigánea terrestre *Enoicyla pusilla*, pero probablemente también en orugas de mariposa.

5 | *Agriotypus armatus* (Icneumónidos)
L 6-10 mm abr.-mayo

DESCRIPCIÓN: pequeña avispa negra con el abdomen claramente pedunculado, alas con manchas negras y una espina aguda en el escutelo.
HÁBITAT: localmente no rara en arroyos limpios.
GENERALIDADES: esta especie se asignaba anteriormente a una familia propia *(Agriotypidae)*. Pone los huevos bajo el agua, en estuches de frigáneas de los géneros *Silo* o *Goera*. Después de comerse la larva hospedadora, la larva teje una banda de seda de aprox. 1 mm de ancho que sale por un lateral del estuche para proporcionar aire a la pupa **(5b)**.

1a

1b

2

3

4

5a

5b

En la superfamilia de los **icneumonoideos** hay muchas más familias con avispas de pequeñas a diminutas, en casos extremos de sólo 0,2 mm de largo. La mayoría sólo puede ser identificada por especialistas, por lo que aquí se presenta una pequeña selección de representantes llamativos: familia *Braconidae*: unas 1.500 especies en Centroeuropa; familia *Gasteruptiidae:* 15 especies; familia *Leucospidae*: 3 especies; familia *Figitidae*: 30 especies).

1 | *Praon* sp. (Bracónidos)
L 2-3 mm abr.-sep.

DESCRIPCIÓN: avispa inconspicua, casi imposible de distinguir de especies emparentadas (no representada).
HÁBITAT: frecuente en todos los lugares.
GENERALIDADES: la larva se desarrolla en un pulgón, al cual se va comiendo desde dentro. Para la pupación fabrica un capullo en forma de zócalo debajo de la cutícula vacía. La mayoría de las demás avispas de los pulgones *(Aphidiidae)* pupan en el interior de la cutícula del pulgón.

2 | *Gasteruption hastator* (Gasteruptiidae)
L 10-12 mm jul.-sep.

DESCRIPCIÓN: el abdomen comienza muy arriba en el tórax (directamente detrás de la base de las alas) y siempre está extendido hacia arriba en diagonal. Todo el animal de color rojo con dibujos negros no muy extensos. Hembra (foto) con ovopositor corto claramente visible.
HÁBITAT: sólo en zonas cálidas en lugares arenosos y abiertos, rara.
GENERALIDADES: las larvas se desarrollan en nidos de *Hylaeus hyalinatus* (p. 290).
ESPECIES SIMILARES: muchas más especies de este género, pero sobre todo de color negro; también se desarrollan como parásitos en nidos de abejas y avispas.

3 | *Apanteles* sp. (Bracónidos)
L aprox. 2 mm abr.-sep.

DESCRIPCIÓN: diminutas avispas negras, unas 50 especies centroeuropeas de este género (no representada).
HÁBITAT: frecuente en todos los lugares.
GENERALIDADES: las hembras pueden producir hasta unos 2000 huevos. Suelen poner entre 15 y 20 en una oruga de mariposa. Las larvas se la comen totalmente y pupan al lado en pequeños capullos, por lo general blancos **(3a)**. Los capullos amarillos de *Apanteles glomeratus*, que parasita a la oruga de la mariposa de la col, se confunden a veces con huevos de oruga. Las larvas de algunas especies tienen la costumbre de tejer en paralelo entre sí y en un mismo plano la una junto a la otra, de modo que se forman estructuras con aspecto de panal de aprox. 1 cm **(3b)**.

4 | *Leucospis dorsigera* (Leucóspidos)
L 10-12 mm mayo-jul.

DESCRIPCIÓN: bastante grande, aplanada lateralmente. Alas plegadas longitudinalmente en reposo, como las avispas verdaderas. Negra con dibujos amarillos.
HÁBITAT: en lugares cálidos y soleados; rara en general.
GENERALIDADES: desarrollo en nidos de abejas del género *Osmia*, en el interior de tallos de plantas. Para pinchar las celdas de las abejas, la hembra (foto) tiene un ovopositor complejo que se pliega hacia delante sobre el dorso del abdomen en posición de reposo. Al desplegarlo se forma un abombamiento con aspecto de saco herniario en la base del abdomen.

5 | *Amblynotus* sp. (Figítidos)
L 3-5 mm mayo-ago.

DESCRIPCIÓN: especie de avispa inconspicua, de color negro.
HÁBITAT: bastante frecuente en lindes de bosques y jardines.
GENERALIDADES: se desarrolla en larvas de moscas y es pariente de las avispas de las agallas que viven en plantas, pero se clasifica en una familia propia *(Figitidae)* con otros parásitos de moscas. La especie aquí mostrada está picando una larva de mosca cernícalo para poner un huevo.

1

2

3a

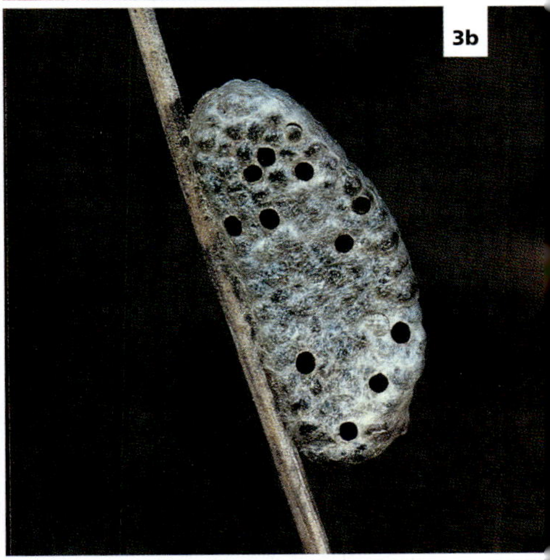
3b

4

5

Las **avispas de las agallas** (familia *Cynipidae*), presentadas presentadas a continuación, se desarrollan en agallas cuya formación aparentemente es desencadenada por las fitohormonas secretadas por la hembra durante la puesta. Casi la mitad de las 1000 especies centroeuropeas se desarrollan en robles, y otros muchos en rosales. El resto forma agallas en otras plantas leñosas y algunas en hierbas. Además, hay toda una serie de especies que no forman agallas y que se desarrollan, p. ej., como inquilinas en las agallas de otras especies. Las avispas de las agallas son difíciles de distinguir entre sí. Es mucho más fácil identificarlas por las agallas, muy diversas, pero con formas y colores muy característicos según la especie.

1 | *Cynips quercusfolii* (Cinípidos)
L 3-4 mm nov.-jul.

DESCRIPCIÓN: avispa inconspicua con el abdomen claramente aplanado lateralmente, alas bastante grandes.
HÁBITAT: bastante frecuente en robles en todos los lugares.
GENERALIDADES: esta especie forma las conocidas "manzanas" en el envés de hojas de roble. Son esféricas, tienen la superficie un poco gibosa y pueden alcanzar un diámetro de unos 2 cm. Al principio son verdes y después parcialmente rojas. En el interior se desarrolla una larva en una cámara redonda (*cf.* 2b). En otoño se caen las manzanas junto con las hojas al suelo. La larva pupa en la cámara y, entre noviembre y febrero, la avispa emergida va comiéndose la pared de la agalla para salir. La generación de invierno se compone exclusivamente de hembras que producen huevos de forma partenogenética y los ponen en las yemas del roble. A partir de ellos se forman agallas inconspicuas de las que emerge una generación sexuada de avispas mucho más pequeñas en mayo o junio. Después del apareamiento, estas hembras ponen los huevos en el envés de hojas de roble, en los nervios foliares. De este modo vuelve a formarse la conocida manzana.

2 | *Cynips longiventris* (Cinípidos)
L 3-4 mm nov.-jul.

DESCRIPCIÓN: muy similar a *C. quercusfolii* (no representada).
HÁBITAT: por lo general no rara en robles.
GENERALIDADES: la especie induce unas agallas de forma similar a las de *C. quercusfolii*, pero son más pequeñas y tienen unas rayas rojas muy decorativas sobre fondo amarillo **(2a)**. Los días poco rigurosos de invierno emergen de estas agallas las hembras, las cuales ponen los huevos producidos de forma partenogenética en las yemas del roble. La generación sexuada que emerge de las inconspicuas agallas vuelve a producir huevos que darán lugar a la formación de las agallas esféricas.

3 | *Biorhiza pallida* (Cinípidos)
L 3-5 mm nov.-jul.

DESCRIPCIÓN: hembras de la generación de invierno ápteras y, debido a ello, similares a hormigas **(3a)**; la generación de verano suele ser alada.
HÁBITAT: bastante frecuente en robledales.
GENERALIDADES: produce regularmente dos generaciones que se desarrollan en agallas muy distintas. La generación de invierno, formada sólo por hembras ápteras, suele emerger en diciembre de agallas con forma de terrones irregulares creadas en las raíces. En esta época puede verse a los animales caminando por la nieve **(3a)**. Como deben recorrer un largo camino para llegar al lugar de la puesta, llaman más la atención que las hembras de invierno de las especies de *Cynips*. Se dirigen al tronco de roble más próximo y trepan por él hasta alcanzar una rama. En la punta de una rama ponen numerosos huevos en una yema **(3b)**. Hasta junio se forma en este lugar una agalla con forma de patata de unos 2-3 cm **(3c)**. De ella emerge en verano la generación sexuada, normalmente de animales alados que se aparean poco después. Las hembras se entierran a continuación en el suelo y ponen los huevos en las raíces del roble.

1a

1b

2a

2b

3a

3b

3c

Después de presentar algunas agallas de roble y su formación, esta página pretende ilustrar la variedad de formas de las agallas de robles y rosales.

1 Lentejuelas del roble
Neuroterus quercusbaccarum (Cinípidos)

DESCRIPCIÓN: agalla cónica plana, de color amarillo pardusco, con vello fino rojizo, de 4-6 mm de diámetro. Suelen aparecer en gran número y muy juntas.
HÁBITAT: en el envés de hojas de roble, frecuente en todos los lugares.

2 Agalla en forma de moneda sobre roble
Neuroterus numismalis (Cinípidos)

DESCRIPCIÓN: agalla en forma de disco de 2-3 mm de diámetro, con el borde grueso y abultado. Color marrón. A veces más de 100 en una hoja.
HÁBITAT: en el envés de hojas de roble, frecuente en todos los lugares.

3 Agalla en forma de alcachofa sobre roble
Andricus foecundatrix (Cinípidos)

DESCRIPCIÓN: agalla de 2-3 cm en forma de alcachofa, formada por hojas escamosas colocadas como tejas. Las hojas se abren en otoño como la "rosa del roble" y dejan caer del centro una agalla rígida, de unos 6 mm de largo, con la larva dentro.
HÁBITAT: por lo general frecuente en ramas de roble.

4 Agalla en forma de capullo sobre roble
Andricus quercustozae (Cinípidos)

DESCRIPCIÓN: agalla esférica dura de hasta 4 cm de diámetro, con una línea marginal un poco dentada en la parte superior. Al principio verde o roja, luego se lignifica y se vuelve marrón. Después de que emerja la avispa, sirve de nido a diversas avispas y abejas.
HÁBITAT: muy extendida en la región mediterránea en las ramas de especies de roble perennes.

5 Agalla en hoja de roble
Neuroterus albipes (Cinípidos)

DESCRIPCIÓN: agallas en forma de cuenco de unos 5 mm de grande, con el borde elevado irregularmente.
HÁBITAT: no raras en el envés de hojas de roble.

6 Agalla en hoja de rosal
Diplolepis eleganteriae (Cinípidos)

DESCRIPCIÓN: agalla esférica de hasta 8 mm de diámetro. Superficie ligeramente irregular, de color verde o rojo.
HÁBITAT: no rara en el haz y el envés de hojas de rosal.

7 Agalla en hoja de rosal
Diplolepis nervosus (Cinípidos)

DESCRIPCIÓN: agallas esféricas de hasta 6 mm de diámetro, de forma estrellada debido a la presencia de algunos apéndices agudos. Color verde o rojo.
HÁBITAT: en el haz y el envés de hojas de rosal, más bien rara.

8 Agalla lanosa o bedeguar sobre rosal
Diplolepis rosae (Cinípidos)

DESCRIPCIÓN: agalla de hasta 5 cm de grande, decorada con ramificaciones en forma de pelo, en las puntas de las ramas. Color primero verde, luego rojo o marrón. Contiene varias cámaras, cada una de ellas con una larva. La creencia popular indica que favorecen el sueño si se colocan bajo la almohada.
HÁBITAT: muy frecuente en el extremo de brotes de rosal.

9 Agalla en ramas de rosal
Diplolepis mayri (Cinípidos)

DESCRIPCIÓN: agallas esféricas con espinas blandas y agudas, de aprox. 1 cm de diámetro, por lo general en grupos de varias muy juntas. Color rojo o verde.
HÁBITAT: en ramas de rosal, más bien rara.

1
2
3
4
6
5
7
8
9

Las **avispas cuco** (familia *Chrysididae*) se encuentran entre las avispas aculeadas, cuyo ovopositor está transformado en un aguijón defensivo. Se caracterizan por ser de llamativos colores metálicos y por tener el abdomen formado por sólo 3 segmentos visibles. En Centroeuropa hay unas 100 especies. Las especies individuales son muy difíciles de distinguir entre sí.

1 | *Chrysis trimaculata* (Crisídidos)
L 8-10 mm mar.-jun.

DESCRIPCIÓN: cabeza y tórax verde metálico, abdomen rojo dorado. Último segmento abdominal sin dientes ni muescas.
HÁBITAT: en lugares soleados, tales como prados secos; bastante frecuente, sobre todo en zonas de montaña.
GENERALIDADES: esta avispa cuco es parásita de abejas del género *Osmia*, que construyen sus nidos en conchas de caracol vacías; la especie parasitada con mayor frecuencia es *Osmia aurulenta*. Esta especie de abeja prepara la pared de cierre antes del aprovisionamiento. La avispa suele poner el huevo en el dorso de la pared comenzada, donde aparentemente no es descubierta por la abeja cuando cierra la celda **(1b)**. La larva de la avispa succiona brevemente a intervalos regulares la cresa de la abeja **(1c)**, pero después se retira otra vez a un lugar de descanso en la pared de la concha. Cuando la cresa ha consumido todo el alimento y ha tejido un capullo para la pupación, la larva de la avispa la succiona totalmente para pupar seguidamente en el interior del capullo de la abeja.
ESPECIE SIMILAR: muchas especies de *Chrysis* similares, pero suelen tener un último segmento abdominal dentado en el borde.

2 | *Chrysis viridula* (Crisídidos)
L 6-9 mm mayo-ago.

DESCRIPCIÓN: cabeza y parte inferior del tórax verde, dorso del tórax y gran parte del abdomen rojo dorado, extremo del abdomen azul.
HÁBITAT: por lo general no rara en paredes de casas antiguas, caminos y superficies empinadas.
GENERALIDADES: la especie es parásita de la Avispa albañil *(Odynerus spinipes)*. Excava en nidos cerrados y pone los huevos en larvas hospedadoras que ya están en el interior del capullo para la pupación.

3 | *Chrysis cuprea* (Crisídidos)
L 6-10 mm mayo-jul. RL3

DESCRIPCIÓN: rojo dorado en su mayor parte, con la parte posterior del tórax y las patas azul metálico.
HÁBITAT: en prados secos y laderas pedregosas, infrecuente.
GENERALIDADES: la larva se desarrolla en nidos de *Osmia rufohirta* en el interior de conchas de caracol. En la foto, la avispa inspecciona este tipo de nido.

4 | *Hedychrum nobile* (Crisídidos)
L 7-9 mm jul.-ago.

DESCRIPCIÓN: avispa cuco bastante robusta. Tórax verde rojizo dorado, abdomen rojo metálico brillante.
HÁBITAT: bastante frecuente en zonas arenosas abiertas.
GENERALIDADES: la especie suele ser parásita de *Cerceris arenaria*.

5 | *Hedychridium roseum* (Crisídidos)
L 4-6 mm jul.-ago.

DESCRIPCIÓN: cabeza y tórax verde y azul metálico, abdomen color carne, sin brillo metálico claro.
HÁBITAT: en zonas arenosas abiertas, no rara localmente.
GENERALIDADES: esta avispa cuco introduce sus huevos en los nidos de diferentes avispas terreras, que anidan en la arena.

1a

1b

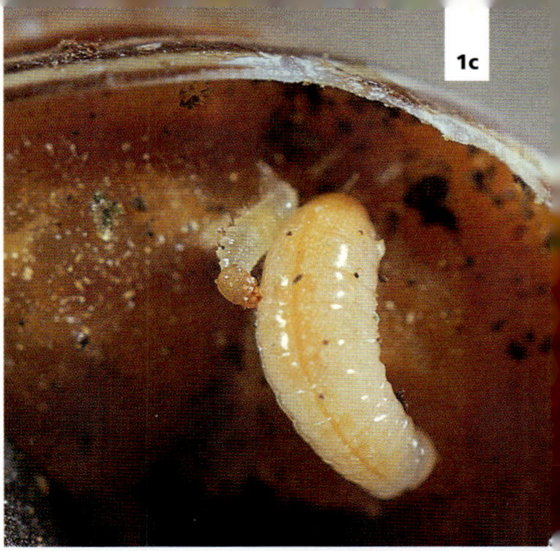
1c

2

3

4

5

Las hormigas aterciopeladas (familia *Mutillidae*) destacan por su larga.y tupida pilosidad y su patrón de dibujos con muy variados contrastes. Sólo tienen alas los machos. En Centroeuropa existen 6 especies.

1 | *Mutilla europaea* (Mutílidos)
L 10-17 mm mayo-ago.

DESCRIPCIÓN: como todas las hormigas aterciopeladas, el macho **(1a)** es alado y la hembra **(1b)** áptera. Cuerpo largo y con un poco de pelo hirsuto. Tórax marrón rojizo en el centro, el resto negro, como todo el animal. Abdomen con 3 bandas transversales blancas, las dos posteriores están interrumpidas en el centro. Alas del macho marrón oscuro.
HÁBITAT: en lugares muy diversos, como zonas arenosas abiertas, lindes de bosques soleadas, jardines e incluso en alta montaña, pero bastante rara en general.
GENERALIDADES: la hembra busca un nido de abejorro para poner los huevos, preferentemente de *Bombus pascuorum*. Parece que las obreras la toleran. Las larvas se desarrollan de forma parasitaria en larvas de abejorro. En caso de perturbaciones, emite unos fuertes chirridos mediante movimientos de bombeo abdominal que, aparentemente, tienen la función de advertir del aguijón venenoso. El efecto venenoso de la picadura es muy desagradable. Los machos son mucho más raros que las hembras. Se encuentran a veces en umbelíferas.

2 | *Dasylabris maura* (Mutílidos)
L ♂ 10-15, ♀ 7-13 mm jul.-sep.

DESCRIPCIÓN: tórax rojo; el resto del cuerpo, negro. Abdomen estrechado en el extremo. El de la hembra (foto), con mancha de pelo blanco en la parte anterior; detrás, una banda de pelo interrumpida en el centro y mancha blanca en el extremo. El macho, más grande y alado, tiene dos bandas blancas en el centro del abdomen.
HÁBITAT: en regiones cálidas y, por lo general, arenosas; rara en Centroeuropa, más frecuente en la costa mediterránea y en el sur de los Alpes.
GENERALIDADES: la larva se desarrolla en nidos de avispas terreras de los géneros *Ammophila* y *Sphex*, y probablemente también de otras especies de avispa.

3 | *Smicromyrme rufipes* (Mutílidos)
L 3-9 mm mayo-oct.

DESCRIPCIÓN: hormiga aterciopelada por lo general bastante pequeña. Tórax marrón rojizo y abdomen negro, con una mancha blanca y una banda de pelo blanca.
HÁBITAT: bastante frecuente en zonas arenosas abiertas.
GENERALIDADES: las larvas se desarrollan en los nidos de diversas avispas terreras.

Las avispas de la familia **Tiphiidae** son predominantemente oscuras con una larga y tupida pilosidad. Ambos sexos suelen ser alados. Las antenas de las hembras se enrollan después de morir la avispa. Los machos disponen en el extremo del abdomen de un garfio apuntado hacia arriba. En Centroeuropa existen 6 especies.

4 | *Tiphia femorata* (Tífidos)
L 5-15 mm jul.-ago.

DESCRIPCIÓN: ambos sexos alados. Color negro con las patas parcialmente rojas.
HÁBITAT: en prados secos y zonas arenosas abiertas; bastante frecuente en general.
GENERALIDADES: la avispa se encuentra a menudo en umbelíferas. La hembra se entierra en la tierra con larvas de escarabeidos, en las que pone un huevo en cada una.

5 | *Methocha articulata* (Tífidos)
L ♂ 8-13, ♀ 4-8 mm mayo-sep.

DESCRIPCIÓN: macho totalmente negro, alado. Hembra (foto) con el tórax marrón, llamativamente estrecho, áptera.
HÁBITAT: en zonas arenosas abiertas, especialmente en fosas de arena, infrecuente.
GENERALIDADES: la larva se desarrolla en una larva de escarabajo cazador paralizada por una picadura de la hembra.

Las avispas de la familia **Sapygidae** se parecen a las de la familia Cephidae por su cuerpo cilíndrico, pero éstas tienen la cintura estrecha. Antenas claviforme. Hay 5 especies en Europa central.

6 | *Sapygina decemguttata* (Sapígidos)
L 8-10 mm mayo-ago.

DESCRIPCIÓN: avispa negra, cilíndrica y estrecha, con pequeñas manchas amarillas en el tórax y el abdomen.
HÁBITAT: en madera muerta y paredes de casas, infrecuente.
GENERALIDADES: la larva se desarrolla en los nidos de abejas de la subfamilia *Megachilinae*.

1a

1b

2

3

4

5

6

Las **hormigas verdaderas** (familia *Formicidae*) son los únicos himenópteros, aparte de las abejas melíferas, que forman colonias de varios años. Las obreras, hembras atrofiadas e infértiles, siempre son ápteras. A diferencia de casi todos los demás himenópteros, entre el tórax y el abdomen se encuentra el peciolo, formado por 1 o 2 segmentos, que aporta una mayor movilidad al abdomen. En la península Ibérica hay unas 250 especies.

Las hormigas de la subfamilia **Ponerinae** tienen un peciolo escamiforme y adicionalmente un segmento aabdominal anterior contreñido anularmente así como un aguijón. Hay 2 especies en Europa central.

1 | *Ponera coarctata* (Formícidos)
L 3-4 mm todo el año

DESCRIPCIÓN: Todo el animal es llamativamente largo y estrecho. Color que va del pardo oscuro hasta el negruzco.
HÁBITAT: en laderas secas y lindes de bosques soleadas, infrecuente.
GENERALIDADES: vive muy oculta en nidos a mucha profundidad y con pocos individuos. A veces pueden encontrarse hormigas solitarias bajo las piedras.

Los integrantes de la subfamilia **Myrmicinae** tienen un peciolo de dos segmentos en forma de nudo y poseen aguijón. Hay unas 100 especies en Europa central.

2 | *Myrmica scabrinodis* (Formícidos)
L 3,5-6,5 mm todo el año

DESCRIPCIÓN: Rojo, con 2 largas espinas agudas en la parte posterior del tórax. Superficie corporal con manifiestras estrías longitudinales.
HÁBITAT: frecuente en casi todas partes en lugares secos y soleados.
GENERALIDADES: anida bajo piedras.
ESPECIES SIMILARES: muy difícil de distinguir de otras especies de *Myrmica*.

3 | *Tetramorium caespitum* (Formícidos)
L 2,5-8 mm todo el año

DESCRIPCIÓN: hormiga bastante pequeña, marrón oscuro; tórax con los bordes posteriores dentados.
HÁBITAT: frecuente en general en terrenos abiertos y soleados.
GENERALIDADES: la especie anida debajo de piedras o forma pequeños montículos de tierra. Pupas sin capullo; en la foto, pupas de animales fértiles.

4 | *Leptothorax* sp. (Formícidos)
L 2-4 mm todo el año

DESCRIPCIÓN: hormiga muy pequeña de color marrón claro, con la cabeza oscura y el abdomen parcialmente oscuro. Bordes posteriores del tórax con espinas cortas y agudas. Los animales fértiles son mucho más grandes y oscuros que las obreras. Varias especies difíciles de distinguir.
HÁBITAT: en lugares secos y soleados.
GENERALIDADES: forma colonias de pocos individuos debajo de piedras, en la madera o en conchas de caracol vacías.

5 | *Solenopsis fugax* (Formícidos)
L 1,5-6,5 mm todo el año

DESCRIPCIÓN: obreras muy pequeñas, amarillo pálido; animales fértiles más grandes y marrón oscuro. Tórax sin espinas.
HÁBITAT: en lindes de bosques soleadas y prados secos, infrecuente.
GENERALIDADES: las diminutas obreras construyen estrechas galerías que parten del nido y se dirigen a los nidos de hormigas más grandes, a las que les roban el alimento. Las víctimas del robo no pueden seguirlas porque los túneles son muy estrechos.

6 | *Messor* sp. (Formícidos)
L 4-15 mm todo el año

DESCRIPCIÓN: obreras de tamaño distinto. Ejemplares grandes con cabezas grandes.
HÁBITAT: frecuente en lugares secos de la región mediterránea; rara al norte de los Alpes.
GENERALIDADES: las obreras recogen semillas, sobre todo de gramíneas, que pelan y mastican agregando saliva. El almidón se va convirtiendo en azúcar. El "pan" así elaborado es su principal alimento.

1

2

3

4

5

6

Los integrantes de la subfamilia **Dolichoderinae** tienen en su peciolo una escama plana y orientada hacia delante, carecen de aguijón. Hay 4 especies en Europa central.

1 | *Tapinoma erraticum* (Formícidos)
L 2-6 mm todo el año RL3

DESCRIPCIÓN: como representante típica de la subfamilia *Dolichoderinae*, tiene el peciolo bajo y escamiforme. Sin aguijón venenoso. Abdomen un poco aplanado; el peciolo comienza en su lado inferior.
HÁBITAT: en laderas pedregosas y con poca vegetación.
GENERALIDADES: especie muy animada cuando hace calor. Comportamiento muy agresivo frente a otras especies de hormigas, incluso más grandes; las rocían con la secreción de las glándulas anales y las matan, y a continuación suelen transportarlas al nido como presa. Los nidos suelen estar bajo piedras planas. Las pupas carecen de capullo, al igual que las hormigas del género *Myrmica*.

2 | **Hormiga negra**
Lasius niger (Formícidos)
L 3-9 mm todo el año

DESCRIPCIÓN: Color de marrón oscuro a casi negro. Cuerpo muy peludo y plateado, con algunos de los más largos.
HÁBITAT: muy frecuente en general, también en jardines e incluso en pisos.
GENERALIDADES: la especie construye sus extensos nidos debajo de tablas o piedras, pero también forma a menudo montículos de tierra. Se alimenta preferentemente de las secreciones de pulgones, cochinillas y pulgones de las raíces **(2a)**. Cuidan con esmero a sus "vacas lecheras" y las estimulan con las antenas para que exuden secreciones azucaradas. A veces, las obreras crean un revestimiento de arena sobre ramas cercanas al suelo que están muy pobladas de pulgones o cochinillas.
ESPECIE SIMILAR: *Lasius alienus*, muy similar, tiene el pelo mucho más fino; además, carece de pelos más largos.

3 | *Lasius fuliginosus* (Formícidos)
L 4-7 mm todo el año

DESCRIPCIÓN: hormiga negra de brillo muy intenso.
HÁBITAT: por lo general en lindes de bosques y márgenes de caminos secos, más raramente en zonas húmedas.
GENERALIDADES: las obreras construyen en árboles huecos un nido en forma de caja con numerosas cámaras, cuyas paredes hacen añadiendo secreciones y jugos azucarados a virutas de madera y tierra **(3b)**. La especie se alimenta principalmente de las secreciones de pulgones. Forman vías muy transitadas hasta las colonias de pulgones, que suelen habitar en la parte alta de los árboles.

4 | *Lasius flavus* (Formícidos)
L 2-9 mm todo el año

DESCRIPCIÓN: hormiga de amarillo pálido a marrón amarillento; animales fértiles más oscuros.
HÁBITAT: muy frecuente en prados secos y algo húmedos.
GENERALIDADES: la especie construye unos montículos de tierra característicos, de hasta medio metro de altura, que suelen estar cubiertos de vegetación. Pueden verse prados enteros cubiertos de sus nidos **(4a)**. No obstante, también anida de forma discreta bajo piedras. A diferencia de las demás especies de *Lasius*, parece que las obreras casi nunca trabajan en la superficie. Alimentación especializada en pulgones de las raíces, a los que cuidan en cámaras subterráneas. Cuidan los huevos de los pulgones, que en invierno llevan al nido. En primavera, las hormigas transportan los pulgones eclosionados a las raíces de sus plantas nutricias. Las pupas, como es común en la subfamilia *Formicinae*, están rodeadas de un capullo amarillento apergaminado. Los capullos de los animales fértiles **(4b)** son más grandes que las obreras; los capullos de las obreras **(4c)**, en cambio, son de un tamaño que corresponde aprox. al de estas.

1

2a

2b

3a

3b

4a

4b

4c

1 Hormiga roja

Formica rufa (Formícidos)
L 4-11 mm todo el año §

DESCRIPCIÓN: lado superior de la cabeza y el tórax, abdomen y mayor parte de las patas de color marrón negruzco; resto del cuerpo, rojo. Escama en el borde superior con algunos pelos largos.
HÁBITAT: en lindes de bosques y en el interior de bosques ralos.
GENERALIDADES: las cúpulas de los nidos, de hasta aprox. 1 m de alto (a veces incluso más), se encuentran preferentemente en lugares protegidos del viento y expuestos al sol. Están formados sobre todo por acículas de pícea y pequeños trozos de ramas, y contienen numerosas cámaras en el interior. No obstante, la cúpula es sólo la parte superficial del nido; este se prolonga subterráneamente en un nido en la tierra de aprox. el mismo tamaño. Según el tiempo que haga, la colonia pasa más tiempo con los huevos en las cavidades cercanas a la superficie o bien se encuentra en la zona subterránea, como sucede en invierno. Las cámaras superiores se conectan con el exterior a través de numerosas salidas. Si sufren perturbaciones importantes, se reúnen numerosas obreras ante las entradas y doblan el abdomen hacia arriba entre las patas, al tiempo que pulverizan ácido fórmico para hacer huir al atacante **(1b)**. Las obreras son capaces de dominar a todo tipo de animales pequeños, sobre todo insectos y sus larvas; si la presa es muy grande, la transportan en grupos de varias al nido **(1c)**. Además, visitan regularmente colonias de pulgones, principalmente de abetos y pinos, y recogen sus secreciones azucaradas, la ligamaza. Entre junio y septiembre, aparecen los animales fértiles alados en las entradas del nido **(1d)**, los cuales se elevan para realizar el vuelo nupcial. Los machos mueren poco después, pero las hembras se desprenden de las alas y buscan un nido de *Formica fusca*. La reina juvenil penetra en el nido, mata a la reina legal y es aceptada como nueva reina. Pronto empieza a poner huevos y deja que las hormigas invadidas se encarguen de la primera puesta. De estos huevos salen obreras de la propia especie, que van sustituyendo a las invadidas hasta que estas desaparecen por completo.
ESPECIES SIMILARES: numerosas especies de *Formica*, algunas de ellas casi imposibles de distinguir de *Formica rufa*.

2 *Camponotus ligniperdus* (Formícidos)

L 6-18 mm todo el año

DESCRIPCIÓN: la especie centroeuropea más grande. Cabeza y mayor parte del abdomen negros; resto del cuerpo, marrón rojizo. Considerables diferencias de tamaño entre las obreras; los ejemplares grandes tienen también las cabezas muy grandes.
HÁBITAT: bastante frecuente en lindes de bosques soleadas en zonas de montaña.
GENERALIDADES: construye los nidos en madera muerta o debajo de piedras. Se alimenta principalmente de la ligamaza de los pulgones. Los animales fértiles salen entre mayo y julio. Tras el apareamiento, la casi gigante reina juvenil se desprende de las alas y empieza a criar la primera generación de larvas ella sola en una cavidad cerrada en la tierra o en madera **(2a)**.

3 *Polyergus rufescens* (Formícidos)

L 5-10 mm todo el año RL1

DESCRIPCIÓN: hormiga totalmente marrón rojiza con las mandíbulas sin dientes, como sables.
HÁBITAT: en lugares secos y cálidos, rara en general.
GENERALIDADES: los animales dependen toda la vida de esclavas que incluso deben alimentarlos, ya que ellos solos no pueden ingerir alimento. Las tardes de verano cálidas, las obreras realizan saqueos casi cada día. Asaltan sobre todo nidos de *Formica fusca*, matan a los habitantes o los echan y regresan al nido con las pupas. De este modo consiguen contar con refuerzos suficientes de esclavas.

1a

1b

1c

1d

2a

2b

3

Los **escólidos** (familia *Scoliidae*) son avispas autóctonas sobre todo de los trópicos y algunas de ellas son muy grandes. Entre ellas se encuentra *Megascolia maculata*, de hasta 50 mm de largo, el himenóptero más grande de Europa. Estos animales, a menudo con dibujos de colores, tienen el cuerpo y las patas cubiertos de pelo muy hirsuto. Su picadura es muy dolorosa. Las larvas de todas las especies se desarrollan bajo tierra en larvas de escarabajos, a las que las hembras acceden excavando con las patas anteriores, provistas de fuertes espinas. En la región mediterránea solamente hay unas pocas especies de esta familia; dos de ellas se encuentran incluso al norte de los Alpes, lo cual es toda una rareza.

1 | *Scolia hirta* (Escolíidos)
L 12-25 mm jul.-sep.

DESCRIPCIÓN: color negro brillante con anchas bandas amarillas en los segmentos abdominales 2.° y 3.°, a veces también en el 4.°. Alas oscuras marrón negruzcas, con un tono azul claramente metálico.
HÁBITAT: en lugares muy cálidos y secos, con vegetación poco desarrollada, preferentemente en suelos arenosos. Bastante frecuente en la región mediterránea, muy rara en el sur de Centroeuropa.
GENERALIDADES: las avispas pueden verse a menudo visitando flores. Muestran una especial preferencia por las flores azules; p. ej., el ejemplar representado visita una flor de Cardo amatista *(Eryngium amaethystinum)*, autóctono del Mediterráneo. La hembra se entierra en el suelo junto a una larva de escarabeido para poner los huevos, a la que al parecer localiza con el sentido del olfato. Paraliza a la larva con una picadura, pone un huevo en su cuerpo y vuelve a salir a la superficie.
ESPECIE SIMILAR: *Scolia sexmaculata* es bastante más pequeña, con una longitud de 9 a 15 mm. También se desarrolla como larva en larvas de escarabeidos.

2 | *Dasyscolia ciliata* (Escolíidos)
L 12-18 mm mar.-mayo

DESCRIPCIÓN: avispa relativamente discreta, que a primera vista recuerda a una abeja silvestre. Totalmente negra, cubierta de denso pelo hirsuto de color rojo anaranjado, negro en la cabeza. Alas oscurecidas en pardusco y con brillo azul metálico, más claramente en la hembra **(2a)** que en el macho **(2c)**.
HÁBITAT: en la región mediterránea occidental, p. ej., en Mallorca; en parte frecuente en bosques de pino piñonero arenosos y en dunas costeras.
GENERALIDADES: la especie muestra una interesante conexión con la Orquídea espejo *(Ophrys speculum)*, una de las orquídeas más espléndidas del Mediterráneo. Sus flores tienen una zona azul brillante en el labio, y pelo hirsuto rojo anaranjado en el margen **(2b)**. De este modo, corresponden de forma un poco exagerada a una hembra de avispa con las alas azul metálico plegadas la una sobre la otra y los márgenes del abdomen sobresaliendo por los laterales de las alas. Además, emiten un aroma que corresponde exactamente a las feromonas de esta avispa. Los machos que vuelan en busca de pareja se dejan engañar una y otra vez por este objeto de imitación, ya que la flor es incluso "más hermosa" que la hembra buscada. Se posan en la flor **(2c)**, se adhieren un polinio o los dos en la frente al intentar aparearse y después del intento fracasado se marchan.

3 | *Elis sexmaculata* (Escolíidos)
L 16-28 mm jul.-sep.

DESCRIPCIÓN: avispa fuerte de color negro, con 3 anchas bandas amarillas en el abdomen, que suelen estar partidas en el centro, dando como resultado 6 manchas. Alas ligeramente oscurecidas en pardusco.
HÁBITAT: extendida en general cerca de la costa en la región mediterránea.

1

2a

2b

2c

3a

3b

Las **avispas verdaderas** (familia *Vespidae*), no pliegan las alas de forma plana en posición de reposo –como lo hacen casi todos los demás himenópteros–, sino que mantienen la conexión entre las alas anteriores y posteriores mediante una fila de ganchos y pliegan las alas anteriores dos veces longitudinalmente. De este modo, las alas de estas avispas parecen muy estrechas cuando están posadas. En Centroeuropa hay unas 90 especies. En las avispas de la subfamilia Vespinae es típica la robusta estructura de su cuerpo y el abdomen casi recto truncado por delante. Hay 11 especies en Europa central.

1 Avispón, crabrón

Vespa crabro (Véspidos)
L 18-35 mm todo el año

DESCRIPCIÓN: avispa llamativamente grande con el tórax negro y rojo y el abdomen con dibujos en negro, rojo y amarillo. Escudo cefálico totalmente amarillo.
HÁBITAT: sobre todo en bosques ralos y jardines, no rara localmente.
GENERALIDADES: los nidos del Avispón se mantienen sólo durante el semestre de verano, como los de todas las avispas verdaderas sociales. El nido se inicia en primavera por una hembra fecundada que ha invernado, la nueva reina. Esta recoge fibras de madera, las mezcla con saliva y elabora un pequeño nido formado por pocas celdas en un lugar oscuro **(1a)**. Dentro se desarrollan primero hembras muy pequeñas con los órganos sexuales atrofiados, las primeras obreras. Con su ayuda, el nido va creciendo y con él la colonia de avispones. El nido se caracteriza por el color de marrón amarillento a rojizo y por la cúpula en forma de campana y con una amplia abertura en la parte inferior. Al final del período de construcción, por lo general en septiembre, el nido mide entre 30 y 40 cm de alto, incluso a veces más de 50 cm. La colonia siempre tiene menos de 1000 individuos. Son miedosos, excepto cuando están cerca del nido, y nunca se convierten en una molestia en una terraza. No obstante, debería guardarse una distancia de seguridad de unos 2 m respecto al nido. La picadura no es más peligrosa que la de una avispa normal.

2 Avispa asiática

Vespa velutina (Véspidos)
L 20-30 mm todo el año

DESCRIPCIÓN: algo más pequeña que la *Vespa crabro*, tiene una característica colorción pardo negruzca. Segmentos del abdomen 1 a 3 con delgadas rayas amarillas, el segmento 4 es anaranjado.
HÁBITAT: llegó desde Asia oriental alrededor del año 2.004 y se introdujo en Francia, desde entonces ha alcanzado una gran propagación. Prefiere los linderos de los bosquetes, los asentamientos rurales y los valles fluviales.
GENERALIDADES: los nidos en Centroeuropa, que cuelgan libremente, pueden contener de 2.000 a 3.000, por lo que son más pequeños que los de sus regiones primarias. Son poco agresivos frente a los seres humanos.

3 Avispa común

Vespula vulgaris (Véspidos)
L 11-19 mm todo el año

DESCRIPCIÓN: escudo cefálico amarillo con dibujo negro en forma de T. **(2d)** Entre el margen ocular inferior y el principio del maxilar superior hay un hueco muy estrecho. Rayas amarillas paralelas en la parte anterior del tórax.
HÁBITAT: muy frecuente en todas partes, la avispa verdadera más habitual.
GENERALIDADES: siempre construye el nido en lugares escondidos y oscuros, bien bajo tierra en antiguos nidos de ratones o en la superficie en cavidades escondidas. La cúpula y los panales son de color más o menos marrón amarillento **(2a)**. El diámetro del nido puede superar los 50 cm en condiciones favorables, a veces incluso puede llegar a medir 1 m. La colonia suele componerse de unos 7000 individuos. La especie es muy agresiva cuando hace bochorno, y en verano su presencia en las vitrinas de las panaderías y en las mesas de las terrazas es muy molesta. Las obreras, que son mucho más pequeñas que la reina **(2b)**, buscan sustancias azucaradas (normalmente néctar floral o ligamaza de los pulgones) para cubrir sus propias necesidades energéticas, pero a las larvas del nido **(2c)** las alimentan casi exclusivamente de carne, sobre todo moscas muertas y otros insectos. De este modo, los animales demuestran también ser de gran utilidad. En verano emergen más obreras **(2d)** y finalmente también hembras totalmente desarrolladas que se aparean con los machos, que también emergen ahora.

1a

1b

2

3a

3b

3c

3d

3e

1 Avispa roja
Vespula rufa (Véspidos)
L 10-19 mm todo el año

DESCRIPCIÓN: abdomen con dibujos rojos en la parte anterior, forma de la cabeza y dibujos del escudo cefálico muy similares a la avispa común.
HÁBITAT: frecuente en todos los lugares, pero más rara que la Avispa común.
GENERALIDADES: especie poco agresiva que siempre anida en cavidades bajo tierra, por ejemplo en nidos abandonados por los ratones, nunca acuden a las mesas de las terrazas.

2 Avispa alemana
Vespula germanica (Véspidos)
L 13-19 mm todo el año

DESCRIPCIÓN: muy similar a la avispa común, pero el escudo cefálico, amarillo, tiene 3 pequeños puntos negros, por lo general claramente separados **(1c)**. En la parte anterior del lateral del tórax, banda longitudinal amarilla triangular en el centro, ensanchada hacia abajo.
HÁBITAT: muy frecuente en todas partes, la más común en Centroeuropa junto a la avispa común.
GENERALIDADES: tiene un modo de vida muy similar al de la Avispa común. También construye el nido bajo tierra en antiguos nidos de ratón o en la superficie en lugares oscuros y bien camuflados, como en rincones ocultos en desvanes. No obstante, se diferencian en el material de construcción: la cúpula y los panales son principalmente de fibras de madera gris y los tonos amarillos aparecen como máximo en forma de pequeñas rayas; en la impresión general domina siempre el tono gris **(1a)**. Esta especie también puede construir nidos muy grandes en condiciones favorables. El nido de la foto procede de un desván del sur de Alemania **(1a)** y tiene más de 50 cm de ancho, incluyendo el ensanchamiento en forma de cortina mide aprox. 1 m. La Avispa alemana puede ser igual de molesta en las terrazas que la Avispa común, pero también demuestra su utilidad al capturar numerosas moscas y otros insectos.

3
Dolichovespula saxonica (Véspidos)
L 11-18 mm todo el año

DESCRIPCIÓN: distancia entre el margen inferior de los ojos y la base de la mandíbula inferior bastante grande (género *Dolichovespula*). Escudo cefálico normalmente con un dibujo negro de 3 puntas, similar a una hoja de arce.
HÁBITAT: bastante frecuente en todas partes, también en zonas habitadas.
GENERALIDADES: construye el nido mucho menos camuflado que el género *Vespula*, y nunca en la tierra. Suele encontrarse en desvanes (pero en lugares de acceso abierto), en los salientes del tejado o en lugares similares. Normalmente tiene una ligera forma de pera, con la entrada justo al lado del extremo inferior, y raramente supera los 20-30 cm **(2a)**. En el interior suele haber entre 3 y 5 panales **(2b)**. Los dulces no atraen a la especie, por lo que nunca es una molestia para las personas, excepto si se importuna a las avispas en el nido. Es una especie muy útil porque consume gran cantidad de moscas y otros insectos. Cuando se sufre una plaga de avispas en la terraza o en casa y se intenta dominar la situación destruyendo todos los avisperos que se encuentran, no se consigue el objetivo, ya que por lo general sólo se localizan los nidos de fácil acceso de esta especie, pero no los de la Avispa común y la alemana, que están ocultos.

4
Dolichovespula adulterina (Véspidos)
L 12-17 mm todo el año

DESCRIPCIÓN: muy similar a *D. saxonica*. Escudo cefálico con franja negra ensanchada hacia arriba. Franjas laterales del tórax prolongadas hacia abajo en una larga punta estrecha en el extremo anterior.
HÁBITAT: de amplia distribución, pero bastante rara en general.
GENERALIDADES: esta especie no tiene obreras, sino únicamente machos y hembras. Suele desarrollarse como parásito en los nidos de *D. saxonica*. En mayo y junio a veces puede verse a la hembra realizando vuelos de búsqueda en las paredes de las casas. Penetra en un nido todavía joven de la especie hospedadora y mata a la reina. A continuación pone huevos en las celdas y hace que las obreras se encarguen de la descendencia. No obstante, no siempre consigue hacerse con el nido sin problemas; no es raro encontrar poco después a la avispa muerta bajo el nido hospedador.

1

2a

2b

3a

3b

3c

4

1 | *Dolichovespula media* (Véspidos)
L 15-22 mm todo el año

DESCRIPCIÓN: avispa de colores muy variables. La reina con dibujos nítidos de color rojo en el tórax, por lo que recuerda un poco al avispón. Las obreras y los machos no suelen tener dibujo rojo al norte de los Alpes y son de color muy oscuro; abdomen negro con estrechas bandas amarillas. En el lado sur de los Alpes, en cambio, suelen ser muy similares a la reina (las fotos son del sur del Tirol). Escudo cefálico sólo con un débil dibujo oscuro o totalmente amarillo.
HÁBITAT: en terrenos de abiertos a semiumbríos, con muchos matorrales, también en zonas habitadas. Frecuente en el lado sur de los Alpes.
GENERALIDADES: suele construir el nido en el lado exterior de edificios o en arbustos. En la fase inicial, la abertura, situada abajo, suele estar prolongada en un largo tubo recto, orientado hacia abajo; en los nidos más grandes, está orientada en diagonal hacia un lado, como *D. saxonica*, y carece de prolongación. La forma suele ser claramente más alta que ancha. En la zona del nido, la especie se muestra en ocasiones muy agresiva, pero de lo contrario es raro que entre en contacto con las personas.

Las avispas de la familia **Polistinae** son animales muy esbeltos, con el abdomen estrechado progresivamente hacia delante. Existen 6 especies en Europa central.

2 | **Avispa papelera**
Polistes dominulus (Véspidos)
L 12-18 mm todo el año

DESCRIPCIÓN: claramente más esbelta que la Avispa común y sus parientes. Abdomen estrechado progresivamente hacia delante, no truncado en la parte anterior, como en la avispa común. Antenas en su mayor parte amarillo brillante, también en el lado superior. Escudo cefálico totalmente amarillo o con una pequeña mancha oscura **(2a)**.
HÁBITAT: en terrenos abiertos y secos, regularmente también en zonas habitadas.
GENERALIDADES: suele anidar en lugares escondidos, p. ej., debajo de tejas, en nichos en las rocas o, como en 2b, bajo el tejado que cubre un crucifijo al aire libre. Utiliza fibras vegetales para construir un panal abierto apergaminado, fijado a la base con un fino pedúnculo. La superficie del panal suele estar orientada hacia un lado o en diagonal hacia abajo. Carece de envoltura exterior, por lo que se puede observar muy bien lo que pasa en el nido. Durante la fase de establecimiento en primavera, es frecuente que varias hembras que han invernado construyan juntas un nido, pero una de ellas acabará dominando y asumiendo el papel de reina, mientras que las demás serán degradadas a obreras.

3 | *Polistes bischoffi* (Véspidos)
L 10-15 mm todo el año

DESCRIPCIÓN: más pequeña y delicada que *P. dominulus*. Antenas principalmente de marrón oscuro a negro en el lado superior. Cabeza del macho (3b, animal a la izqda.) muy estrechada hacia abajo, completamente amarilla; la de la hembra (3b, animal a la dcha.), con una ancha banda transversal negra.
HÁBITAT: en lindes de bosques y prados, regularmente también en terrenos húmedos. En los últimos años ha aumentado considerablemente su presencia en algunas zonas de Centroeuropa.
GENERALIDADES: a diferencia de *P. dominulus*, construye el nido siempre visible en tallos de plantas, p. ej., en tallos de cañas en prados húmedos. No es raro encontrar varios muy cercanos entre sí. La superficie del panal está orientada más o menos verticalmente. Debido al libre acceso al panal, esta especie permite observar muy bien lo que sucede en el nido. No obstante, en caso de movimientos descuidados, las avispas muestran a veces un comportamiento muy irritable y en ocasiones pueden atacar repentinamente. Hacia finales del período de vuelo, a partir de agosto, a veces puede observarse una conducta muy destructiva. Las avispas empiezan a extraer larvas de las celdas y a despedazarlas.

1a

1b

2a

2b

3a

3b

Las **avispas alfareras** (subfamilia *Eumeninae*) son, por regla general, animales más delgados que sus colegas de las otras subfamilias. Todas las especies viven en solitario. Existen más de 80 especies en Europa central y son difíciles de distinguir.

1 Avispa albañil
Odynerus spinipes (Véspidos)
L 10-13 mm mayo-jul.

DESCRIPCIÓN: esbelta avispa negra con dibujos amarillos poco extensos. Antenas del macho enrolladas en espiral en la punta.
HÁBITAT: principalmente en superficies escarpadas fangosas o arenosas, a veces también sobre el suelo plano y sin vegetación, no rara.
GENERALIDADES: suele empezar excavando un túnel horizontal en una superficie escarpada. Humedece la base con agua y pega el material que ha extraído en forma de anillo alrededor de la abertura. Al ir creciendo la profundidad, el anillo se acaba convirtiendo en un tubo de 1 cm de grosor; cuando alcanza una longitud de aprox. 1 cm, gira hacia abajo y la avispa sigue construyendo en esta dirección, de modo que, después de un tiempo, el resultado es una estructura similar a un grifo de hasta 5 cm de largo. El túnel acaba en una cámara en cuyo techo se fija un huevo pedunculado. La avispa transporta numerosas larvas de gorgojo verdes y cierra la celda. Una vez que están listas varias celdas al final de galerías laterales, la avispa cierra todo el nido rompiendo el tubo y sellando el túnel con el material. A veces también construye los nidos en superficies planas. En este caso el tubo avanza primero hacia arriba en línea recta y a los 2 o 3 cm de altura gira un poco hacia un lado.

2 Avispa alfarera
Eumenes sp. (Véspidos)
L 12-17 mm mayo-sep.

DESCRIPCIÓN: avispa muy estrecha y alargada. Primer segmento abdominal en forma de peciolo estrecho, separado del resto del abdomen por una constricción. Tórax casi esférico. Todo el cuerpo con dibujos en negro y amarillo con un gran efecto de contraste. Varias especies difíciles de distinguir.
HÁBITAT: muy común en lugares secos y abiertos, pero siempre en grupos de pocos individuos.
GENERALIDADES: la Avispa alfarera reúne tierra arenosa o fangosa en lugares abiertos del suelo y la humedece con agua y saliva **(2a)**. Con este material construye una celda oval de aprox. 1 cm de grande, con un borde en forma de cuello alrededor de la abertura, de 1 mm de ancho **(2b)**. Luego desliza la estrecha punta del abdomen por la abertura y pega un huevo en el techo de la celda. A continuación transporta varias orugas finas, por lo general de geométridos, y las introduce en la abertura de la celda con las mandíbulas. Al final rompe el cuello y cierra la celda con el material obtenido.

3 *Symmorphus* sp. (Véspidos)
L 7-17 mm mayo-ago.

DESCRIPCIÓN: una de las numerosas avispas de este género, muy difíciles de distinguir, con dibujo negro y amarillo en el cuerpo.
HÁBITAT: en lindes de bosques y terrenos abiertos, también bastante frecuente en jardines.
GENERALIDADES: anida, p. ej., en antiguas galerías de escarabajos o en nidos artificiales para insectos; utiliza tierra fangosa para construir. Transporta larvas de escarabajos de las hojas como alimento.

Las avispas del polen, de la subfamilia **Masarinae**, son sus únicas representantes en Europa central. Se pueden reconocer muy bien gracias a sus antenas claviformes.

4 Avispa del polen
Celonites abbreviatus (Véspidos)
L 7-9 mm jun.-ago. RL2

DESCRIPCIÓN: pequeña avispa robusta con el abdomen ligeramente ahuecado en el lado inferior; antenas claviformes.
HÁBITAT: en lugares cálidos y pedregosos, bastante rara en general.
GENERALIDADES: es la única avispa centroeuropea que alimenta a las crías con una especie de miel. Utiliza finas partículas de tierra mezcladas con saliva para construir celdas tubulares –al principio abiertas hacia abajo– en piedras o rocas **(4b)**. Pone un huevo en cada celda y luego las llena desde abajo con una mezcla de polen y néctar. Después de cerrarlas, recubre todo el nido con una capa de tierra.

1

2a

2b

3

4a

4b

Las **avispas cazadoras de arañas** (familia *Pompilidae*), tienen el cuerpo muy esbelto y, por lo general, las patas muy largas. La mayoría de las especies tienen la parte anterior del abdomen roja y el resto del cuerpo es negro. Son muy difíciles de identificar. Todas cazan arañas para las larvas, que ocupan una celda cada una. En Centroeuropa hay unas 100 especies.

1 | *Pompilus cinereus* (Pompílidos) *(= P. plumbeus)* L 4-10 mm jun.-ago.

DESCRIPCIÓN: avispa negra, por lo general bastante pequeña, con finas bandas de pelo gris en el abdomen y las puntas de las alas anteriores oscurecidas en negruzco.
HÁBITAT: sólo en superficies arenosas abiertas, p. ej., en caminos de arena, en fosas de arena y en dunas interiores. Localmente bastante frecuente.
GENERALIDADES: a diferencia de casi todas las demás avispas cazadoras de arañas, esta construye el nido antes de capturar las presas. Para ello excava en el suelo arenoso un túnel que desciende en diagonal y que se ensancha formando una pequeña cámara al final. A continuación tapa la abertura provisionalmente y sale en busca de arañas. Entre sus presas preferidas se encuentra la araña licósida *Arctosa perita*, frecuente en regiones arenosas. Se enfrenta a la araña en una breve lucha, hasta que consigue clavarle el aguijón venenoso en una coxa y le inyecta veneno en el sistema nervioso. La araña se queda paralizada poco después y entonces la avispa la agarra por una coxa con las mandíbulas y la transporta al lugar del nido caminando hacia delante (raro en esta familia). Una vez en el destino, la avispa deposita la presa en una pequeña depresión rápidamente excavada y la cubre con un poco de arena. Luego abre la entrada del nido, descubre a la araña y la baja a la cámara. Después de haber puesto un huevo en la araña, cierra cuidadosamente el acceso al nido. La larva succiona la araña en pocos días y se encierra en un capullo apergaminado en el que tendrá lugar la pupación después del invierno.

2 | *Anoplius viaticus* (Pompílidos) L 8-14 mm todo el año

DESCRIPCIÓN: al igual que la mayoría de avispas cazadoras de arañas, tiene el abdomen rojo en la parte anterior y negro en la posterior. Alas marrón oscuro.
HÁBITAT: en superficies de arena abiertas, p. ej., en márgenes de caminos y en fosas de arena, bastante frecuente.
GENERALIDADES: su desarrollo es muy distinto al de los demás pompílidos. Los animales emergen en julio y se aparean poco después. Los machos mueren casi de inmediato y las hembras excavan túneles en la tierra en los que pasan el invierno. A partir de abril vuelven a salir y empiezan a cazar arañas, preferentemente la licósida *Trochosa terricola*. La avispa somete a la araña, la paraliza con una picadura y la transporta al lugar del nido, donde la deposita en un montón de hierba o un lugar similar y empieza a excavar el nido **(2a)**. Una vez terminado, transporta a la araña caminando hacia atrás hasta la entrada del nido **(2b)** y la baja a la cámara. Al final cierra la entrada y pisa la arena con el abdomen curvado.

3 | *Eoferreola rhombica* (Pompílidos) L 8-14 mm jun.-ago. RL3

DESCRIPCIÓN: el macho **(3a)** sólo tiene el 2.° segmento abdominal rojo; la hembra, los dos segmentos anteriores y partes del tórax.
HÁBITAT: en lugares muy cálidos, arenosos o pedregosos, rara en general.
GENERALIDADES: a veces puede verse visitando flores. La caza de arañas tiene lugar de forma oculta. La hembra visita a una araña del género *Eresus* en su red, muy bien camuflada, la reduce y pone un huevo en el lado inferior del abdomen de esta **(3b)**. La larva **(3c)** succiona la araña en el transcurso de pocos días y pupa junto a los restos en un capullo marrón rígido **(3d)**.

1
2a
2b
3a
3b
3c
3d

1 | *Auplopus carbonarius* (Pompílidos)
L 7-10 mm jun.-ago.

DESCRIPCIÓN: patas muy largas, totalmente negras, con las alas teñidas de oscuro.
HÁBITAT: en terrenos secos y soleados, también en muros y paredes de casas. Una de las avispas cazadoras de arañas más frecuente en zonas habitadas.
GENERALIDADES: esta avispa, relativamente fácil de reconocer, muestra una particularidad entre las representantes de su familia en la construcción del nido: construye celdas cilíndricas, de aprox. 1 cm, con tierra mezclada con saliva, las cuales se pueden encontrar en los lugares más diversos: marcos de ventanas, ranuras de paredes o incluso en conchas de caracol vacías. Captura arañas muy diversas y suele arrancarles algunas patas (o todas) antes de transportarlas, lo que suele hacer caminando hacia delante.

2 | *Agenioideus usurarius* (Pompílidos)
L 6-9 mm jul.-ago. RL3

DESCRIPCIÓN: avispa cazadora de arañas difícil de identificar. Sólo el 2.° segmento abdominal, raramente también el 3.°, de color marrón rojizo.
HÁBITAT: en rocas y muros expuestos al sol, bastante rara.
GENERALIDADES: especializada en el género *Agelenidae*; captura, p. ej., pequeños ejemplares de arañas domésticas (género *Tegenaria*). Se pasea sin miedo sobre las telas y somete a arañas que a menudo son más grandes que ella. A continuación transporta la presa a un hueco entre las piedras y la entierra en escombros de piedra sueltos.

3 | *Dipogon variegatum* (Pompílidos)
L 5-10 mm jun.-jul.

DESCRIPCIÓN: avispa cazadora de arañas negra, con los dibujos típicos en las alas anteriores: una mancha blanca en la punta; delante, una ancha banda transversal oscura; delante, una raya transversal clara y otra banda transversal, estrecha y oscura.
HÁBITAT: en muros, rocas y madera muerta expuestos al sol, infrecuente.
GENERALIDADES: captura preferentemente arañas cangrejo y las guarda en cavidades ya existentes, a veces, p. ej., en conchas de caracoles vacías.

4 | *Episyron rufipes* (Pompílidos)
L 8-13 mm jun.-ago.

DESCRIPCIÓN: principalmente negra, con patrón de colores llamativo. Laterales del 3.er segmento abdominal, y normalmente también del 2.°, con mancha blanca; otra mancha en la parte superior del extremo del abdomen. Patas parcialmente rojas.
HÁBITAT: en lugares arenosos abiertos, infrecuente.
GENERALIDADES: especie fácil de identificar que caza sólo araneidos, a los que reduce en su red y los transporta hasta el lugar del nido caminando marcha atrás.

5 | *Ceropales maculata* (Pompílidos)
L 7-9 mm mayo-sep.

DESCRIPCIÓN: avispa cazadora de arañas negra con las patas rojas y dibujos blancos en cabeza, tórax y abdomen. Extremo del abdomen de la hembra (foto) con el aguijón curvado hacia arriba.
HÁBITAT: en superficies arenosas abiertas, localmente no rara.
GENERALIDADES: avispa con un modo de vida parasitario muy curioso. Persigue, a veces en grupos de varias, a una avispa *Pompilus cinereus* que transporta una presa. Suele producirse una pelea violenta en cuyo transcurso la avispa aprovecha un descuido de la otra especie para deslizar su huevo de forma discreta en una de las dos aberturas respiratorias de la araña. Poco después se aleja y la otra avispa entierra a la araña después de haber puesto un huevo de la forma habitual. La larva de *Ceropales* eclosionada mata primero a la larva de *Pompilus* y después se come la araña.

1a

1c

1b

2

3

4

5

Las **avispas terreras** (familia *Sphecidae*), son una familia de avispas con formas muy diversas. Aparte de especies muy estrechas, de color rojo y negro, hay también formas más toscas con dibujos en negro y amarillo. En todas ellas, el primer segmento torácico no llega –como en las abejas– lateralmente hacia atrás hasta las tégulas, como sí es el caso en las demás avispas. Las avispas terreras reducen a insectos o (más raramente) arañas que paralizan con una picadura y después transportan al nido, pero suelen cazar varias presas para una celda, a diferencia de las avispas cazadoras de arañas. Cada especie tiene una gama determinada de presas. En Europa hay cientos de especies.

1 | **Avispa de la arena**
Ammophila sabulosa (Esfécidos)
L 14-24 mm mayo-oct.

DESCRIPCIÓN: especie de avispa grande, muy estrecha y alargada. 1.er segmento abdominal estrechado en un largo peciolo, el 2.° también más estrecho que el resto del abdomen. Parte anterior del abdomen roja, parte posterior con ligero brillo azul.
HÁBITAT: en márgenes de caminos arenosos, en fosas de arena y lugares similares, bastante frecuente en general.
GENERALIDADES: esta avispa terrera captura a menudo orugas muy grandes, incluso mucho más grandes que ella. Las paraliza con una picadura en el sistema nervioso y las transporta con el vientre hacia arriba al nido excavado previamente. Este está formado por un túnel corto que desciende en vertical y se ensancha formando una cámara redonda. Una vez allí, deposita a la oruga al lado de la entrada, cerrada con pequeños fragmentos de tierra y piedrecillas, la abre y se desliza dentro con la cabeza delante. En la cámara gira, vuelve a sacar la cabeza, agarra a la oruga y la introduce en el nido. Luego pone un huevo en la presa y cierra el nido. A veces trae antes una segunda oruga. El transporte tiene lugar siempre sobre el suelo, nunca volando.

2 | *Ammophila pubescens* (Esfécidos)
L 13-19 mm jun.-sep. RL3·

DESCRIPCIÓN: por término medio más pequeña que *A. sabulosa*, sin brillo azul en el abdomen.
HÁBITAT: localmente no rara en zonas arenosas.
GENERALIDADES: muestra un destacable cuidado de la cría en 3 fases. Primero la avispa introduce una sola oruga, pone un huevo en ella y cierra la abertura con una "piedra principal" que se adapta perfectamente al agujero y entre 2 y 4 "piedras auxiliares" más pequeñas (fase 1). Dos días después comprueba si la larva ha eclosionado y le lleva 1 o 2 orugas más en caso necesario (fase 2); si no ha eclosionado repite la comprobación un día después. Tras 1 o 2 días después de la fase 2, vuelve a transportar entre 3 y 7 orugas y entonces cierra el nido definitivamente con una carga de arena fina, además de las piedras anteriormente utilizadas (fase 3).

3 | *Podalonia affinis* (Esfécidos)
L 14-20 mm mayo-sep.

DESCRIPCIÓN: avispa algo más robusta con peciolo más corto en el abdomen.
HÁBITAT: localmente no rara en zonas arenosas.
GENERALIDADES: siempre captura una sola oruga por nido y lo construye después de la caza.

4 | *Sphex funerarius* (Esfécidos)
L 16-23 mm jul.-sep. RL3

DESCRIPCIÓN: avispa terrera muy grande y fuerte, de color rojo y negro.
HÁBITAT: sólo en regiones cálidas, rara en Centroeuropa, frecuente en el sur de Europa.
GENERALIDADES: impresionante avispa que captura en parte grillos de matorral muy grandes que transporta al nido volando. Siempre lleva varias presas a cada celda.

1

2a

2b

2c

3

4

1 | *Sceliphron spirifex* (Esfécidos)
L 16-25 mm jul.-sep.

DESCRIPCIÓN: avispa terrera muy grande y alargada, similar a una *Ammophila*, pero con el peciolo amarillo y las patas con dibujos amarillos, sin rojo.
HÁBITAT: muy extendida en el sur de Europa, ausente en Centroeuropa.
GENERALIDADES: construye con tierra celdas cilíndricas de unos 2 cm de alto, que están abiertas por arriba durante el aprovisionamiento **(1b)**. El alimento de las larvas son arañas, y siempre introduce varias en cada celda, a diferencia de las avispas cazadoras de arañas. Al final suele recubrir el nido con una capa adicional de tierra.

2 | *Oxybelus argentatus* (Crabrónidos)
L 8-10 mm jun.-ago.

DESCRIPCIÓN: una de varias especies muy similares entre sí. Escutelo posterior (situado detrás del escutelo propiamente dicho) con 3 apéndices agudos, el central muy largo y negro, los laterales amarillos.
HÁBITAT: en superficies arenosas y abiertas, p. ej., en dunas interiores y en fosas de arena, infrecuente.
GENERALIDADES: la especie captura, al igual que todas las avispas del género *Oxybelus*, moscas, a las que paraliza con el aguijón y después las transporta al nido volando colgadas del aguijón.

3 | *Crabro cribrarius* (Crabrónidos)
L 11-17 mm jun.-sep.

DESCRIPCIÓN: pelo blanco plateado sobre los órganos bucales. Tibias anteriores del macho (foto) con un ensanchamiento en forma de escudo de color azul.
HÁBITAT: bastante frecuente en lindes de bosques y márgenes de caminos soleados.
GENERALIDADES: estos interesantes animales pueden verse a menudo en umbelíferas. Las hembras transportan moscas a los nidos.

4 | *Lestica subterranea* (Crabrónidos)
L 9-12 mm mayo-ago.

DESCRIPCIÓN: avispa con pelo blanco plateado en la boca, algo robusta, con manchas laterales amarillas en el abdomen, difícil de distinguir de especies emparentadas.
HÁBITAT: en superficies arenosas abiertas, sobre todo en dunas interiores, rara.
GENERALIDADES: esta avispa, poco llamativa, caza pequeñas mariposas (en la foto con una palomilla) y se las lleva volando al nido. Para ello agarra a la presa sólo por las antenas, de modo que va ondeando como un banderín.

5 | *Bembix rostrata* (Crabrónidos)
L 15-22 mm jun.-sep. RL3 §

DESCRIPCIÓN: avispa muy grande, con dibujos amarillos y negros. Labio superior prolongado en un estrecho pico.
HÁBITAT: en superficies de arena abiertas y sueltas, sobre todo en dunas, más raramente en fosas de arena.
GENERALIDADES: esta impresionante avispa excava con unos movimientos extraordinariamente rápidos de las patas anteriores (que siempre mueve sincronizadamente) un túnel que desciende en diagonal y se ensancha en una cámara de unos 10 cm. Entre sus presas se encuentran moscas de muy diversos tamaños, con las que alimenta constantemente a la larva eclosionada (a veces hasta más de 50 por larva). Después de cada visita al nido vuelve a cerrar la abertura meticulosamente.

6 | *Bembecinus tridens* (Crabrónidos)
L 7-11 mm jun.-ago. RL2

DESCRIPCIÓN: parece una versión en miniatura de *Bembix rostrata*. Cara con pelo plateado, ojos verdes.
HÁBITAT: en superficies de arena suelta, sobre todo en dunas interiores, rara en general.
GENERALIDADES: construye nidos similares a *Bembix*, pero captura pequeñas cigarras.

1a

1b

2

3

4

5

6

1 | *Cerceris arenaria* (Crabrónidos) L 10-15 mm mayo-sep.

DESCRIPCIÓN: anillos abdominales constreñidos algo escalonadamente, como en todas las especies de *Cerceris*. Cabeza y tórax con dibujos amarillos, abdomen con anchas bandas amarillas. Todo el cuerpo punteado.
HÁBITAT: en superficies arenosas abiertas, p. ej., en fosas de arena y márgenes de caminos, bastante frecuente en general.
GENERALIDADES: le gusta anidar en pequeñas colonias. Excava un túnel de unos 20 cm que desciende en vertical y del que parten galerías laterales hacia cada celda. El material excavado lo apila en forma de cráter sobre la abertura del nido. Transporta gorgojos volando para el aprovisionamiento. Después de posarse, eleva un poco las alas cada vez que se siente perturbada, para así poder despegar más rápido (foto). No obstante, suele entrar directamente de cabeza en el nido.

2 | *Cerceris rybiensis* (Crabrónidos) L 8-12 mm jun.-sep.

DESCRIPCIÓN: claramente más pequeña que *C. arenaria*. Abdomen con dibujos amarillos irregulares. Unos segmentos totalmente negros, otros con dibujos amarillos. 3.er segmento amarillo con triángulo negro.
HÁBITAT: en superficies de arena abiertas, también en suelos de loess, localmente no rara.
GENERALIDADES: la construcción del nido es similar al de *C. arenaria*, pero las presas son exclusivamente pequeñas abejas silvestres.

3 | **Lobo de las abejas** (Crabrónidos) *Philanthus triangulum* L 8-17 mm jun.-sep.

DESCRIPCIÓN: avispa terrera mediana, de cabeza muy grande. Abdomen amarillo con bandas negras ensanchas en el centro situadas en el margen anterior de los segmentos. Lado anterior de la cabeza amarillo abajo, con dibujo amarillo encima en forma de corona de 2 o 3 puntas **(3a)**.
HÁBITAT: en superficies abiertas, arenosas o fangosas, muy frecuente localmente.
GENERALIDADES: captura exclusivamente abejas melíferas, a las que ataca mientras están en una flor y las somete mediante una picadura en el tórax. El ataque es tan rápido que la abeja no tiene ninguna posibilidad de defenderse, además, su aguijón resbala sobre el cuerpo liso de la avispa. A continuación, la avispa exprime el abdomen de la abeja paralizada y se bebe el néctar que sale de la probóscide de la abeja **(3b)**. Luego transporta la presa volando al nido **(3c)**, que se encuentra preferentemente en una pared escarpada. La galería principal, que a veces casi alcanza 1 m de longitud, desciende en dirección aprox. horizontal –en diagonal si el terreno es plano– y se ramifica en las diversas celdas ovoides. Para las larvas macho el aprovisionamiento es de entre 1 y 3 abejas, y para las hembras, de entre 3 y 6.

4 | *Argogorytes mystaceus* (Crabrónidos) L 8-14 mm mayo-ago.

DESCRIPCIÓN: avispa terrera poco llamativa, esbelta, con estrechas bandas amarillas en el abdomen. La hembra suele tener el 4.° segmento sin banda. Macho (foto) con antenas casi igual de largas que el cuerpo, relativamente gruesas.
HÁBITAT: por lo general no rara en márgenes de caminos y en terrenos secos abiertos, a veces también en prados húmedos.
GENERALIDADES: la hembra transporta cigarras al nido como presa. El macho, que suele eclosionar antes que la hembra, suele ser "explotado" como polinizador por *Ophrys insectifera*. La flor (que no se parece en nada a la avispa) desprende un aroma que se asemeja a la feromona femenina. El macho se posa en la flor y es inducido a intentar aparearse mediante estímulos táctiles, proceso durante el cual se adhiere los polinios a la frente. Poco después se marcha y no tarda en posarse en la flor siguiente, que es polinizada al intentar aparearse.

1

2

3a

3b

3c

4

1 | *Dinetus pictus* (Crabrónidos)
L 6-9 mm jun.-sep.

DESCRIPCIÓN: macho de ojos verdes, patas amarillas y cabeza, tórax y abdomen con dibujos amarillos. Hembra de ojos negros, abdomen rojo y el resto con dibujos blancos.
HÁBITAT: en superficies de arena cálidas y abiertas, preferentemente en dunas interiores, rara en general.
GENERALIDADES: esta pequeña avispa terrera captura chinches del género *Nabis* como alimento para las larvas y las transporta volando al nido.

2 | *Astata boops* (Crabrónidos)
L 10-12 mm jun.-sep.

DESCRIPCIÓN: avispa terrera pequeña, de cuerpo robusto, con el abdomen rojo en la parte anterior. En el macho los ojos compuestos se tocan en la parte superior de la cabeza.
HÁBITAT: no rara en márgenes de caminos arenosos, en fosas de arena y lugares similares.
GENERALIDADES: captura sólo larvas de chinches de los pentatómidos como alimento para sus larvas. Deposita la presa justo delante de la entrada del nido, libera la abertura (cerrada después de la visita anterior) y entra con la cabeza por delante. Luego vuelve asomando la cabeza e introduce la chinche en el nido.

3 | *Tachysphex panzeri* (Crabrónidos)
L 7-13 mm jun.-ago. RL2

DESCRIPCIÓN: similar a *Astata boops*, pero algo más esbelta y de ojos verdes.
HÁBITAT: en superficies de arena abiertas, sobre todo en dunas interiores, rara en general.
GENERALIDADES: atrapa saltamontes de la subfamilia *Gomphocerinae*, a menudo más grandes que ella. Para el transporte agarra a la presa por las antenas y la arrastra a gran velocidad sobre la arena.

4 | *Tachysphex obscuripennis* (Crabrónidos)
L 7-10 mm jun.-ago.

DESCRIPCIÓN: avispa terrera pequeña, de ojos bastante grandes, con el abdomen rojo en la parte anterior; difícil de distinguir de algunas especies emparentadas.
HÁBITAT: en caminos arenosos y lindes de bosques; por lo general no rara, pero en todos los lugares en cantidades reducidas de individuos.
GENERALIDADES: esta avispa es la única especie de *Tachysphex* que no atrapa saltamontes, sino cucarachas del género *Ectobius*.

5 | *Miscophus spurius* (Crabrónidos)
L 4-6 mm jun.-ago. RL2

DESCRIPCIÓN: especie de avispa terrera muy pequeña e inconspicua, de color negro.
HÁBITAT: en superficies arenosas abiertas y sueltas, sólo en zonas con dunas interiores, rara.
GENERALIDADES: esta avispa fácil de pasar por alto captura arañas de la familia *Theridiidae* como alimento para las larvas y las transporta volando al nido.

6 | *Mellinus arvensis* (Crabrónidos)
L 7-14 mm jul.-oct.

DESCRIPCIÓN: muy brillante, de abdomen muy estrecho. 1.er segmento abdominal separado del resto del abdomen por un nudo. Banda amarilla en los segmentos 2.° a 5.°, interrumpida en el 4.° segmento.
HÁBITAT: bastante frecuente en general en terraplenes arenosos de caminos y en fosas de arena.
GENERALIDADES: avispa que todavía puede verse en octubre. Suele construir el nido en superficies inclinadas. Caza diversas moscas preferentemente en boñigas y otros excrementos. A veces utiliza la presa para la alimentación propia aplastando la mosca y succionando el líquido que sale de la probóscide.

1a

1b

2

3

4

5

6

Las **abejas** (familia *Apidae*), son la familia más grande de los aculeados, con unas 500 especies en Centroeuropa. Parientes cercanas de las avispas terreras, tienen en común, p. ej., la estructura del primer segmento torácico (las esquinas posteriores no llegan a las tégulas). Tienen aspectos muy diversos. Muchas están cubiertas de un denso pelo plumoso, mientras que otras apenas presentan vello y tienen dibujos negros y amarillos como una avispa o manchas blancas afieltradas. Todas tienen el primer segmento de los tarsos posteriores ensanchado, más ancho que los demás; los de las avispas, en cambio, son todos igual. El alimento de las larvas es siempre polen y néctar aunque la proporción varía mucho de una especie a otra; los alimentos guardados en las celdas de algunas especies parecen casi secos, mientras que los de otras son de grumosos o semisólidos hasta líquidos. Muchas viven como larvas parásitas en los nidos de otras abejas ("abejas cuco"). Las especies centroeuropeas se distribuyen en 7 subfamilias que muchos autores consideran familias propias.

Las **abejas** de la subfamilia *Colletinae* se consideran las abejas originarias. Carecen de equipos especialmente desarrollados para recoger el polen. El polen es transportado en el buche por algunas y en las patas posteriores por otras. En Centroeuropa hay unas 40 especies.

1 | *Hylaeus hyalinatus* (Ápidos)
L 5-7 mm mayo-sep. §

DESCRIPCIÓN: pequeña abeja inconspicua, que recuerda mucho a una avispa terrera. Cuerpo y patas negros con pocos dibujos blanquecinos.
HÁBITAT: en hábitats muy diversos; tanto en lindes de bosques como en jardines, fosas de grava o paredes de barro.
GENERALIDADES: puede verse sobre todo en umbelíferas. Recoge el polen en el buche junto con el néctar tomado al mismo tiempo. Anida en tallos huecos de plantas o en las galerías vacías de otros insectos.
Las separaciones entre las celdas, dispuestas sucesivamente, y las paredes laterales están hechas de las secreciones de las glándulas salivares de las abejas, que al endurecerse se vuelven apergaminadas.

2 | *Colletes cunicularius* (Ápidos)
L 13-15 mm mar.-mayo §

DESCRIPCIÓN: tamaño y color similar a la abeja melífera, pero sin dibujo definido de bandas claras en los segmentos abdominales. La abeja más grande de su género.
HÁBITAT: en superficies de arena suelta, sobre todo en dunas interiores y en fosas de arena.
GENERALIDADES: es la única de su género que ya vuela a principios de primavera. Excava galerías en el suelo que descienden en diagonal y que reviste con secreciones de las glándulas salivares. Los prados son la única fuente de néctar y polen. El néctar se transporta en el buche y el polen en los finos pelos de las patas posteriores **(2b)**. Las larvas ya son adultas en verano, cuando tejen un capullo para pupar. La nueva generación eclosiona a finales del verano, pero los animales permanecen en las celdas hasta la primavera siguiente.

3 | *Colletes daviesanus* (Ápidos)
L 8-9 mm jun.-ago. §

DESCRIPCIÓN: pequeña abeja con bandas afieltradas densas de color gris claro en la parte posterior de los segmentos abdominales.
HÁBITAT: en superficies escarpadas soleadas, p. ej., en fosas de arena, en terraplenes de caminos o en paredes de casas viejas revestidas de barro; frecuente.
GENERALIDADES: visita sólo plantas compuestas. Para instalar el nido prefiere bordes de ruptura bastante firmes, en los que excava las galerías, de recorrido más o menos horizontal; a menudo se encuentran numerosas aberturas muy juntas **(3c)**. Los nidos se han encontrado también en materiales muy duros, como paredes de arenisca.

1

2a

2b

3a

3b

3c

Las **abejas** de la subfamilia *Andreninae* tienen como medio adicional de transporte de polen un mechón de pelo largo y curvado en las patas traseras, cubiertas de pelo largo. El nervio basal de las alas anteriores presenta una curvatura débil. En Centroeuropa hay unas 120 especies.

1 | *Andrena vaga* (Ápidos)

L 10-14 mm mar.-mayo §

DESCRIPCIÓN: negra, con pelo blanco grisáceo en cabeza y tórax. Macho con mandíbulas superiores en forma de sable **(1a)**.
HÁBITAT: en superficies arenosas abiertas, también en suelos fangosos, sobre todo en márgenes de caminos y fosas de arenas, bastante frecuente.
GENERALIDADES: anida en grandes colonias, a veces de varios miles de individuos. La abeja empieza a construir el nido a mediados de marzo. Excava una galería que a menudo desciende hasta a más de 50 cm de profundidad; de esta parten las galerías laterales con las celdas. El material extraído forma un montón de tierra de unos 5 cm de alto sobre la entrada; la abertura se sitúa un poco hacia un lado **(1b)**. La abeja recoge polen y néctar sólo en prados **(1c)** y vuelve regularmente al nido con polen **(1d)**. La larva ya es adulta a finales de primavera, pero no pupa hasta pleno verano. La nueva generación emerge en verano, pero permanece en el capullo hasta la primavera siguiente.

2 | *Andrena fulva* (Ápidos)

L 12-13 mm mar.-mayo §

DESCRIPCIÓN: similar a un abejorro, con denso pelo rojizo en la parte superior, negro en la parte inferior y en la cabeza.
HÁBITAT: frecuente en lindes de bosques, jardines y terrenos abiertos, normalmente en números reducidos de individuos.
GENERALIDADES: no es exigente con sus fuentes de néctar y polen, pero le gusta visitar arbustos en flor de grosella o de grosella espinosa en jardines. Anida en la tierra, como las demás abejas *Andrena*.

3 | *Andrena hattorfiana* (Ápidos)

L 16-18 mm jun.-ago. RL3 §

DESCRIPCIÓN: abeja muy grande con los anillos abdominales anteriores rojos, los márgenes de los segmentos cubiertos de pelo blanco y un mechón de pelo amarillo rojizo en el extremo abdominal.
HÁBITAT: no rara en lindes de bosques y márgenes de caminos con muchas flores.
GENERALIDADES: visita exclusivamente flores de los géneros *Knautia* y *Scabiosa*. Sus nidos están muy escondidos en márgenes de caminos y lindes de bosques.

4 | *Andrena haemorrhoa* (Ápidos)

L 9-10 mm abr.-jun. §

DESCRIPCIÓN: abeja pequeña con pelo amarillo rojizo en el tórax. Abdomen bastante glabro y brillante, con mechón de pelo amarillo rojizo en el extremo.
HÁBITAT: muy extendida, tanto en lindes de bosques y márgenes de caminos como en prados secos, jardines e incluso en prados de siega. Frecuente en todos los lugares.
GENERALIDADES: visita flores muy diversas. Suele anidar en solitario.

5 | *Panurgus calcaratus* (Ápidos)

L 8-9 mm jul.-sep. §

DESCRIPCIÓN: color negro brillante con un poco de pelo hirsuto. Cabeza del macho (foto) llamativamente grande. Alas anteriores sólo con 2 celdas cubitales, a diferencia del género *Andrena* (con 3 celdas cubitales).
HÁBITAT: en zonas arenosas, frecuente.
GENERALIDADES: visitan sólo plantas compuestas liguliflora s, como las del género *Hieracium*. Las hembras se revuelcan mientras recogen polen, de modo que todo el cuerpo acaba lleno de polen, y no sólo los cepillos de las patas. Varias hembras viven en el mismo nido, pero cada una se encarga de una zona propia.

1a

1b

1c

1d

2

3

4

5

Las **abejas** de la subfamilia *Halictinae* son difíciles de separar de las demás subfamilias si se tienen en cuenta todas las especies. Las hembras de los géneros *Halictus* y *Lasioglossum* tienen un surco longitudinal glabro (cuyo significado se desconoce) entre el denso pelo del último segmento. La mayoría de especies tienen el nervio basal muy curvado. En Centroeuropa hay unas 120 especies.

1 | *Halictus quadricinctus* (Ápidos)
L 15-16 mm todo el año RL3· §

DESCRIPCIÓN: la abeja más grande de esta subfamilia. Cabeza, tórax y patas con pelo de marrón claro a marrón rojizo. Los 4 segmentos abdominales anteriores con bandas finales blancas estrechadas o interrumpidas en el centro.
HÁBITAT: principalmente en paredes escarpadas fangosas o con loess, rara.
GENERALIDADES: las abejas emergen en julio, se aparean y sólo las hembras pasan el invierno. En primavera, cada hembra construye un complejo de celdas como un panal, con entre 15 y 20 celdas **(1b)**; para ello excava la tierra y la va mezclando con saliva. Las abejas que se desarrollan aquí emergen cuando la madre aún vive, pero abandonan el nido poco después.

2 | *Halictus subauratus* (Ápidos)
L 7-8 mm todo el año §

DESCRIPCIÓN: todo el cuerpo verde metálico brillante. Abdomen con bandas de pelo amarillento.
HÁBITAT: en lugares arenosos o fangosos, p. ej., en fosas de arena y caminos hundidos.
GENERALIDADES: la especie se encuentra entre las especies sociales más primitivas. En primavera, la hembra, que ha invernado, lleva a su nido subterráneo entre 4 y 5 obreras que ayudan a la reina a aprovisionar las demás celdas. En estas se desarrollan machos y hembras; estas últimas invernan y luego construyen nuevos nidos.

3 | *Lasioglossum pauxillum* (Ápidos)
L 5-6 mm todo el año §

DESCRIPCIÓN: abeja muy pequeña, inconspicua, con una pequeña mancha peluda blanquecina en los lados de la base de los segmentos 2 y 3.
HÁBITAT: en suelos fangosos firmes en zonas con poca vegetación, como en márgenes de caminos y prados secos, frecuente.
GENERALIDADES: especie social. Después de invernar, la hembra construye en primavera entre 3 y 25 celdas, sella el nido subterráneo y espera a que emerjan las próximas obreras. Estas abejas, claramente más pequeñas, abren el nido de nuevo y lo amplían rápidamente, mientras la fundadora todavía está ocupada poniendo huevos. Las obreras colocan el material extraído en capas alrededor de la abertura, de modo que se forma una especie de chimenea de hasta 5 cm de alto. En la entrada se sitúa un vigilante que sólo permite el acceso de las obreras que pertenecen al nido.

4 | *Sphecodes* sp. (Ápidos)
L 5-14 mm todo el año §

DESCRIPCIÓN: abdomen rojo con la punta negra, por lo que recuerda a una avispa terrera. Muchas especies difíciles de identificar.
HÁBITAT: varias especies frecuentes en todos los lugares.
GENERALIDADES: la mayoría se desarrollan como abejas parásitas en los nidos de ejemplares de la subfamilia *Halictinae*.

5 | *Systropha planidens* (Ápidos)
L 10-11 mm jul.-sep. RL2 §

DESCRIPCIÓN: macho (foto) con las puntas de las antenas enrolladas triangularmente.
HÁBITAT: en márgenes de caminos muy cálidos y arenosos, muy rara.
GENERALIDADES: visita casi exclusivamente flores de correhuela, donde también pasa la noche. La hembra recoge el polen en el lado superior del abdomen.

1a

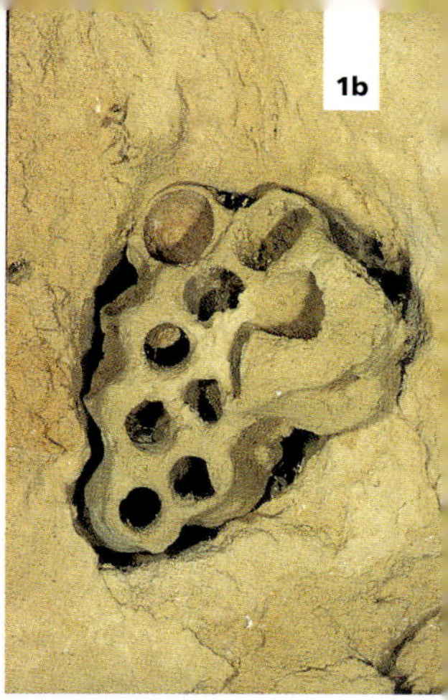
1b

2

3a

3b

4

5

Las **abejas** de la subfamilia *Melittinae* se parecen mucho a las de *Andreninae*, pero tienen la probóscide más larga que las abejas presentadas en las páginas anteriores. Por este motivo, la mayoría de especies explotan fuentes de néctar muy especiales. En Centroeuropa sólo hay unas 11 especies.

1 | *Melitta haemorrhoidalis* (Ápidos)
L 11-13 mm jul.-sep. §

DESCRIPCIÓN: hembra **(1a)** con cepillo amarillo rojizo en las patas posteriores, pero sin mechón de pelo largo y curvado, a diferencia de las especies de *Andrena*. Abdomen con bandas terminales blancas muy estrechas, con mechón de pelo amarillo rojizo en la punta. Macho **(1b)** con pelo de marrón amarillento a rojizo en todo el cuerpo.
HÁBITAT: por lo general no rara en márgenes de caminos secos y en terrenos baldíos soleados.
GENERALIDADES: visita exclusivamente campanillas. Puede verse con gran regularidad especialmente en grupos grandes de campanilla de hoja redondeada *(Campanula rotundifolia)*. La hembra humedece con néctar el polen recogido en las patas posteriores, de modo que se forman grumos en el cepillo. Los machos también visitan únicamente flores de campanillas, las cuales utilizan asimismo para dormir **(1b)**.

2 | *Melitta tricincta* (Ápidos)
L 11-12 mm ago.-sep. §

DESCRIPCIÓN: cabeza y tórax con pelo marrón, bandas blancas definidas en los márgenes de los segmentos abdominales.
HÁBITAT: en lindes de bosques y márgenes de caminos con plantas del género *Odontites*, localmente no rara.
GENERALIDADES: es una de las últimas especies en aparecer en el ciclo anual. Sólo visita flores de *Odontites*, pero no distingue entre especies muy distintas a nuestros ojos, como son *Odontites rubra* y *O. lutea*. Dado que *O. rubra* es mucho más común y, además, una típica planta pionera que aparece en lugares libres y pocos años después debe dejar paso a otras plantas, la mayoría de localizaciones de esta abeja duran asimismo sólo unos pocos años.

3 | *Macropis europaea* (Ápidos)
L 8-9 mm jul.-sep. §

DESCRIPCIÓN: abeja de cuerpo corto y ancho, con pelo poco desarrollado. Abdomen con estrechas bandas blancas en los márgenes de los segmentos. Tibia y primer tarso de las patas posteriores muy ensanchados, la primera con denso pelo blanco y el tarso con pelo negro.
HÁBITAT: en las orillas de aguas, no rara.
GENERALIDADES: para recoger polen visita exclusivamente plantas del género *Lysimachia*, sobre todo la especie *L. vulgaris*, frecuente en las orillas. No obstante, esta planta sólo aporta polen, por lo que la abeja también liba en fuentes de néctar adicionales, como la Salicaria *(Lythrum salicaria)*, y con su néctar humedece los extensos polinios (v. foto).

4 | **Abeja de calzones** (Ápidos)
Dasypoda hirtipes
L 13-15 mm jul.-sep. §

DESCRIPCIÓN: sexos muy distintos. Macho **(4a)** con largo pelo hirsuto de color marrón amarillento, patas bastante delgadas. Hembra **(4b)** con pelo marrón amarillento en la cabeza y el tórax (este con pelos más oscuros en el centro) y bandas marginales blancas del 2.º al 4.º segmento abdominal. Patas posteriores con un cepillo extraordinariamente largo y denso.
HÁBITAT: por lo general frecuente en caminos arenosos y superficies de arena abiertas.
GENERALIDADES: anida en colonias muy grandes. Recoge polen y néctar sólo en plantas compuestas, sobre todo liguifloras, como la vellosilla o la achicoria común. En sus grandes cepillos puede transportar importantes cantidades de polen. Los nidos a menudo descienden hasta más de 50 cm de profundidad en el suelo.

1a

1b

2

3

4a

4b

Las hembras de las abejas de la subfamilia *Megachilinae*, presentadas en esta página y las 4 siguientes, se diferencian de las demás abejas por el cepillo que tienen en el lado inferior del abdomen. No obstante, las especies parásitas de este grupo carecen de este cepillo. La venación de las alas se caracteriza por 2 celdas cubitales (primera fila de celdas detrás del pterostigma); la mayoría de las demás abejas tienen 3. Esta subfamilia no forma colonias, pero los nidos de algunas especies presentan las construcciones más complejas conocidas entre los insectos. En Centroeuropa hay unas 90 especies.

1 | *Megachile willoughbiella* (Ápidos)
L 12-16 mm jun.-sep. §

DESCRIPCIÓN: cabeza y tórax con pelo marrón amarillento. Abdomen con estrechas bandas de pelo blanco en los márgenes de los segmentos, la hembra **(1a)** con cepillo ventral rojizo, negro en la parte posterior. Macho **(1b)** con los tarsos anteriores muy ensanchados, de color blanco, con flecos de pelo blanquecino en los márgenes.
HÁBITAT: en diferentes hábitats: en lindes de bosques, fosas de grava y jardines.
GENERALIDADES: la abeja visita sobre todo flores de la subfamilia *Faboideae*, pero también liba en otras plantas. Construye el nido preferentemente en madera en avanzado estado de descomposición, en la que roe galerías con los órganos bucales. Después de haber preparado así una cavidad alargada, vuela a un árbol o arbusto, a menudo un abedul, y recorta con las mandíbulas superiores, de dientes afilados, trozos redondos y ovales en las hojas **(1d)**, que después transporta al lugar del nido **(1a)** para revestir la cavidad. Para ello utiliza los trozos de hoja ovales para el suelo y la pared lateral; los trozos redondos sirven de tapa después de haber llenado la celda de polen y néctar y de haber puesto un huevo. La galería se sella a continuación con virutas y otros trozos de hoja redondos.

2 | *Megachile nigriventris* (Ápidos)
L 13-16 mm mayo-jul. §

DESCRIPCIÓN: hembra (foto) con un bonito color rojizo anaranjado en el tórax y la base del abdomen cuando es joven, resto del cuerpo con pelo negro (incluidos los cepillos). Luego los colores se apagan un poco. Macho similar al de *M. willoughbiella*, pero con el pelo más denso.
HÁBITAT: en lindes de bosques y jardines, infrecuente.
GENERALIDADES: En su búsqueda de alimento, estos animales se han especializad en las flores de la subfamilia Faboideae. Las hembras preparan sus nidos royendo galerías en la madera en descomosición.

3 | *Megachile parietina* (Ápidos)
L 14-18 mm mayo-jul. §

DESCRIPCIÓN: sexos muy distintos. Macho **(3a)** con el lado superior de un bonito rojizo anaranjado, exceptuando los últimos segmentos abdominales, que tienen el pelo negro; pelo amarillento claro en las partes inferiores de la cabeza y el tórax. Alas claras. Hembra **(3b)** cubierta de pelo negro oscuro por todo el cuerpo, sólo pelo rojo en el centro del cepillo ventral y en los tarsos. Alas marrón oscuro con claro brillo azul.
HÁBITAT: en regiones cálidas y soleadas con rocas, piedras o muros como posibles lugares para anidar. Muy rara en Centroeuropa, localmente todavía bastante frecuente en el sur de Europa.
GENERALIDADES: esta abeja, pariente cercana de las abejas cortadoras de hojas, que antes se clasificaba dentro de un género propio *(Chalicodoma)*, construye las celdas, de aprox. 2 cm, en rocas o muros, utilizando para ello tierra fangosa y piedrecillas. Las celdas se llenan desde arriba con polen y néctar. Para poner el huevo, la abeja se sienta en la celda con una piedrecilla entre las mandíbulas, con la que después cierra la celda. Después de preparar unas 5 celdas, recubre todo el nido con una capa adicional de arena más fina. Mediante la adición de saliva, el material se convierte en un mortero muy resistente difícil de raspar incluso con un cuchillo. Al norte de los Alpes el desarrollo suele durar 2 años.

1a
1c
1b
1d
2
3b
3a

1 | *Anthidium manicatum* (Ápidos)
L 11-18 mm jun.-sep. §

DESCRIPCIÓN: abeja muy grande, de cuerpo fuerte. Macho claramente más grande que la hembra. Con ricos dibujos en amarillo, abdomen con manchas amarillas pares, el de la hembra con cepillo ventral blanco. Macho con 5 largas espinas en la parte posterior del abdomen.
HÁBITAT: bastante frecuente en caminos forestales soleados, en fosas de grava y jardines, más frecuente en zonas habitadas.
GENERALIDADES: los grandes machos ocupan territorios en las plantas de libación de las hembras, normalmente en grupos de diferentes labiadas. Luchan contra otros machos y pueden causarles heridas graves con las espinas. Las hembras raspan el pelo lanoso de las plantas (foto) y lo utilizan para preparar celdas acolchadas en cavidades ya existentes.

2 | **Abeja campestre punteada**
Anthidium punctatum (Ápidos)
L 8-10 mm mayo-ago. §

DESCRIPCIÓN: abeja pequeña con manchas blanquecinas en el abdomen y tórax de pelo marrón.
HÁBITAT: en terrenos abiertos, tales como prados secos y fosas de grava, infrecuente.
GENERALIDADES: anida en túneles cavados en la tierra por ella o bajo piedras. Prepara celdas redondeadas (foto) con pelo vegetal y las aprovisiona con polen y néctar de plantas de la subfamilia *Faboideae*.

3 | *Anthidium strigatum* (Ápidos)
L 6-7 mm jun.-ago. §

DESCRIPCIÓN: abeja muy pequeña y redondeada, con manchas amarillas pares en el abdomen.
HÁBITAT: bastante frecuente en lindes de bosques soleadas, fosas de grava, brezales y prados secos.
GENERALIDADES: esta pequeña especie construye unas bonitas celdas ovadas con resina y las adhiere a piedras, rocas o árboles en lugares visibles **(3a)**. Durante la fase de aprovisionamiento, la celda está abierta por abajo. Para depositar el néctar, la abeja entra de cabeza en la celda, vuelve a salir e introduce el abdomen para depositar el polen **(3b)**. Después de la puesta forma una delgada chimenea orientada hacia abajo **(3c)**.

4 | *Anthidium septemdentatum* (Ápidos)
L 10-14 mm abr.-jul. §

DESCRIPCIÓN: muy similar a *A. manicatum*, pero algo más pequeña.
HÁBITAT: localmente no rara en lugares pedregosos del sur de Europa; ausente al norte de los Alpes.
GENERALIDADES: siempre construye los nidos en conchas de caracol vacías. Separa las celdas mediante paredes de resina y cierra la concha con 2 paredes de resina entre las que pone piedrecillas y similares.

5 | *Anthidium byssinum*
L 11-12 mm jun.-ago. RL3 §

DESCRIPCIÓN: a diferencia de las demás especies de *Anthidium*, sin dibujos de color claro, sólo el macho tiene el lado anterior de la cabeza de color amarillo.
HÁBITAT: sobre todo en superficies arenosas con poca vegetación (caminos de arena, fosas de arena y brezales); también en prados secos pedregosos. Localmente no rara, pero ha disminuido considerablemente en muchos lugares.
GENERALIDADES: la hembra excava en la tierra una galería que desciende en diagonal y la reviste con tiras de hojas enrolladas durante el transporte (foto), las cuales corta con las mandíbulas superiores en el margen de hojas caducifolias. Luego transporta grumos de resina y los utiliza para pegar las tiras y formar una resistente pared en la celda. Así va formando celdas de unos 2 cm de largo y bastante estrechas.

1

2

3a

3b

3c

4

5

1

Abeja constructora roja
Osmia bicornis (Ápidos)
L 8-12 mm mar.-jun. §

DESCRIPCIÓN: color marrón oscuro con ligero brillo metálico verde. La hembra tiene la cabeza cubierta de pelo negro; el tórax y la parte anterior del abdomen, marrón, y la parte posterior, negra. Macho con la frente cubierta de pelo amarillo. Son muy llamativos los 2 cuernos en la parte anterior de la cabeza de la hembra **(1a)**.
HÁBITAT: frecuente en general en lindes de bosques, jardines y terrenos abiertos.
GENERALIDADES: gran versatilidad en la selección de las flores visitadas y en la elección del lugar para anidar. Habita en cavidades de diversa índole: grietas de marcos de ventanas, minas de escarabajos en madera muerta, galerías abandonadas de otros himenópteros o ranuras de muros; incluso en pipas de fumar, flautas dulces y cerraduras de puertas. Siempre se encuentra entre los primeros habitantes de ayudas ofrecidas para anidar, ya sean cañas de bambú **(1a, 1c)**, tallos de cañas u orificios en bloques de madera **(1b)**. Según la forma de la cavidad, construye nidos en línea con celdas separadas por paredes de fango **(1c)**, o bien utiliza este material para construir pequeñas ollas cerradas alrededor. Antes de transportar polen y néctar, primero construye –si el nido es en línea– la pared posterior y después un "umbral" falciforme para determinar la pared de cierre posterior. Luego transporta polen y néctar y deposita el alimento, bastante seco, en la parte posterior de la celda. Después de poner los huevos, prolonga hasta arriba la pared de cierre, que sirve al mismo tiempo de pared posterior para la celda siguiente. Esto se repite hasta que la abeja ha llenado toda la cavidad. Del huevo **(1d)** eclosiona unos días después la larva **(1e)**, que se come todas las reservas y teje un capullo en verano, en el que tiene lugar la pupación poco después **(1f)**. La abeja madura emerge a finales del verano, pero permanece en el capullo hasta la primavera siguiente. La hembra puede determinar el sexo de la descendencia (los machos se desarrollan a partir de huevos no fecundados, como en todas las abejas) y construye siempre celdas para hembras en la parte posterior y para machos en la anterior. De este modo, la primavera siguiente primero emergen los machos, dejando así el camino libre a las hembras, que emergerán después.

2

Osmia cornuta (Ápidos)
L 10-15 mm mar.-jun. §

DESCRIPCIÓN: un poco más grande y fuerte que *O. rufa*; cabeza y tórax con pelo negro, y abdomen, rojizo anaranjado. La hembra tiene cuernos en la cabeza, el macho tiene la frente cubierta de pelo blanco.
HÁBITAT: en lugares similares a *O. rufa*, pero necesita más calor, por lo que en zonas menos favorables está limitada al interior de las ciudades. Frecuente localmente.
GENERALIDADES: construye unos nidos muy similares a *O. rufa*.

3

Osmia de la amapola
Osmia papaveris (Ápidos)
L 8-11 mm jun.-ago. §

DESCRIPCIÓN: pequeña abeja inconspicua, con pelo marrón en el tórax y pelo gris fino en el abdomen. Cepillo ventral blanco. Ojos gris azulado.
HÁBITAT: en suelos arenosos firmes, con vegetación discontinua, especialmente en márgenes de caminos en zonas de campos. Se ha vuelto muy rara.
GENERALIDADES: la pequeña abeja cava en el suelo abierto una galería vertical que desciende a unos 2 cm de profundidad y se ensancha en forma de botella. Luego suele volar a grupos de amapolas y más raramente de otras flores, donde recorta trozos redondos de los pétalos (foto) que transporta juntos al nido. Con ellos reviste la pared de la celda de modo que las puntas de los trozos de pétalo enmarquen la abertura como un cuello en forma de estrella. Después de aprovisionar la celda y poner el huevo, dobla las puntas sobresalientes hacia dentro y cierra el nido con arena.

1a

1b

1c

1d

1e

1f

2

3

1 | *Osmia bicolor* (Ápidos)
L 9-11 mm mar.-jun. §

DESCRIPCIÓN: hembra del mismo color que *O. cornuta*, pero más pequeña y sin cuernos en la cabeza. Macho con el cuerpo cubierto totalmente de pelo gris amarillento, sólo los últimos segmentos abdominales de color rojo.
HÁBITAT: en lindes soleadas de bosques, prados secos y fosas de grava.
GENERALIDADES: construye los nidos, casi siempre de una sola celda, en conchas de caracol vacías. Para ello prefiere conchas del tamaño de un caracol rayado *(Cepaea)*. Una vez que ha encontrado una concha adecuada, primero pega en la superficie de la concha pequeños trozos de hojas masticadas, que mezcladas con saliva forman un cemento vegetal verde, y luego introduce polen y néctar **(1a)** antes de construir una pared. Después de poner el huevo construye una pared de cemento vegetal y delante coloca varias capas sueltas de piedrecillas, trozos de madera y material similar **(1b)**. Una segunda pared situada poco antes de la abertura de la concha sirve de apoyo para estas partes hacia fuera. Luego gira la abertura hacia abajo metiéndose entre la concha y la vegetación circundante y pisoteando con las patas. A continuación excava debajo de la concha y la hunde un poco en el suelo. Finalmente transporta un gran número de briznas de hierba o acículas de pino y las amontona de forma suelta sobre la concha **(1c)**. Al final la concha y el nido en su interior quedan totalmente a salvo de las miradas **(1d)**. Para este trabajo, necesario para el cuidado de un solo huevo, la abeja necesita como mínimo 2 días enteros. Dado que durante su período de vuelo a menudo hace mal tiempo pero sólo es activa si hace sol y calor, es raro que en el transcurso de su breve vida consiga acabar más de 5 nidos. En la concha abierta pueden verse las reservas de alimento, el huevo y las partículas acumuladas entre las paredes **(1e)**.

2 | *Osmia rufohirta* (Ápidos)
L 8-12 mm mayo-jul. RL3 §

DESCRIPCIÓN: claramente más estrecha que *O. bicolor*. Pelo marrón rojizo, abdomen con finas bandas grises en los márgenes de los segmentos.
HÁBITAT: en lugares abiertos y cálidos, sobre todo prados secos; mucho más rara que *O. bicolor*.
GENERALIDADES: la abeja prefiere las conchas planas del género *Helicella*. Al igual que *O. bicolor*, antes del aprovisionamiento no construye ninguna pared, pero pega la superficie de la concha con pequeños puntos de cemento vegetal. Después de transportar polen y néctar y de poner el huevo, construye un tapón de estructura muy similar al de la otra especie, pero con bastantes menos piedrecillas, por lo que es más corto. Al final hace rodar la concha con el nido dentro hasta un lugar camuflado (p. ej., debajo de un montón de hierba), para ello se agarra con las mandíbulas a una planta y gira la concha con las patas, describiendo una especie de vuelta de campana.

3 | *Osmia aurulenta* (Ápidos)
L 9-12 mm abr.-jun. §

DESCRIPCIÓN: color similar a *O. rufohirta*, pero la forma del cuerpo es mucho más ancha y corta.
HÁBITAT: en lugares similares a *O. bicolor*, a menudo en sociedad con esta.
GENERALIDADES: esta abeja prefiere conchas más grandes para el nido, sobre todo las del género *Helix*, pero también se contenta con las de *Cepaea*. Antes del aprovisionamiento construye la pared posterior de la celda con cemento vegetal y prepara la pared de cierre mediante franjas falciformes, de forma similar a *O. rufa*. Para ello pega partes del material también en la parte exterior de la concha. A veces construye más de 10 celdas una detrás de otra en una concha.

1a
1b
1c
1d
1e

2

3

1 | *Osmia inermis* (Ápidos)
L 8-10 mm mayo-jul. RL2 §

DESCRIPCIÓN: cabeza y tórax con pelo marrón, gris en el abdomen. Cepillo ventral negro.
HÁBITAT: en regiones pedregosas y rocosas; en los Alpes por encima del límite de bosque.
GENERALIDADES: especie inconspicua que construye el nido preferentemente en el lado inferior de piedras planas, de unos 30 cm, en el suelo. Las celdas se construyen en forma de pequeños cuencos de cemento vegetal, unas junto a otras, y al final se cubren todas con una capa adicional del mismo material. A menudo varias hembras construyen en un mismo nido, pero cada una se encarga de sus propias celdas.

2 | *Osmia mustelina* (Ápidos)
L 10-15 mm mayo-jul. RL2 §

DESCRIPCIÓN: su aspecto corresponde aprox. al de *O. rufa*, pero no tiene cuernos y es un poco más grande.
HÁBITAT: en regiones rocosas cálidas, relativamente frecuente en algunos valles alpinos.
GENERALIDADES: anida en grietas de rocas o pequeñas cavidades. Al igual que *O. inermis*, construye cuencos con cemento vegetal que están abiertos por debajo durante el aprovisionamiento con polen y néctar.

3 | *Osmia anthocopoides* (Ápidos)
L 8-11 mm mayo-jul. RL3 §

DESCRIPCIÓN: abeja inconspicua, con pelo marrón grisáceo y cepillo ventral blanco.
HÁBITAT: en regiones rocosas y pedregosas.
GENERALIDADES: construye unos nidos muy similares a los de *Megachile parietina*, pero con todas las partes más pequeñas, en proporción a su menor tamaño. Sin embargo, los trozos de material son más grandes. La Viborera *(Echium vulgare)* es la única fuente de libación, cuyo polen azul le da un color azul a los alimentos para la larva.

4 | *Coelioxys conoidea* (Ápidos)
L 12-16 mm jul.-ago. RL3 §

DESCRIPCIÓN: abdomen muy estrechado hacia atrás; el de la hembra (foto) puntiagudo, el del macho truncado y con 8 espinas. Cuerpo muy punteado, segmentos abdominales con una mancha triangular de pelo blanco a cada lado.
HÁBITAT: en regiones cálidas y arenosas. Bastante rara en general.
GENERALIDADES: vive como abeja parásita junto a abejas cortadoras de hojas grandes que anidan en suelos arenosos. La hembra pone sus huevos en las paredes de celdas aún abiertas. La larva atraviesa el huevo o la propia larva ya eclosionada de la abeja hospedadora con sus órganos bucales agudos y se come los alimentos destinados a esta.

5 | *Stelis punctulatissima* (Ápidos)
L 8-11 mm jun.-ago. §

DESCRIPCIÓN: cuerpo negro, casi glabro y muy punteado.
HÁBITAT: en diversos hábitats, también en jardines, bastante frecuente.
GENERALIDADES: es parásita de diversas abejas del género *Osmia*, y también de *Megachile parietina* y *Anthidium manicatum*.

6 | *Stelis signata* (Ápidos)
L 6-7 mm jun.-ago. RL3 §

DESCRIPCIÓN: muy similar a *Anthidium strigatum*, pero las manchas abdominales amarillas están aprox. a la misma distancia del lateral del abdomen (en *A. strigatum* las anteriores están situadas más en el exterior que las posteriores).
HÁBITAT: en los hábitats de *Anthidium strigatum*, bastante rara.
GENERALIDADES: se desarrolla como abeja parásita en los nidos de *Anthidium strigatum*.

Las abejas de la subfamilia *Anthophorinae*, por una parte, son especies robustas, similares a abejorros, por lo general con pelo denso y probóscide larga; por otra parte, son abejas parásitas similares a avispas, con poco pelo y normalmente con mucho colorido. En Centroeuropa hay unas 100 especies.

1 | **Abeja azul de la madera**

Xylocopa violacea (Ápidos)
L 20-28 mm todo el año §

DESCRIPCIÓN: una de las abejas silvestres más grandes. Similar a un abejorro, negra, con pelo corto y gris oscuro. Alas marrón oscuro con claro brillo metálico azul.
HÁBITAT: en lugares cálidos en lindes de bosques y jardines, infrecuente.
GENERALIDADES: los dos sexos invernan y se aparean en primavera. La hembra roe una galería en madera podrida y construye las paredes de las celdas con las virutas.

Los himenópteros de la subfmilia Nomadinae tiene frecuentemente un aspecto parecido al de las avispas. Las hembras depositan sus huevos como parásitos en los cuerpos de otras especies de abejas. En Centroeuropa existen alrededor de 100 especies.

2 | *Epeolus variegatus* (Ápidos)

L 5-8 mm jul.-sep. §

DESCRIPCIÓN: negra con manchas afelpadas blancas; escutelo, tégulas y patas de color rojo.
HÁBITAT: en márgenes de caminos, fosas de arena y lugares similares, infrecuente.
GENERALIDADES: es parásita en los nidos de abejas de la subfamilia *Andreninae*, sobre todo de *Colletes daviesanus*.

3 | *Nomada lathburiana* (Ápidos)

L 11-12 mm abr.-jun. §

DESCRIPCIÓN: tórax negro con manchas amarillas y tégulas rojas, abdomen amarillo con bandas negras, rojas en la parte anterior.
HÁBITAT: en superficies de arena abiertas, en márgenes de caminos y fosas de arena, por lo general no rara.
GENERALIDADES: abeja muy parecida a una avispa, es parásita preferentemente en nidos de *Andrena vaga*, más raramente de *A. cineraria*.

4 | *Nomada flava* (Ápidos)

L 9-14 mm abr.-jun. §

DESCRIPCIÓN: tórax negro con dibujos rojo óxido, abdomen amarillo con bandas transversales negras, rojo óxido en la parte anterior.
HÁBITAT: en lindes de bosques soleadas, fosas de arena y lugares similares, no rara.
GENERALIDADES: parásita de diversas especies de la subfamilia *Andreninae* que empiezan a volar pronto en el año (p. ej., de *Andrena fulva*).

5 | *Nomada rufipes* (Ápidos)

L 7-9 mm jul.-sep. §

DESCRIPCIÓN: abeja negra con dibujos amarillos que contrastan mucho en el tórax y el abdomen. Patas de color marrón rojizo claro.
HÁBITAT: en lugares arenosos abiertos, localmente no rara.
GENERALIDADES: especie de aparición tardía en el año, parásita en los nidos de diversas especies de la subfamilia *Andreninae* que empiezan a volar tarde.

1a

1b

3

2

5

4

Las **abejas verdaderas** (subfamilia *Apinae*), son las abejas más desarrolladas. Todas las especies autóctonas (unas 60, aunque su número aún es objeto de discusión en los círculos científicos) forman colonias o han adoptado secundariamente una forma de vida parásita. Un rasgo especial de las hembras es el "cestillo", una superficie lisa y muy brillante en el lado exterior de las tibias posteriores, delimitada por una fila regular de cerdas curvadas. En esta estructura de recolección se transporta el polen, humedecido con un poco de néctar, en forma de bolas. El primer tarso de las patas posteriores, muy ensanchado, introduce el polen desde abajo en el cestillo. Las especies parásitas carecen de esta estructura recolectora.

1 | **Abeja de patas peludas**

Anthophora plumipes (Ápidos)
L 14-16 mm mar.-jun. §

DESCRIPCIÓN: pelo plumoso y denso. Macho **(1a)** con todo el cuerpo cubierto de pelo de marrón amarillento a gris, par de patas central prolongado y con largos flecos de pelo negro en el lado posterior de los tarsos; además, con pincel de pelo negro en el 1.er y el último tarso. Hembra **(1b)** con pelo marrón o negro, pero siempre con cepillo rojo óxido en las patas posteriores.
HÁBITAT: en lugares escarpados soleados y fangosos, tales como lagos artificiales, caminos hundidos, muros viejos o edificios revestidos de barro, bastante frecuente en general.
GENERALIDADES: las proporciones de hembras de color marrón y negro varían en cada hábitat. Mientras que en algunos lugares aparecen juntas ambas variantes cromáticas en diferentes proporciones, en otros sitios sólo se da una única forma. Las abejas suelen construir el nido en paredes verticales. De una galería corta, del grosor de un lápiz, parten varias galerías laterales, cada una con una o varias celdas dispuestas una detrás de otra. Las paredes de las celdas, con forma de urna, están hechas de una capa de tierra mezclada con saliva y revestida por dentro con una capa de secreción blanquecina y apergaminada. Las reservas de néctar y polen no están mezcladas homogéneamente, sino que la parte inferior es más densa que la superior. Antes de la pupación la larva no teje un capullo. En condiciones favorables, tiende a formar colonias de bastantes individuos, de modo que toda una pared escarpada puede aparecer perforada.

2 | *Anthophora plagiata* (Ápidos)

L 13-15 mm abr.-jul. RL2 §

DESCRIPCIÓN: macho similar al de *A. plumipes*, pero sin flecos de pelo en los tarsos centrales. Hembra en 2 variantes cromáticas. Variante oscura (foto) con la cabeza y el tórax cubiertos de pelo negro y el abdomen de pelo rojo óxido; variante clara totalmente marrón amarillenta.
HÁBITAT: en paredes escarpadas fangosas y viejos edificios revestidos de barro, se ha vuelto muy rara durante los últimos años.
GENERALIDADES: suele anidar en paredes escarpadas, también en lugares protegidos de la lluvia en superficies horizontales. Ablanda la tierra con agua, excava una galería y apila el material extraído alrededor de la abertura formando primero un anillo y después un tubo, de forma muy similar a *Odynerus spinipes*.

3 | *Anthophora bimaculata* (Ápidos)

L 8-9 mm jul.-ago. RL3 §

DESCRIPCIÓN: pequeña abeja de ojos verdes y con bandas grises en el abdomen; el sonido durante el vuelo es muy alto.
HÁBITAT: sólo en suelos arenosos, localmente no rara en regiones cálidas.
GENERALIDADES: Los animales recolectan indiscriminadamente el polen de muy diversas familias de plantas. El nido siempre está colocado sobre suelos arenosos.

4 | *Eucera nigrescens* (Ápidos)

L 13-15 mm abr.-jun. §

DESCRIPCIÓN: macho **(4a)** con las antenas aprox. igual de largas que el cuerpo, hembra **(4b)** con anchas bandas de pelo gris claro, en parte interrumpidas, en los segmentos abdominales.
HÁBITAT: en lindes de bosques y márgenes de caminos soleados, localmente frecuente.
GENERALIDADES: llamativa especie que visita exclusivamente flores de la subfamilia *Faboideae*, sobre todo la Arveja silvestre *(Vicia sepium)*. Los machos patrullan grupos de Arveja silvestre con regularidad en busca de hembras.

1a

1b

2

3

4a

4b

1 | **Abeja de frente blanca**
Melecta albifrons (Ápidos)
L 12-16 mm abr.-jun. §

DESCRIPCIÓN: tórax de pelo marrón, abdomen un poco apuntado con manchas triangulares de pelo gris amarillento.
HÁBITAT: no rara en paredes escarpadas, viejos muros y lugares similares.
GENERALIDADES: vive como abeja parásita con diferentes especies de la subfamilia *Anthophorinae*. En la foto está inspeccionando un nido de *Anthophora plagiata*. Pone el huevo en una celda ya cerrada atravesando la tapa con la punta del abdomen.

2 | *Melecta luctuosa* (Ápidos)
L 12-15 mm abr.-jun. RL3 §

DESCRIPCIÓN: tórax con pelo marrón grisáceo y negro, abdomen con manchas de pelo blanco luminoso.
HÁBITAT: en paredes de barro y loess, en caminos hundidos, bastante rara.
GENERALIDADES: es parásita de la rara *Anthophora aestivalis*, que anida en lugares similares a *A. plumipes*.

Los **himenópteros** de la subfmilia *Nomadinae* tiene frecuentemente un aspecto parecido al de las avispas. Las hembras depositan sus huevos como parásitos en los cuerpos de otras especies de abejas. En Centroeuropa existen alrededor de 100 especies.

3 | **Abejorro de campo**
Bombus pascuorum (Ápidos)
L 9-18 mm todo el año §

DESCRIPCIÓN: pelo del dorso del tórax rojo amarillento, gris en la parte anterior del abdomen y otra vez rojo amarillento en la parte posterior.
HÁBITAT: frecuente en general en terrenos abiertos y boscosos poco densos, una de las especies de abejorro más comunes.
GENERALIDADES: al igual que todos los abejorros, forma colonias anuales fundadas en primavera por una hembra fecundada que ha invernado, la reina joven. Esta empieza buscando un lugar adecuado para anidar (p. ej., una madriguera de ratón abandonada) y forma dentro una bola de musgo hueca por dentro. Luego construye un cuenco de unos 5 mm con la cera secretada en la parte inferior del abdomen, lo llena de polen, pone entre 5 y 15 huevos y lo cierra **(1b)**. Además, utiliza el mismo material para elaborar una vasija para la miel que llena de néctar para un caso de escasez. Las larvas, que eclosionan a los 3-5 días, se alimentan de las reservas de polen y después toman polen de las bolsas de cera construidas en los laterales atravesando las paredes de cera. Con el tiempo se forma una estructura de cera de unos 2 cm con las larvas, ya grandes, en su interior **(1c)**. Una semana después de eclosionar empiezan a tejer capullos a su alrededor, de modo que se aíslan entre sí. Después de la pupación **(1d)**, la reina retira la cera de los capullos para reutilizarla. Entre 3 y 4 semanas después de la puesta, eclosionan las primeras obreras, que liberan a la reina de todos los cuidados de la puesta, de modo que pueda dedicarse exclusivamente a poner huevos. Así, el nido crece rápidamente y se va formando una estructura cada vez más extensa **(1e)**.

4 | *Bombus lapidarius* (Ápidos)
L 12-22 mm todo el año §

DESCRIPCIÓN: abejorro de pelo totalmente negro, con los últimos segmentos abdominales rojos. Macho además con un anillo amarillo en la parte anterior del tórax.
HÁBITAT: frecuente en casi todos los lugares.
GENERALIDADES: esta especie de abejorro construye unos nidos similares a *B. Pascuorum*. No obstante, a diferencia de éste, recubre todo el nido con una fina cúpula de cera. Las obreras se muestran muy agresivas en la zona del nido y suelen atacar si se sienten muy perturbadas. Construye los nidos en parte bajo tierra (p. ej., en madrigueras de ratón abandonadas), en parte en la superficie (p. ej., en cajas-nidos de aves).
ESPECIES SIMILARES: varias especies muy similares pero mucho más raras, que sólo pueden distinguirse con seguridad basándose en rasgos microscópicos.

5 | **Abejorro terrero o zapador**
Bombus terrestris (Ápidos)
L 11-23 mm todo el año §

DESCRIPCIÓN: con ancha banda amarilla en la parte anterior del tórax y en el 2.° segmento abdominal. Los dos últimos segmentos abdominales con pelo blanco.
HÁBITAT: frecuente en casi todos los lugares.
GENERALIDADES: construye los nidos casi siempre en cavidades bajo tierra. Es la especie de abejorro que alcanza mayor número de individuos en una colonia; los nidos albergan hasta unos 600 individuos.

1

2

3a

3b

4

5a

5b

1

Bombus pratorum (Ápidos)
L 9-17 mm todo el año §

DESCRIPCIÓN: una banda amarilla en la parte anterior del tórax y en el abdomen (la última puede estar ausente), los 3 últimos segmentos abdominales con pelo rojo.
HÁBITAT: preferentemente en terrenos abiertos, frecuente en casi todos los lugares.
GENERALIDADES: la reina joven, que ha invernado, aparece muy pronto en el año, a menudo ya a principios de marzo; entonces puede verse en las plantas que florecen primero, p. ej, el mezéreon **(1a)**. La fundación del nido puede comenzar ya a mediados de marzo. Para ello la reina busca un lugar adecuado, en la superficie o bajo tierra. De forma similar a *B. pascuorum*, primero forma una bola hueca por dentro con musgo u otro material que encuentre en el lugar, en la que prepara un primer cuenco para los huevos y una vasija para la miel. Para acelerar el desarrollo, la reina se sienta sobre la primera celda y la "incuba" **(1b)**. Haciendo vibrar los músculos puede aumentar la temperatura. La alimentación de las larvas es diferente a la de *B. pascuorum*. Mientras que esta guarda el polen en bolsas laterales, como es típico entre las especies de abejorro de lengua larga, *B. pratorum* lo deposita en vasijas de cera o en celdas vacías. Para la alimentación, abre la celda e introduce el polen. En abril aparecen ya las primeras obreras **(1c)**, que carecen de órganos sexuales funcionales. Dado que no recibieron una buena alimentación porque la reina dependía sólo de ella misma, son muy pequeñas, pero empiezan a trabajar sin demora y liberan a la reina de todos los cuidados de la puesta. De aquí en adelante la reina ya no vuelve a abandonar el nido y se dedica exclusivamente a poner huevos. Se van formando cada vez más cuencos con huevos y van eclosionando más obreras. A partir de junio, gracias a los mejores cuidados, aparecen hembras reproductoras totalmente desarrolladas que se aparean con los machos, que aparecen al mismo tiempo. Poco después buscan un lugar para pasar el invierno y al año siguiente crearán una colonia propia.

2

Bombus sylvarum (Ápidos)
L 10-18 mm todo el año §

DESCRIPCIÓN: tórax con pelo marrón amarillento, negro en el centro; pelo del abdomen negro en la parte anterior con bandas marginales claras, rojo en los últimos segmentos.
HÁBITAT: sólo en terrenos abiertos, bastante frecuente.

3

Abejorro parásito de Bombus lapidarius
Bombus (Psithyrus) rupestris (Ápidos)
L 15-25 mm todo el año §

DESCRIPCIÓN: muy similar a *Bombus lapidarius*, pero el tórax suele tener una banda amarillenta en la parte anterior también en la hembra, alas marrón oscuro con claro brillo azul metálico. Hembra sin aparato recolector de polen en las tibias posteriores.
HÁBITAT: en terrenos soleados y abiertos, infrecuente.
GENERALIDADES: los abejorros parásitos no tienen obreras, sólo machos y hembras. Después del invierno, la hembra se introduce en un nido de *B. lapidarius*, a veces también de otra especie, destruye un cuenco con huevos y construye con la cera (ella misma no puede producir cera) uno nuevo en el que pone los huevos propios. A continuación, las obreras de *B. lapidarius* se encargan de los huevos.

4

Abejorro parásito del abejorro terrero
Bombus (Psithyrus) vestalis (Ápidos)
L 15-22 mm todo el año §

DESCRIPCIÓN: pelo corto y plumoso, denso. Tórax con un ancho anillo amarillo en la parte anterior, abdomen con pelo blanco a partir del 3.er segmento. Hembra sin aparato recolector de polen.
HÁBITAT: muy extendido en terrenos abiertos, pero en general sólo presencia aislada.
GENERALIDADES: este abejorro parásito busca preferentemente nidos del similar abejorro terrero para poner los huevos; más raramente se instala con otras especies de abejorro.

1a

1b

1c

1d

2

3

4

1 | **Abeja melífera o colmenera**
Apis mellifera (Ápidos)
L 11-18 mm todo el año

DESCRIPCIÓN: color marrón, anillos abdominales anteriores a menudo amarillos o rojizos. Base de los segmentos abdominales con bandas afelpadas marrón claro. Una celda alargada y paralela con la punta redondeada (celda radial) en el margen anterior de la punta de las alas. Patas posteriores de las obreras con el cestillo típico de esta subfamilia en la tibia y 1.er tarso muy ancho. Reina **(1a)** con el abdomen claramente prolongado. Macho (zángano) **(1b)** con ojos compuestos muy grandes que se tocan arriba.
HÁBITAT: muy frecuente en todas partes como animal doméstico, ocasionalmente en árboles huecos y similares.
GENERALIDADES: las colonias, de muchos años de duración, pueden estar formadas por hasta 80 000 obreras (hembras con los órganos sexuales atrofiados), dominadas por una reina. Mientras que las obreras se dedican a todas las tareas de cuidado de los huevos y a alimentar a la reina, esta se limita a poner huevos. Puede producir unos 1500 huevos **(1c)** diarios. Las celdas hexagonales están hechas de cera que las jóvenes obreras secretan en el lado inferior de los anillos abdominales en forma de pequeñas láminas. Estas celdas se disponen de dos en dos una enfrente de otra, formando panales, de los cuales hay varios que cuelgan en paralelo entre sí y, en muchos casos, llenan todo el espacio hueco disponible (en circunstancias naturales, p. ej., en un árbol hueco). Las celdas marginales y todas las celdas de los panales situados a los lados se llenan de miel (el néctar procesado por las abejas) o polen y se tapan con cera. Para informar de las mejores fuentes de néctar, las obreras tienen una lengua propia de signos, única entre los insectos. Una abeja que regresa de una fuente cercana de alimento, hace escala en el panal y lo recorre impetuosamente hacia arriba al tiempo que empuja a algunas compañeras de nido que se mantienen tranquilas. Estas la siguen atentas y reciben como prueba una gota de néctar. Después la exploradora se mueve en el panal formando círculos de aquí para allá hasta que consigue que salgan tras ella algunas de las obreras.Si la fuente se halla más alejada, la obrera describe semicírculos y, en medio, un tramo recto durante el que mueve el abdomen rápidamente de un lado a otro, al tiempo que, con las alas; esta figura se parece a un ocho tumbado. El ángulo entre la dirección del tramo con movimiento del abdomen y de la vertical hacia arriba corresponde al ángulo entre la fuente de néctar y el sol. En línea recta hacia arriba, por lo tanto, significa: en dirección al sol hay una fuente de alimento. En línea recta hacia abajo significa que en dirección opuesta al sol encontrarán néctar. La velocidad de la figura es además una medida de la distancia. Sin embargo, no saben en qué dirección está la nueva fuente de alimento, y aquí es donde entra en juego el sensible olfato de las abejas: al recibir la prueba de néctar, las recolectoras también han sido informadas del olor del alimento, de forma que pueden seguir la pista del aroma. Si la fuente se encuentra a 100 m de distancia, la obrera recorre el tramo en el que mueve el abdomen entre 9 y 10 veces en 15 s; si se encuentra a 500 m, lo recorre 6 veces, y si está a 5000 m, lo hace sólo 2 veces. En experimentos con abejas marcadas, se ha demostrado que las recolectoras que han recibido este mensaje casi siempre encuentran su objetivo a la primera, sin haber estado antes allí. En el centro de los panales interiores se encuentra el nido con la puesta. La larva **(1d)** se desarrolla en 3 semanas, contadas desde la puesta, a pupa **(1e)** y a nueva abeja **(1f)**. Al principio es alimentada con jalea real, luego con polen y néctar. En primavera, las obreras suelen construir en el borde del panal de cría unas 5 celdas grandes para la cría de nuevas reinas **(1g)**. La formación de las reinas depende únicamente del alimento que toman. Las obreras les dan exclusivamente jalea real mezclada con una sustancia adicional. Las nuevas reinas emergen ya a los 16 días. Pocos días antes, la antigua reina abandona la colmena con una parte de la colonia en forma de enjambre y busca un nuevo alojamiento **(1h)**. La primera reina joven que emerge mata con el aguijón a las competidoras que todavía se encuentran en las celdas. Luego parte para realizar su vuelo nupcial y aparearse fuera de la colmena con zánganos que han emergido poco antes de sus celdas, situadas asimismo en el margen del panal. Finalmente, asumirá el papel de la antigua reina. Puede vivir entre 4 a 5 años, mientras que las obreras sólo viven de 4 a 5 semanas. .

1a
1c
1d
1b
1e
1f
1g
1h

1 | *Limnephilus flavicornis* (Limnefílidos) L 10-14 mm Env 26-37 mm mayo-oct.

DESCRIPCIÓN: el insecto maduro recuerda a una mariposa nocturna. Color marrón amarillento, tórax negruzco en la parte superior. Alas anteriores bastante estrechas, truncadas en diagonal en el extremo, marrón grisáceo claro, con manchas oscuras distribuidas irregularmente. Alas posteriores más anchas, en reposo plegadas bajo las alas anteriores, como un tejadillo. Antenas aprox. de la longitud del cuerpo.
HÁBITAT: en los márgenes de aguas estancadas y de curso lento, sobre todo en estanques y charcas pequeños, frecuente.
GENERALIDADES: la frigánea adulta es activa al atardecer y durante la noche. Vuela poco y suele estar posada en la vegetación ribereña. Tiene los órganos bucales muy atrofiados, como todas las frigáneas, por lo que sólo puede tomar líquidos. Tras el apareamiento, la hembra pone los huevos, amarillos verdosos, en masas gelatinosas esféricas de 1 a 2 cm en plantas de la orilla **(1b)**. La larva se deja caer al agua después de eclosionar. Tiene el cuerpo blando y blanquecino; sólo los dos segmentos torácicos anteriores tienen placas de quitina sólidas en el lado superior. En los anillos abdominales hay branquias traqueales filamentosas dispuestas en penachos, y en el último segmento hay dos apéndices en forma de gancho. Posee glándulas tejedoras que desembocan en los órganos bucales. Teje los hilos de seda alrededor de diferentes partículas que va encontrando en su hábitat para formar un estuche sólido y alargado en el que oculta el delicado abdomen y al que se agarra mediante los ganchos del extremo del abdomen. El estuche puede estar formado por partículas diversas. El material más frecuente son lentejas de agua **(1c)**, pero pueden ser trozos de madera o incluso pequeños caracoles acuáticos vivos. Antes de la pupación, el estuche se fija a una base con los hilos de seda. Justo antes de que emerja el imago, la pupa se vuelve móvil, abandona el estuche y sale a la superficie trepando por una planta. Aquí muda a frigánea madura.

2 | *Limnephilus rhombicus* (Limnefílidos) L 10-17 mm Env 30-44 mm mayo-ago.

DESCRIPCIÓN: un poco más grande que *L. flavicornis*. Cuerpo y alas marrón rojizo claro. En el centro de las alas una mancha romboide clara enmarcada en color oscuro en la parte anterior y posterior.
HÁBITAT: en aguas estancadas y de curso lento de todo tipo, frecuente en general.
GENERALIDADES: la larva construye un estuche muy similar al de *L. flavicornis*.

3 | *Glyphotaelius pellucidus* (Limnefílidos) L 11-16 mm Env 28-38 mm mayo-ago.

DESCRIPCIÓN: alas marrón amarillento, con manchas oscuras, truncadas en diagonal en la punta y recortadas en forma de arco, de modo que cuando están plegadas se reconoce un ángulo en la parte superior.
HÁBITAT: bastante frecuente en charcas umbrías de bosques.
GENERALIDADES: la larva **(3b)** construye un estuche escutiforme de hasta 6 cm de largo con trozos redondos de hojas caídas que recorta con las mandíbulas.

4 | *Chaetopteryx villosa* (Limnefílidos) L 5-10 mm Env 16-26 mm sep.-nov.

DESCRIPCIÓN: alas muy cortas y anchas, con la punta anchamente redondeada. Son de color marrón y tienen largos y densos pelos negros en las venas.
HÁBITAT: en arroyos de curso rápido, frecuente en general en zonas de montaña.
GENERALIDADES: es la última frigánea que vuela en el año y a menudo puede verse después de las primeras nevadas. No es raro verlas sobre la nieve, donde también pueden observarse apareamientos. La larva construye un estuche de hasta 20 mm de largo, recto o un poco curvado, con piedras tejidas con pequeños trozos de madera o similares por la parte exterior.

1a

1b

2

1c

3a

3b

4

1 | *Anabolia nervosa* (Limnefílidos)
L 10-14 mm Env 27-34 mm sep.-oct.

DESCRIPCIÓN: imago **(1a)** difícil de distinguir de otras especies. Cuerpo y alas marrones, sin dibujos claros.
HÁBITAT: en aguas estancadas y corrientes, sobre todo con fondo de arena, bastante frecuente en general.
GENERALIDADES: la larva construye uno de los estuches más llamativos de las especies europeas. Consiste en un tubo de unos 30 mm de largo formado por piedrecillas y ramas o tallos de plantas de hasta 70 mm de largo dispuestos lateralmente en dirección longitudinal, los cuales sobresalen claramente tanto por delante como por detrás **(1b)**. Estos estuches ofrecen una buena protección porque no pueden ser tragados por los peces.

2 | *Halesus tesselatus* (Limnefílidos)
L 11-18 mm Env 36-50 mm sep.-oct.

DESCRIPCIÓN: frigánea bastante grande, de color claro. Alas marrón grisáceo claro, con numerosas rayas longitudinales oscuras parcialmente unidas entre sí.
HÁBITAT: en arroyos y ríos de curso lento, por lo general no rara.
GENERALIDADES: la larva construye, de forma similar a la de *Anabolia* (v. arriba), un estuche tubular con trozos de madera largos por la parte exterior, pero el tubo está formado por trozos de hojas y madera.

3 | *Potamophylax* sp. (Limnefílidos)
L 10-16 mm Env 30-45 mm mayo-oct.

DESCRIPCIÓN: frigánea marrón de alas grises, con dibujos claros poco definidos. Varias especies difíciles de distinguir (no representada).
HÁBITAT: en arroyos de curso rápido con el fondo arenoso o pedregoso, frecuente en la montaña, más rara en la llanura.
GENERALIDADES: la larva construye con piedrecillas de diferente tamaño un estuche ligeramente curvado, de 20-25 mm de largo, cuya superficie suele ser bastante irregular.

4 | *Phryganea grandis* (Limnefílidos)
L 15-21 mm Env 40-60 mm abr.-ago.

DESCRIPCIÓN: la especie europea más grande. Alas grises con manchas marrones y blancas; las de la hembra **(2a)**, además, con rayas longitudinales negras.
HÁBITAT: en aguas estancadas, más raramente de curso lento, ricas en vegetación, sobre todo en zonas pantanosas. Bastante frecuente en general.
GENERALIDADES: la larva **(2b)** tiene la cabeza amarilla con rayas negras que contrastan mucho. Construye un estuche recto, tubular, de hasta 7 cm de largo, con trozos de plantas acuáticas de 8-10 mm de largo que va uniendo en espiral.

5 | *Hagenella clathrata* (Limnefílidos)
L 9-11 mm Env 27-34 mm mayo-jun. RLZ §

DESCRIPCIÓN: cuerpo negro, con pelo amarillo. Alas muy anchas, amarillas, dibujo de las venas negro.
HÁBITAT: en aguas pantanosas, rara.
GENERALIDADES: construye un estuche muy similar al de la larva de *Phryganea*.

6 | *Philopotamus ludificatus* (Filopotámidos)
L 7-9 mm Env 20-28 mm mayo-ago.

DESCRIPCIÓN: similar a *Hagenella*, pero más pequeña y con las alas más estrechas. Cuerpo negro, cabeza y tórax con pelo denso amarillo dorado. Alas anteriores amarillas con dibujo reticular en negro que contrasta mucho. Alas posteriores marrón oscuro, con manchas amarillentas.
HÁBITAT: en arroyos de montaña de curso rápido, en zonas de montaña localmente no rara.
GENERALIDADES: la esbelta larva vive en arroyos de montaña turbulentos, entre piedras. No construye estuche, sino que se aloja en un capullo irregular.

1a
1b
2
3
4a
4b
5
6

Frigáneas

1

Mystacides longicornis (Leptocéridos)
L 5,5-7,5 mm Env 16-20 mm jul.-sep.

DESCRIPCIÓN: pequeña frigánea con las antenas el doble de largas que las alas (las de la hembra un poco más cortas). Alas estrechas, amarillas, con 4 bandas transversales oscuras a menudo poco definidas.
HÁBITAT: en aguas grandes, estancadas y de curso lento, bastante frecuente.
GENERALIDADES: los machos bailan a menudo en densos enjambres al atardecer. La larva construye un estrecho estuche tubular de granos de arena.

2

Hydroptila sp. (Hidroptílidos)
L 2-3 mm Env 5-8 mm jun.-oct.

DESCRIPCIÓN: frigánea diminuta de color oscuro. Alas muy estrechas, puntiagudas lanceoladas. Varias especies difíciles de distinguir (no representada).
HÁBITAT: en cursos de agua corriente con el fondo arenoso o fangoso, bastante frecuente.
GENERALIDADES: la larva, de tan sólo 3-4 mm de largo, está muy aplanada lateralmente. Construye un estuche muy plano con granos de arena diminutos, de unos 5 mm de largo, que recuerda a un estuche de gafas. Siempre lleva el estuche de lado.

3

Sericostoma personatum
(Sericostomátidos)
L 7-12 mm Env 20-33 mm jun.-sep.

DESCRIPCIÓN: imago de cuerpo negro y alas uniformemente marrones. Macho con palpos de la mandíbula inferior ensanchados que le cubren la cara como una máscara (no representado).
HÁBITAT: bastante frecuente en arroyos y ríos.
GENERALIDADES: la larva vive en un estrecho estuche de hasta 15 mm de largo, hecho de finos granos de arena. El estuche está ligeramente curvado y recuerda al colmillo de un elefante. La superficie es totalmente lisa.

4

Goera pilosa (Goéridos)
L 6-8 mm Env 18-25 mm mayo-jul.

DESCRIPCIÓN: macho oscuro, hembra marrón amarillenta con las alas totalmente marrones (no representado).
HÁBITAT: en arroyos y lagos con muchos movimientos del agua, bastante frecuente.
GENERALIDADES: la larva construye un tubo con piedrecillas al que añade piedras grandes por la parte exterior. El tamaño de las piedras suele disminuir claramente hacia atrás.

5

Agapetus fuscipes (Glososomátidos)
L 2,5-3 mm Env 8-10 mm mayo-ago.

DESCRIPCIÓN: frigánea muy pequeña de cuerpo oscuro y alas totalmente marrón claro (no representado).
HÁBITAT: en la orilla de arroyos de curso lento, incluso en riachuelos diminutos de manantiales. Frecuente en la montaña, más rara en la llanura.
GENERALIDADES: la larva construye un estuche abombado como el caparazón de una tortuga con piedrecillas gruesas. El estuche tiene una pequeña abertura en el lado inferior delante y detrás, a través de la que la larva estira la cabeza y los rudimentos de los tarsos posteriores.

6

Frigánea
Thremma gallicum (Uenoidos)
L 3 mm Env 12-13 mm jun.-jul.

DESCRIPCIÓN: frigánea muy pequeña de alas gris oscuro, cubierta de denso pelo amarillo dorado (no representada).
HÁBITAT: muy rara, en arroyos de montaña muy limpios y turbulentos.
GENERALIDADES: la larva construye con granos de arena finísimos un estuche de forma adecuada a la corriente. El lado superior **(6a)** tiene forma de gorra plana, con una ligera punta hacia atrás. Desde abajo puede reconocerse un tubo estrechado cónicamente en el que encuentra lugar el abdomen de la larva, también cónico **(6b)**.

1

2

3

4

5

6a

6b

1 | *Neureclipsis bimaculata* (Policentropódidos)

L 4-7 mm Env 12-21 mm jul.-ago.

DESCRIPCIÓN: imago de cuerpo negro y alas cubiertas de pelo gris, estas con una mancha más grande y una más pequeña de color blanco amarillento (no representado).
HÁBITAT: en desembocaduras de lagos, sobre todo en tierras bajas. No rara en la mayoría de zonas.
GENERALIDADES: la esbelta larva, blanquecina, alcanza los 22 mm de largo y tiene la cabeza amarilla con puntos oscuros. Construye la red más bonita de todas las larvas de frigánea tejedoras de redes. Forma un embudo de hasta 10 cm de largo con una abertura de unos 4 cm de ancho que vuelve a girar hacia delante en la parte posterior y desemboca en un estrecho tubo tejido. La abertura siempre está colocada contra la corriente y se encoge si se saca del agua. La larva se encuentra en la parte final curvada y vive de diversas partículas que arrastra la corriente, como trozos de planta arrancados y pequeños animales acuáticos.

2 | *Plectrocnemia* sp. (Policentropódidos)

L 7-10 mm Env 21-29 mm jun.-jul.

DESCRIPCIÓN: frigánea de cuerpo marrón oscuro y alas gris claro, con manchas oscuras (no representada).
HÁBITAT: bastante frecuente en ríos y arroyos, también en riachuelos diminutos.
GENERALIDADES: la larva, de cuerpo blando, es rojiza o verdosa y tiene la cabeza marrón, con manchas oscuras **(2a)**. Vive en lugares con pocos movimientos de agua y construye una red que la corriente infla como una bolsa **(2b)**.

3 | *Tinodes waeneri* (Psicomiídeos)

L 4-5 mm Env 13-18 mm jun.-ago.

DESCRIPCIÓN: pequeña frigánea de cuerpo marrón oscuro y alas grises con venas oscuras (no representada).
HÁBITAT: frecuente en aguas estancadas.
GENERALIDADES: la esbelta larva, verdosa y de hasta 10 mm de largo, teje tubos enrollados sobre piedras y cubiertos de fango. Se come las algas que crecen en las piedras.

4 | *Hydropsyche* sp. (Hidropsíquidos)

L 6-11 mm Env 18-30 mm abr.-sep.

DESCRIPCIÓN: frigánea de color oscuro; alas claras con dibujos poco marcados. Numerosas especies difíciles de distinguir (no representada).
HÁBITAT: frecuente en cursos de agua.
GENERALIDADES: la larva **(4a)** es parduzca y tiene el cuerpo un poco aplanado lateralmente. En el lado inferior del abdomen tiene branquias traqueales en forma de penachos. Teje entre piedras una red redonda que recuerda a un colador para el té, de aprox. 1 cm de diámetro. Se cobija al lado en un tubo de pequeñas piedras y pasta la superficie de la red **(4b)**.

5 | *Rhyacophila* sp. (Riacofílidos)

L 5-11 mm Env 15-35 mm mayo-oct.

DESCRIPCIÓN: numerosas especies, imago de colores y dibujos diferentes según la especie, pero sólo puede identificarse con seguridad mediante rasgos de los apéndices genitales (no representada).
HÁBITAT: en arroyos pedregosos de curso rápido, sobre todo en zonas de montaña.
GENERALIDADES: la larva de *Rhyacophila* **(5a)** es la única larva de frigánea europea que se mueve libremente y no construye un estuche ni teje una red. El cuerpo es un poco aplanado y normalmente verde. La cabeza, también plana, se estira hacia delante en línea recta. A ambos lados del abdomen tiene unos densos penachos de branquias (ausentes en algunas especies). Se alimenta de forma depredadora de otros insectos acuáticos. Para la pupación construye una estructura de piedrecillas de diferentes tamaños, alargada y fijada a piedras base **(5b)**. La pupa habita un estrecho capullo marrón.

1

2a

2b

3

4a

4b

5a

5b

1 | *Enoicyla pusilla* (Limnefílidos)

L 3-5 mm Env 11-15 mm sep.-oct.

DESCRIPCIÓN: pequeña frigánea inconspicua, con diferencias notables entre los sexos. Macho (1a, animal inferior) de cuerpo negro y patas marrón claro, exceptuando las coxas negras. Alas marrón claro, con venas negras muy marcadas. Palpos de la mandíbula inferior negros. Hembra (1a, animal superior; 1b) con diminutos rudimentos alares lobulados, negro brillante, con una membrana marrón amarillento entre las placas ventrales y dorsales del abdomen.
HÁBITAT: sobre todo en el suelo de bosques húmedos, especialmente bosques pantanosos de aliso, también en la zona de la orilla de arroyos de bosque umbríos, más raramente en bosques secos y matorrales.
GENERALIDADES: especie muy interesante que lleva una vida muy retirada en todos los lugares, por lo que seguramente simplemente se ha pasado por alto en muchas zonas. Junto a *E. reichenbachi*, también presentada aquí, es la única especie de frigánea europea con larvas terrestres. Los imagos aparecen muy tarde en el año, a partir de septiembre. Los animales prefieren estar alrededor de la base de alisos y otros árboles caducifolios, donde es fácil localizar a ejemplares machos cogiendo hierbas y hojas caídas con el cazamariposas. Si hay mucha suerte, a veces aparece también una hembra, pero debido a su pequeño tamaño (unos 3 mm), es fácil no verla en el cazamariposas o confundirla con un colémbolo. Las hembras jóvenes tienen el abdomen tan lleno de huevos que el animal es el doble de largo que después de la puesta **(1b)**. Poco después del apareamiento muere el macho. La hembra pone los huevos en una pequeña masa en el follaje caído o en el suelo y muere unos días después. Bajo la influencia de la humedad, la gelatina que envuelve los huevos se hincha hasta formar un disco abombado como el cristal de un reloj, de unos 5 mm de diámetro **(1c)**. Durante octubre eclosionan las larvas, que empiezan inmediatamente a construir un estuche estrechado hacia atrás con granos de arena. Se alimentan de musgos y hojas caídas y alcanzan una longitud de unos 3 mm durante el invierno. En cuanto suben las temperaturas en primavera, dan un estirón y en mayo o junio alcanzan su longitud definitiva, de unos 8 mm **(1d)**. Durante los meses cálidos del verano pasan por una fase de reposo. A finales de agosto o principios de septiembre vuelven a ser activas, pero poco después cierran el estuche con una tapa tejida sólida y pupan. Después de que emerjan los imagos, aún se encuentran los estuches vacíos durante mucho tiempo al pie de los troncos, en las capas superiores del suelo. Pero ni mucho menos todas las larvas llegan al estadio adulto. Muchas mueren probablemente debido a un tiempo demasiado seco y otras son víctimas de parásitos y otros enemigos.

2 | *Enoicyla reichenbachi* (Limnefílidos)

L 3-5 mm Env 12-16 mm sep.-oct.

DESCRIPCIÓN: muy similar a *E. pusilla*, pero algo más grande por término medio. Macho **(2a)** con las alas un poco más anchas y algo más oscuras. Palpos de la mandíbula inferior amarillentos. La hembra **(2b)** no puede volar, igual que en la otra especie, pero las alas llegan aprox. hasta el centro del abdomen (después de la puesta).
HÁBITAT: al igual que la otra especie, en bosques húmedos y en la zona de la orilla de arroyos y ríos umbríos; posiblemente necesite más humedad que *E. pusilla*.
GENERALIDADES: esta segunda especie con larvas terrestres es muy similar a la otra tanto en la forma de nido como en el período de aparición. La larva **(2c)** no construye su estuche, de unos 10 mm de largo, con granos de arena, sino con trozos de plantas secos. Vive también en la tierra, donde se alimenta de hojas caídas y musgos.

1a

1b

1c

1d

2a

2c

2b

Como grupo más primitivo de las **mariposas** está la familia *Micropterigidae*, parecida a los limnefílidos, aunque se diferencian de ellos por sus estrechas alas. Al contrario que otras mariposas, las Micropterigidae tienen mandíbulas mordedoras, pero carecen de trompa chupadora. En Centroeuropa existen alrededor de 15 especies.

1 **Micropterix**
Micropterix calthella (Micropterígidos)
Env 7-10 mm mayo-jun.

DESCRIPCIÓN: mariposa muy pequeña de alas dorado verdoso brillante, frente con gran mechón de pelo amarillo.
HÁBITAT: en prados húmedos y claros de bosque, bastante frecuente en general.
GENERALIDADES: los imagos se alimentan de polen. Es posible ver esta especie en primavera, en grupos, en flores de ranúnculo, pero también visita otras plantas con flor. La oruga, de color gris y hasta 4,5 mm de longitud, vive en el suelo de diversas plantas, también de restos de plantas en descomposición.

De los miembros de la familia *Adelidae* llama especialmente la atención sus largas antenas, que en los machos puede alcnzar a tener varias veces la longitud del cuerpo. Las alas son totalmente brillantes o con aspecto en parte metálico. En nuestras latitudes existen alrededor de 30 especies.

2 *Adela reaumurella* (Adélidos)
Env 14-18 mm abr.-mayo

DESCRIPCIÓN: antenas del macho (foto) el triple de largas que las alas, las de la hembra 1,5 veces más largas. Alas anteriores dorado verdoso, alas posteriores negras con brillo violeta.
HÁBITAT: en lindes de bosques y matorrales, bastante frecuente en general.
GENERALIDADES: a principios de primavera, los machos ya bailan delante de arbustos y diversos árboles caducifolios, a veces en grandes enjambres. En cuanto una hembra entra en el enjambre, un macho la agarra y descienden al suelo. La oruga, amarillenta, vive en un estuche construido con trozos de hojas entre el follaje caído.

3 *Nemophora degeerella* (Adélidos)
Env 16-23 mm mayo-jul.

DESCRIPCIÓN: macho (foto) con las antenas aprox. 4 veces más largas que las alas, las de la hembra 1,5 veces más largas. Alas amarillo dorado con rayas longitudinales marrones y ancha banda transversal amarilla.
HÁBITAT: frecuente en lindes de bosques.
GENERALIDADES: los machos vuelan igual que los de *A. reaumurella*, pero aparecen más tarde en el año. Las orugas minan primero las hojas de plantas herbáceas y luego viven en el suelo del bosque en un estuche tejido con trozos de plantas.

4 *Nemophora metallica* (Adélidos)
Env 15-20 mm jun.-ago.

DESCRIPCIÓN: antenas del macho casi 3 veces más largas que las alas (foto), las de la hembra, 1,5 veces más largas. Alas color latón.
HÁBITAT: en prados con muchas flores y prados secos, por lo general no rara.
GENERALIDADES: visitan casi exclusivamente flores de los géneros *Scabiosa* y *Knautia* donde ponen los huevos. La oruga se alimenta de las semillas, pero después, en el suelo se hace un estuche de trozos de plantas.

Los miembros de la familia *Pterophoridae* suelen tener las alas dividas en plumas que, en reposo, se enrollan y quedan paralelas al cuerpo. En nuestras latitudes existen unas 50 especies.

5 **Penacho de cinco plumas** (Pterofóridos)
Pterophorus pentadactylus
Env 26-34 mm mayo-sep.

DESCRIPCIÓN: totalmente blanca. Alas anteriores divididas en 2 bandas plumosas; las posteriores, divididas en 3.
HÁBITAT: bastante frecuente en lindes de bosques y márgenes de caminos.
GENERALIDADES: las orugas, verdes, eclosionan en verano y viven en enredaderas.

6 *Platyptila gonodactyla* (Pterofóridos)
Env 20-30 mm mayo-oct.

DESCRIPCIÓN: alas blancas con dibujos marrones más o menos definidos. Alas anteriores divididas en menos de 1/3. Porción anterior de las alas con margen exterior cóncavo, con una punta clara en la parte anterior; parte posterior truncada en diagonal.
HÁBITAT: frecuente en lindes de bosques y márgenes de caminos húmedos y en orillas.
GENERALIDADES: vuela en 2 generaciones anuales. Las orugas viven en tusilago.

Los integrantes de la familia **Yponomeutidae** suelen tener las alas delanteras blancuzcas adornadas con puntos oscuros. Cuando están en reposo, las alas adoptan forma de tejado. En Centroeuropa existen unas 75 especies.

1 | *Yponomeuta evonymella* (Iponoméutidos)
Env 22-26 mm jul.-ago.

DESCRIPCIÓN: mariposa de alas estrechas y blancas, con 5 filas de pequeños puntos negros.
HÁBITAT: muy frecuente en general en bosques y terrenos abiertos.
GENERALIDADES: las orugas **(1c)**, de hasta 20 mm de largo, son amarillentas o grises y tienen 2 cortas rayas longitudinales negras en cada segmento. Viven en grupo en mayo y junio en cerezos de racimo *(Prunus padus)*, más raramente en otras especies de *Prunus*. El nombre de la especie hace referencia al Bonetero *(Euonymus europaea)*, lo cual induce a error, ya que en esta planta viven las orugas de *Y. cognatella*, similar. Las orugas de *Y. evonymella* envuelven con frecuencia las plantas que comen, ramas y tronco incluidos, en densos mantos de color blanco, y pueden llegar a defoliar la planta **(1b)**. No obstante, aunque lleguen a este punto, no molestan a las demás plantas y mueren de hambre si no han alcanzado a tiempo la madurez para la pupación. La pupación tiene lugar en estrechos capullos blancos que se elaboran paralelamente en densos paquetes entre los mantos hilados. En junio aparecen las mariposas y el árbol empieza a regenerarse y a echar nuevos brotes. Pocas semanas después ya vuelve a estar lleno de hojas y los restos de los mantos sólo pueden descubrirse fijándose atentamente. Las mariposas ponen los huevos en las ramas, donde invernan y al año siguiente se crean nuevas orugas.

2 | **Polilla del ciruelo**
Yponomeuta padella (Iponoméutidos)
Env 19-22 mm jul.-ago.

DESCRIPCIÓN: muy similar a *Y. evonymella*, pero un poco más pequeña y con sólo 3 filas de puntos negros en las alas anteriores; los márgenes de las alas, además, presentan zonas grises.
HÁBITAT: frecuente en lindes de bosques y setos.
GENERALIDADES: se desarrolla preferentemente en endrinos, pero también en el espino albar y en frutales como el ciruelo, el manzano y el peral. Los mantos son menos densos que los de *Y. evonymella*, pero sus orugas también pueden defoliar totalmente los árboles y arbustos infestados.

Los **lepidópteros**, de tamaño pequeño a mediano, de la familia Tortricidae, tienen alas relativamente anchas y con forma de triángulo o cuadrado y que cuando están en reposo, las alas adoptan forma de tejado. En Centroeuropa existen unas 500 especies.

3 | **Polilla de la agalla del pino**
Retinia resinella (Tortrícidos)
Env 16-20 mm mayo-jun.

DESCRIPCIÓN: mariposa de alas anteriores marrón grisáceo oscuro, con bandas transversales gris plateado, y alas posteriores totalmente gris oscuro (no representada).
HÁBITAT: frecuente en general en pinares.
GENERALIDADES: la oruga roe la corteza del pino por debajo de un punto de donde brotan varias ramas. De este modo sale resina que va mezclando con seda y partículas de excrementos para formar una agalla dura por fuera, del tamaño de hasta una nuez **(3a)**. No obstante, no es del todo acertado hablar de agalla, ya que no está formada por tejidos vegetales. En el interior tiene dos cámaras: en una se encuentra la larva y la otra se utiliza para depositar los excrementos **(3b)**. Antes de emerger, la pupa se desliza a través de la pared de resina ablandada hacia fuera, de modo que la mariposa no entra en contacto con la resina pegajosa.

4 | *Olethreutes arcuella* (Tortrícidos)
Env 14-18 mm mayo-ago.

DESCRIPCIÓN: tal vez la mariposa más colorista de las especies centroeuropeas. El naranja es el color básico de las alas anteriores, pero tienen también espléndidos dibujos en azul, plateado brillante, negro y amarillo.
HÁBITAT: en claros de bosques y prados secos con matorrales, no rara localmente.
GENERALIDADES: la oruga, de color marrón oscuro, vive en el suelo, donde se alimenta de hojas marchitas y follaje caído.

1a
1b
2
1c
3a
3b
3c
4

Las **orugas** de la familia Gracillariidae son planas y excavan minas en las hojas. Las mariposas tienen alas de forma lanceolada con flecos en los bordes,a tono ocre que en las alas posteriores son más largos que la anchura del ala. En Centroeuropa hay unas 100 especies.

Los **pirálidos** (familia *Pyralidae*), presentados en esta página y la siguiente **(1-4)**, son la familia de mariposas pequeñas con más especies, con unas 300 especies europeas. Habitan en lugares muy diversos; algunas, p. ej., viven como orugas bajo el agua –la única mariposa europea que lo hace–; otras se encuentran entre las plagas más importantes de productos alimentarios almacenados.

1 | **Minador del castaño de Indias**

Cameraria ohridella (Graciláridos)
Env 8–10 mm, abr.–may. ago.

DESCRIPCIÓN: las alas pueden ir de un tono anaranjado a ocre con brillo metálico y dibujos blanquinegros.
HÁBITAT: inmigrante de los Balcanes a Europa central, entretanto se ha difunfdido por todas partes.
GENERALIDADES: la especie afecta al castaño de Indias (*Aesculus hippocastanium*), en cuyas hojas se desarrollan las orugas; en cambio no atacan al castaño de Indias rojo (*Aesculus carnea*). La actividad de las orugas acaba por secar las hojas provocando la consiguiente defoliación.

2 | *Elophila nymphaeata* (Crámbidos)

Env 22-30 mm jun.-ago.

DESCRIPCIÓN: alas blancas con dibujos de lazos marrones y bandas en zigzag.
HÁBITAT: frecuente en general en aguas estancadas con mucha vegetación.
GENERALIDADES: mariposa activa sobre todo al anochecer; se posa preferentemente en el envés de hojas o –siempre con la cabeza hacia abajo– en tallos de plantas. La oruga, de amarillenta a verdosa, come sobre todo hojas de Espiga de agua *(Potamogeton natans)*, pero también otras plantas de hojas flotantes. Después de emerger, primero mina la hoja, pero después recorta un trozo oval y lo fija con hebras de seda a la hoja que ha comido. A menudo construye también una casa transportable con 2 trozos de hojas. En los dos primeros estadios de muda puede humedecerse y respira a través de la piel; en el tercer estadio se vuelve hidrófuga y el estuche de hojas se llena con una burbuja de aire que se va renovando periódicamente. Para ello la larva eleva el tórax sobre la superficie del agua. Para la pupación fija el estuche a un tallo mediante hebras de seda a unos 5-10 cm bajo el nivel del agua. La mariposa que emerge sube a la superficie como un corcho gracias a la película de aire que la rodea.

3 | **Nínfula de los nenúfares**

Nymphula nitidulata (Crámbidos)
Env 18-22 mm jun.-ago.

DESCRIPCIÓN: un poco más pequeña que *Elophila nymphaeata* y con un dibujo de lazos más definido; todas las bandas sin zigzag.
HÁBITAT: en aguas estancadas con mucha vegetación, infrecuente.
GENERALIDADES: la oruga se desarrolla preferentemente en esparganios.

4 | *Cataclysta lemnata* (Crámbidos)

Env 15-25 mm jun.-sep.

DESCRIPCIÓN: alas anteriores del macho **(3a)** blancas, con dibujos parduscos muy débiles; las de la hembra marrón claro con dibujos más oscuros difuminados. Alas posteriores de los dos sexos blancas con manchas y bandas oscuras, con un reborde negro de margen amarillo que discurre paralelo al margen e incluye varios puntos plateados brillantes.
HÁBITAT: en aguas estancadas con tapiz de lentejas de agua.
GENERALIDADES: la oruga **(3b)** vive preferentemente de lentejas de agua. Al igual que la de *Elophila nymphaeata*, en los dos primeros estadios está humedecida, pero después la envuelve una película de aire. Vive en una casa tejida con lentejas de agua justo por debajo de la superficie del agua.

5 | *Acentria ephemerella* (Crámbidos)

Env 11-20 mm mayo-sep.

DESCRIPCIÓN: mariposa totalmente blanca, el macho **(4a)** mucho más pequeño que la hembra. Esta aparece también en una forma áptera, además de en la forma alada normal.
HÁBITAT: en estanques y lagos con mucha vegetación, no rara localmente.
GENERALIDADES: las hembras aladas son animales terrestres, igual que los machos; las ápteras permanecen en el agua. Para el apareamiento sacan un poco el extremo del abdomen sobre la superficie del agua, para ser fecundadas por machos en la superficie. La oruga **(4b)**, de color verdoso claro o amarillento, se alimenta de diversas plantas acuáticas, como elodea, espiga de agua y cola de zorra.

1a

1b

2a

2b

3

4a

4b

5a

5b

1

Anania hortulata (Crámbidos)
Env 24-28 mm jun.-ago.

DESCRIPCIÓN: cuerpo y base de las alas anteriores cubiertos de escamas amarillas, resto de las alas blanco con puntos negros formando bandas transversales curvadas.
HÁBITAT: frecuente en bosques, márgenes de caminos y jardines, húmedos.
GENERALIDADES: la mariposa, activa al anochecer y durante la noche, reposa de día en la vegetación, pero se asusta fácilmente. La oruga, amarilla o verdosa, se oculta en una hoja enrollada con hebras de seda de la planta nutricia, que suele ser la ortiga, pero también puede ser la menta, la grosella espinosa o plantas del género *Stachys*.

2

Crambus lathoniellus (Crámbidos)
Env 19-22 mm mayo-sep.

DESCRIPCIÓN: alas anteriores muy estrechas, truncadas en el extremo y recortadas de forma ligeramente angular, blancas con dibujos marrones de muy diversa extensión. Los dibujos del macho son más definidos que los de la hembra (foto).
HÁBITAT: frecuente en lugares con hierba.
GENERALIDADES: la mariposa reposa durante el día en tallos de hierbas con las alas enrolladas y cabeza abajo, pero es muy fácil de asustar. La oruga, de color gris, vive en hierbas en un tubo de seda.

3

Polilla del boj
Cydalima perspectalis (Crámbidos)
Env 40-45 mm abril-sep.

DESCRIPCIÓN: las alas son blancas con un reborde de marrón, en el reborde lateral de las alas delanteras hay una mancha en forma de media luna que puede encontrarse en distintos tonos de color.
HÁBITAT: en jardines y parques. Originaria de Asia oriental, a principios del siglo XXI fue introducida en Centroeuropa de donde está a punto de desaparecer.
GENERALIDADES: puede llegar hasta los 50 mm de longitud; las orugas, verdes con bandas blancas y negras, devoran los árboles arbustivos y pueden provocar su defoliación.

4

Polilla menor de la cera
Achroia grisella (Pirálidos)
Env 13-25 mm todo el año

DESCRIPCIÓN: alas anteriores marrón grisáceo sin dibujos definidos, frente con escamas amarillas.
HÁBITAT: frecuente en general en colmenas, más raramente también en pisos.
GENERALIDADES: las orugas cubren panales de abejas con sus tejidos, se alimentan de cera, polen y productos dulces.
ESPECIE SIMILAR: la Polilla de la cera *(Galleria mellonella)* tiene una envergadura alar de 20-30 mm y las alas son marrón más oscuro; vive en los mismos lugares.

Algunos significativos parásitos pertenecen a las polillas de la ropa (familia *Tineidae*). Son más bien unas pequeñas mariposas, delgadas y con alas con flecos. En nuestras latitudes hay unas 80 especies.

5

Polilla india de la harina
Plodia interpunctella (Pirálidos)
Env 13-20 mm mayo-oct.

DESCRIPCIÓN: alas marrón rojizo, con dibujos azules y una banda transversal amarilla en el centro.
HÁBITAT: muy extendida en viviendas, también en campos de cultivo.
GENERALIDADES: es una de las plagas más importantes devoradoras de alimentos. La oruga se alimenta de cereales, fruta seca y dulces unidos con hebras de seda.

Los lepidópteros de la familia Coleophoridae tienen un cuerpo largo y delgado, alas muy largas si se las compara con su anchura. Las orugas son llamativas porque, a partir de cierta edad, construyen un capullo alrededor de su cuerpo. En Centroeuropa existen unas 220 especies.

6

Mariposa de estuche
Coleophora sp. (Coleofóridos)
Env 8-20 mm jun.-sep.

DESCRIPCIÓN: representante de una familia propia *(Coleophoridae)*. Por lo general mariposa muy pequeña de alas estrechas, apuntadas en el extremo y con largos flecos en el margen; numerosas especies difíciles de distinguir (no representada).
HÁBITAT: frecuente en general en lindes de bosques y lugares similares.
GENERALIDADES: la larva vive en un estuche de seda aplanado, de forma distinta según la especie, fijado a una hoja (foto). Desde ese estuche penetra con la parte anterior del cuerpo en la hoja y la devora.

1

2

3a

4

3b

5

6

1 Polilla portaestuche de los roperos

Tinea pellionella (Tineídos)
Env 11-17 mm jun.-ago.

DESCRIPCIÓN: alas anteriores recubiertas de escamas de color cobre metálico, con una pequeña mancha oscura en el tercio de la punta.
HÁBITAT: frecuente en viviendas.
GENERALIDADES: la oruga vive de trozos de ropa, plumas y acolchados de muebles. Construye una casa de fibras que lleva consigo.
ESPECIE SIMILAR: la Polilla común de las pieles *(Tineola bisseliella)*, tiene las alas de un solo color. La larva teje un tubo de seda fijo en la zona de alimento.
Las **orugas de bolsa o de saquito** (familia *Psychidae*), como indica su nombre, se caracterizan por tejer unos estuches de seda portátiles, de forma similar a como lo hacen las larvas de *Nemophora metallica* y de muchas polillas domésticas de las ropas. Algunos estuches están formados sólo por seda, pero también pueden estar cubiertos de los más diversos materiales. Las hembras suelen ser ápteras, pero en algunas formas primitivas todavía tienen alas funcionales. En Centroeuropa hay unas 45 especies.

2 *Narycia duplicella* (Psíquidos)

Env ♂ 9-11 mm ♀ 7-9 mm abr.-jun.

DESCRIPCIÓN: una de las especies más pequeñas de la familia. Los dos sexos alados. Alas negras con manchas blancas que contrastan mucho.
HÁBITAT: en troncos cubiertos de musgo en bosques caducifolios, no rara.
GENERALIDADES: la oruga construye un estuche plano de unos 5 mm de largo, cubierto de algas verdes y trozos de liquen **(1b)**.

3 Melasina pestañosa

Typhonia ciliaris (Psíquidos)
Env ♂ 20-24 mm ♀ 25-32 mm jun.-jul. RLO

DESCRIPCIÓN: los dos sexos alados. Alas totalmente negras (no representada).
HÁBITAT: muy extendida en terrenos abiertos de los Alpes en altitudes de hasta más de 2000 m.
GENERALIDADES: la oruga, con dibujos oscuros en los segmentos torácicos, construye un estuche alargado de 2 cm de largo, a menudo ligeramente curvado hacia arriba, cubierto por fuera de granos de arena (foto).

4 *Psyche casta* (Psíquidos)

Env ♂ 10-14 mm L ♀ 4-5 mm mayo-ago.

DESCRIPCIÓN: sólo el macho alado **(3a)**, con alas marrón ahumado con brillo metálico. Hembra **(3b)** áptera, amarillenta o marrón claro con placas dorsales marrón oscuro. Patas bien desarrolladas.
HÁBITAT: frecuente en general en bosques y terrenos abiertos.
GENERALIDADES: la oruga habita en un saquito tejido cubierto por fuera con trozos de plantas alargados, que sobresalen en diagonal. Se alimenta de plantas muy diversas y teje el saquito para la pupación en, p. ej., ramas, troncos o paredes de casas. La hembra emerge por la abertura posterior del estuche, pero no lo abandona totalmente, sino que se fija en el extremo en posición encogida **(3b)**. Mediante una feromona atrae a un macho que se aparea con ella. Poco después pone los huevos en el estuche y muere.

5 *Canephora irsuta* (Psíquidos)

Env ♂ 20-25 mm L ♀ 13-20 mm mayo-jul.

DESCRIPCIÓN: macho de alas totalmente negras. Hembra áptera, cilíndrica, con patas reducidas a rudimentos no funcionales (no representada).
HÁBITAT: en bosques ralos y terrenos abiertos, no rara localmente.
GENERALIDADES: la oruga macho cubre el saquito, de 25-37 mm de largo, con trozos de hojas secas por fuera y añade en el extremo anterior algunos tallos y hierbas secas (foto). El saquito de la hembra sólo está revestido de trozos cortos de plantas. La hembra sólo asoma su extremo anterior por el saquito y emite su feromona.

1a

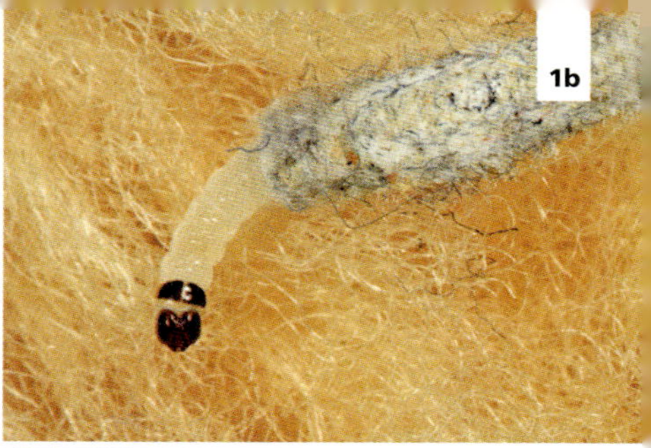
1b

4a

3

3

4b

4c

5

1 | *Apterona helcoidella* (Psíquidos)
L ♀ 4-5 mm jun.-jul.

DESCRIPCIÓN: macho ausente en Centroeuropa, hembra vermiforme, sin cabeza clara, oculta en el saquito.
HÁBITAT: sobre todo en regiones cálidas en lugares rocosos y pedregosos, no rara.
GENERALIDADES: la oruga construye un estuche con forma de concha de caracol, cubierto de tierra por fuera (foto). En Centroeuropa la hembra sólo produce huevos de forma partenogenética. Los machos sólo están presentes en el sur de los Alpes y en el sur de Europa.

Los representantes de los **hepiálidos** (familia *Hepialidae*) tienen un apéndice estrecho y lobulado (yugo) en la parte posterior de la base de las alas anteriores, con cuya ayuda se unen ambas alas durante el vuelo. Las antenas son muy cortas y los órganos bucales están atrofiados. Las orugas viven en raíces de plantas. En Europa están representados por 10 especies.

2 | *Phymatopus hecta* (Hepiálidos)
Env 22-36 mm mayo-jul.

DESCRIPCIÓN: alas anteriores del macho **(2a)** de marrón rojizo claro a rojo amarillentas, con filas de manchas blanco amarillentas con los márgenes oscuros; las de la hembra (**2b**, animal superior), marrón grisáceo con bandas marrón oscuro.
HÁBITAT: frecuente en general en lindes de bosques, prados y jardines.
GENERALIDADES: debido a los órganos bucales atrofiados, las mariposas maduras no pueden tomar alimento. El macho tiene las patas posteriores muy transformadas. Los tarsos están atrofiados y las tibias están ensanchadas en forma de maza y ahuecadas en la cara interior, donde presentan un grupo de escamas olorosas amarillas en forma de pelo. Las patas se colocan pegadas al abdomen de modo que las escamas permanecen ocultas en unas bolsas abdominales laterales. Para el cortejo, los machos suelen volar arriba y abajo delante de lindes de bosques y arbustos en grupo, antes de que oscurezca, acción durante la cual despliegan los órganos olorosos. Se posan también extendiendo mucho las alas anteriores y plegando las alas posteriores hacia abajo **(2b)**. En cuanto una hembra, atraída por el aroma, se acerca, el macho se abalanza sobre ella y la pareja se posa cerca del suelo. Las orugas, de color blanquecino, viven en las raíces de diversas plantas.

3 | *Triodia sylvina* (Hepiálidos)
Env 25-45 mm jul.-sep.

DESCRIPCIÓN: alas anteriores del macho (foto) marrón rojizo claro, las de la hembra más marrón grisáceo con rayas longitudinales amarillentas y manchas más oscuras.
HÁBITAT: en terrenos abiertos, por lo general algo húmedos, también en prados de hierba y jardines, frecuente en general.
GENERALIDADES: para el apareamiento, los machos buscan a hembras posadas cerca del suelo. Las orugas viven en las raíces de diversas plantas, a menudo también en plantas de cultivo.

4 | Fantasma
Hepialus humuli (Hepiálidos)
Env 40-70 mm mayo-ago.

DESCRIPCIÓN: macho **(4a)** con las alas totalmente blancas, hembra **(4b)** con las alas amarillas con dibujos en marrón.
HÁBITAT: principalmente en prados de siega y prados húmedos, frecuente en general.
GENERALIDADES: las orugas viven en las raíces de plantas muy diversas (p. ej. en petasites, iris y branca ursina falsa).

Los **taladros de la madera** (familia *Cossidae*) suelen ser mariposas grandes y robustas, cuyos órganos bucales están más o menos reducidos. Las orugas taladran la madera u otras plantas (p. ej., tallos de cañas). En Centroeuropa hay 7 especies.

5 | Mariposa del taladro rojo de los troncos
Cossus cossus
Env 65-80 mm mayo-jul.

DESCRIPCIÓN: mariposa muy grande. Alas grises con una densa red de rayas más y menos finas de color negro, unidas entre sí.
HÁBITAT: muy extendida en bosques húmedos (sobre todo bosques riparios) y en grupos de árboles cercanos a aguas.
GENERALIDADES: la oruga, de color marrón rojizo y hasta 10 cm de largo, desprende un fuerte olor a vinagre de madera. Se desarrolla preferentemente en madera de chopo y sauce, pero también se ha encontrado en toda una serie de caducifolios. Las infestaciones suelen ser fuertes y los árboles quedan literalmente como coladores por las minas de las orugas; con frecuencia acaban muriendo.

1
2
3
4a
4b
5a
5b

Las **sesias** (familia *Sesiidae*), a menudo con un gran colorido, se caracterizan por las alas casi desprovistas de escamas. Muchas destacan por su gran parecido con las avispas. En Centroeuropa hay unas 35 especies.

1 | **Abejilla del álamo y del chopo**
Sesia apiformis (Sésidos)
Env 30-45 mm mayo-ago.

DESCRIPCIÓN: la especie europea de sesias más grande, que recuerda mucho a un avispón debido a los dibujos en amarillo y negro y las estrechas alas transparentes.
HÁBITAT: en lugares abiertos, algo húmedos, con chopos, no rara en la mayoría de zonas.
GENERALIDADES: la mariposa vuela con un claro zumbido, por lo que aumenta la impresión de peligro. Es un caso clásico de mimetismo, es decir, de imitación de animales con armas defensivas por parte de especies totalmente inofensivas. La oruga, de hasta 40 mm de largo, se desarrolla en las raíces y en la zona baja del tronco de chopos. El desarrollo dura entre 3 y 4 años.

2 | *Bembecia ichneumoniformis* (Sésidos)
Env aprox. 20 mm jun.-ago.

DESCRIPCIÓN: pequeña sesia de tégulas de color amarillo, naranja y marrón oscuro, dispuestas en franjas.
HÁBITAT: en lugares secos y abiertos, tales como prados secos, fosas de grava y canteras, no rara localmente.
GENERALIDADES: la oruga se desarrolla preferentemente en las raíces del cuernecillo y de la hierba de la herradura.

3 | *Pennisetia hylaeiformis* (Sésidos)
Env 20-25 mm jul.-sep.

DESCRIPCIÓN: alas anteriores con franjas de tégulas marrón rojizo y negro. Un poco más grande que *Bembecia ichneumoniformis*.
HÁBITAT: bastante frecuente en claros de bosques, jardines y cultivos de frambuesa.
GENERALIDADES: la oruga vive en las raíces de plantas de frambuesa.

4 | *Chamaesphecia empiformis* (Sésidos)
Env 14-18 mm mayo-ago.

DESCRIPCIÓN: sesia bastante pequeña, de colores inconspicuos, con el cuerpo cubierto de escamas dorado brillante.
HÁBITAT: bastante frecuente en todos los terrenos abiertos con lechetrezna.
GENERALIDADES: la oruga se desarrolla en las raíces de la lechetrezna. La infestación perjudica visiblemente a la planta, pero no suele causarle la muerte.

5 | *Synanthedon formicaeformis* (Sésidos)
Env 15-21 mm mayo-ago.

DESCRIPCIÓN: sesia esbelta de color negro brillante, con anillo abdominal rojo. Alas con escamas rojas y negras, con brillo azul metálico.
HÁBITAT: en lindes de bosques y otras zonas con saucedales, sobre todo en lugares un poco húmedos, no rara localmente.
GENERALIDADES: las orugas se desarrollan en ramas de sauces.

6 | *Synanthedon stomoxiformis* (Sésidos)
Env 25-26 mm mayo-jul. RL3

DESCRIPCIÓN: similar a *S. formicaeformis*, pero con la banda abdominal roja más ancha y las alas sin escamas rojas.
HÁBITAT: en matorrales cálidos y expuestos al sol, rara.
GENERALIDADES: la oruga vive justo por debajo de la superficie, en la zona del cuello de la raíz del arraclán. Antes de la pupación teje un tubo de aprox. 1 cm de grosor y hasta 15 cm de largo, cubierto de virutas marrón rojizas y que sobresale junto al pie del tronco.

1

2

3

4

5

6

Los **geométridos** (familia *Geometridae*), son la familia de lepidópteros más rica en especies después de los noctuidos, con unas 500 en Centroeuropa. Las mariposas tienen el cuerpo estrecho y se parecen a las mariposas diurnas, pero sin antenas claviformes. Las orugas tienen casi siempre los 3 pares de patas –de los normalmente 5– abdominales anteriores reducidos **(2b)**. Se mueven adelantando los dos pares de patas posteriores casi hasta el tórax y formando un arco cerrado en la base al curvar el tronco hacia arriba.

1 | *Archiearis parthenias* (Geométridos)
Env 30-40 mm mar.-abr.

DESCRIPCIÓN: geométrido similar a un noctuido; alas anteriores marrón oscuro, con bandas blancas y grises; las posteriores, rojo amarillentas con dibujos en marrón.
HÁBITAT: en lindes de bosques húmedas y matorrales, no rara.
GENERALIDADES: la oruga, de color verde con rayas amarillas, vive en abedules; tiene los 3 pares de patas abdominales anteriores bien desarrollados.

2 | *Peribatodes rhomboidaria* (Geométridos)
Env 30-38 mm jun.-sep.

DESCRIPCIÓN: alas marrón grisáceo con dibujo variable de puntos y líneas oscuras. Macho **(2a)** con las antenas muy pectinadas.
HÁBITAT: en lindes de bosques, brezales y jardines, por lo general no rara.
GENERALIDADES: la oruga **(2b)**, muy estrecha y de hasta 40 mm de largo, tiene colores y dibujos muy variables. Puede ser totalmente marrón, pero también tener dibujos amarillos y oscuros. Vive en numerosos arbustos distintos.

3 | *Triphosa dubitata* (Geométridos)
Env 38-48 mm jul.-mayo

DESCRIPCIÓN: alas anteriores marrón grisáceo con líneas transversales grises.
HÁBITAT: no rara en lindes de bosques y terrenos abiertos.
GENERALIDADES: la oruga vive en diversos arbustos. La mariposa inverna regularmente en cuevas (foto), a menudo en grupos de varias muy juntas.

4 | *Hypomecis roboraria* (Geométridos)
Env 40-50 mm mayo-ago.

DESCRIPCIÓN: geométrido muy grande, alas gris blanquecino con líneas transversales onduladas oscuras y finas rayas. Antenas del macho largamente pectinadas.
HÁBITAT: bastante frecuente en bosques, parques y jardines.
GENERALIDADES: la oruga vive en robles y algunos otros árboles caducifolios.

5 | *Siona lineata* (Geométridos)
Env 35-40 mm mayo-jul.

DESCRIPCIÓN: tiene alas blancas, envés con venas negras y banda negra paralela al margen.
HÁBITAT: por lo general no rara en lindes de bosques y prados secos y húmedos.
GENERALIDADES: la oruga vive normalmente en diversas plantas herbáceas, tales como llantén, campanillas, diente de león y tomillo. Inverna y pupa en tallos de plantas en un capullo amarillento que recuerda al de las zigenas.

6 | *Odezia atrata* (Geométridos)
Env 23-27 mm mayo-jul.

DESCRIPCIÓN: tiene alas negras con ligero brillo metálico negro; sólo las puntas de las alas anteriores con un estrecho margen blanco.
HÁBITAT: sobre todo en prados húmedos y cerca de aguas, también en prados de montaña secos; frecuente localmente.
GENERALIDADES: la mariposa es activa de día y de noche. La oruga se desarrolla en umbelíferas como el perifollo borde y *Chaerophyllum* sp.

1

2a

2b

3

4

5

6

1 | **Geómetra arlequín**
Abraxas grossulariata (Geométridos)
Env 35-40 mm jun.-ago. RL3

DESCRIPCIÓN: geométrido con dibujos inconfundibles. Alas blancas con numerosos puntos negros, en parte dispuestos formando bandas curvadas, una banda amarilla entre estas y una mancha basal amarilla. Cuerpo amarillo con puntos negros.
HÁBITAT: antes era frecuente en jardines, hoy casi ha desaparecido de ellos. Quedan grupos en bosques húmedos, sobre todo riparios.
GENERALIDADES: la oruga **(1b)** muestra un dibujo muy parecido al de la mariposa. Vive sobre todo en la grosella espinosa, pero también en otros arbustos (p. ej., endrinos y cerezos de racimo). La pupación tiene lugar en un capullo poco tupido en la planta nutricia.

2 | *Abraxas sylvata* (Geométridos)
Env 30-38 mm mayo-ago.

DESCRIPCIÓN: alas blancas con una mancha marrón redonda en la base de las alas anteriores y otra en el margen posterior, poco antes de la punta del ala; además, manchas grises en forma de nube.
HÁBITAT: preferentemente en bosques húmedos, no rara localmente, pero ha disminuido notablemente en muchos lugares.
GENERALIDADES: la mariposa recuerda a excrementos de ave por su color. La oruga, de color blanquecino, se parece un poco a la oruga de la geómetra arlequín, pero no tiene puntos negros, sino rayas cortas negras. Vive en diversos árboles caducifolios y arbustos.

3 | *Colostygia pectinataria* (Geométridos)
Env aprox. 25 mm mayo-oct.

DESCRIPCIÓN: alas anteriores verde claro con dibujos muy ornamentales en blanco, negro y amarillento.
HÁBITAT: en bosques húmedos, lindes de bosques y brezales, por lo general no rara.
GENERALIDADES: la oruga vive en diversas especies de galio y también en ortigas y ortigas muertas.

4 | *Ematurga atomaria* (Geométridos)
Env 22-30 mm abr.-sep.

DESCRIPCIÓN: sexos de colores muy distintos. Macho **(4a)** con las alas anteriores marrón claro y las posteriores amarillentas, las dos con bandas transversales marrones en ligero zigzag y numerosas rayas finas. Antenas largamente pectinadas. Hembra **(4b)** con dibujo similar, pero las alas blancas. Antenas filiformes. Ocasionalmente aparecen también ejemplares con colores y dibujos muy distintos, p. ej., con un moteado muy denso y oscuro o con las alas totalmente marrón oscuro; también hay animales con las alas casi blanco puro.
HÁBITAT: en prados secos y claros de bosques, también en pantanos; bastante frecuente.
GENERALIDADES: las mariposas son también muy activas de día. La oruga, de colores muy distintos, vive en brezos, retamas y diversas plantas herbáceas.
ESPECIE SIMILAR: el macho de *Bupalus pinarius*, especie similar, tiene las alas anteriores amarillentas, mientras que las de la hembra son marrones, con la mitad de la punta marrón oscuro. La oruga, de color verde con rayas blancas (representada como presa de *Ammophila pubescens*) se encuentra entre las peores plagas de los pinos.

5 | *Opisthograptis luteolata* (Geométridos)
Env 32-37 mm abr.-jul.

DESCRIPCIÓN: alas amarillo azufre con manchas marrón rojizo en el margen anterior.
HÁBITAT: frecuente en general en bosques, brezales y jardines.
GENERALIDADES: la oruga, de color marrón, suele tener el cuerpo doblado cuando está en posición de reposo y recuerda mucho a una rama muerta. Se alimenta, entre otros, de espino albar, endrinos y serbales.

1a

1b

2

3

4a

4b

5

1 | **Geómetra del saúco o de cola de golondrina**
Ourapteryx sambucaria (Geométridos)
Env 40-50 mm jul.-ago.

DESCRIPCIÓN: geométrido muy grande de alas blanco amarillentas. Alas anteriores con 2 estrechas rayas transversales marrones, las posteriores con una. Con una punta corta en el ángulo exterior de las alas posteriores y delante un pequeño ocelo de núcleo rojo.
HÁBITAT: bastante frecuente en lindes de bosques, en zonas con setos y jardines.
GENERALIDADES: la oruga, de color marrón, se parece muchísimo a una rama y es casi imposible descubrirla si no se mueve. Vive sobre todo en el saúco, pero también en otros arbustos.

2 | **Lomaspilis orlada**
Lomaspilis marginata (Geométridos)
Env 20-25 mm abr.-ago.

DESCRIPCIÓN: alas blancas con banda marginal con varias muescas e interrumpida, de color negro, que deja libre sólo el margen posterior de las alas anteriores y el margen anterior de las posteriores.
HÁBITAT: en lindes de bosques húmedas y prados, frecuente en general.
GENERALIDADES: el marcado dibujo de las alas parece disolver la forma del animal, de modo que apenas es posible reconocer la figura real de la mariposa en reposo. La oruga se desarrolla preferentemente en sauces y chopos.

3 | *Plagodis dolabraria* (Geométridos)
Env 28-32 mm abr.-ago.

DESCRIPCIÓN: inconfundible gracias al dibujo. Alas anteriores de color blanco pardusco con numerosas rayas transversales verdosas. Alas posteriores de color blanquecino con mancha violeta en el margen posterior.
HÁBITAT: bastante frecuente en bosques y jardines.
GENERALIDADES: la mariposa produce 2 generaciones anuales. La oruga, de color marrón y similar a una rama, vive en diversos árboles caducifolios.

4 | **Pantera manchada**
Pseudopanthera macularia (Geométridos)
Env 23-28 mm abr.-jul.

DESCRIPCIÓN: dibujo muy marcado. Alas amarillas con manchas marrones, algunas de las cuales se fusionan formando bandas.
HÁBITAT: bastante frecuente en lindes y claros de bosques y en prados.
GENERALIDADES: la mariposa también es activa de día y puede verse a menudo visitando flores. La oruga, de color verde, se alimenta de diversas labiadas, como la ortiga muerta y la menta.

5 | **Gran geómetra del abedul, geómetra esmeralda**
Geometra papilionaria (Geométridos)
Env 40-50 mm jun.-ago.

DESCRIPCIÓN: geométrido bastante grande de alas verde claro con dibujos en blanco.
HÁBITAT: en bosques pantanosos y brezales, ocasionalmente también en jardines, frecuente localmente.
GENERALIDADES: la oruga suele desarrollarse en abedules.

6 | *Selenia tetralunaria* (Geométridos)
Env 30-38 mm abr.-ago.

DESCRIPCIÓN: alas dentadas en la punta, con banda transversal rojo óxido en el centro y una mancha en forma de media luna dentro de la banda.
HÁBITAT: no rara en bosques y jardines.
GENERALIDADES: la mariposa está siempre posada con las alas dobladas en ángulo. La oruga se desarrolla en diversos arbustos.

7 | *Cyclophora punctaria* (Geométridos)
Env 18-25 mm abr.-ago.

DESCRIPCIÓN: alas con dibujos muy variables, por lo general finamente punteadas y con una banda púrpura en cada una.
HÁBITAT: bastante frecuente en lindes de bosques y matorrales.
GENERALIDADES: la oruga, por lo general de color verde, suele desarrollarse en robles.

1

2

3

4

5

6

7

1 Mariposa de la escarcha

Operophtera brumata (Geométridos)
Env ♂ 22-28 mm L ♀ 6-8 mm oct.-dic.

DESCRIPCIÓN: sexos muy distintos. Macho (animal a la dcha.) normalmente alado; alas marrón claro con bandas dentadas oscuras poco definidas. Hembra (animal a la izda.) con diminutos rudimentos alares, de color gris oscuro.
HÁBITAT: muy frecuente en general en bosques, jardines y parques.
GENERALIDADES: la mariposa vuela muy tarde en el año y puede verse regularmente en ventanas iluminadas y farolas. Las inconspicuas hembras pueden verse ocasionalmente en los postes de las farolas. La oruga, de color verde con rayas amarillas, vive preferentemente en frutales, a los que puede defoliar en caso de desarrollo masivo.

2 Azote de los frutales

Erannis defoliaria (Geométridos)
Env ♂ 30-40 mm L ♀ 8-10 mm sep.-dic.

DESCRIPCIÓN: macho (foto) con dibujos muy variables, con o sin banda definida en las alas, pero casi siempre con un punto oscuro cerca del centro de las alas. Hembra áptera, gris claro con puntos oscuros.
HÁBITAT: frecuente en general en bosques y jardines.
GENERALIDADES: la oruga, de color marrón con manchas más claras, vive sobre todo en robles y algunos otros caducifolios, pero también puede instalarse en frutales y ocasionalmente causar daños.

3 *Phigalia pilosaria* (Geométridos)

Env 35-40 mm feb.-mar.

DESCRIPCIÓN: macho (foto) de alas grises con dibujos oscuros poco definidos. Hembra con diminutos rudimentos alares, de color gris.
HÁBITAT: frecuente en bosques y jardines.
GENERALIDADES: la especie vuela muy pronto en el año, a diferencia de las mariposas de la escarcha, normalmente cuando aún hay nieve. Las orugas viven en diversos caducifolios, como el roble, el sauce y el chopo.

4 *Lycia alpina* (Geométridos)

Env ♂ 30-35 mm L ♀ 10-13 mm abr.-jul

DESCRIPCIÓN: aspecto distinto al típico de la familia debido al cuerpo robusto y al pelo plumoso. Macho (animal a la dcha.) de alas blancas con bandas transversales marrones. Hembra (animal a la izda.) con rudimentos alares cortos de color blanco.
HÁBITAT: en los Alpes en altitudes de entre 1000 y 2500 m.
GENERALIDADES: los animales aparecen justo después de que se derrita la nieve. Las hembras son mucho más frecuentes que los machos. Las orugas, de color verde, se desarrollan en diversas plantas bajas.

5 *Biston strataria* (Geométridos)

Env 40-50 mm mar.-mayo

DESCRIPCIÓN: mariposa robusta de alas bastante estrechas y largas, con dibujos en negro, blanco y marrón rojizo.
HÁBITAT: por lo general no rara en lindes de bosques y márgenes de caminos, así como en parques y jardines.
GENERALIDADES: la oruga, marrón y de hasta 55 mm de largo, se desarrolla en chopos y otros árboles caducifolios.

6 Geómetra menor del abedul

Biston betularia (Geométridos)
Env 35-60 mm mayo-jul.

DESCRIPCIÓN: alas estrechas y largas, de color blanco con pequeños puntos y manchas negros, a veces totalmente negras.
HÁBITAT: bastante frecuente en bosques ralos, márgenes de carreteras y pantanos.
GENERALIDADES: la mariposa casi no puede verse sobre la corteza del abedul; la forma negra que aparece ocasionalmente, en cambio, está bien camuflada sobre troncos oscuros. La oruga, de color verde o marrón y de hasta 60 mm de largo, vive en numerosos caducifolios diferentes.

1

2

3

5

4

6

Los **noctuidos** (familia *Noctuidae*), son la familia de lepidópteros más rica en especies, con unas 640 especies centroeuropeas. Las alas anteriores suelen ser estrechas y en la posición de reposo se colocan en forma de tejadillo. La mayoría de especies son de color gris o marrón inconspicuo y muy difíciles de distinguir entre sí.

1 | *Acronicta tridens* (Noctúidos)
Env 30-40 mm mayo-sep.

DESCRIPCIÓN: alas anteriores marrón grisáceo con 2 rayas negras en forma de flecha.
HÁBITAT: en lindes de bosques no rara en muchos lugares, sobre todo en suelos arenosos.
GENERALIDADES: la oruga **(1b)**, con gran colorido, tiene pelos largos, a diferencia de la mayoría de orugas de noctuidos, y tiene un giba peluda de color negro en el 4.° segmento. Vive, entre otros, en endrinos, espinos albares y abedules.
ESPECIE SIMILAR: *Acronicta psi*, muy similar, suele ser de color más claro, pero en la forma de mariposa no puede distinguirse con seguridad. La oruga tiene una protuberancia muy alta, casi sin pelo, de color negro, en el 4.° segmento.

2 | **Sicamoro**
Acronicta aceris (Noctúidos)
Env 35-45 mm mayo-ago.

DESCRIPCIÓN: mariposa de alas grises, con dibujos oscuros irregulares, difícil de distinguir de otras especies (no representada).
HÁBITAT: en lindes de bosques, infrecuente.
GENERALIDADES: la oruga está cubierta de denso pelo largo de color amarillo y tiene mechones rojos en la sección anterior, además de manchas redondas blancas con el margen negro en todo el dorso. Vive sobre todo en arces y robles. Si se la perturba se enrolla en forma de anillo (foto), con lo que adopta un aspecto muy extraño. Aparentemente, el denso pelo la protege de muchos depredadores, ya que este indica que no puede comerse.

3 | *Panthea coenobita* (Noctúidos)
Env 40-50 mm mayo-ago.

DESCRIPCIÓN: alas y cuerpo blancos con bandas y manchas negras muy marcadas.
HÁBITAT: en bosques de pícea, en general infrecuente.
GENERALIDADES: la oruga, de rico colorido, vive preferentemente en píceas. No tiende a la reproducción masiva, por lo que no causa daños.
ESPECIE SIMILAR: la Monja *(Lymantria monacha)*, muy similar, tiene las alas más anchas y dibujos un poco distintos.

4 | *Panolis flammea* (Noctúidos)
Env 30-33 mm mar.-jun.

DESCRIPCIÓN: color básico de las alas gris verdoso, con dibujos rojos de diferente extensión, a menudo casi totalmente rojas.
HÁBITAT: no rara en pinares.
GENERALIDADES: la oruga, de color verde con rayas blancas (en la foto de *Ammophila sabulosa*, se alimenta preferentemente de pinos y puede causar daños en caso de reproducción masiva, lo que sucede ocasionalmente.

5 | **Cuculia del verbasco**
Cucullia verbasci (Noctúidos)
Env 45-50 mm abr.-jun.

DESCRIPCIÓN: mariposa con mechón de pelo orientado hacia delante en el tórax. Alas anteriores amarillentas de margen anterior y posterior marrón oscuro.
HÁBITAT: en lindes de bosques y terrenos abiertos con verbasco.
GENERALIDADES: la oruga, de color gris azulado con manchas amarillas y negras, tiene poco pelo, al igual que la mayoría de orugas de los noctuidos. Se desarrolla en diversas especies de verbasco, más raramente en escrofularias.
ESPECIE SIMILAR: *Cucullia scrophulariae*, muy similar, tiene el margen anterior de las alas cubierto de escamas más grises.

1a

1b

2

3

4a

4b

5a

5b

1 | *Pseudoips prasinana* (Noctúidos)
Env 30-35 mm mayo-jul.

DESCRIPCIÓN: alas anteriores verdes con el margen amarillento y 2-3 rayas transversales blancas, a menudo poco definidas. Alas posteriores del macho amarillas; las de la hembra (foto), blancas.
HÁBITAT: frecuente en hayedos.
GENERALIDADES: la oruga, de color verde con manchas amarillas y de hasta 4 cm de largo, se alimenta preferentemente de hayas, pero también de otros caducifolios.
ESPECIE SIMILAR: *Bena bicolorana*, un poco más grande, tiene 2 rayas transversales muy definidas en las alas.

2 | **Mormo o catocala negra**
Mormo maura (Noctúidos)
Env 55-65 mm jul.-sep.

DESCRIPCIÓN: gran noctuido con una mancha marrón oscuro casi cuadrada en las alas anteriores; alas posteriores con bandas marrón oscuro.
HÁBITAT: en lindes de bosques y matorrales cerca del agua, en general muy rara.
GENERALIDADES: la oruga, de color marrón, vive en diversos arbustos y árboles caducifolios. La mariposa reposa a menudo en cuevas en el sur de Europa.

3 | **Catocala nupcial**
Catocala nupta (Noctúidos)
Env 65-75 mm jul.-sep. §

DESCRIPCIÓN: alas anteriores grises con bandas en zigzag más oscuras, alas posteriores rojo luminoso con banda negra en el borde y en el centro, margen blanco.
HÁBITAT: no rara en grupos de árboles cerca del agua.
GENERALIDADES: es casi imposible descubrirla posada sobre la corteza de un árbol. Si se la perturba, separa las alas anteriores de modo que las posteriores de colores quedan visibles. La oruga, de color gris y muy plana, vive en chopos y sauces.
ESPECIES SIMILARES: varias especies del género mucho más raras.

4 | *Euclidia mi* (Noctúidos)
Env 25-30 mm mayo-jun.

DESCRIPCIÓN: alas anteriores de color gris con bandas y manchas marrones de bordes blancos.
HÁBITAT: no rara en márgenes de caminos.
GENERALIDADES: la oruga, muy estrecha, se desarrolla sobre todo en plantas de la subfamilia *Faboideae*.

5 | *Euclidia glyphica* (Noctúidos)
Env 25-30 mm mayo-ago.

DESCRIPCIÓN: alas anteriores de color marrón con bandas transversales más oscuras, alas posteriores con dibujos amarillos.
HÁBITAT: frecuente en prados.
GENERALIDADES: la oruga vive en diversas plantas de la subfamilia *Faboideae*.

6 | **Plusia gamma**
Autographa gamma (Noctúidos)
Env 35-40 mm mayo-oct.

DESCRIPCIÓN: inconfundible gracias al dibujo amarillento en forma de gamma en las alas anteriores.
HÁBITAT: muy frecuente en general.
GENERALIDADES: la mariposa, activa de día y de noche, migra cada año desde el sur de Europa a Inglaterra y Escandinavia. En Centroeuropa suele producir varias generaciones al año, cuyas mariposas realizan en parte la migración de regreso en otoño. La oruga, de color verde, vive en las más diversas hierbas y plantas leñosas.

7 | *Diachrysia chrysitis* (Noctúidos)
Env 28-35 mm mayo-sep.

DESCRIPCIÓN: alas anteriores con 2 grandes manchas brillantes de color verde dorado o latón, a menudo unidas (como en la foto) por una estrecha raya.
HÁBITAT: en lindes de bosques y matorrales, por lo general cerca del agua, también en jardines; frecuente en todos los lugares.

1

2

3

4

5

6a

6b

7

1 | Heraldo
Scoliopteryx libatrix (Noctúidos)
Env 40-45 mm todo el año

DESCRIPCIÓN: alas profundamente serradas en el margen de la punta, de color pardusco rosa con dibujos rojo amarillentos y 2 líneas transversales blancas muy juntas.
HÁBITAT: bastante frecuente en casi todos los lugares en bosques caducifolios.
GENERALIDADES: la especie produce 2 generaciones anuales. Los animales de la 2.ª generación, que emergen a finales del verano, buscan en otoño un lugar para invernar y es frecuente encontrarlos en cuevas en invierno. Reposa preferentemente en lugares húmedos, a menudo en grupos de varios juntos (foto), a veces cubiertos de gotas de agua.

2 | *Xestia c-nigrum* (Noctúidos)
Env 38-42 mm mayo-oct.

DESCRIPCIÓN: alas anteriores marrón oscuro, casi negras, con dibujo triangular amarillento en el centro del margen anterior. Delimitadas por un dibujo negro que representa una C angular.
HÁBITAT: muy frecuente en general en prados, márgenes de caminos y jardines.
GENERALIDADES: la especie suele producir 2 generaciones anuales. La oruga, de color marrón e inconspicua, vive en diversas plantas herbáceas.

3 | *Actinotia polyodon* (Noctúidos)
Env 27-30 mm mayo-ago.

DESCRIPCIÓN: alas anteriores con un dibujo blanco en zigzag muy llamativo antes del margen exterior, también en zigzag.
HÁBITAT: principalmente en lugares secos y soleados, tales como márgenes de caminos y terrenos baldíos, bastante frecuente.
GENERALIDADES: la mariposa vuela en 2 generaciones anuales. La oruga, de color marrón con una raya longitudinal lateral de color blanco, se desarrolla en la Hierba de San Juan *(Hypericum perforatum).*

4 | *Protodelitote pygarga* (Noctúidos)
Env 20-22 mm mayo-ago.

DESCRIPCIÓN: noctuido muy pequeño con mancha blanquecina en el ángulo interior de las alas, por lo demás de color marrón.
HÁBITAT: frecuente en general en bosques y matorrales.
GENERALIDADES: la oruga, marrón y con rayas longitudinales claras, vive en hierbas.

5 | *Emmelia trabealis* (Noctúidos)
Env 18-20 mm mayo-ago.

DESCRIPCIÓN: noctuido muy pequeño de alas blancas amarillentas con rayas negras.
HÁBITAT: en caminos secos y soleados, infrecuente.
GENERALIDADES: la oruga, con una ancha raya lateral blanca, vive en la Correhuela *(Convolvulus arvensis).*

6 | *Phlogophora meticulosa* (Noctúidos)
Env 45-50 mm todo el año

DESCRIPCIÓN: alas con el margen exterior en zigzag, con dibujo triangular en el centro de manchas angulares superpuestas.
HÁBITAT: frecuente en general en lindes de bosques y márgenes de caminos.
GENERALIDADES: la oruga, de color verde o marrón, vive en hierbas muy diversas.

7 | *Xanthia togata* (Noctúidos)
Env 27-30 mm ago.-oct.

DESCRIPCIÓN: noctuido pequeño de alas amarillo brillante con dibujos en violeta.
HÁBITAT: no rara en lugares húmedos con saucedales.
GENERALIDADES: pone los huevos en escamas de los capullos de ramas de sauce. Las orugas jóvenes que eclosionan de los huevos que han invernado se alimentan de flores de sauce y luego caen al suelo con estas, donde viven de plantas bajas.

1

2

3

4

5

6

7

Las **jorobadas** (familia *Notodontidae*), tienen en muchos casos un apéndice escamoso en forma de diente en el margen posterior de las alas anteriores; normalmente puede reconocerse cuando la mariposa está posada (v. p. siguiente **2** y **3**). Las orugas de muchas especies tienen una forma muy llamativa, a veces incluso extravagante, que suele servir de camuflaje, pero que también puede entenderse como señal de amenaza. Las **procesionarias** (p. siguiente, **5**) antes se consideraban una familia, pero ahora se clasifican como la subfamilia *Thaumetopoeinae* dentro de las jorobadas. En Centroeuropa hay unas 35 especies.

1 | **Pájaro luna**

Phalera bucephala (Notodóntidos)
Env 42-55 mm mayo-ago.

DESCRIPCIÓN: alas anteriores enrolladas alrededor del cuerpo cuando está posada, por lo que parecen muy estrechas, con una mancha redonda de color amarillo en la punta. Tórax truncado en la parte anterior y también amarillo en esta zona. Cabeza un poco desplazada hacia abajo.
HÁBITAT: en muchos hábitats diferentes, tales como lindes de bosques, parques y jardines. Bastante frecuente en todos los lugares.
GENERALIDADES: a la mariposa le gusta posarse en ramas muertas e imita casi perfectamente una rama rota. La hembra pone los huevos, semiesféricos y con un punto negro, en un grupo muy denso en el envés de las hojas del árbol nutricio (roble, abedul, haya, tilo, sauce cabruno y otros caducifolios) **(1b)**. Las orugas permanecen al principio muy juntas y devoran juntas la misma hoja. Después se dispersan por toda la rama. La oruga adulta **(1c)**, de hasta 60 mm de largo, es de color amarillo, con una banda longitudinal continua negra en el centro del dorso y otras líneas longitudinales interrumpidas en los límites de los segmentos. Muestra un cierto parecido con la oruga de la mariposa de la col, pero tiene el pelo más largo y la cabeza negra. Pupa en la tierra sin capullo e inverna.

2 | *Stauropus fagi* (Notodóntidos)

Env 45-60 mm abr.-ago.

DESCRIPCIÓN: alas anteriores largas y estrechas, de marrón grisáceo a marrón oscuro, con bandas en zigzag de color claro poco definidas y algunos puntos oscuros antes del margen de la punta. Alas posteriores mucho más cortas y algo más anchas.
HÁBITAT: muy extendida en bosques, sobre todo bosques riparios y hayedos, así como en parques y jardines, frecuente.
GENERALIDADES: la mariposa adopta una posición de reposo muy curiosa: coloca las alas anteriores planas o en forma de tejadillo sobre el cuerpo y desliza las alas posteriores hacia fuera hasta que el margen anterior sobresale claramente por los laterales de las alas anteriores **(2a)**. La parte que sobresale tiene el mismo dibujo que las alas anteriores, mientras que la parte cubierta es totalmente marrón. La oruga es una de las más extravagantes de todas las orugas de lepidópteros. La oruga joven es muy esbelta, de color marrón negruzco brillante, tiene la cabeza muy grande y el 2.° y el 3.er par de patas muy alargados. El extremo posterior carece de patas; acaba en 2 apéndices en forma de varilla. Recuerda mucho a una hormiga. La oruga adulta **(2b)** es mucho más robusta y de color marrón claro, pero sigue teniendo el 2.° y el 3.er par de patas muy alargados y los apéndices en el extremo del abdomen. Si se la perturba adopta la posición de amenaza de la foto.

3 | *Clostera curtula* (Notodóntidos)

Env 27-35 mm abr.-ago.

DESCRIPCIÓN: alas gris rojizo con una gran mancha marrón rojizo en la punta.
HÁBITAT: bastante frecuente en bosques, márgenes de caminos y jardines.
GENERALIDADES: la hembra dobla el abdomen hacia arriba entre las alas superpuestas para atraer a un macho. La oruga se desarrolla en chopos y sauces y suele ocultarse entre hojas unidas por hilos de seda.

1a

1b

1c

2a

2b

3

1 Harpía

Cerura vinula (Notodóntidos)
Env 45-70 mm abr.-jul.

DESCRIPCIÓN: alas gris blanquecino, con líneas curvadas oscuras antes de la punta.
HÁBITAT: en lindes de bosques, márgenes de caminos y fosas de grava.
GENERALIDADES: la oruga **(1a)** es de color verde brillante. Alrededor de la cápsula cefálica, el primer segmento tiene un anillo rojo brillante con 2 ocelos negros. En caso de amenaza, retrae la cabeza a este segmento y eleva la cola bifurcada. Si no basta, puede expulsar una secreción irritante de una hendidura situada bajo la cabeza (visible en la foto).

2

Ptilodon capucina (Notodóntidos)
Env 35-40 mm abr.-ago.

DESCRIPCIÓN: tórax con un mechón de pelo sobresaliente de forma triangular. Alas anteriores marrón rojizo con bandas en zigzag negras, con un apéndice como un diente, cubierto de escamas negras, en el centro del margen posterior.
HÁBITAT: bastante frecuente en bosques y terrenos abiertos.
GENERALIDADES: la oruga, de color verde, tiene 2 verrugas rojas y agudas en la parte superior del último segmento. Vive en diversos árboles caducifolios.

3 Jorobada de palpos largos

Pterostoma palpina (Notodóntidos)
Env 35-55 mm abr.-ago.

DESCRIPCIÓN: palpos de la mandíbula inferior muy prolongados y cubiertos de pelo largo, estirados en línea recta hacia delante. Alas anteriores marrón amarillento con dibujos poco definidos y un apéndice triangular en el margen posterior.
HÁBITAT: frecuente en casi todos los lugares en bosques, parques y jardines.
GENERALIDADES: la oruga, de forma sencilla y color verde con rayas longitudinales amarillentas, se desarrolla en chopos y sauces.

4

Notodonta ziczac (Notodóntidos)
Env 40-45 mm abr.-sep.

DESCRIPCIÓN: mariposa de alas marrón rojizo, con una mancha gris trapezoidal en el centro del margen anterior (no representada).
HÁBITAT: en lindes de bosques y caminos forestales, por lo general en lugares húmedos. Frecuente en todos los lugares.
GENERALIDADES: la oruga, de color gris rojizo, tiene una giba en forma de diente orientada hacia atrás en diagonal en los segmentos 5.° y 6.°, y una protuberancia cónica, de color rojo amarillento, en el segmento 11.°. Suele desarrollarse en álamos temblones o sauces cabrunos.

5 Procesionaria de la encina

Thaumetopoea processionea (Notodóntidos)
Env 25-35 mm jul.-sep.

DESCRIPCIÓN: mariposa inconspicua, alas anteriores de color gris oscuro, con dibujos poco definidos; alas posteriores blancas (no representada).
HÁBITAT: principalmente en encinares cálidos. Rara en general, pero en los últimos años aparece con mayor frecuencia.
GENERALIDADES: la oruga, de dorso marrón negruzco y laterales blanquecinos, está cubierta de pelo blanquecino muy largo. En los segmentos 1-8 tiene manchas espejo de color rojizo en las que sólo hay pelos urticantes de 0,1-0,2 mm de largo. Estos pelos se desprenden con facilidad y son transportados por el viento, pudiendo causar graves reacciones alérgicas en el ser humano. Suelen manifestarse en forma de fuerte y desagradable prurito unido a hinchazón y erupciones que se pueden extender por todo el cuerpo. También puede producirse fiebre, dificultades respiratorias e irritaciones oculares. Las orugas se desarrollan en diferentes especies de encina. De día reposan en un nido de seda en forma de bolsa situado en el tronco y de noche marchan en una densa procesión, por lo general de varias filas, hasta la copa del árbol para alimentarse.

1a

1b

2

3

4

5a

5b

Los **limacódidos** (familia *Limacodiade*) se caracterizan principalmente por las larvas con forma de babosa, y sólo hay unas pocas especies en Centroeuropa.

Los **lepidópteros** (familia *Drepanidae*) suelen tener los extremos de las alas delanteras en forma de hoz; las antenas, algo aplanadas, les dan cierta semejanza a un mochuelo. Por la parte superior son claras y por debajo de tono que va del rojizo al marrón. Las orugas son levemente pilosas y suelen llevan un largo pincho en el abdomen. En nuestras latitudes hay unas 22 especies.
.

1

Apoda limacodes (Limacódidos)
Env 20-30 mm mayo-ago.

DESCRIPCIÓN: mariposa de alas cortas y anchas, marrón amarillentas, colocadas en forma de tejadillo cuando está posada. En esta posición normalmente estira hacia delante el abdomen entre las alas.
HÁBITAT: por lo general no rara en lindes de bosques soleadas.
GENERALIDADES: la oruga **(1b)**, muy tosca y de color verde, tiene 2 rayas longitudinales amarillas, puntos amarillos y 2 filas de puntos rojos. Secreta un mucílago pegajoso que se pega a la hoja, sobre la que se desplaza como un caracol. Vive sobre todo en robles, a veces también en otros caducifolios.

2

Drepana falcada
Drepana falcataria (Drepánidos)
Env 27-35 mm abr.-ago.

DESCRIPCIÓN: alas anteriores prolongadas en una punta orientada hacia atrás y al lado una mancha azul alargada; por lo demás marrón amarillentas con ondas oscuras y un mancha oscura en cada ala.
HÁBITAT: extendida en general en lindes de bosques, pantanos y también en jardines.
GENERALIDADES: la oruga es verde, pero dorso de color marrón rojizo y apuntado hacia atrás. Se desarrolla en abedules, rara en alisos. Suele estar en una bolsa formada doblando el margen de la hoja y fijándolo con hilos de seda. En una bolsa así tiene lugar también la pupación.

3

Cilix de letras chinas
Cilix glaucata (Drepánidos)
Env 18-22 mm abr.-ago.

DESCRIPCIÓN: drepánido sin alas apuntadas, estas de color blanco con manchas en gris, amarillo y plateado brillante.
HÁBITAT: por lo general no rara en setos y lindes de bosques.
GENERALIDADES: la oruga **(3b)**, de color marrón, muestra la forma típica de las orugas de los drepánidos. Suele desarrollarse en endrinos, más raramente en el espino albar. La especie produce 2 generaciones anuales.

4

Capullitos de cerezo
Thyatira batis (Drepánidos)
Env 32-38 mm mayo-ago.

DESCRIPCIÓN: mariposa similar a los noctuidos de alas marrón negruzco, con manchas redondas de color rosa claro, como porcelana.
HÁBITAT: bastante extendida en caminos forestales, parques y jardines.
GENERALIDADES: la oruga, de color marrón (verdoso claro en la juventud) suele encontrarse sobre la planta nutricia en una posición muy encorvada; de este modo da la impresión de ser excrementos de ave, sobre todo en el caso de la oruga joven. Se alimenta de hojas de zarzamora y frambuesa.

5

Habrosino coleto de ante
Habrosyne pyritoides (Drepánidos)
Env 35-40 mm mayo-ago.

DESCRIPCIÓN: alas con un dibujo marrón y blanco que recuerda a un ágata pulida.
HÁBITAT: bastante frecuente en lindes de bosques y caminos forestales.
GENERALIDADES: la oruga vive en las mismas plantas que *Thyatira batis*. Es de color marrón y tiene una mancha blanca, de margen negro, en cada lado del cuerpo. Su modo de vida es nocturno y suele mantenerse oculta de día, por lo que es muy raro encontrarla. La mariposa vuela anualmente sólo en una generación y puede observarse con frecuencia en fuentes de luz artificial.

1a

1b

2

3a

4a

3b

4b

5

Las **esfinges** (familia *Sphingidae*), son las mejores voladoras de todos los lepidópteros. Lo manifiestan en su cuerpo aerodinámico y las estrechas alas. Casi todas las especies tienen una larga probóscide, a veces incluso más larga que el cuerpo, la cual introducen en los cálices de cuello largo mientras se ciernen sobre la flor. Muchas flores sólo pueden ser polinizadas por estas mariposas. Las orugas suelen tener un largo cuerno curvado en el último anillo abdominal. En Europa hay unas 20 especies, algunas de las cuales migran del sur al centro del continente.

1 Esfinge de calavera

Acherontia atropos (Esfíngidos)
Env 80-120 mm mayo-oct.

DESCRIPCIÓN: muy grande. Alas anteriores de marrón oscuro a casi negro. Alas posteriores amarillas con 2 bandas amarillas. Tórax con dibujo amarillento similar a una calavera en la parte superior.
HÁBITAT: principalmente en terrenos abiertos, sobre todo en campos de patatas, frecuencia muy variable cada año.
GENERALIDADES: la Esfinge de calavera es propia de latitudes meridionales, de donde migra a Centroeuropa en mayo o junio los años cálidos. Para ello cruza los Alpes, y muchas veces se han encontrado animales en los glaciares. Algunos ejemplares llegan a Escandinavia; han llegado a verse hasta en el Círculo Polar. La especie tiene una probóscide de sólo unos 5 mm de largo, nada típica de las esfinges, es coriácea y adecuada para la ingesta de alimento. La mariposa la introduce, p. ej., en frutas maduras. Le gusta mucho visitar colmenas, donde clava la probóscide en los panales de miel tapados, pero normalmente es picada poco después por las obreras. La hembra pone los huevos preferentemente en solanáceas, sobre todo en campos de patatas, donde la oruga **(1b)**, del grosor de un dedo y de hasta 130 mm de largo, puede aparecer con mucha frecuencia algunos años y suponer un considerable problema. Tiene una forma verde y una amarilla. Las dos tienen rayas transversales laterales de color azul y un cuerno amarillo en la parte posterior.

2 Esfinge del aligustre

Sphinx ligustri (Esfíngidos)
Env 90-120 mm mayo-ago.

DESCRIPCIÓN: esfinge muy grande. Abdomen con bandas transversales rojizas y negras. Alas anteriores marrón claro, casi negras en la mitad posterior. Alas posteriores rojizas con 3 bandas negras.
HÁBITAT: muy extendida en lindes de bosques, parques y jardines; en algunos lugares todavía frecuente, pero ha disminuido notablemente en muchas zonas.
GENERALIDADES: la oruga, de hasta 100 mm de largo, es verde luminoso, tiene rayas transversales violetas y blancas en los laterales, y un cuerno negro y amarillo curvado en el extremo posterior. Se desarrolla en el aligustre, así como en lilas, fresnos, espireas y forsitias. Si se la perturba, adopta una posición de "esfinge" elevando el tórax y curvándolo hacia abajo **(2b)**, como la oruga de la esfinge de calavera.

3 Esfinge del pino

Sphinx pinastri (Esfíngidos)
Env 65-80 mm mayo-ago.

DESCRIPCIÓN: cuerpo y alas de color gris con rayas longitudinales cortas de color negro.
HÁBITAT: sobre todo en bosques de coníferas, pero también en parques y jardines. Frecuente en general, una de las especies más comunes de la familia.
GENERALIDADES: la mariposa aparece regularmente en dos generaciones anuales, al menos en las zonas climáticamente favorables: la primera en mayo y junio y la segunda en julio y agosto. En las regiones con peor clima puede haber una sola generación prolongada. La oruga **(1b)**, de hasta 80 mm de largo, vive en pinos, píceas y otras coníferas. Al igual que sucede con otros habitantes de coníferas, tiene el cuerpo verde con rayas longitudinales blanco amarillentas.

1a
1b
2a
2b
3a
3b

1 Esfinge del tilo
Mimas tiliae (Esfíngidos)
Env 55-70 mm abr.-ago.

DESCRIPCIÓN: punta de las alas anteriores en zigzag irregular, color básico verdoso o marrón. Con una ancha banda oscura en el centro que puede estar divida en 2 manchas.
HÁBITAT: por lo general frecuente en bosques caducifolios mixtos, parques y jardines, también en ciudades grandes.
GENERALIDADES: la oruga **(3a)**, de hasta 60 mm de largo, es de color verde claro con numerosos puntos amarillos. Tiene rayas transversales laterales amarillas y un cuerno azul, rojo en el lado inferior. A menudo está decorada además con una mancha roja en cada segmento, como en la foto. Suele desarrollarse en tilos, pero también en otros caducifolios, y poco antes de la pupación cambia de color a rosa pardusco. Así está bien camuflada hasta el lugar de pupación (en el suelo).

2 Esfinge ocelada
Smerinthus ocellata (Esfíngidos)
Env 70-80 mm mayo-ago.

DESCRIPCIÓN: alas anteriores de color marrón grisáceo con grandes manchas oscuras, similares a las de la esfinge del tilo, pero la punta no tiene forma de zigzag tan clara. Alas posteriores con un ojo negro enmarcado en azul y negro sobre un campo rosa y amarillo.
HÁBITAT: principalmente en bosques riparios y en la orilla de aguas, además de en jardines y parques; bastante frecuente en todos los lugares.
GENERALIDADES: la mariposa suele posarse en los troncos con las alas anteriores plegadas, lo que le permite un excelente camuflaje debido al color. Si se la perturba abre las alas, de modo que aparecen los ojos amenazantes en las alas posteriores. Es fácil imaginarse que el segundo que dura el susto es suficiente para que la mariposa pueda escapar. La oruga, de hasta 80 mm de largo, es verde azulada con rayas transversales blanquecinas. Se parece a la de la esfinge del tilo y vive en sauces y chopos, además de en diversos frutales, sobre todo manzanos.

3 Esfinge de la correhuela
Agrius convolvuli (Esfíngidos)
Env 80-120 mm jun.-oct.

DESCRIPCIÓN: esfinge muy grande de probóscide más larga que el cuerpo. Cuerpo de colores similares a la esfinge del aligustre; alas anteriores de color marrón grisáceo claro u oscuro con dibujos poco definidos.
HÁBITAT: en terrenos de cultivo y zonas habitadas, no muy rara según los años.
GENERALIDADES: la mariposa tiene un área de distribución similar a la de la esfinge de calavera y también es propia de latitudes meridionales. Migra hasta Centroeuropa con diferente frecuencia según los años. La mariposa, activa de noche, puede verse a menudo en un vuelo estático delante de flores de cáliz tubular, como el tabaco, el estramonio y la madreselva. La oruga **(3b)**, de hasta 110 mm de largo y de color marrón o verde, tiene rayas transversales blanquecinas y oscuras, a menudo poco definidas. Se desarrolla en la correhuela y la correhuela mayor. Pupa en una cueva en la tierra. La pupa se caracteriza por una vaina muy larga de la probóscide que sobresale en forma de arco.

4 Esfinge de las lechetreznas
Hyles euphorbiae (Esfíngidos)
Env 55-75 mm mayo-sep. RL3 §

DESCRIPCIÓN: alas anteriores gris rojizo con 3 manchas oscuras en la mitad anterior y una banda oscura en la mitad posterior. Alas posteriores de color rosa con 2 bandas negras.
HÁBITAT: en terrenos abiertos y soleados, p. ej., en dunas de arena y prados secos, infrecuente.
GENERALIDADES: la mariposa adopta una posición de amenaza llamativa: alas muy extendidas y abdomen encorvado hacia abajo. La oruga **(4b)**, de hasta 80 mm de largo, amarilla y roja, con puntos blancos y manchas negras, suele vivir en la lechetrezna. Sus llamativos colores tienen la función de advertir de las sustancias venenosas ingeridas con el alimento; la posición de amenaza probablemente tenga la misma función.

1a

2

1b

3a

3b

4a

4b

1 Esfinge mayor de la vid
Deilephila elpenor (Esfíngidos)
Env 45-60 mm mayo-ago.

DESCRIPCIÓN: alas y cuerpo de color rojo vino, con rayas verde oliva.
HÁBITAT: bastante frecuente en claros de bosques, márgenes de caminos y jardines.
GENERALIDADES: la presencia de esta especie suele descubrirse por la llamativa oruga **(1b)**, que puede alcanzar 80 mm de largo y suele ser de color marrón oscuro. En el 4.° y 5.° anillos tiene dos grandes ocelos y un cuerno bastante corto en el extremo. Si se la perturba eleva la parte anterior del cuerpo y retrae la cabeza en los primeros anillos torácicos. De este modo los anillos se hinchan y se separan en forma de esfera, de modo que, en combinación con los ocelos, da la impresión de tratarse de una pequeña cabeza de serpiente. Junto a la forma marrón aparece mucho más raramente una verde, también con dibujos. La oruga suele vivir en plantas del género *Epilobium* en terrenos libres y en fucsias en jardines.

2 Esfinge menor de la vid
Deilephila porcellus (Esfíngidos)
Env 40-45 mm mayo-ago.

DESCRIPCIÓN: claramente más pequeña que la Esfinge mayor de la vid. Las alas anteriores tienen un dibujo verde oliva más extenso.
HÁBITAT: en terrenos secos y soleados, sobre todo en prados secos, diques de ríos y prados con muchas flores, más raramente también en zonas algo húmedas; una de las especies de esfinge más frecuentes en Centroeuropa.
GENERALIDADES: la oruga se parece a la de su pariente mayor y aparece también en una forma marrón y en una verde (más raramente), pero carece de cuerno en el extremo y en su lugar se encuentra sólo un diminuto cono. Se desarrolla sólo en el Galio común *(Galium mollugo)* y el Galio amarillo *(G. verum)*. De día suele ocultarse en el suelo bajo la planta nutricia. Los años favorables la especie produce dos generaciones.

3 Esfinge colibel
Macroglossum stellatarum (Esfíngidos)
Env 40-50 mm todo el año

DESCRIPCIÓN: esfinge bastante pequeña y robusta, de alas anteriores marrones y posteriores amarillas. Parte posterior del abdomen con manchas blancas laterales.
HÁBITAT: extendida en general en lindes de bosques, terrenos baldíos, jardines y prados secos, bastante frecuente en casi todos los lugares, rara algunos años.
GENERALIDADES: esta pequeña esfinge también migra a Centroeuropa con frecuencia muy variable según los años, al igual que lo hacen la Esfinge de calavera y la de la correhuela. Su lugar de origen es el sur de Europa. La mariposa, activa de día, puede verse regularmente en verano en las macetas de los balcones, donde visita geranios, petunias y otras plantas ornamentales para tomar néctar. A veces se la confunde con un colibrí huido. La oruga, de color verde con rayas longitudinales amarillas, vive en diversas especies de galio. La descendencia de las mariposas migradas emerge ya a partir de agosto y es probable que regrese a su lugar de origen, pero algunas invernan con éxito y pueden verse volando incluso en diciembre y enero.

4 Esfinge abejorro
Hemaris fuciformis (Esfíngidos)
Env 40-47 mm mayo-ago. §

DESCRIPCIÓN: pequeña esfinge de pelo plumoso con las alas cubiertas de escamas sólo en el margen, lo que le da un aspecto de abejorro.
HÁBITAT: en lindes de bosques, canteras y jardines, localmente no rara.
GENERALIDADES: las escamas todavía están presentes en la mariposa cuando emerge, pero las pierde ya durante el primer vuelo. Al igual que la Esfinge colibel, puede verse de día visitando flores. La oruga **(4b)**, de color verde y vientre marrón, tiene a menudo anillos rojos alrededor de los estigmas en los laterales del cuerpo. Suele desarrollarse en cerecillos.

1a

1b

2

3

4a

4b

Los **satúrnidos** (familia *Saturniidae*) son mariposas de grandes a muy grandes con llamativos ocelos en todas las alas. Las extensas alas se extienden de forma plana cuando la mariposa está posada. Los machos tienen las antenas muy pectinadas, lo que les permite percibir las feromonas de la hembra desde aún más lejos. En Europa se han descrito 5 especies.

1 Pequeño pavón de noche

Saturnia pavonia (Saturníidos)
Env 60-85 mm mar.-jun.

DESCRIPCIÓN: sexos claramente diferenciados. Macho **(1c)** de alas anteriores marrones y posteriores amarillas, antenas muy pectinadas. Hembra **(1a)** de alas gris rojizo, todas del mismo color, antenas filiformes débilmente serradas. En todas las alas una gran mancha ocular de núcleo negro.
HÁBITAT: en terrenos abiertos muy diversos, sobre todo en lindes de bosques y setos de campos, prados secos, brezales e incluso en prados húmedos y pantanos. Bastante frecuente en general.
GENERALIDADES: la mariposa vuela muy pronto en el año, por lo general cuando florece el endrino, a finales de abril y principios de mayo. La hembra, activa principalmente de noche, de día se posa inmóvil en la vegetación cercana al suelo, desde donde emite sus feromonas. Como se ha demostrado en experimentos, los machos, muy activos de día, se sienten atraídos incluso desde varios kilómetros de distancia. A menudo acuden varios machos al mismo tiempo a hembras que todavía no se han apareado. Al comenzar el apareamiento la hembra deja de emitir feromonas y el resto de machos se alejan. Pone los huevos, ovales y de color marrón, en varios grupos alrededor de ramas delgadas. Las orugas se desarrollan con mayor frecuencia en endrinos y brezos, además de en otros muchos arbustos y plantas herbáceas. Son de color negro y al principio viven unas cerca de otras en la planta nutricia. Más adelante se dispersan y adoptan una coloración más clara. Una vez adultas pueden alcanzar 60 mm de largo y suelen ser de color verde brillante, con bandas transversales negras y verrugas amarillas o rosa dentro de estas bandas **(1b)**. La oruga pupa en un capullo marrón de dos capas. En el extremo superior, la capa exterior muestra una abertura redonda, mientras que la interior forma una nasa de cerdas rígidas inclinadas en forma de cono **(1d)**. De este modo, la mariposa que emerge de la pupa que ha invernado puede salir del capullo sin dificultad, pero los enemigos no pueden penetrar en él.

2 Gran pavón

Saturnia pyri (Saturníidos)
Env 100-300 mm abr.-jun. RL1

DESCRIPCIÓN: la mariposa centroeuropea más grande. Alas marrón oscuro con un ocelo similar al del pequeño pavón de noche, iguales en los dos sexos.
HÁBITAT: principalmente en jardines, parques y campos de frutales.
GENERALIDADES: la oruga, de hasta 120 mm de largo y del grosor de un pulgar, es de color verde brillante y tiene verrugas azul claro con largos pelos negros **(2b)**. Se desarrolla en diversos árboles caducifolios, principalmente en manzanos y melocotoneros.

3

Aglia tau (Saturníidos)
Env 55-85 mm abr.-jun. §

DESCRIPCIÓN: alas amarillo ocre con ocelo azul, con un dibujo blanco en forma de uña dentro.
HÁBITAT: bastante extendida en hayedos.
GENERALIDADES: las hembras se posan justo por encima del suelo en troncos o ramas y atraen a los machos que revolotean impetuosamente durante el día. La oruga **(3b)**, de color verde, al principio tiene espinas dorsales bifurcadas de color blanco rojizo, que están ausentes en el último estadio de oruga, de hasta 50 mm de largo. Suele desarrollarse en hayas, más raramente en otros caducifolios.

1a
1b
1c
1d
2a
2b
3a
3b

Los **lasiocámpidos** (familia *Lasiocampidae*) son mariposas robustas y muy peludas con las alas en forma de tejadillo sobre el cuerpo en posición de reposo. Algunas especies sacan las alas posteriores lateralmente por debajo de las anteriores. En Centroeuropa hay unas 20 especies.

1

Malacosoma castrensis (Lasiocámpidos)
Env 25-35 mm jun.-ago. RL3 §

DESCRIPCIÓN: alas anteriores del macho **(1a)** de color marrón amarillento claro con bandas transversales oscuras; las de la hembra, marrón oscuro con 2 líneas transversales claras. Ambos sexos con las alas posteriores marrón oscuro.
HÁBITAT: en prados secos y prados para ovejas pedregosos y secos, infrecuente.
GENERALIDADES: pone los huevos en un denso anillo alrededor de tallos de plantas. Las orugas jóvenes viven de forma gregaria en un denso capullo pero después se dispersan. Para alimentarse prefieren la correhuela, pero también otras muchas plantas. La oruga adulta es gris azulado con rayas longitudinales rojas y negras.
ESPECIE SIMILAR: la Falsa lagarta *(Malacosoma neustria)* es similar y tiene las alas posteriores claras. La oruga vive a menudo en diversos frutales, pero es raro que cause daños de importancia.

2

Dendrolimus pini (Lasiocámpidos)
Env 45-70 mm mayo-ago.

DESCRIPCIÓN: alas anteriores marrón grisáceo con bandas transversales marrón rojizo y marrón oscuro; las del macho en conjunto mucho más oscuras que las de la hembra (foto).
HÁBITAT: no rara en pinares.
GENERALIDADES: la oruga, de color marrón con manchas dorsales romboidales oscuras y enmarcadas en gris claro, suele desarrollarse en pinos, raramente en píceas o abetos. En caso de reproducción masiva pueden defoliar bosques enteros, pero en los últimos tiempos no ha ocurrido.

3

Poecilocampa populi (Lasiocámpidos)
Env 30-45 mm oct.-dic.

DESCRIPCIÓN: alas anteriores gris oscuro con rayas y manchas amarillentas.
HÁBITAT: por lo general no rara en lindes de bosques y matorrales.
GENERALIDADES: la oruga **(3b)**, de color gris y un poco aplanada, se desarrolla en diversos caducifolios, sobre todo en chopos, hayas y robles.

4

Polilla bebedora
Euthrix potatoria (Lasiocámpidos)
Env 45-65 mm jun.-ago.

DESCRIPCIÓN: alas anteriores muy anchas, las del macho **(4a)** marrón rojizo, las de la hembra marrón amarillento, ambos sexos con 2 manchas blanquecinas.
HÁBITAT: en prados y bosques, no rara.
GENERALIDADES: la oruga **(4b)**, de hasta 85 mm de largo y con los laterales de color blanco, vive en diversas hierbas. Se la puede observar regularmente bebiendo gotas de agua, de ahí el nombre de "bebedora".

5

Bómbix "hoja de encina"
Gastropacha quercifolia (Lasiocámpidos)
Env 50-90 mm jun.-ago. RL3 §

DESCRIPCIÓN: mariposa bastante grande. Margen exterior de las alas anteriores y posteriores serrado de forma ondulada, de color marrón rojizo con brillo violeta.
HÁBITAT: en lindes de bosques, prados secos con matorrales y campos de frutales, antes frecuente localmente, pero últimamente rara en todos los lugares.
GENERALIDADES: la mariposa saca las alas posteriores dentadas por debajo de las anteriores (foto) cuando está posada, lo que recuerda mucho a una hoja seca. La oruga, de color gris o marrón y de hasta 80 mm de largo, tiene verrugas pares rojas en forma de punto en el dorso, y en los segmentos 2 y 3 tiene una raya transversal azul. En reposo acerca mucho el cuerpo aplanado a la rama, lo que le ofrece un excelente camuflaje. Vive en diversas especies de árboles caducifolios y arbustos, con mayor frecuencia en endrinos y manzanos.

1a
1b
2
3a
3b
4a
4b
5

Las **mariposas lagartas** y **monjas** (familia *Lymantriidae*) incluyen especies que pueden causar principalmente daños fo restales. Las mariposas se parecen a las de los lasiocámpidos y a las jorobadas. Las orugas se caracterizan a menudo por penachos de pelos de colores. En Centroeuropa hay unas 15 especies.

1 Viejecita

Orgya antiqua (Limantríidos)
Env ♂ 25-30 mm L ♀ 12-14 mm jun.-oct.

DESCRIPCIÓN: sexos muy diferentes. Macho **(1a)** esbelto, de alas marrón óxido, con una mancha blanca redonda sobre el ángulo interior de cada ala. Hembra áptera, de color gris y abdomen muy abultado.
HÁBITAT: frecuente en casi todos los lugares en bosques, márgenes de caminos y jardines.
GENERALIDADES: el macho, muy buen volador, es activo de día y de noche. La hembra suele permanecer posada sobre el capullo, donde espera que venga un macho para aparearse. A continuación pone todos los huevos, entre 100 y 300, en el exterior del capullo y muere. La oruga **(1b)** es una de las más bellas de todas las orugas de mariposas europeas. Es de color gris azulado y tiene verrugas rojas. En el extremo anterior tiene dos penachos de pelos negros y en el posterior uno; en el centro del dorso tiene 4 densos mechones consecutivos en forma de brocha de afeitar, los del macho amarillos y los de la hembra marrones. Vive en caducifolios, sobre todo en sauces cabrunos y en endrinos.

2 Monja

Lymantria monacha (Limantríidos)
Env 30-50 mm jun.-sep.

DESCRIPCIÓN: alas blancas con bandas en zigzag negras, a menudo oscurecidas hasta un color marrón negruzco. Antenas del macho muy pectinadas **(2b)**.
HÁBITAT: no rara en bosques de caducifolios y de coníferas.
GENERALIDADES: la oruga, marrón oscura y normalmente con una mancha dorsal blanca, vive en caducifolios y coníferas. Cuando hay reproducción masiva puede defoliar bosques enteros de píceas.

3 Lagarta

Lymantria dispar (Limantríidos)
Env 32-55 mm jun.-sep.

DESCRIPCIÓN: macho marrón oscuro de antenas muy pectinadas. Hembra (foto) blanca amarillenta y mucho más grande que el macho.
HÁBITAT: en bosques caducifolios y campos con frutales dispersos; rara, pero muy frecuente según el año en zonas cálidas.
GENERALIDADES: la oruga, de dibujos variables, se alimenta de árboles caducifolios, sobre todo robles, que puede defoliar en caso de reproducción fuerte. Si hay escasez de alimento, también se come otras plantas. Los desarrollos masivos suelen ser detenidos al año siguiente por parásitos y enfermedades.

4 Mariposa de cola dorada

Sphrageidus similis (Limantríidos)
Env 28-35 mm jun.-sep.

DESCRIPCIÓN: mariposa blanca como la nieve, con el cuerpo cubierto de pelo largo.
HÁBITAT: no rara en lindes de bosques y márgenes de caminos húmedos.
GENERALIDADES: la oruga, de color negro con dibujos en blanco y rojo, vive en muchos caducifolios distintos.

5

Calliteara pudibunda (Limantríidos)
Env 40-45 mm abr.-jul.

DESCRIPCIÓN: mariposa de blanquecina a marrón oscuro, muy peluda; cuando está posada estira las patas anteriores hacia delante.
HÁBITAT: sobre todo en bosques caducifolios, también en jardines y parques, bastante frecuente.
GENERALIDADES: la oruga, de color amarillo, tiene en el dorso 4 penachos de pelo blanco y un mechón rojo estrecho en el extremo posterior. Vive en caducifolios.

1a

1b

2a

2b

3

4

5

Los **endrómidos** (familia *Endromidae*, **1**) cuentan con muy pocas especies en Centroeuropa. Los animales recuerdan un poco a satúrnidos, pero carecen de dibujos en forma de ojo y colocan las alas en forma de tejadillo cuando se posan.

1 | **Endromis de los sauces**

Endromis versicolora (Endrómidos)
Env 5060 mm mar.-mayo

DESCRIPCIÓN: alas del macho **(1a)** marrón rojizo, las de la hembra marrón claro con bandas oscuras y rayas blancas; 3 manchas blancas triangulares antes de la punta del ala.
HÁBITAT: en bosques caducifolios ralos y pantanos con abedules, infrecuente.
GENERALIDADES: esta atractiva y llamativa especie suele empezar a volar los primeros días cálidos de primavera, normalmente antes que el Pequeño pavón de noche, a principios de abril. Las hembras se posan cerca del suelo o hasta la altura de la cabeza en una rama y esperan a que lleguen los machos, que vuelan de forma inconstante durante el día. Pone los huevos en ramas por la noche. La oruga **(1b)**, de color verde y glabra, se alimenta casi exclusivamente en abedules. En reposo dobla el cuerpo anterior unos 90° hacia atrás.

A menudo, las orugas de los lepidópteros "**osos lanudos**" (familia *Arctiidae*) tienen una pilodidad áspera y de ahí su denominación relacionada con los osos. Son multicolores y disponen de alas dibujadas con bellos contrastes blancos y negros. Ese dibujo hace el efecto de una silueta. En nuestras latitudes hay unas 80 especies mantríidos

2 | **Polilla cinabrio**

Tyria jacobaeae (Árctidos)
Env 32-42 mm mayo-ago.

DESCRIPCIÓN: alas anteriores negras con 2 rayas y 2 manchas rojas, alas posteriores rojas.
HÁBITAT: en terrenos soleados, tales como márgenes de caminos y lindes de bosques, canteras y prados pantanosos; infrecuente, pero localmente numerosa algunos años.
GENERALIDADES: la oruga tiene unos aros amarillos y negros muy llamativos, y apenas tiene pelo. Vive en diversas especies del género *Senecio*, sobre todo en la Hierba de Santiago *(Senecio jacobaea)*, y suele estar en grupos de varias en la misma planta. No es fácil de descubrir.

3 | *Parasemia plantaginis* (Árctidos)

Env 32-38 mm mayo-jul.

DESCRIPCIÓN: alas anteriores blanco amarillento con dibujo en negro muy definido. Alas posteriores del macho amarillas o blancas, las de la hembra (foto) rojo claro con dibujo en marrón.
HÁBITAT: por lo general no rara en lindes de bosques y márgenes de caminos, fosas de grava y prados secos.
GENERALIDADES: la oruga, de pelo plumoso, se parece a la de la Quelonia pero sin verrugas blancas. Vive en plantas bajas, como llantén, diente de león y vellosilla.

4 | **Quelonia o gitana**

Arctia caja (Árctidos)
Env 45-65 mm jul-sep. §

DESCRIPCIÓN: mariposa grande y fuerte de alas anteriores blancas con dibujos en marrón y negro. Color claro y oscuro muy variable en cada individuo; en casos extremos, alas marrón oscuro o casi blancas. Las alas posteriores son rojo brillante (raramente amarillo) con manchas negras con brillo azul de diferente extensión.
HÁBITAT: en lugares abiertos, no muy secos, tales como lindes de bosques, terraplenes de carreteras y prados, bastante frecuente.
GENERALIDADES: la mariposa, activa de noche, suele estar posada de día en la vegetación cercana al suelo con las alas plegadas. Si se la perturba, extiende las alas anteriores, presentando las alas posteriores, de colores chillones **(4a)**. La oruga, de pelo plumoso largo de color marrón, negro y blanco, tiene numerosas verrugas blancas en los laterales del cuerpo **(4b)**. Vive en diferentes hierbas y arbustos.

1a

1b

2a

3

2b

4a

4b

1 | *Callimorpha dominula* (Árctidos)
Env 45-55 mm jun.-ago.

DESCRIPCIÓN: llamativa mariposa grande de cuerpo bastante esbelto. Alas anteriores negras azuladas con manchas amarillas y blancas, alas posteriores rojas con dibujos en negro.
HÁBITAT: en lugares húmedos, de soleados a semiumbríos, como prados de bosques y orillas de arroyos, infrecuente.
GENERALIDADES: la oruga, con dibujos en amarillo y negro, se desarrolla en diversas hierbas y plantas leñosas.

2 | *Euplagia quadripunctaria* (Árctidos)
Env 42-52 mm jul.-sep. §

DESCRIPCIÓN: su forma recuerda a la de *C. dominula*, pero las alas anteriores tienen un dibujo de rayas blancas.
HÁBITAT: en zonas húmedas semiumbrías y también en terrenos secos y soleados, infrecuente, pero localmente muy numerosa algunos años.
GENERALIDADES: la oruga, de color marrón grisáceo con manchas claras, vive en plantas muy diversas.

3 | **Fragmatobia ahumada**
Phragmatobia fuliginosa (Árctidos)
Env 30-35 mm abr.-ago.

DESCRIPCIÓN: pequeña mariposa de alas anteriores marrón canela y posteriores rosa.
HÁBITAT: frecuente en bosques, matorrales y terrenos abiertos.
GENERALIDADES: vuela anualmente en 2 generaciones. La oruga, cubierta de pelo marrón, vive en muchas hierbas distintas.

4 | **Armiño blanco**
Spilosoma lubricipeda (Árctidos)
Env 30-42 mm mayo-ago.

DESCRIPCIÓN: alas blancas con puntos negros en cantidades muy distintas.
HÁBITAT: frecuente en todos los lugares en lindes de bosques y terrenos abiertos.
GENERALIDADES: la oruga, de pelo marrón oscuro, tiene una raya dorsal rojiza y se alimenta de plantas muy distintas.

5 | *Spiris striata* (Árctidos)
Env 30-35 mm jun.-jul.

DESCRIPCIÓN: alas anteriores muy estrechas, de color amarillo con rayas negras. Alas posteriores mucho más anchas, amarillas con el borde marrón.
HÁBITAT: por lo general en zonas arenosas y abiertas, más raramente en prados calcáreos pobres en nutrientes; infrecuente, ausente en muchas regiones.
GENERALIDADES: la mariposa enrolla las alas junto al cuerpo cuando está posada, lo que le da un aspecto muy estrecho. La oruga, con manchas laterales claras y una raya dorsal marrón rojizo, vive en hierbas.

6 | *Atolmis rubricollis* (Árctidos)
Env 25-35 mm mayo-jul.

DESCRIPCIÓN: alas negras. Un anillo rojo brillante en el cuello en la parte anterior del tórax.
HÁBITAT: muy extendida en bosques de árboles caducifolios y de coníferas.
GENERALIDADES: la oruga, con un fino dibujo en tonos claros y oscuros, vive en árboles y se alimenta de líquenes.

7 | *Eilema complana* (Árctidos)
Env 28-35 mm jun.-ago.

DESCRIPCIÓN: alas anteriores muy estrechas, de color gris con raya amarilla en el margen anterior que alcanza hasta la punta de las alas. Alas posteriores amarillo pálido.
HÁBITAT: en hábitats muy diversos, ricos en líquenes, tales como laderas rocosas, bosques de montaña, campos con frutales dispersos y jardines, frecuente.
GENERALIDADES: enrolla las alas alrededor del cuerpo en reposo. La oruga, gris oscura con manchas dorsales pares rojo amarillento, se alimentas de líquenes.

1

2

3

4

5

6

7

Los miembros de los **zigénidos** (familia *Zygaenidae*) son activos únicamente de día y suelen tener las antenas engrosadas hacia la punta y ligeramente arqueadas hacia fuera. Las orugas y las mariposas son venenosas, lo que indican mediante colores de advertencia llamativos, por lo general manchas rojas sobre fondo negro. En Centroeuropa hay unas 24 especies.

1

Syntomis phegea (=Amata phegea) (Árctidos)
Env 35-40 mm jun.-ago. RL3 §

DESCRIPCIÓN: alas anteriores y posteriores negras azuladas con manchas blancas. Alas delanteras llamativamente largas y estrechas, las traseras solo llegan a la mitad de la longitud de las traseras, abdomen con anillo amarillo. Los animales recuerdan mucho a los zigénidos, pero no tienen un parentesco cercano con ellos.
HÁBITAT: en lindes de bosques cálidas y bosques ralos.
GENERALIDADES: la mariposa, activa de día, realiza un vuelo estático de aspecto muy ligero. La oruga **(1b)**, de cabeza roja y con el cuerpo cubierto de pelo plumoso marrón oscuro, se alimenta de distintas plantas herbáceas. Parece que prefiere las plantas marchitas.

2

Zygaena carniolica (Zigénidos)
Env 25-32 mm jun.-ago. §

DESCRIPCIÓN: alas anteriores con 6 manchas rojas de margen claro.
HÁBITAT: principalmente en prados calcáreos pobres en nutrientes, secos y soleados; no rara en regiones de montaña, aunque su presencia ha disminuido notablemente en muchos lugares.
GENERALIDADES: a esta especie le gusta reunirse por las noches para dormir en pequeños grupos en la punta de plantas.
La oruga, de color amarillo o verde y con triángulos negros, suele vivir en esparcetas o en cuernecillos. Pupa en un capullo ovado de color amarillo situado en el tallo de una planta.

3 Zigena fausta

Zygaena fausta (Zigénidos)
Env aprox. 25 mm jul.-ago. RL3 §

DESCRIPCIÓN: alas anteriores con un dibujo continuo de manchas rojas con el borde amarillo. Abdomen con un ancho anillo rojo.
HÁBITAT: en lindes de bosques protegidas y soleadas, con grupos de *Coronilla coronata*.
GENERALIDADES: la mariposa es muy tímida y vuela mucho cuando hace calor. Al igual que la mayoría de especies de su familia, prefiere las flores de color rojo violeta para libar. La oruga, de color verdoso, se caracteriza por un escudo rojo en la parte posterior de la cabeza.

4 Zigena común o de seis manchas

Zygaena filipendulae (Zigénidos)
Env 30-38 mm jun.-ago. §

DESCRIPCIÓN: zigena con 6 manchas rojas en las alas anteriores.
HÁBITAT: en muchos hábitats distintos, como p. ej. en lindes de bosques soleadas, prados secos pobres en nutrientes, márgenes de carreteras e incluso prados pantanosos; la especie más frecuente del género en la mayoría de zonas.
GENERALIDADES: la oruga **(4b)**, de color amarillo, tiene manchas negras que, a diferencia de la oruga de *Z. carniolica*, son de forma más cuadrada. Suele vivir en el cuernecillo. Para pupar teje un capullo fusiforme y apergaminado fijado al tallo de una planta; el capullo suele ser claramente de dos colores: blanquecino en la parte inferior y amarillento en la superior **(4c)**. Antes de que emerja la mariposa, la pupa sale hacia arriba del interior del capullo; la cutícula será visible todavía durante mucho tiempo.

1a
1b
2
3
4a
4b
4c

1 | *Zygaena loti* (Zigénidos)
Env 27-30 mm jun.-ago. §

DESCRIPCIÓN: alas con 5 manchas rojas que a veces están parcialmente unidas entre sí. Mancha en la punta de las alas en forma de hacha.
HÁBITAT: preferentemente en prados calcáreos pobres en nutrientes, soleados; a menudo en compañía de *Z. filipendulae* y *Z. carniolica*. Extendida en regiones de montaña.
GENERALIDADES: la oruga es de color verdoso claro, con puntos negros en grupos de dos y puntos amarillos. Suele vivir en la hierba de la herradura o en *Securigera varia*.

2 | *Zygaena viciae* (Zigénidos)
Env aprox. 25 mm jun.-ago. §

DESCRIPCIÓN: más pequeña que las demás especies de *Zygaena*. Alas anteriores con 5 manchas rojas, la situada antes de la punta de las alas no tiene forma de hacha.
HÁBITAT: muy extendida en terrenos abiertos, secos y algo húmedos, tales como prados secos y húmedos y lindes de bosques; bastante frecuente en todos los lugares.
GENERALIDADES: la oruga se parece a la de *Z. loti*, pero sólo tiene un punto negro en cada segmento y, además, tiene una raya dorsal continua de color claro. Se desarrolla en diferentes especies de papilionáceas.
ESPECIES SIMILARES: 2 zigenas que son un poco más grandes, también con 5 manchas.

3 | *Zygaena ephialtes* (Zigénidos)
Env 30-40 mm jun.-ago. §

DESCRIPCIÓN: alas con normalmente 6 manchas rojas, abdomen con anillo rojo.
HÁBITAT: en prados secos cálidos, infrecuente.
GENERALIDADES: la especie aparece ocasionalmente en otras formas de color. Así, puede haber animales de alas con manchas amarillas y otros con manchas blancas, y también con alas posteriores con manchas negras y blancas, en cuyo caso recuerdan mucho a *Syntomis phegea*. La oruga, de color amarillo, vive en *Securigera varia*.

4 | **Zigena púrpura**
Zygaena purpuralis (Zigénidos)
Env 28-35 mm jun.-ago. §

DESCRIPCIÓN: alas anteriores con 3 franjas longitudinales rojas.
HÁBITAT: en prados calcáreos pobres en nutrientes y otros lugares secos y soleados, bastante frecuente localmente.
GENERALIDADES: la oruga, de color amarillo, se desarrolla en el tomillo.
ESPECIE SIMILAR: *Zygaena minos*, tan similar que puede confundirse, sólo puede separarse con seguridad de esta especie mediante el examen de los órganos genitales, pero la oruga es de color blanco.

5 | *Aglaope infausta* (Zigénidos)
Env aprox. 15 mm jun.-jul. RLR

DESCRIPCIÓN: mariposa muy pequeña de alas anteriores marrón oscuro y posteriores rosa.
HÁBITAT: en laderas secas con arbustos y muy cálidas, muy rara.
GENERALIDADES: esta pequeña e inconspicua especie tiene la oruga **(5b)** con mayor colorido de su familia. Es de color amarillo brillante con 2 bandas longitudinales de color rojo violeta enmarcadas en negro. Suele vivir en el endrino o en el espino albar.

6 | *Adscita geryon* (Zigénidos)
Env aprox. 20 mm jun.-ago. RL3 §

DESCRIPCIÓN: alas anteriores de color verde metálico brillante; las posteriores, gris oscuro. Macho de antenas pectinadas.
HÁBITAT: en prados secos cálidos con partes sin vegetación en zonas de montaña y en prados de montaña pedregosos de los Alpes, infrecuente.
GENERALIDADES: la oruga **(6b)**, de color rojizo y marrón claro, se desarrolla en plantas del género *Helianthemum*.

1

2

3

4

5a

5b

6a

6b

Los **hespéridos** (familia *Hesperiidae*) tienen el cuerpo robusto y la cabeza muy grande. Las antenas son claviformes, como en las mariposas diurnas. En la península Ibérica existen unas 28 especies.

1 **Dorada orla ancha**
Ochlodes sylvanus (Hesperiídeos)
Env 25-32 mm jun.-ago.

DESCRIPCIÓN: alas anteriores marrón óxido con borde oscuro y manchas amarillas cuadradas; las del macho con franjas de escamas olorosas oscuras, hembra (foto) sin escamas. Lados inferiores de las alas con dibujos poco definidos.
HÁBITAT: frecuente en lindes de bosques y prados. Presente en toda la península Ibérica, excepto en la región bética.
GENERALIDADES: extiende las alas posteriores horizontalmente posada y coloca las anteriores encima, en diagonal hacia arriba. La oruga, verde, vive en hierbas.

2 **Dorada de manchas blancas**
Hesperia comma (Hesperiídeos)
Env 25-30 mm jun.-sep. RL3 §

DESCRIPCIÓN: similar a *O. venatus*, pero lados superiores de las alas con dibujos más definidos e inferiores con manchas blancas.
HÁBITAT: en prados secos y húmedos, bastante extendida; regularmente también en montaña sobre el límite del bosque.
GENERALIDADES: la oruga, marrón oscura y cabeza negra, se desarrolla en hierbas.

3 *Carterocephalus palaemon* (Hesperiídeos)
Env 22-28 mm abr.-jul.

DESCRIPCIÓN: alas de color marrón oscuro con manchas amarillas en forma de cuadrado en el lado superior.
HÁBITAT: muy extendida en claros y lindes de bosques, bastante frecuente.
GENERALIDADES: la oruga, de color verde, se alimenta de hierbas. Antes de pasar el invierno en una hoja de hierba cubierta de hilos de seda se vuelve de color marrón amarillento; pupa a principios de primavera.

4 *Carcharodes alceae* (Hesperiídeos)
Env 23-30 mm abr.-sep. §

DESCRIPCIÓN: mariposa de alas marrones con jaspeado en gris y marrón oscuro.
HÁBITAT: en terrenos baldíos cálidos y soleados; bastante rara en Centroeuropa, frecuente en la región mediterránea.
GENERALIDADES: la oruga, de color marrón grisáceo, se desarrolla en malváceas.

5 **Sertorio**
Spialia sertorius (Hesperiídeos)
Env 22-24 mm mayo-ago. §

DESCRIPCIÓN: lado superior de las alas marrón oscuro con manchas blancas en forma de cuadrado; lado inferior de las alas posteriores rojo, también con manchas blancas.
HÁBITAT: en prados secos, infrecuente.
GENERALIDADES: la oruga, negra y con rayas amarillas, vive en la pimpinela menor.

6 **Ajedrezada menor**
Pyrgus malvae (Hesperiídeos)
Env 18-22 mm abr.-ago. §

DESCRIPCIÓN: lado superior de las alas similar al de *Spialia sertorius*, lado inferior de las alas posteriores verdoso con manchas blancas.
HÁBITAT: bastante frecuente en prados húmedos y secos.
GENERALIDADES: la oruga, de color verde, vive en rosáceas herbáceas.

7 *Herteropterus morpheus* (Hesperiídeos)
Env 30-35 mm jun.-ago.

DESCRIPCIÓN: lado superior de las alas negro con pequeñas manchas amarillas, lado inferior de las alas posteriores amarillo con manchas espejo de color blanco con los bordes negros.
HÁBITAT: en prados húmedos y pantanos.
GENERALIDADES: la oruga, de color verde, tiene la cabeza amarilla con rayas marrones y suele desarrollarse en la gramínea *Molinia coerulea*.

1
2
3
4
5
6
7

Los **licénidos** (familia *Lycaenidae*) son mariposas diurnas de tamaño mediano, como máximo. Los dos sexos suelen presentar colores claramente distintos y los machos tienen a menudo las tégulas de color azul metálico. En la península Ibérica hay unas 73 especies.

1 | **Perico**
Hamearis lucina (Licénidos)
Env 25-28 mm abr.-jun. RL3

DESCRIPCIÓN: mariposa diurna bastante pequeña con el lado superior de las alas moteado en marrón y amarillo y el lado inferior de las alas posteriores de color marrón con manchas blancas. Recuerda a una doncella (género *Melitaea*).
HÁBITAT: en lindes de bosques soleadas y claros de bosque.
GENERALIDADES: la mariposa pone los huevos en pequeños grupos en el envés de hojas de prímula, la planta nutricia de la oruga, que es de marrón claro a blanquecino y peluda. La pupa, de color blanquecino y con puntos oscuros, también tiene pelo.

2 | **Mariposa manto bicolor**
Lycaena phlaeas (Licénidos)
Env 22-27 mm abr.-oct. §

DESCRIPCIÓN: alas anteriores con el lado superior de color naranja con un margen ancho oscuro y manchas oscuras en los dos sexos; alas posteriores marrones con el margen rojo y puntos azules. Lado inferior de las alas posteriores de color marrón con manchas oscuras.
HÁBITAT: con mayor frecuencia en zonas abiertas de suelos arenosos, tales como fosas de arena, márgenes de caminos y diques de ríos; bastante frecuente localmente.
GENERALIDADES: vuela cada año por lo general en 3-4 generaciones y los años favorables puede llegar incluso a 5-6 generaciones. La oruga, de color verde con 3 rayas longitudinales rojas, se desarrolla

3 | *Lycaena virgaureae* (Licénidos)
Env 27-32 mm jun.-ago. §

DESCRIPCIÓN: lado superior de las alas del macho **(3a)** naranja con una estrecha banda marginal oscura; las de la hembra similares a las de la mariposa manto bicolor, pero con el color rojo amarillento más extendido en las alas posteriores. Lado inferior de las alas posteriores **(3b)** marrón con puntos negros y manchas blancas.
HÁBITAT: en claros de bosques soleados y prados de montaña, también en pantanos; no rara en algunas montañas de altitud media.
GENERALIDADES: los huevos se ponen en los tallos de la acedera y la acederilla, donde pasan el invierno. La oruga, de color verde y activa de noche, se mantiene oculta durante el día.

4 | *Lycaena hippothoe* (Licénidos)
Env 28-32 mm mayo-ago. RL3 §

DESCRIPCIÓN: lado superior de las alas del macho (foto) de color naranja con brillo violeta. Las de la hembra similares a las de la mariposa manto bicolor.
HÁBITAT: en prados húmedos, infrecuente.
GENERALIDADES: la oruga, de color verde, vive en la Acedera *(Rumex acetosa)*.

5 | *Lycaena tityrus* (Licénidos)
Env 23-30 mm mayo-sep. §

DESCRIPCIÓN: macho **(5a)** con el lado superior marrón con puntos rojos y negros; hembra **(5b)** similar a la mariposa manto bicolor. Lado inferior de las alas de color marrón amarillento claro con manchas oscuras.
HÁBITAT: en prados húmedos y lugares secos y arenosos; frecuente localmente.
GENERALIDADES: la oruga, de color verde, se desarrolla en la acedera y la acederilla.

1
2
3a
3b
4
5a
5b

1 **Nazarena**
Neozephyrus quercus (Licénidos)
Env 28-33 mm jun.-ago.

DESCRIPCIÓN: alas posteriores con un pequeño apéndice en forma de punta. Lado superior de las alas del macho **(1a)** de color azul brillante con banda marginal negra; las de la hembra **(1b)** de color marrón negruzco, las anteriores con 2 manchas azules. Lado inferior de las alas de color gris en los dos sexos, alas posteriores con banda blanca en forma de W y mancha redonda roja amarillenta de núcleo negro **(1c)**.
HÁBITAT: en robles en lugares soleados, especialmente en las lindes de carrascales cálidos; bastante frecuente localmente.
GENERALIDADES: la mariposa puede verse raramente, ya que está en las copas soleadas de los robles, donde succiona las secreciones azucaradas de los pulgones. Con mucho calor a veces baja al suelo para tomar agua en lugares húmedos. La hembra pone los huevos individualmente en ramas de roble junto a las yemas (o sobre estas) de los brotes del año siguiente, donde invernan. En invierno, es fácil descubrir los huevos blancos en las ramas exteriores de robles en ubicaciones soleadas. La oruga abandona la cáscara del huevo cuando empiezan a brotar las hojas, se alimenta de las panículas de flores que se forman al mismo tiempo. Cuando no quedan flores también mordisquea las hojas. Es casi imposible descubrirla en la rama debido a su color y dibujo –manchas claras en diagonal sobre fondo marrón–, ya que está perfectamente adaptada a las escamas de las yemas de roble.

2 **Topacio**
Thecla betulae (Licénidos)
Env 32-37 mm jul.-oct.

DESCRIPCIÓN: uno de los licénidos centroeuropeos más grandes, de alas posteriores con la punta naranja. Hembra **(2b)** más grande que el macho, con el lado superior de las alas marrón oscuro, con una mancha roja amarillenta en forma de riñón en las alas anteriores, ausente en el macho. Lado inferior de las alas marrón rojizo con rayas rojas y blancas **(2a)**.
HÁBITAT: muy extendida en lindes de bosques, setos de campos y jardines, bastante frecuente en casi todos los lugares.
GENERALIDADES: como la Nazarena, está casi siempre en la zona de la copa de árboles y arbustos durante el día, por lo que es difícil de ver. No obstante, es posible convencerse fácilmente de su frecuencia efectiva si se buscan los huevos puestos en setos de endrino en invierno. Los huevos son blanco brillante, tienen una estructura de panal y miden aprox. 1 mm de diámetro. De ellos emerge la oruga en abril, que primero se instala en una yema de endrino y después está libre en las ramas. Gracias a su color verde **(2d)** está muy bien camuflada. Se desarrolla también en ciruelos y cerezos.

3 *Satryum pruni* (Licénidos)
Env 25-28 mm mayo-jul. §

DESCRIPCIÓN: lado superior de las alas totalmente marrón oscuro; lado inferior también marrón, con una ancha banda marginal naranja, puntos negros y bandas formadas por rayas blancas.
HÁBITAT: en lindes de bosques, setos y jardines; no rara localmente.
GENERALIDADES: la oruga, de color verde, vive en las mismas plantas que la de *Thecla betulae*. La pupa, con manchas grises y blancas, fijada con hilos a las ramas, tiene el aspecto de un trozo de excremento de ave (mímesis).

4 **Cejialba**
Callophrys rubi (Licénidos)
Env 24-28 mm abr.-jul.

DESCRIPCIÓN: lado superior de las alas totalmente marrón oscuro, lado inferior verde claro brillante.
HÁBITAT: bastante frecuente en lindes de bosques y terrenos abiertos.
GENERALIDADES: la oruga, de color verde con manchas blancas, se desarrolla en numerosas plantas arbustivas y herbácea.

1a
1b
1c
2a
2b
2c
2d
3
4

1 Ninfa coridón
Polyommatus coridon (Licénidos)
Env 30-35 mm jul.-sep. §

DESCRIPCIÓN: macho (1a, animal a la izda., 1b) con el lado superior azul muy claro y el lado inferior marrón grisáceo claro. Hembra (1a, animal a la dcha.) más pequeña con los lados superior e inferior marrón.
HÁBITAT: bastante frecuente en prados soleados y prados húmedos.
GENERALIDADES: la oruga, de color verde y manchas amarillas, vive en la Hierba de la herradura *(Hippocrepis comosa)* y es visitada regularmente por hormigas.

2 Niña celeste
Polyommatus bellargus (Licénidos)
Env 27-32 mm mayo-sep. RL3 §

DESCRIPCIÓN: lado superior de las alas del macho azul cielo, algo más oscuras que las de *L. coridon*; flecos marginales blancos con moteado oscuro definido. Hembra marrón con manchas marginales rojas, a menudo teñida de azul.
HÁBITAT: frecuente en prados secos, pero ha disminuido notablemente.
GENERALIDADES: vuela con 2 generaciones anuales a diferencia de la Ninfa coridón. La oruga se parece a la de la Ninfa coridón y vive en la misma planta.

3
Plebejus argyrognomon (Licénidos)
Env 30-35 mm mayo-sep. §

DESCRIPCIÓN: macho difícil de distinguir de otros licénidos, hembra (foto) por lo general claramente teñida de azul.
HÁBITAT: en prados con muchas flores y lindes de bosques soleadas, infrecuente.
GENERALIDADES: la oruga, de color verde, suele vivir en *Coronilla varia*.

4
Pseudophilotes baton (Licénidos)
Env 20-25 mm jun.-ago. RL2 §

DESCRIPCIÓN: macho (foto) con el lado superior azul intenso con una mancha oscura en las alas anteriores. Hembra marrón oscuro, teñida de azul intenso. Lado inferior gris claro con puntos negros muy marcados y manchas marginales rojizas en las alas posteriores en ambos sexos. Flecos blancos en las alas claramente moteados en negro.
HÁBITAT: en lugares secos y cálidos, sobre todo en escombreras de grava muy expuestas al sol; rara en general.
GENERALIDADES: la hembra pone los huevos individualmente en flores de Serpol *(Thymus pulegoides)*. La oruga, de color verde con muchos dibujos en rojo, se alimenta sobre todo de flores y frutos de la planta en la que vive.

5 Náyade
Celastrina argiolus (Licénidos)
Env 23-30 mm abr.-ago.

DESCRIPCIÓN: los dos sexos con el lado superior de color azul claro, el del macho con una banda marginal estrecha y el de la hembra (foto) con una banda ancha, de color negro. Lado inferior de las alas blanco azulado con puntos negros.
HÁBITAT: en lindes de bosques, brezales, zonas pantanosas; muy frecuente en general.
GENERALIDADES: produce 2 generaciones anuales. La oruga puede desarrollarse en más de 20 especies de plantas distintas.

6
Scolitantides orion (Licénidos)
Env 22-28 mm abr.-ago. RL2 §

DESCRIPCIÓN: se parece a *Pseudophilotes baton*. Flecos en los márgenes de las alas moteados en blanco y negro de forma aún más definida, las proporciones de negro y blanco tienen casi el mismo ancho. Lado inferior de las alas casi blanco, con puntos negros muy grandes. Lado superior en los dos sexos con proporción de azul muy variable.
HÁBITAT: en lugares muy cálidos con poca vegetación, tales como brezales rocosos.
GENERALIDADES: la mariposa aparece anualmente en 2 generaciones. La oruga, de color verde con una franja dorsal roja, se desarrolla en diversas especies de sedo de hojas grandes.

1a

1b

2

3

4

5

6

1 | **Duende oscuro**
Cupido minimus (Licénidos)
Env 18-22 mm abr.-ago.

DESCRIPCIÓN: licénido muy pequeño con el lado inferior gris con dibujos negros.
HÁBITAT: bastante frecuente en lindes de bosques soleadas y prados secos.
GENERALIDADES: la oruga, de color blanquecino, se desarrolla en las inflorescencias de Vulneraria *(Anthyllis vulneraria)*.

2 | **Falsa limbada**
Cyaniris semiargus (Licénidos)
Env 25-30 mm mayo-sep. §

DESCRIPCIÓN: lado inferior de las alas marrón, con dibujos similares a los de *Cupido minimus*.
HÁBITAT: no rara localmente en claros de bosque y prados húmedos, pero ha disminuido notablemente en todos los lugares.
GENERALIDADES: la especie produce entre 1 y 3 generaciones anuales. La oruga, de color verde, vive en especies de trébol de flor roja.

3 | *Aricia eumedon* (Licénidos)
Env 26-30 mm mayo-jul. RL3

DESCRIPCIÓN: lado superior de las alas de color marrón, a menudo con dibujos en rojo, en ambos sexos. Lado inferior con manchas marginales rojas y una línea blanca.
HÁBITAT: principalmente en lindes húmedas de bosques y de prados, también en los bordes de bosques esteparios secos.
GENERALIDADES: la oruga, de color verde, se desarrolla en especies de geranio de flores grandes.

4 | **Azul cintada**
Polyommatus damon (Licénidos)
Env 34-38 mm jul.-ago. RL1 §

DESCRIPCIÓN: lado inferior de las alas marrón con puntos negros y una raya blanca en forma de puñal.
HÁBITAT: en prados secos poco pastados y con zonas sin vegetación, con abundancia de especies de esparceta.
GENERALIDADES: suele poner los huevos en los frutos de la planta nutricia, donde invernan. La oruga, de color verde, siempre va acompañada de hormigas.

5 | **Hormiguera de lunares**
Maculinea arion (Licénidos)
Env 28-38 mm jun.-ago. RL3 §

DESCRIPCIÓN: lado superior de las alas de color azul, con manchas negras redondas, igual en ambos sexos.
HÁBITAT: en prados secos con zonas sin vegetación, rara en general.
GENERALIDADES: la oruga joven vive primero en el tomillo. Como imita el olor del nido de la hormiga roja *Myrmica sabuleti*, las obreras la transportan al hormiguero, donde se alimenta de sus huevos. En compensación, les proporciona una secreción glandular que estas lamen.

6 | *Maculinea nausithous* (Licénidos)
Env 28-33 mm jun.-ago. §

DESCRIPCIÓN: lado inferior de las alas marrón oscuro con puntos negros no enmarcados en color claro.
HÁBITAT: en prados húmedos con grupos de pimpinela mayor, rara.
GENERALIDADES: la larva imita el olor del nido de una hormiga roja, *Myrmica rubra*. Las hormigas hospedadoras la transportan desde la planta nutricia al hormiguero, donde las obreras la alimentarán.

7 | *Maculinea alcon* (Licénidos)
Env 32-36 mm jun.-ago. RL2 §

DESCRIPCIÓN: lado inferior de las alas similar a *Cyaniris semiargus*, pero con más puntos oscuros.
HÁBITAT: en prados húmedos con genciana de turbera o genciana rastrera, rara.
GENERALIDADES: la hembra pone los huevos en flores de genciana (foto). Las larvas viven primero en la flor, pero después se dejan caer al suelo y son transportadas por la hormiga *Myrmica rugidonis* al hormiguero.

1

2

3

4

5

6

7

Los **ninfálidos** (familia *Nymphalidae*), son la familia con más especies de las mariposas diurnas (unas 100 en la península Ibérica). Tienen las patas anteriores reducidas a "patas de limpieza", por lo que las mariposas siempre se posan sólo sobre 2 pares de patas. La subfamilia *Satyrinae*, presentada en esta página y las dos siguientes, se caracteriza por ocelos en forma de anillo en las alas, y hasta hace poco solían considerarse una familia.

1 Medioluto norteña
Melanargia galathea (Ninfálidos)
Env 37-52 mm jun.-ago. §

DESCRIPCIÓN: lado superior de las alas ajedrezado en blanco y negro, lado inferior claramente más pálido.
HÁBITAT: en prados pobres en nutrientes, de secos a algo húmedos; bastante frecuente en todos los lugares.
GENERALIDADES: la oruga, de color verde, se alimenta de diversas hierbas.

2
Lasiommata megera (Ninfálidos)
Env 35-45 mm abr.-oct.

DESCRIPCIÓN: lado superior marrón anaranjado con un llamativo ojo de núcleo blanco en las alas anteriores. Alas anteriores del macho (foto) con anchas franjas de escamas olorosas marrón oscuro.
HÁBITAT: en lugares del suelo abiertos, rocosos o arenosos; como márgenes de caminos, prados secos y fosas de grava; en altitudes bajas, no rara localmente.
GENERALIDADES: la mariposa vuela en 2 generaciones anuales, hasta 3 en las zonas de clima más favorable. La oruga, de color verde, vive en diferentes gramíneas.

3
Lasiommata maera (Ninfálidos)
Env 37-50 mm mayo-sep.

DESCRIPCIÓN: un poco más grande que *L. megera*, con colores y dibujos muy variables. Lado superior de las alas de marrón oscuro a marrón amarillento, por lo general con un ojo doble, más raramente simple, en las alas anteriores.
HÁBITAT: en parte frecuente en lugares rocosos de zonas de montaña, más raramente en llanuras.
GENERALIDADES: la coloración de esta especie muestra una dependencia patente de la altitud. En altitudes mayores dominan los ejemplares oscuros, mientras que en zonas bajas lo hacen los animales claros.

4 Mariposa de los muros
Pararge aegeria (Ninfálidos)
Env 32-42 mm abr.-sep.

DESCRIPCIÓN: lado superior de las alas marrón oscuro con manchas color crema, normalmente no demasiado extensas.
HÁBITAT: en claros de bosques con hierba, caminos forestales y matorrales ralos, no rara en general.
GENERALIDADES: suele volar en 2 generaciones anuales, en 3 en las zonas de clima favorable. Los machos vigilan sobre hojas en lugares semiumbríos bien iluminados y echan a los competidores.

5 Sortijita
Aphantopus hyperantus (Ninfálidos)
Env 35-42 mm jun.-ago.

DESCRIPCIÓN: lado superior de las alas marrón oscuro, en el macho con diminutos ocelos, en la hembra **(5a)** claramente reconocibles. Lado inferior de las alas marrón más claro, alas posteriores con 5 ocelos enmarcados en amarillo.
HÁBITAT: frecuente en general en lindes de bosques y prados húmedos.
GENERALIDADES: la mariposa se posa casi siempre con las alas plegadas hacia arriba. Sólo abre las alas para tomar calor si hace sol y un poco de fresco. La hembra dispersa los huevos durante el vuelo. El animal representado **(5a)**, que está tomando el sol, acaba de regresar de poner los huevos; uno de sus huevos, de color verde claro, se ha quedado entre las alas posteriores. La oruga, marrón grisácea y con cerdas, vive en dáctilo, en especies de festuca y otras gramíneas.

1a

1b

2

3

4a

4b

5a

5b

1 | **Loba**
Maniola jurtina (Ninfálidos)
Env 40-48 mm jun.-sep.

DESCRIPCIÓN: lado superior de las alas marrón oscuro, con dibujo más claro y ocelo sólo en las alas anteriores. Lado inferior similar al del lobito agreste, pero sin manchas oculares en las alas posteriores.
HÁBITAT: frecuente en lindes de bosques, prados húmedos y prados secos.

Cada año solo hay una generación. En el tiempo cálido las mariposas se suelen mantener inmóviles a la sombra durante varios días e intercalan una pausa de calma.

2 | **Lobito agreste**
Pyronia tithonus (Ninfálidos)
Env 30-38 mm jul.-sep.

DESCRIPCIÓN: más pequeña que la loba. Lado superior de las alas naranja con ancha banda marginal marrón, ocelo grande de 2 núcleos en las alas anteriores y pequeño en las posteriores. Macho **(2b)** con mancha negra de escamas olorosas.
HÁBITAT: en lindes de bosques cálidas, en suelos arenosos; frecuente localmente, pero ha disminuido mucho.

3 | **Níspola**
Coenonympha pamphilus (Ninfálidos)
Env 23-33 mm mayo-sep. §

DESCRIPCIÓN: lado inferior de las alas posteriores marrón grisáceo, con dibujos muy tenues en amarillento; además, con una fila de pequeños puntos que normalmente apenas pueden reconocerse.
HÁBITAT: frecuente en general en prados secos y húmedos.
GENERALIDADES: cada año vuelan normalmente dos generaciones de mariposas, aunque eventualmente pueden ser tres.

4 | **Ninfa perlada**
Coenonympha arcania (Ninfálidos)
Env 28-35 mm mayo-ago. §

DESCRIPCIÓN: lado inferior de las alas posteriores con grandes ocelos de núcleo blanco y borde amarillo y negro, con una ancha banda blanca delante de las manchas.
HÁBITAT: en bosques ralos, lindes de bosques y prados secos con matorrales; no rara localmente, pero ha disminuido mucho.
GENERALIDADES: cada año abarca una generación. La invernación tiene lugar cuando son orugas jóvenes.

5 | **Castaño morena**
Coenonympha glycerion (Ninfálidos)
Env 27-32 mm jun.-ago.

DESCRIPCIÓN: lado inferior de las alas posteriores con 6 ocelos de núcleo blanco y borde amarillo, con una banda amarilla junto al margen y una plateada brillante.
HÁBITAT: en prados de húmedos a secos y pobres en nutrientes, infrecuente.
GENERALIDADES: se posa casi siempre con las alas cerradas, como todas las especies de *Coenonympha*. La oruga, de color verde con rayas amarillentas, vive en molinia y en plantas del género *Carex*.
ESPECIE SIMILAR: la Ninfa de Mueller *(C. tullia)*, muy similar pero un poco más grande, no tiene la banda amarilla y plateada en el margen de las alas posteriores.

6 | *Coenonympha hero* (Ninfálidos)
Env 28-33 mm mayo-jul. §

DESCRIPCIÓN: similar a *C. arcania*, pero banda blanca en el lado inferior de las alas posteriores mucho más estrecha. Ocelos con el borde sólo amarillo.
HÁBITAT: en bosques ralos y en matorrales húmedos en los márgenes de pantanos, muy rara.
GENERALIDADES: los machos se posan en los arbustos y esperan allí para aparearse con las hembras, que pasan volando por delante.

7 | *Oeneis glacialis* (Ninfálidos)
Env 50-55 mm mayo-ago. RLR

DESCRIPCIÓN: lado superior de las alas marrón con ocelos de núcleo blanco en una banda rojiza. Lado inferior de las alas posteriores jaspeado en marrón con venación blanca.
HÁBITAT: sólo en los Alpes en lugares pedregosos por encima del límite del bosque, rara.
GENERALIDADES: la mariposa, muy tolerante al frío, tiene un desarrollo de 2 años y, por lo tanto, aparece con mayor frecuencia cada 2 años (normalmente los años impares). Los animales son muy tímidos y muestran un claro comportamiento territorial. Los machos ocupan determinadas piedras a las que siempre vuelven tras las peleas con los rivales.

1

2a

2b

3

4

5

6

7

1 | *Erebia ligea* (Ninfálidos)
Env 37-45 mm jul.-ago. §

DESCRIPCIÓN: lado superior de las alas marrón negruzco con ocelos, algunos de núcleo blanco, situados dentro de una banda rojo amarillenta. Margen de las alas jaspeado en blanco y negro. Lado inferior de las alas anteriores con banda blanca.
HÁBITAT: muy extendida en claros y prados de bosques de zonas de montaña, no rara.
GENERALIDADES: la especie muestra un desarrollo bienal, por lo que la mariposa aparece cada dos años, normalmente los impares.

2 | *Erebia medusa* (Ninfálidos)
Env 32-40 mm mayo-jul. §

DESCRIPCIÓN: ocelos en el lado superior e inferior de las alas dentro de manchas rojo amarillentas más o menos separadas. Margen de las alas oscuro. La única especie de *Erebia* que ya vuela a partir de mayo.
HÁBITAT: por lo general no rara en claros de bosques y prados pobres en nutrientes de zonas de montaña.
GENERALIDADES: la oruga inverna casi siempre cuando ya está desarrollada, pupa en la siguiente primavera en un tallo de hierba hilado por ella misma.

3 | **Sátiro común** (Ninfálidos)
Hipparchia semele
Env 48-55 mm jun.-sep. RL3 §

DESCRIPCIÓN: lado superior marrón, alas anteriores con 2 ocelos dentro de campos amarillos, alas posteriores con una mancha. Lado inferior de alas posteriores con dibujo de camuflaje marrón grisáceo.
HÁBITAT: en lugares abiertos de suelos arenosos o rocosos, bastante rara.
GENERALIDADES: hay una generación por año. La oruga joven inverna.

4 | *Hipparchia alcyone* (Ninfálidos)
Env 54-58 mm jul.-ago. RL2 §

DESCRIPCIÓN: lado superior de color marrón negruzco con una ancha banda blanco amarillenta en las dos alas. Lado inferior de las alas posteriores con una banda blanca muy definida en la mitad de la punta.
HÁBITAT: en lindes de pinares arenosos y en prados secos con zonas sin vegetación; rara en todos los lugares y actualmente extinguida en muchas ubicaciones anteriores.
GENERALIDADES: la mariposa raramente abre las alas cuando está posada. Para calentarse suele dirigir el lado inferior de las alas hacia el sol.

5 | **Ocelos azules** (Ninfálidos)
Minois dryas
Env 45-60 mm jul.-sep. RL2

DESCRIPCIÓN: lado superior marrón muy oscuro con 2 ocelos de núcleo azul en las alas anteriores, ocelos del macho mucho más pequeños que los de la hembra (foto).
HÁBITAT: en prados para paja en el margen de pantanos, también en prados secos.
GENERALIDADES: las mariposas toman el sol, al contrario de lo que hacen la mayoría de los otros satíridos, y suelen hacerlo con las alas ampliamente desplegadas.

6 | *Chazara briseis* (Ninfálidos)
Env 45-60 mm jul.-ago. RL1 §

DESCRIPCIÓN: lado superior de las alas marrón oscuro con una banda blanca muy ancha en las dos alas, en parte disuelta en manchas. Lado inferior de las alas posteriores de color marrón grisáceo bastante claro o marrón amarillento.
HÁBITAT: en prados secos rocosos de vegetación muy baja y pastados intensivamente por ovejas, rara en todos los lugares.
GENERALIDADES: reacciona con gran sensibilidad a un exceso de vegetación y desaparece inmediatamente de prados pobres en nutrientes que dejan de ser pastados. La oruga **(6b)**, de color marrón con rayas, tiene la forma corporal estrechada hacia atrás típica de la subfamilia *Satyrinae*. Vive en gramíneas.

7 | **Bacante**
Lopinga achine (Ninfálidos)
Env 50-55 mm mayo-jul. RL2 §

DESCRIPCIÓN: lado superior de las alas anteriores y posteriores con ocelos negros bordeados de amarillo, con núcleo blanco en el lado inferior.
HÁBITAT: en claros de bosque algo húmedos y bosques ralos; antes frecuente en muchos lugares, pero actualmente ha disminuido mucho e incluso ha desaparecido de regiones enteras.
GENERALIDADES: Cada año aparece una sola generación.

1

2

3

4

5

6a

6b

7

1 Pavo real

Inachis io (Ninfálidos)
Env 50-60 mm todo el año

DESCRIPCIÓN: mariposa muy conocida, imposible de confundir con otra especie gracias a las alas, de color marrón rojizo en el lado superior y con un gran ocelo principalmente azul y negro en cada ala. El lado inferior, muy oscuro y con líneas negras, contrasta mucho con el llamativo colorido del lado superior.

HÁBITAT: muy frecuente en hábitats en cierta medida abiertos, una de las mariposas más comunes en Europa.

GENERALIDADES: la oruga del Pavo real se desarrolla en la ortiga *(Urtica dioica)*, una planta que necesita muchos nutrientes y que se aprovecha del abono excesivo de las superficies agrícolas y, por lo tanto, está disponible en todos los lugares y en cantidad suficiente para cumplir su papel de planta nutricia. El Pavo real, al igual que las demás especies que se desarrollan en ortigas (presentadas en las páginas siguientes) es un típico estratega "r". Esto significa que se trata de una especie con un alto potencial reproductivo, por lo general varias generaciones anuales, y con una gran facilidad para la expansión. Los estrategas "k", por el contrario, como la Apolo o los licénidos, cuyas larvas se desarrollan en hormigueros, tienen una producción de huevos baja y sólo una generación anual; además, son muy fieles a su ubicación. Mientras que los estrategas "k" disminuyen cada vez más si las condiciones ambientales empeoran y acaban extinguiéndose, los estrategas "r" tienen la capacidad de irse a otras zonas muy deprisa.

El Pavo real suele producir 2 generaciones anuales en las regiones más cálidas. Sólo en las zonas menos favorables (p. ej., a grandes altitudes) produce una única generación anual. La mariposa inverna en lugares oscuros y húmedos, tales como cuevas o madrigueras de mamíferos terrestres, y se aparea en primavera. En mayo, la hembra busca un grupo de ortigas en una zona algo húmeda y soleada y pone los huevos, de color verde y con finas costillas, en un denso racimo en el envés de las hojas **(1b)**. Las orugas abandonan entre 2 y 3 semanas después el huevo **(1c)** y empiezan a comer directamente la primera hoja de ortiga que encuentran. Al eclosionar miden sólo unos 3 mm de largo, son de color blanco verdoso y tienen una gran cabeza negro brillante. Realizan la muda pocos días después, adoptando un color más marrón grisáceo, y a estas alturas ya han cubierto toda la planta con un manto de seda continuo en el que habitan gregariamente **(1d)**. En el último estadio de muda se vuelven negro oscuro. Entonces tienen pequeños puntos blancos y unas largas espinas dorsales ramificadas. Entre 3 y 4 semanas después de haber dejado el huevo, las orugas dejan de comer, se dispersan y buscan un lugar adecuado para pupar, como p. ej. una rama seca o debajo de un trozo de madera. Aquí la oruga teje un pequeño cojín blanco al que se fija con el último par de patas y se cuelga en una postura un poco encorvada **(1e)**. En esta posición pasa unos 2 días. Luego se abre la cutícula de la larva por el dorso y de la hendidura cada vez más larga sale progresivamente la pupa. Mediante contracciones onduladas, desliza la cutícula hacia atrás **(1f)** hasta que queda hecha un ovillo. Entonces llega el momento más peligroso para la pupa: debe salir del ovillo con los ganchos del extremo y engancharse en el cojín de seda. Si lo consigue, encorva el cuerpo hasta que se cae la cutícula vacía. Entonces se estira para adoptar su forma definitiva. La pupa del Pavo real es una pupa suspendida típica **(1g)**, al igual que las de todos los ninfálidos. Durante el reposo subsiguiente de la pupa, que dura unos 14 días, tiene lugar una profunda metamorfosis. Los órganos de la oruga se transforman en los órganos de la mariposa, algunos de los cuales son muy distintos. Aprox. un día antes de que la mariposa emerja, puede verse claramente el color de las alas a través de la cutícula. Al día siguiente llega el momento: la nueva mariposa aparta la parte inferior de la cutícula y en pocos segundos sale totalmente de esta **(1h)**. Luego se agarra a la exuvia y estira las alas, al principio flácidas, bombeando sangre a las venas.

1b
1c
1d
1a
1e
1f
1g
1h

1 Ortiguera

Aglais urticae (Ninfálidos)
Env 40-50 mm todo el año

DESCRIPCIÓN: lado superior de las alas rojo amarillento con dibujos marginales en forma de media luna de color azul y manchas negras; lado inferior de color marrón oscuro con dibujos más claros.
HÁBITAT: muy frecuente en general en terrenos abiertos.
GENERALIDADES: inverna como mariposa en un lugar protegido, al igual que el Pavo real. Muchas veces aparece ya durante los primeros días cálidos de febrero, cuando puede verse en las primeras flores de fárfara. La oruga se desarrolla en la ortiga. A diferencia de la del Pavo real, tiene unas llamativas bandas longitudinales amarillas **(1b)**. También coloniza la planta nutricia en grupos de muchos individuos. Cuando las circunstancias ambientales son muy favorables, la nueva generación de mariposas puede aparecer ya a mediados de mayo, pero lo normal es que no aparezcan hasta junio. Durante julio o a principios de agosto llega la segunda generación que, a su vez, puede producir una tercera todavía.

2 Vanesa atalanta, numerada

Vanessa atalanta (Ninfálidos)
Env 50-60 mm todo el año

DESCRIPCIÓN: lado superior de las alas de color marrón negruzco con una llamativa banda roja; las puntas de las alas anteriores con jaspeado en blanco y negro.
HÁBITAT: en hábitats muy diversos, frecuente en todos los lugares.
GENERALIDADES: se encuentra entre las mariposas migratorias típicas. A partir de abril los animales de la región mediterránea parten en dirección a Centroeuropa. La puesta tiene lugar exclusivamente en ortigas, pero, a diferencia del Pavo real y de la Ortiguera, los huevos siempre se ponen individualmente. La oruga puede ser amarillenta o casi negra; en el último caso tiene una fila de manchas amarillas en los laterales del cuerpo **(2a)**. Debido al tipo de puesta, la oruga siempre vive sola y se cons truye una llamativa casa con una hoja de ortiga. Enrolla la superficie de la hoja formando una bolsa y la dobla hacia abajo, de modo que el resultado es un embudo abierto hacia abajo en el que queda a salvo de las miradas. Con algo de práctica se puede encontrar fácilmente si se buscan estas hojas en forma de bolsa. La pupación suele tener lugar en este escondrijo. La pupa es más gruesa que la del Pavo real, de color violeta pardusco con manchas metálicas dorado brillante. En el transcurso del verano suelen formarse dos generaciones más, en las zonas de clima poco favorable, sólo una. A finales del verano y en otoño es cuando más individuos pueden verse. Las mariposas muestran una especial preferencia por la fruta en descomposición, por lo que se encuentran regularmente en fruta caída. Muchas de las mariposas que emergen a finales del verano regresan al sur de Europa. Otras buscan un lugar para invernar, pero no suelen sobrevivir. No obstante, siempre hay alguna que otra que consigue superar sana y salva el invierno.

3 Vanesa de los cardos

Vanessa cardui (Ninfálidos)
Env 45-60 mm abr.-oct.

DESCRIPCIÓN: lado superior de las alas rojo amarillento con dibujos negros; puntas de las alas anteriores con jaspeado blanco y negro, como las de la Vanesa atalanta.
HÁBITAT: frecuente en general en lindes de bosques y márgenes de caminos.
GENERALIDADES: mariposa migratoria clásica, más que la Vanesa atalanta. No puede sobrevivir al invierno en el centro ni en el sur de Europa, y cada año vuela hasta Centroeuropa desde el norte de África cruzando el Mediterráneo y los Alpes. Algunas migran hasta el Círculo Polar; se han encontrado ejemplares incluso en la isla noruega de Spitsbergen. En Centroeuropa aparecen los primeros animales en abril, por lo general en solitario, ocasionalmente en grupo. Pone los huevos individualmente. El desarrollo de la oruga, amarillo ocre o verde oliva oscuro, puede producirse en muchas plantas, como ortigas, cardos, cardones y malvas. Las mariposas de la generación siguiente regresan en solitario al sur o mueren en otoño.

1a

1b

2a

2b

3a

3b

1 C-blanca

Polygonia c-album (Ninfálidos)
Env 42-50 mm todo el año

DESCRIPCIÓN: lado superior de las alas similar al de la ortiguera, pero sin las medias lunas marginales. Los márgenes de las alas, además, presentan profundas muescas. Lado inferior de las alas marrón con una mancha blanquecina muy definida en forma de C.
HÁBITAT: bastante frecuente en casi todos los lugares en lindes de bosques y terrenos abiertos.
GENERALIDADES: la C-blanca inverna como animal adulto. En marzo ya suele abandonar el lugar donde ha pasado el invierno. La hembra pone los huevos individualmente en la planta nutricia, que puede ser la ortiga o también toda una serie de árboles distintos, como el sauce cabruno, el avellano y el olmo; también le gusta el lúpulo. La oruga es marrón, de dorso blanco. Suele adoptar una posición muy encorvada que corresponde a la mímesis de excrementos de ave.

2 Antíope

Vanessa antiopa (Ninfálidos)
Env 55-75 mm todo el año §

DESCRIPCIÓN: ninfálido muy grande de alas marrón oscuro con el borde amarillo.
HÁBITAT: en zonas frías, principalmente en regiones de montaña, en lindes de bosques y bosques de abedules; rara.
GENERALIDADES: esta llamativa mariposa parece tener fuertes oscilaciones poblacionales a largo plazo. Después de la II Guerra Mundial desapareció casi por completo de muchas zonas de Centroeuropa, pero en los últimos años ha reaparecido en numerosos lugares. Pone los huevos en grandes grupos alrededor de las puntas de las ramas. La oruga, negra con una fila de manchas rojo óxido en el dorso, se desarrolla gregariamente en abedules y sauces, y en otras muchas plantas leñosas. La nueva generación de mariposas suele emerger a finales de julio. Las mariposas emergidas tienen el borde de las alas amarillo, pero después de la invernación presenta un aspecto blanquecino. Los animales chupan la corteza de abedules con heridas antes de invernar, pero a principios de primavera es habitual verlos en sauces en flor.

3 Olmera

Nymphalis polychloros (Ninfálidos)
Env 50-55 mm todo el año §

DESCRIPCIÓN: muy similar a la Ortiguera, pero un poco más grande. Con una mancha negra en el margen anterior de las alas posteriores; la Ortiguera tiene toda la mitad basal de las alas posteriores negra.
HÁBITAT: en lindes de bosques soleadas, campos de frutales y laderas secas, pero también en cintas de matorrales a lo largo de cursos de agua; bastante rara en el centro de Europa, más frecuente en el sur.
GENERALIDADES: la oruga, de color gris oscuro con rayas amarillas poco definidas, se desarrolla gregariamente en sauces, chopos u olmos, regularmente también en diversos frutales. La mariposa inverna.

4

Araschnia levana (Ninfálidos)
Env 28-40 mm abr.-sep.

DESCRIPCIÓN: vuela en dos generaciones de colores distintos. La generación de primavera **(4a)**, lado superior rojo amarillento con manchas negras; la de verano **(4b)**, negro con bandas de manchas blancas. El lado inferior de las alas parece un mapa **(4d)**.
HÁBITAT: bastante frecuente en lindes de bosques y márgenes de caminos.
GENERALIDADES: la especie vuela en 2 generaciones anuales e inverna como pupa. Según las condiciones exteriores, emerge la generación de primavera clara (después de la invernación) o la generación de verano oscura (en verano). Los huevos, de color verde, se ponen en altas "torres" en el envés de hojas de ortiga **(4e)**. La oruga **(4c)** se parece a la del Pavo real, pero no tiene puntos blancos y, aparte de las espinas dorsales ramificadas, también tienen 2 espinas en la cápsula cefálica.

1a
1b
2
3
4a
4b
4c
4d
4e

1 Ninfa de bosque

Limenitis camilla (Ninfálidos)
Env 45-52 mm jun.-ago. §

DESCRIPCIÓN: lado superior de las alas de color marrón negruzco con banda blanca que se disuelve en manchas en las alas anteriores. Lado inferior rojo con puntos negros y banda blanca.
HÁBITAT: en caminos forestales umbríos, sobre todo en lugares algo húmedos en bosques caducifolios.
GENERALIDADES: el desarrollo suele tener lugar en el Cerecillo *(Lonicera xylosteum)*. Pone los huevos, de color verde y con finas espinas, individualmente en la planta nutricia. La oruga eclosiona en agosto, se come la punta de la hoja a ambos lados de la vena central. Pasa el invierno libre en la planta como oruga joven, metida en un escondrijo preparado con un trozo de hoja. En primavera se convierte en una oruga verde con espinas marrones **(1b)**. La pupa, de color verde, tiene dos llamativos apéndices cefálicos.

2

Limenitis populi (Ninfálidos)
Env 65-80 mm mayo-ago. RL2 §

DESCRIPCIÓN: una de las mariposas diurnas europeas más grandes. Lado superior de la hembra (foto) de color marrón oscuro con dibujos en blanco, rojo y azul; el del macho con menos blanco. Lado inferior principalmente rojo amarillento.
HÁBITAT: en lindes de bosques y caminos forestales cálidos y algo húmedos, rara en todos los lugares.
GENERALIDADES: es difícil de ver, ya que suele estar en la copa de los árboles. A primera hora de los días cálidos puede verse ocasionalmente succionando en un charco o en excrementos animales. La oruga se desarrolla en especies de álamo, sobre todo en el álamo temblón. Eclosiona en pleno verano del huevo, de color verde y con finas espinas, e inverna en su estadio juvenil en un trozo de hoja fijado con seda a una rama. La oruga adulta es verde oliva, con dos cuernos con espinas en la nuca.

3 Tornasolada

Apatura iris (Ninfálidos)
Env 55-65 mm jun.-ago. §

DESCRIPCIÓN: lado superior de las alas negro con banda de manchas blancas, un ocelo con un anillo rojo en las alas posteriores. El macho **(3a)** con irisación azul más definida, variable según la luz.
HÁBITAT: en caminos forestales umbríos y algo húmedos, sobre todo en bosques riparios; no rara localmente.
GENERALIDADES: suele estar en la corona de los árboles, al igual que *Limenitis populi*. La hembra es casi imposible de ver, pero los espléndidos machos pueden observarse regularmente por las mañanas en caminos forestales, donde succionan en charcos, excrementos o carroña. Se pueden atraer con queso de olor fuerte. La oruga **(3b)**, de color verde, se parece mucho a una babosa debido a los 2 largos cuernos que tiene en la cabeza. Inverna como oruga joven libre en las ramas de la planta nutricia y suele desarrollarse en el sauce cabruno, más raramente en otras especies de sauce o chopo. La pupa, también verde, es muy difícil de encontrar entre las hojas.
ESPECIE SIMILAR: *Apatura ilia*, sólo un poco más pequeña, tiene también un ocelo (menos definido) en las alas anteriores.

4 Mariposa del madroño

Charaxes jasius (Ninfálidos)
Env 75-85 mm mayo-sep.

DESCRIPCIÓN: mariposa muy grande y de gran colorido. Alas posteriores con 2 colas. Lado superior de las alas de color marrón negruzco con ancha banda marginal rojo amarillenta, lado inferior con un colorista mosaico **(4a)**.
HÁBITAT: muy extendida cerca de la costa en la región mediterránea.
GENERALIDADES: vuela en 2 generaciones anuales. Le gusta succionar frutas en descomposición. La oruga (4b, ejemplar joven) es de color verde y tiene 4 largos cuernos en la cabeza con espinas. Vive en el Madroño *(Arbutus unedo)*, pero ya se ha encontrado en otras plantas.

1a
1b
2
3a
3b
4a
4b

1 Nacarada

Argynnis paphia (Ninfálidos)
Env 55-65 mm jun.-sep. §

DESCRIPCIÓN: alas rojo amarillentas en el lado superior, con puntos negros; las del macho **(1a)** con 4 llamativas franjas oscuras de escamas olorosas a lo largo de las 4 venas longitudinales posteriores de las alas anteriores. Lado inferior de las alas posteriores verdoso con rayas plateadas. La hembra aparece ocasionalmente en la forma gris verdosa **(1b)**.
HÁBITAT: en caminos forestales y prados de bosques, no rara.
GENERALIDADES: la mariposa puede verse a menudo en claros de bosques visitando flores, sobre todo cardos del género *Carduus* y eupatorias. La hembra pone los huevos en una corteza de árbol, y lo hace individualmente. La oruga eclosiona ya en verano, pero empieza a invernar sin haber tomado alimento. En primavera empieza a comer violetas (*Viola reichenbachiana* o *V. hirta*). La oruga adulta es marrón con 2 rayas longitudinales amarillas en el dorso; detrás de la cabeza tiene dos largos apéndices como antenas, orientados hacia delante. La pupa, de color marrón grisáceo, tiene la línea dorsal muy dentada y manchas plateadas en los laterales.

2 Lunares de plata

Argynnis aglaja (Ninfálidos)
Env 50-55 mm jun.-ago. §

DESCRIPCIÓN: bastante grande, similar a la Nacarada, pero macho sin franjas de escamas olorosas. Lado inferior de las alas con manchas redondas y nacaradas.
HÁBITAT: en prados de montaña, claros de bosque y prados pantanosos; no rara.
GENERALIDADES: la oruga, negra con manchas rojas en los laterales, se desarrolla en diversas especies de violetas.

3

Issoria lathonia (Ninfálidos)
Env 35-45 mm abr.-oct.

DESCRIPCIÓN: lado superior de las alas rojo amarillento con manchas negras regulares. Lado inferior de las alas posteriores **(2b)** con grandes manchas nacaradas y una fila de manchas anulares negras.
HÁBITAT: en terrenos abiertos, sobre todo en márgenes de caminos, terrenos baldíos y prados pobres en nutrientes.
GENERALIDADES: entre 2 y 3 generaciones anuales, a veces 4. Inverna como oruga o pupa, también como mariposa adulta. La oruga es marrón negruzco con espinas marrones; vive en pensamientos silvestres *(Viola arvensis)* y probablemente también en otras especies de violetas.

4 Perlada castaña

Boloria selene (Ninfálidos)
Env 28-38 mm mayo-sep. §

DESCRIPCIÓN: lado superior de las alas rojo amarillento, con bandas en zigzag negras y una fila de puntos paralela al margen exterior. Con un punto enmarcado en bandas negras en la base de las alas posteriores. Inferior de las alas posteriores rojo amarillento con bandas de manchas blancas, con un anillo negro en la base.
HÁBITAT: en prados húmedos y claros de bosques, por lo general no rara.
GENERALIDADES: la oruga, gris oscura, tiene 2 largos apéndices como antenas, orientados hacia delante, detrás de la cabeza, como la oruga de la Nacarada. Se desarrolla en diversas especies de violetas.

5

Boloria eunomia (Ninfálidos)
Env 28-40 mm mayo-jul. RL2 §

DESCRIPCIÓN: macho con el lado superior muy similar al de *C. selene*, hembra **(5a)** claramente oscurecida, con una fila de manchas blanquecinas en el margen de las alas. Lado inferior de las alas posteriores con una fila de anillos de núcleo blanco paralela al margen exterior.
HÁBITAT: en prados húmedos con bistorta, actualmente muy rara en casi todos los lugares.
GENERALIDADES: la oruga, de color marrón grisáceo, vive en la bistorta, pero probablemente también en otras plantas.

1a

1b

2

3a

3b

4

5a

5b

1 | *Melitaea didyma* (Ninfálidos)
Env 30-40 mm jun.-ago. RL2

DESCRIPCIÓN: lado superior de las alas del macho **(1a)** rojo brillante, con manchas sueltas de color negro; las de la hembra **(1b)** muy variables, por lo general gris rojo amarillento en las alas anteriores y naranja en las posteriores, con un dibujo similar al del macho. Lado inferior de las alas posteriores **(1c)** blanco crema con filas de manchas negras y 2 bandas rojo amarillentas.
HÁBITAT: en lugares muy secos y cálidos con vegetación poco desarrollada, sobre todo en prados secos rocosos.
GENERALIDADES: la oruga **(1d)**, blanca y con dibujos de colores, vive en plantas como el llantén, el gordolobo, la pajarita y del género *Stachys*. Pupa suspendida **(1e)**, blanca, con un dibujo similar a la oruga.

2 | *Melitaea cinxia* (Ninfálidos)
Env 33-40 mm mayo-jul. RL3

DESCRIPCIÓN: lado superior de las alas rojo amarillento con bandas en zigzag continuas de color negro. Alas posteriores con una fila de puntos negros paralela al margen exterior. Lado inferior similar al de
M. didyma, pero con una fila de puntos negros en la banda rojo amarillenta exterior.
HÁBITAT: en prados pobres en nutrientes secos y con poca vegetación; antes bastante frecuente, actualmente muy rara.
GENERALIDADES: la oruga, negra con una llamativa cabeza roja, se alimenta sobre todo de especies de llantén y verónica.

3 | **Doncella común**
Melitaea athalia (Ninfálidos)
Env 25-38 mm mayo-ago. RL3

DESCRIPCIÓN: mariposa de dibujos muy variables. Lado superior de las alas rojo amarillento con un dibujo negro en forma de malla densa. Lado inferior de las alas posteriores similar al de *Melitaea didyma*, pero los elementos rojo amarillentos y negros están más débilmente definidos.
HÁBITAT: en prados algo húmedos y ricos en flores y claros de bosque, más raramente en prados secos. No rara en la mayoría de zonas, sobre todo en montaña.
GENERALIDADES: la oruga se parece a la de *Melitaea didyma*, pero es un poco más oscura y se desarrolla en el llantén y en especies del género *Melampyrum*.

4 | **Doncella de ondas**
Euphydryas aurinia (Ninfálidos)
Env 35-38 mm mayo-jul. RL2 §

DESCRIPCIÓN: lado superior de las alas con bandas amarillas y rojo amarillentas y un dibujo de malla negro. Lado inferior de las alas posteriores rojo amarillento con manchas blancas y una fila de puntos negros paralela al margen.
HÁBITAT: en prados secos y húmedos, ha disminuido mucho y en algunas zonas ha desaparecido por completo.
GENERALIDADES: oruga negra, con rayas longitudinales plateadas en el dorso y laterales del cuerpo. Se desarrolla en el mordisco del diablo *(Succisa pratensis)*, y en lugares secos, en escabiosas. A grandes altitudes en los Alpes vuela la subespecie *debilis*, más pequeña y de colores más pálidos, que se desarrolla en genciana.

5 | *Euphydryas cynthia* (Ninfálidos)
Env 35-40 mm jun.-ago. RLR §

DESCRIPCIÓN: lado superior de las alas del macho (foto) con dibujos en blanco, las de la hembra muy similares a las de *E. aurinia*.
HÁBITAT: en los Alpes, por encima del límite de bosque en prados y en matorrales con rosa de los Alpes, bastante rara.
GENERALIDADES: tiende ocasionalmente a reproducciones masivas a nivel local. En estos casos, la oruga, de color negro y con anillos amarillos en los pasos de un segmento a otro, puede aparecer en grupos de varios cientos de ejemplares en espacios muy pequeños. Se alimenta de Llantén alpino *(Plantago alpina)* y de Violeta de espolón largo *(Viola calcarata)*, pero también acepta otras plantas, como el llantén menor.

1a

1b

1c

1d

1e

2

3

4

5

Las **mariposas blancas** (familia *Pieridae*), se caracterizan por tener las alas blancas o amarillas, normalmente con pocos dibujos. Numerosas especies en la península Ibérica en particular y en la región mediterránea en general.

1 Blanca del majuelo

Aporia crataegi (Piéridos)
Env 50-65 mm mayo-jul.

DESCRIPCIÓN: alas blancas con venas negras en los dos lados, sin dibujos en negro.
HÁBITAT: en lindes de bosques y márgenes de caminos, prados secos con matorrales y prados húmedos, no rara localmente.
GENERALIDADES: presencia muy irregular; mientras que en muchas zonas ha dejado de verse, en otras aparece en cantidades increíbles según los años. La oruga, de color muy oscuro, se desarrolla, entre otros, en endrinos, espinos albares, rosales y frutales. Las orugas jóvenes pasan el invierno en las ramas de la planta nutricia en un capullo común que abandona en abril **(1b)**.

2 Mariposa blanca de la col

Pieris brassicae (Piéridos)
Env 50-65 mm abr.-oct.

DESCRIPCIÓN: alas anteriores del macho con una mancha negra en la punta en el lado superior; las de la hembra, además, con 2 puntos negros. Lado inferior de las alas anteriores de los dos sexos con 2 puntos que a menudo están unidos.
HÁBITAT: muy extendida en terrenos abiertos, en campos y jardines, frecuente, pero más rara que hace unos años.
GENERALIDADES: vuela en 2-3 generaciones anuales. La hembra pone los huevos en densos grupos, por lo general en coles pero también en otras crucíferas y últimamente también en la capuchina. La oruga, con dibujos en amarillo, negro y gris, vive gregariamente en la planta nutricia. Para la pupación le gusta subirse a paredes de casas, donde se fija con seda y muda a una pupa ceñida de color blanquecino con puntos oscuros.

3 Blanquita de la col

Pieris rapae (Piéridos)
Env 40-50 mm abr.-oct.

DESCRIPCIÓN: más pequeña que la blanca de la col. Alas anteriores del macho **(3a)** con un punto negro en el lado superior; las de la hembra con 2 puntos. Mancha negra en la punta en el margen anterior más larga que en el margen exterior de las alas anteriores. Lado inferior de las alas posteriores totalmente amarillo **(3b)**.
HÁBITAT: en claros de bosques y terrenos abiertos, sobre todo en tierras de cultivo, frecuente en general.
GENERALIDADES: la mariposa aparece en 3-4 generaciones anuales, a veces incluso en 5. La hembra pone los huevos individualmente en las plantas nutricias (además de la col, numerosas crucíferas y también la capuchina). La oruga, totalmente de color verde, vive en solitario sin apenas llamar la atención.

4 Blanca de venas verdes

Pieris napi (Piéridos)
Env 35-45 mm abr.-sep.

DESCRIPCIÓN: similar a la Blanquita de la col, pero la mancha negra de la punta en el margen anterior de las alas anteriores es más corta que el margen exterior. Lado inferior de las alas posteriores amarillo con venación salpicada de verde.
HÁBITAT: frecuente en general en bosques y terrenos abiertos.
GENERALIDADES: la oruga, de color verde, se desarrolla en diversas crucíferas.

5 Blanca esbelta

Leptidea sinapis (Piéridos)
Env 30-40 mm abr.-sep.

DESCRIPCIÓN: lado superior con una mancha negra redonda antes de la punta de las alas anteriores.
HÁBITAT: en claros de bosques y prados secos, bastante frecuente.
GENERALIDADES: la oruga, de color verde con rayas amarillas, se desarrolla en papilionáceas.

1a
1b
2a
2b
3a
3b
4
5

1 Aurora
Anthocharis cardamines (Piéridos)
Env 35-45 mm mar.-jul.

DESCRIPCIÓN: alas anteriores del macho (foto) con una gran mancha naranja en la punta, lado inferior de las alas posteriores jaspeado en verdoso en los dos sexos.
HÁBITAT: en prados húmedos y bosques húmedos, también en terrenos abiertos y secos; bastante frecuente.
GENERALIDADES: la hembra pone los huevos individualmente en los pedúnculos de las flores de la planta nutricia, por lo general el berro de prado o la hierba del ajo. La oruga, verde con los laterales blancos, se alimenta primero de las flores y luego de los frutos en proceso de maduración. En caso de necesidad se come las hojas. Después pupa cerca del suelo en un tallo. La pupa ceñida, de forma muy estrecha, curvada y apuntada hacia arriba, recuerda a la espina de una planta.

2 Limonera
Gonepteryx rhamni (Piéridos)
Env 50-55 mm todo el año

DESCRIPCIÓN: alas con el margen exterior curvado, acabado en una punta corta, las del macho **(2a)** amarillo limón, las de la hembra blanco verdoso.
HÁBITAT: principalmente en lindes de bosques y bosques ralos, también en terrenos abiertos; frecuente en general.
GENERALIDADES: inverna de forma libre en la vegetación, justo por encima del suelo. Suele despertarse ya en febrero, así que es uno de los primeros anunciadores de la primavera. A partir de abril, la hembra pone los huevos, fusiformes y verde amarillentos, individualmente o en pequeños grupos, en las hojas del arraclán **(2b)**, que están brotando, más raramente en las del aladierno. La oruga, verde con rayas blancas en los laterales, se coloca en la vena central de la hoja durante las pausas de alimentación, donde está biem camuflada **(2c)**. Es más fácil encontrar las minas en los márgenes de las hojas que cerca de la oruga. Normalmente realiza la metamorfosis en ramas de la planta nutricia a una pupa ceñida verde, orientada horizontalmente. La nueva generación de mariposas suele aparecer en julio; cuando todavía vuelan los últimos ejemplares de la generación predecesora. Las mariposas pueden alcanzar el año de edad, algo muy inusual entre los lepidópteros. No obstante, pasan casi la mitad de este tiempo invernando.

3 Colias de los pantanos
Colias palaeno (Piéridos)
Env 40-50 mm jun.-ago. RL2 §

DESCRIPCIÓN: alas del macho (foto) amarillas, las de la hembra blancas, todas con un estrecho margen rojo y, en el lado superior, una mancha negra en la punta.
HÁBITAT: en prados pantanosos, en zonas de extracción de turba desecadas y en bosques pantanosos ralos; ha disminuido mucho y en algunos lugares ha desaparecido debido al drenaje de los pantanos; en la región prealpina todavía quedan grupos importantes localmente.
GENERALIDADES: la oruga, verde con rayas amarillas en los laterales, se desarrolla en el Arándano negro *(Vaccinium uliginosum)*. Pasa el invierno como oruga joven en la hoja con la que cayó al suelo.

4
Colias alfacariensis (Piéridos)
Env 35-45 mm abr.-oct. §

DESCRIPCIÓN: color de las alas del macho **(4a)** amarillo intenso, las de la hembra, amarillo verdoso pálido. Márgenes de las alas rojo intenso. Lado inferior de las alas posteriores con manchas rojas y una figura en forma de "8" también roja.
HÁBITAT: en lugares abiertos y soleados, prados secos con zonas sin vegetación.
GENERALIDADES: la oruga **(4b)**, de color verde, con 3 rayas longitudinales amarillas y filas de manchas negras, vive exclusivamente en la hierba de la herradura.
ESPECIE SIMILAR: la mariposa de Colias pálida *(Colias hyale)* no se puede distinguir con seguridad de esta. Oruga verde con 2 rayas amarillas y sin puntos negros.

1

2a

3

2b

2c

4a

4b

Los **papiliónidos** (familia *Papilionidae*) tienen muchas especies y formas en los trópicos, pero en España existen sólo 6 especies. A esta familia pertenecen las mariposas más codiciadas por los coleccionistas y también las que corren mayor peligro de extinción.

1 | **Apolo**
Parnassius apollo (Papilionoideos)
Env 65-75 mm jun.-sep. RL2 §

DESCRIPCIÓN: mariposa muy grande. Alas blancas, alas anteriores con el margen anterior transparente. Manchas oculares rojas casi siempre sólo en las alas posteriores (normalmente 2 en el lado superior y varias en el inferior). Antenas con anillos claros y oscuros poco definidos.
HÁBITAT: entre 700 y 3000 m de altitud, en áreas abiertas y laderas rocosas soleadas.
GENERALIDADES: esta bonita mariposa mantiene colonias más o menos numerosas en todo el norte de España, desde las áreas montañosas de Galicia hasta los Pirineos; se encuentra también en montañas de Castilla y León, Aragón, en el Sistema Central y en la cordillera Penibética. Vuela en una sola generación, desde finales de julio hasta comienzos de agosto, dependiendo del sistema montañoso que colonice. Los animales vuelan mucho cuando hace sol y calor, por lo que es difícil fotografiarlos. A primera hora de la mañana, o si hace un poco de fresco pero también sol, las condiciones son más favorables. Después del apareamiento **(1b)**, la hembra se distingue por una bolsa de copulación de quitina situada en el abdomen. Pone los huevos individualmente en la planta nutricia o junto a esta, la Uva de gato *(Sedum album)*. Después del invierno eclosionan las orugas. De día suelen reposar bajo la planta nutricia, pero es fácil encontrarlas gracias a las minas que dejan. El color es negro con una fila de puntos rojo amarillentos (raramente amarillos) a cada lado del cuerpo **(1d)**. La pupa, con pruina blanca, suele reposar debajo de piedras en un capullo amplio **(1e)**.

2 | **Mariposa febo**
Parnassius sacerdos (Papilionoideos)
Env 50-60 mm jun.-sep. §

DESCRIPCIÓN: un poco más pequeña que la Apolo, color básico ligeramente amarillo. Manchas rojas casi siempre también en las alas anteriores. Antenas con anillos en blanco y negro.
HÁBITAT: sólo en los Alpes, casi siempre por encima de los 2000 m, cerca de suelos de manantiales; bastante frecuente localmente en los Alpes Centrales.
GENERALIDADES: la oruga se parece a la de la Apolo, pero tiene manchas amarillas con más frecuencia que rojo amarillentas. No puede distinguirse de la otra especie con seguridad por el aspecto, pero vive en la Saxífraga amarilla *(Saxifraga aizoides)*, un habitante típico de los suelos de manantiales alpinos.

3 | *Parnassius mnemosyne* (Papilionoideos)
Env 45-60 mm mayo-jul. RL2 §

DESCRIPCIÓN: alas blancas con venas negras. Alas anteriores con el margen transparente y manchas negras aisladas. Sin dibujos en rojo.
HÁBITAT: en prados de bosques con muchas flores en zonas de montaña, también en zonas boscosas rocosas; rara en general.
GENERALIDADES: la oruga se parece mucho a las de las dos especies anteriores. Vive en diversas especies del género *Corydalis*, por lo general en *Corydalis cava*. Esta planta crece en lugares húmedos y umbríos, mientras que la mariposa necesita zonas abiertas con muchas flores. Por lo tanto, para su presencia requiere que haya dos tipos de hábitat totalmente distintos colindantes.

1a

1b

1c

1d

1e

2a

3

2b

1 Chupaleche

Iphiclides podalirius (Papilionoideos)
Env 50-70 mm abr.-ago. RL3 §

DESCRIPCIÓN: color básico de las alas amarillo pálido. Alas anteriores con dibujos triangulares estrechos de color negro, que se prolongan en las alas posteriores cuando las alas están abiertas. Alas posteriores con mancha ocular azul de margen rojo en el lado anterior, lunas marginales azules y puntas muy largas, como colas.
HÁBITAT: en laderas cálidas, pedregosas o rocosas, con muchas zonas sin vegetación, también en viñedos abandonados y jardines descuidados; rara al norte de los Alpes y con fuerte retroceso de las colonias; en el Mediterráneo, en cambio, bastante frecuente.
GENERALIDADES: las colas como antenas y las manchas oculares inducen a las aves a picotear en el extremo "incorrecto", así la mariposa puede escapar. La mariposa suele emerger a principios o mediados de mayo de la pupa, que ha invernado. A menudo se reúnen varios animales en cimas abiertas de colinas, donde muestran su vuelo de cortejo *(hilltopping)*. Entre los vuelos reposan en puntas de ramas soleadas y vuelven al mismo puesto de vigilancia. La hembra pone los huevos, redondos y blancos, individualmente o en grupos de 2, en el envés de hojas de la planta nutricia. Al norte de los Alpes prefiere endrinos bajos en lugares expuestos al sol y sin otras plantas. En el sur de Europa prefiere los melocotoneros. La oruga joven es negra con manchas dorsales blancas y se parece mucho a la de la Macaón. Después de la 2.ª muda se vuelve verde con rayas amarillas poco definidas, y es casi imposible descubrirla en la hoja. Suele estar en un capullo de seda blanco. A partir de julio, a veces a finales de junio, realiza la metamorfosis a una pupa ceñida marrón, normalmente en una rama de la planta nutricia. Las pupas precoces pueden mudar en julio a la 2.ª generación de mariposas (en Centroeuropa sólo en zonas de clima muy favorable); la mayoría de pupas invernan.

2 Macaón

Papilio machaon (Papilionoideos)
Env 50-75 mm abr.-sep. §

DESCRIPCIÓN: color básico de las alas amarillo más oscuro que las de la Chupaleche. Alas posteriores con banda azul, ojo rojo y puntas relativamente cortas.
HÁBITAT: en prados pobres en nutrientes, márgenes de caminos y jardines.
GENERALIDADES: la hembra pone los huevos, esféricos y blanco amarillentos, individualmente en umbelíferas, p. ej. zanahoria silvestre, chirivía o servato; en los jardines en zanahoria, eneldo, perejil e hinojo. La oruga joven primero es negra con mancha dorsal blanca y en el último estadio es verde con anillos negros y puntos rojos **(2b)**. Si se la molesta proyecta el osmaterio, un órgano bifurcado de color amarillo situado detrás de la cabeza, que desprende un intenso olor desagradable **(2c)**. Se transforma en una pupa ceñida, primero verde y después marrón grisáceo, fijada al tallo de una planta con el cinturón de hilos **(2d)**. La 2.ª generación aparece a partir de julio; en condiciones favorables puede desarrollarse una 3.ª generación. Inverna como pupa.

3

Zerynthia polyxena (Papilionoideos)
Env 45-55 mm abr.-mayo RL0 §

DESCRIPCIÓN: alas amarillas con una llamativa banda ondulada a lo largo del margen. Alas posteriores con fila de manchas rojas y azules.
HÁBITAT: en lugares abiertos muy cálidos; muy extendida en la región mediterránea oriental, colonias aisladas hacia el norte, hasta el sur de los Alpes y el este de Austria.
GENERALIDADES: la oruga **(3b)** es gris claro con protuberancias cutáneas rojo amarillentas cubiertas de pelo. Se desarrolla en diversas especies de aristoloquia; primero se come las flores y después también las hojas. Se transforma en una pupa ceñida relativamente estrecha, de color marrón grisáceo, pero no coloca el cinturón alrededor del centro del cuerpo, sino que se fija con 2 espinas cefálicas.

1

2a

2b

2c

2d

3a

3b

Las **arañas** no son insectos, sino un gran grupo de los artrópodos junto a los insectos, los crustáceos y los miriápodos. Se diferencian de los insectos, entre otros rasgos, por el número de patas (4 pares). En esta página y las 4 siguientes se presenta únicamente una pequeña selección de los ejemplares europeos más importantes.

Las arañas (orden Araneae) se pueden distinguir fundamentalmente por sus gándulas sericígenas en el extremo del abdomen y por el fino tallo de conexión entre el cefalotórax y el abdomen. En Centroeuropa existen unas 1.000 especies

1

Atypus piceus (Atípidos)
L ♂ 7-10 mm ♀ 10-15 mm todo el año
RL3

DESCRIPCIÓN: de marrón oscuro a negro, mandíbulas venenosas orientadas hacia delante en línea recta.
HÁBITAT: en lugares secos y soleados, sobre todo en la zona de transición entre lindes de bosques y prados secos en Centroeuropa. Ausente en la península Ibérica.
GENERALIDADES: esta interesante araña puede alcanzar los 10 años de edad. Vive en un túnel en la tierra de hasta 30 cm de profundidad y 1 cm de ancho, revestido en su interior de un tubo tejido sólido. El tubo se prolonga por encima de la tierra en un tubo de captura de un dedo de longitud, situado sobre el suelo y bien camuflado con musgos y partículas similares del entorno **(1b)**. Por la noche, la araña se sitúa en esta parte del tubo y atrapa a través del tejido a las presas que cruzan el tubo.

2

Araña mariquita
Eresus kollari (Erésidos)
L ♂ 8-11 mm ♀ 10-16 mm todo el año
RL2 §

DESCRIPCIÓN: macho **(2a)** de abdomen rojo brillante, con 4 puntos negros; hembra **(2b)** negra, a menudo con algunos pelos blancos o amarillos.
HÁBITAT: en lugares cálidos con hierba y protegidos del viento, tales como estepas rocosas y prados secos, bastante rara.
GENERALIDADES: mientras que los machos se pasean en invierno en busca de hembras, estas permanecen siempre en su excelentemente camuflada red. Esta se compone de un techo tejido cubierto de hierba, que se prolonga en un tubo oculto en el suelo.

3

Amaurobius fenestralis (Amauróbidos)
L 6-8 mm todo el año

DESCRIPCIÓN: cefalotórax marrón oscuro, abdomen amarillento en la parte superior, con una mancha oscura ensanchada hacia atrás.
HÁBITAT: en bosques debajo de la corteza suelta de árboles muertos y en grietas de rocas, bastante frecuente.
GENERALIDADES: construye una red de malla ancha en forma de embudo, en el centro prolongada en un tubo oculto bajo la corteza de un árbol o en la grieta de una roca. En verano la hembra vigila el capullo ovígero en una tela cerrada. Después de que eclosionen las arañas jóvenes, la hembra muere y les sirve de alimento.

4

Araña de patas largas
Pholcus phalangioides (Fólcidos)
L 7-10 mm todo el año

DESCRIPCIÓN: cuerpo muy estrecho, gris, patas muy largas y delgadas.
HÁBITAT: sólo en edificios, frecuente.
GENERALIDADES: construye una tela irregular bajo el techo. En verano la hembra lleva consigo los huevos, rosas y envueltos en unos hilos de seda (foto). Después de eclosionar, los jóvenes se reúnen en el capullo y la araña los deposita en su tela.

5

Steatoda bipunctata (Teridíidos)
L 4-7 mm todo el año

DESCRIPCIÓN: araña marrón oscuro de brillo grasoso, patas relativamente cortas.
HÁBITAT: en terrenos abiertos sobre todo en la corteza de árboles, pero más frecuente en edificios.
GENERALIDADES: esta araña poco llamativa construye un tapiz de tela de malla ancha en los rincones de las habitaciones o en los marcos de las ventanas. En el apareamiento (foto), el macho introduce en la abertura genital femenina uno de sus palpos, que están provistos de una burbuja de semen.

1a

1b

2a

2b

3

4

5

1 Araña de jardín

Araneus diadematus (Araneidos)
L ♂ 5-10 mm ♀ 12-17 mm ago.-oct.

DESCRIPCIÓN: gran araña de color marrón claro u oscuro con un dibujo dorsal en forma de cruz formado por manchas blancas alargadas.
HÁBITAT: en bosques, márgenes de caminos y jardines, frecuente en todos los lugares.
GENERALIDADES: esta especie construye una típica tela circular formada básicamente por radios (los hilos que discurren del interior al exterior en forma de radio), por las espirales de captura con gotas de pegamento y el marco, es decir, el hilo exterior que delimita la tela.

2 Araña de cuatro manchas

Araneus quadratus (Araneidos)
L ♂ 7-10 mm ♀ 13-18 mm jul.-oct.

DESCRIPCIÓN: más robusta que la araña de jardín, con el abdomen claramente más ancho y con 4 manchas blancas dispuestas en forma de trapecio.
HÁBITAT: en terrenos secos y húmedos con hierba, no rara.
GENERALIDADES: construye la tela siempre justo por encima del suelo y de día se sitúa en un rincón abierto hacia abajo junto a la tela. Está en comunicación con la tela mediante un hilo de señalización que parte del centro de esta.

3 Araña tigre

Argiope bruennichi (Araneidos)
L ♂ 4-6 mm o14-17 mm jul.-oct.

DESCRIPCIÓN: araña muy llamativa con bandas transversales negras y amarillas en el abdomen.
HÁBITAT: por lo general no rara en prados húmedos y secos.
GENERALIDADES: esta especie construye una tela circular justo por encima del suelo que dispone de una banda en zigzag vertical, de color blanco, por encima y por debajo del centro. El centro de la red está cubierto de un denso tejido blanco, donde se sitúa la araña con la cabeza hacia abajo para acechar a las presas, sobre todo saltamontes. Si se la perturba hace oscilar rápidamente la tela; de este modo, debido al dibujo del cuerpo y a la banda en zigzag, en el centro de la tela sólo puede verse una serie de bandas claras y oscuras difuminadas en las que es imposible reconocer la araña.

4 *Tetragnatha extensa* (Tetragnátidos)

L ♂ 6-9 mm ♀ 10-12 mm mayo-ago.

DESCRIPCIÓN: araña de cuerpo muy estrecho y patas bastante largas, sólo el tercer par corto. Abdomen verdoso.
HÁBITAT: bastante frecuente en orillas soleadas.
GENERALIDADES: la araña construye una tela circular con un agujero en el centro. Suele situarse en una brizna de hierba o en el tallo de una planta colocando las patas largas hacia delante y hacia atrás; con el tercer par más corto se agarra. El color verdoso y la forma del cuerpo hacen que sea casi invisible. En el apareamiento el macho agarra las peligrosas mandíbulas venenosas de la hembra con las suyas, dejándola así fuera de combate. De este modo evita que la hembra lo considere una presa.

5 *Linyphia triangularis* (Linifíidos)

L 5-7 mm ago.-oct.

DESCRIPCIÓN: cefalotórax marrón amarillento con dibujo negro en forma de diapasón, abdomen blanco en el lado superior con un dibujo oscuro en forma de hoja.
HÁBITAT: frecuente en general en bosques, jardines y terrenos abiertos.
GENERALIDADES: la araña construye un tapiz de tela horizontal sobre el que se cruzan numerosos hilos para hacer tropezar a las presas **(5b)**. Se sitúa bajo el tapiz con el vientre hacia arriba y a través de la tela atrapa insectos que han chocado contra los hilos cruzados y han caído sobre la tela horizontal.

1a
2
3
1b
4
5b
5a

1 | **Araña doméstica europea**
Eratigena atrica (Ageleníideos)
L 10-18 mm todo el año

DESCRIPCIÓN: araña a menudo muy grande, de patas largas, con manchas claras y oscuras en el abdomen.
HÁBITAT: frecuente en edificios, en terrenos abiertos sobre todo en rocas y muros.
GENERALIDADES: la araña doméstica construye una tela en forma de embudo en los rincones de las habitaciones y detrás de los armarios. Los machos se pierden con frecuencia buscando una hembra y acaban en la bañera o el lavabo, de donde no son capaces de salir por medios propios.

2 | *Argyroneta aquatica* (Dictinídeos)
L ♂ 10-15 mm ♀ 8-9 mm todo el año
RL2

DESCRIPCIÓN: macho claramente más grande que la hembra. Cefalotórax marrón oscuro, abdomen totalmente gris.
HÁBITAT: en aguas limpias con mucha vegetación, sobre todo en pantanos. Bastante rara en Centroeuropa, donde ha desaparecido en muchos lugares; ausente en el sur de Europa.
GENERALIDADES: es la única araña que vive totalmente en el agua. Construye un tupido tapiz de tela bajo en el que deposita burbujas de aire recogidas de la superficie del agua con las patas posteriores. De este modo se forma una espaciosa "campana de buceador" en la que devora a las presas, se aparea, realiza la muda y cría a su descendencia.

3 | *Pisaura mirabilis* (Pisáuridos)
L 10-15 mm mayo-jul.

DESCRIPCIÓN: esbelta araña de color marrón más claro o más oscuro con el abdomen muy estrechado hacia atrás y dibujos poco definidos.
HÁBITAT: no rara en lindes de bosques y caminos forestales.
GENERALIDADES: antes del apareamiento, el macho le ofrece a la hembra un "regalo para la novia" (p. ej., una mosca) envuelto en un capullo **(3a)**. La hembra lleva después el capullo ovígero en las mandíbulas **(3b)** y, antes de que eclosionen los jóvenes, lo fija a una tela en forma de cúpula vigilada por ella misma.

4 | *Pardosa lugubris* (Licósidos)
L 5-7 mm abr.-sep.

DESCRIPCIÓN: pequeña araña marrón con una ancha franja blanco amarillenta en el cefalotórax.
HÁBITAT: muy frecuente en general en lindes de bosques y caminos forestales soleados.
GENERALIDADES: en verano, la hembra transporta un capullo ovígero gris claro o verdoso en las hileras. Después de eclosionar, los jóvenes se suben al abdomen de la madre y se dejan transportar.

5 | **Araña de saco amarillo**
Cheiracanthium Punctorium (Eutichuridae)
L 8–15 mm, Jun.–Oct. RL3

Descripción: cefalotórax parado amarillento hasta llegar a naranja, parte posterior del cuerpo verde amarillenta con anchas rayas oscuras. En los machos las glándulas venenosas están muy ampliadas.

HÁBITAT: Dominan en superficies secas o algo húmedas, recubiertas con altas hierbas, de zonas climáticamente favorables, no es frecuente.
GENERALIDADES: los animales pueden ser muy susceptibles mientras comen, y volverse extremadamente afgresivos en la defensa de sus crías. El mordisco de una de estas arañas es comparable a la picadura de una avispa, y también puede provocar escalofríos y síntomas de parálisis.

6 | *Clubiona phragmitis* (Clubiónidos)
L 7-12 mm todo el año

DESCRIPCIÓN: una de muchas especies similares de color marrón grisáceo inconspicuo, con mandíbulas venenosas negras.
HÁBITAT: frecuente en los márgenes de aguas y en prados húmedos.
GENERALIDADES: de día la araña se mantiene oculta en una hoja de caña enrollada en forma de puro con hilos de seda. En verano vigila en su interior primero el capullo ovígero y después a las arañas jóvenes.

7 | *Agroeca brunnea* (Liocránidos)
L 5-9 mm todo el año

DESCRIPCIÓN: cuerpo marrón óxido, con manchas oscuras en diagonal en el abdomen.
HÁBITAT: muy extendida en bosques y terrenos abiertos, pero difícil de encontrar.
GENERALIDADES: la araña, inconspicua, vive oculta en el suelo. Construye un capullo ovígero muy bonito, que recuerda a una copa de vino puesta al revés. No obstante, una vez acabado suele recubrirlo casi inmediatamente con grumos de tierra.

1

2

3a

3b

4

5

6

7a

7b

1 | *Micrommata virescens* (Esparásidos)
L ♂ 8-10 mm ♀ 12-15 mm mayo-jul.

DESCRIPCIÓN: hembra **(1a)** totalmente verde, macho **(1b)** de abdomen rojo con rayas amarillas.
HÁBITAT: en lindes de bosques y caminos forestales soleados.
GENERALIDADES: esta araña, activa de día y con un macho de espléndido aspecto, suele encontrarse en la hierba y en la vegetación baja, donde la hembra es prácticamente invisible gracias a su color. Pero también el macho es difícil de encontrar, ya que el colorido del abdomen despista de la forma real de la araña.

2 | *Philodromus aureolus* (Filodrómidos)
L 4-7 mm mayo-ago.

DESCRIPCIÓN: araña marrón muy aplanada, con las patas extendidas lateralmente.
HÁBITAT: frecuente en general en bosques, matorrales y jardines.
GENERALIDADES: la hembra teje en verano en hojas o ramas un capullo ovígero plano, de color blanco amarillento, y se sienta encima para protegerlo.

3 | Araña cangrejo de las flores
Misumena vatia (Tomísidos)
L ♂ 3-5 mm ♀ 7-10 mm mayo-jul.

DESCRIPCIÓN: hembra amarilla o blanca, a menudo con rayas rojas en los laterales del abdomen. Los dos pares de patas anteriores claramente más largos que los posteriores. Macho (3a, animal a la dcha.) mucho más pequeño, cefalotórax marrón oscuro y abdomen amarillento con rayas longitudinales oscuras.
HÁBITAT: en prados y márgenes de caminos soleados.
GENERALIDADES: la araña suele acechar en flores y puede adaptar su color al fondo de forma limitada. Captura visitantes de las flores grandes y armados, como mariposas y abejas.

4 | *Salticus scenicus* (Saltícideos)
L 5-7 mm mayo-ago.

DESCRIPCIÓN: pequeña araña de patas cortas y fuertes. Abdomen con rayas transversales en blanco y negro.
HÁBITAT: frecuente en pisos y en el lado exterior de edificios, también regularmente en troncos de árboles, postes de setos, rocas y lugares similares.
GENERALIDADES: tiene unos ojos muy funcionales, como todas las arañas saltarinas. Del total de 8 ojos, en la parte posterior de los laterales del cefalotórax se encuentran 4 más pequeños, y los 4 restantes están en la parte anterior, en el borde de la frente. De estos ojos anteriores, especialmente los dos centrales, están aumentados como faros. La araña puede recibir una imagen muy detallada deslizando hacia delante y hacia atrás la retina, y puede modificar la dirección de la mirada desplazando los ojos lateralmente. Se acerca a aprox. 1 cm de la presa y la reduce dando un salto rápido como un rayo. Antes fija un hilo de seguridad que le impide caerse en superficies verticales. El macho tiene unas mandíbulas venenosas muy largas, que sobresalen en diagonal **(4b)**; las utiliza como señalizador óptico durante el cortejo y durante disputas con otros machos.

5 | *Evarcha falcata* (Saltícideos)
L 5-8 mm mayo-ago.

DESCRIPCIÓN: macho (foto) de cefalotórax marrón, negro en la parte posterior y con rayas blancas, abdomen marrón de margen blanco. Hembra casi toda marrón.
HÁBITAT: sobre todo en lindes de bosques soleadas y claros de bosque, bastante frecuente en todos los lugares.
GENERALIDADES: esta especie, activa de día como todas las arañas saltarinas, suele encontrarse en arbustos y plantas bajas, donde caza a sus presas. Durante el apareamiento, el macho se deja transportar sobre el dorso de la hembra con la cabeza orientada en diagonal hacia atrás.

1a

1b

2

3a

4a

3b

4b

5

En los **escorpiones** (orden Scorpiones), el abdomen se prolonga en forma de cola y en ella lleva un aguijón con la vesícula venenosa. También se destacan dos grandes pinzas, que son distintas en cada especie. En Europa existen unas 50 especies.

1 **Escorpión**
Euscorpius sp. (Euscórpidos)
L 20-40 mm todo el año

DESCRIPCIÓN: de color marrón más claro o más oscuro, parte posterior del abdomen estrechada en forma de cola y con aguijón venenoso. Varias especies difíciles de distinguir.
HÁBITAT: lugares cálidos bajo piedras, no rara de región mediterránea hasta sur de Alpes.
GENERALIDADES: el efecto venenoso corresponde al de una picadura de avispa. Durante el apareamiento, el macho agarra a la hembra por las pinzas, deposita un espermatóforo de compleja estructura en el suelo, baila con la hembra y la dirige con la abertura genital al espermatóforo. En verano, la hembra da a luz a jóvenes vivos que llevará consigo hasta la siguiente muda.

Los **pseudoscorpiones** (orden Pseudoscorpiones) son muy parecidos a los escorpiones, pero les falta la cola con el aguijón venenoso. En Centroeuropa se han descrito unas 90 especies.

2 **Escorpión de los libros**
Chelifer cancroides (Queliféridos)
L 2,5-4,5 mm todo el año

DESCRIPCIÓN: similar a un escorpión muy pequeño, pero sin aguijón venenoso en el extremo. Color marrón oscuro y patas rojizas.
HÁBITAT: bajo corteza de árboles en bosques, a veces también en edificios (p. ej., entre libros viejos).
GENERALIDADES: caza sobre todo insectos más pequeños, tales como piojos de los libros. Durante el apareamiento, la pareja baila pero sin tocarse.

En las **espatonas** o segadores (orden Opiliones) de largas piernas, la parte anterior y posterior del cuerpo están soldadas formando una sola unidad. Al contrario de lo que ocurre con las arañas (orden Araneae), a las que se parecen, no tienen las mismas aptitudes que ellas. En Centroeuropa existen cerca de 80 especies.

3 *Opilio canestrinii* (Falangiídeos)
L 4-8 mm jul.-nov.

DESCRIPCIÓN: araña de patas extraordinariamente largas y cuerpo compacto, 2 ojos en los laterales de una protuberancia situada en el centro del cuerpo. Difícil de distinguir de otras especies.
HÁBITAT: en el lado exterior de edificios.
GENERALIDADES: especie autóctona de la región mediterránea, introducida en Centroeuropa desde hace unos 20 años, donde ha desplazado casi por completo a *Opilio parietinus*, de color más gris verdoso y antes muy extendida en edificios.

4 *Ischyropsalis hellwigi* (Ischyropsalididae)
L 6-9 mm jul.-oct.

DESCRIPCIÓN: araña zancuda de patas relativamente cortas, de color negro oscuro y pinzas muy grandes y largas.
HÁBITAT: en bosques húmedos con muchos caracoles, bastante rara.
GENERALIDADES: se alimenta preferentemente de caracoles, cuya concha abre con las pinzas.

Los **ácaros** (orden Acari) son pequeños arácnidos de múltiples formas que, la mayoría de las veces, sólo pueden ser identificadas por los especialistas. En Centroeuropa existen unas 3.000 especies

5 **Ácaro de terciopelo**
Trombidium holosericeum (Trombídidos)
L 3-4 mm mar.-mayo

DESCRIPCIÓN: especie de ácaro llamativamente grande, de color rojo escarlata brillante.
HÁBITAT: no rara en lugares soleados, tales como viejos muros y zonas abiertas del suelo.
GENERALIDADES: el ácaro adulto depreda otros artrópodos pequeños. La larva se desarrolla como parásito en diversos insectos.

6 **Garrapata común**
Ixodes rizinus (Ixódidos)
L 2-4 mm mar.-oct.

DESCRIPCIÓN: ácaro plano, bastante grande, de color marrón oscuro. Hembra de abdomen marrón rojizo.
HÁBITAT: sobre todo en bosques húmedos, frecuente en todos los lugares.
GENERALIDADES: la hembra se alimenta de sangre en diversos vertebrados, también en personas. Después de una comida, la longitud de su cuerpo puede aumentar hasta unos 10 mm **(6b)**. Las larvas, que eclosionan de los varios miles de huevos, tienen 6 patas y primero chupan sangre en lagartijas y aves. Durante la succión, las garrapatas pueden transmitir enfermedades peligrosas, como la meningoencefalitis (FSME). N y la borreliosis.

1a

1b

2

3

4

5

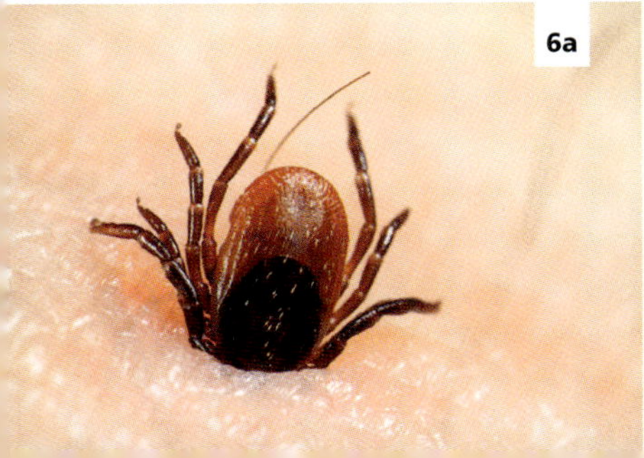
6a

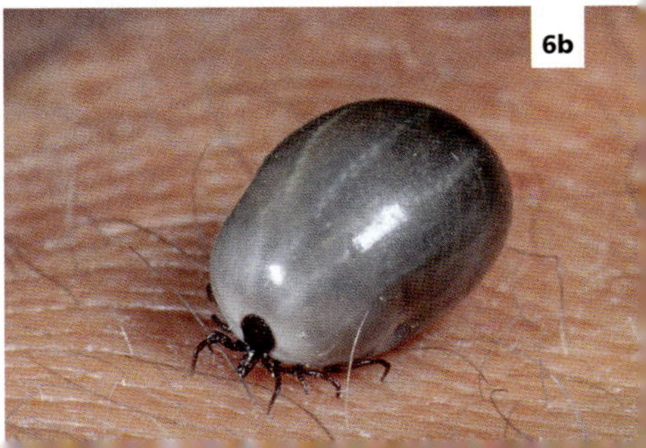
6b

No molestar intencionadamente o capturar, herir o matar sin una razón sensata a animales de vida silvestre debería considerarse un principio básico y una norma de comportamiento esencial. Lógicamente, habrá casos en los que sea necesario capturar animales para fines de observación o matarlos para fines de identificación, ya que muchas veces sólo pueden reconocerse características importantes para la determinación en el animal preparado. No obstante, este tipo de procedimiento debe considerarse sensato y, por lo tanto, no atenta contra ninguna ley de protección de la naturaleza. Siempre debe realizarse en en el marco de estudios científicos. Aparte de este principio, hay toda una serie de insectos autóctonos que pertenecen a especies protegidas, las cuales están recogidas en un catálogo elaborado por el Ministerio español de Medio Ambiente, de acuerdo con la Ley 4/89 de Protección de la Naturaleza. Estas especies no pueden capturarse ni coleccionarse, al igual que tampoco sus estadios de desarrollo. Quien desee estudiarlas más a fondo deberá consultar antes con las autoridades de protección de la naturaleza si también pretende capturar animales. No obstante, la experiencia nos indica que la mayoría de estas autoridades son reacias a otorgar los permisos necesarios.

Estas medidas en favor de algunos insectos solo pueden constituir una parte de los necesarios esfuerzos de protección. El drástico retroceso que se ha registrado en los últimos decenios, tanto del número de especies de insectos como de sus existencias en individuos, tiene varios motivos: la moderna agricultura intensiva desencadena una gran entrada de nutrientes y pesticidas en el medio ambiente así como la pérdida de terrenos minifundistas. Por consiguiente, cada vez disminuye más la multiplicidad de variedades vegetales y animales, lo que provoca que también se rebaje la oferta de alimento y espacios vitales para los insectos. La progresiva expansión urbana, con su consiguente reducción de suelo natural que queda oculto por las obras humanas, lleva también a una destrucción de hábitats. A eso hay que añadir la contaminación lumínica que, cada vez más intensa (son muchas las farolas que están encendidas toda la noche), atrae a los insectos trastornando sus biorritmos e influyendo negativamente en su reproducción.

Para anular este destrucción de los hábitats de los insectos, y de otros animales, se necesitan acciones a muy diversos niveles. No solo son precisas medidas políticas y la importante labor de las asociaciones dedicadas a la protección de la naturaleza, sino que, además, cada uno puede intervenir en su entorno. Por ejemplo a base de preparar una superficie de césped que resulte acogedora para los insectos. Por medio de la correspondiente plantación y organización se generaría un espacio vital rico en alimento y posibilidades de cría. Quien quiera diseñar (o remodelar) su jardín o balcón de forma que resulte atractivo para los insectos, puede encontrar en la bibliografía (por ejemplo, Kern 2017) gran cantidad de información y numerosas ideas.

Glosario de términos especializados

Balancín: alas de determinados insectos reducidas a estructuras claviformes; las alas posteriores en el caso de los dípteros y las anteriores de los estilópidos.
Branquias traqueales: apéndices corporales recorridos por tráqueas de las larvas de insectos acuáticas, en los que se renueva el aire consumido por oxígeno disuelto en el agua.
Castas: diferentes apariencias de una especie en el mismo sexo (p. ej., reina, obrera y soldados de algunas hormigas).
Celda: área rodeada de venas en un ala.
Cercos: apéndices pares situados en el extremo del abdomen de muchos insectos, por lo general con forma de pinzas y no segmentados, o bien filamentosos y con muchos artejos.
Conexivo: margen ensanchado del abdomen que sobresale lateralmente bajo las alas de las chinches.
Depredador: especie animal que caza y se alimenta de otros animales.
Detrito: sustancias vegetales y animales en descomposición.
Entomología: ciencia de los insectos.
Escutelo: resto por lo general triangular de la placa dorsal del segundo segmento torácico.
Especie: comunidad reproductiva de animales o plantas delimitada de otra especie por obstáculos especiales (p. ej., conductas diferentes en cada especie u órganos sexuales de distintas formas), de modo que no se produzcan apareamientos erróneos.
Espermatóforo: paquete de semen, sirve para la transmisión del esperma..
Estigmas: aberturas redondas o en forma de ranura de los órganos respiratorios en la superficie del cuerpo.
Estridulación: producción de un canto mediante el frotamiento de una estructura áspera sobre un borde liso.
Género: unidad superior de especies estrechamente emparentadas; en los nombres científicos de especie, la primera parte del nombre.
Imago: insecto adulto.
Mandíbulas: maxilar superior.
Membrana alar: punta fina del ala anterior de las chinches.
Metamorfosis: transformación morfológica en el transcurso del desarrollo.
Mímesis: camuflaje mediante imitación morfológica y cromática de partes del entorno.
Mimetismo: imitación morfológica y cromática de animales capaces de defenderse o de animales protegidos por un mal sabor por parte de otros que carecen de tal protección.
Ovopositor: aparato alargado de los insectos hembra formado por apéndices corporales.
Partenogénesis: reproducción sin fecundación, reproducción unisexual mediante huevos no fecundados.
Pterostigma: mancha más esclerotizada, normalmente de color, formada por una venación más densa de las alas, cerca de la punta de estas.
Pupa obtecta: pupa cuyos apéndices (antenas, patas, alas) están unidos al cuerpo.
Pupario: estadio de reposo prácticamente inmóvil, similar a la pupa; se da entre las mosquitas blancas, por ejemplo.
Quitina: polisacárido con nitrógeno del que está formada básicamente la envoltura corporal de los insectos.
Sifones: apéndices pares, por lo general tubulares, en el abdomen de los pulgones.
Subimago: penúltimo estadio de desarrollo de las efímeras, alado.
Tarso: pie, última parte de la pata del insecto, con uñas en su extremo, por lo general compuesto de varios artejos.
Tarsos heterómeros: tarsos con 5 artejos en las patas anteriores y centrales y con 4 artejos en las patas posteriores (en muchos escarabajos).
Tégula: escama de quitina redondeada situada antes del principio de las alas anteriores de los himenópteros.
Tórax: pecho de los insectos, compuesto por 3 segmentos.
Tráqueas: tubos de quitina ramificados que transportan el aire directamente a los tejidos corporales.

El Autor

DR. HEIKO BELLMANN

Los libros de identificación del Dr. Heiko Bellmann constituyen un pilar fundamental para la publicación de diversos programas de guías de la naturaleza. Han ayudado a numerosos naturalistas a reconocer todo tipo de saltamontes, avispas, hormigas y arañas, a entenderlos mejor y nombrarlos de forma correcta. Además de unos amplios y comprensibles textos también figuran unas magníficas fotos de los animales que, muy a menudo, estimularán al lector no solo a querer identificarlos, sino también a darse el placer de hojear en otros libros y familiarizarse con otros representantes de los géneros presentes en esta obra. Casi no existe ninguna especie que no se pueda encontrar en su gigantesco archivo fotográfico de casi 70.000 imágenes. Y si no dispone de una fotografía de una libélula, una rara araña o una mariposa nocturna recién descubierta, siempre conoce a alguien que la pone a su disposición. De hecho es un verdadero espaldarazo eso de poder incluir una foto en un "Bellmann".

Heiko Bellmann estudió Biología en Göttingen (Gotinga) y siguió con la lectura de su tesis doctoral en la universidad de Ulm, donde después se dedicó a la enseñanza e investigación centradas en los insectos. Toda una generación de estudiantes pudo apreciar y aprovecharse de las enseñanzas de sus textos, seguirle en sus excursiones y disfrutar de sus conferencias. La mezcla muy bien conseguida de contenidos científicos y magníficas fotos supone algo muy especial para todos los apasionados por la naturaleza. Y esto no solo ocurrió en su país natal, Alemania; también muchas de sus obras se han publicado en otros países europeos, como Francia, España, Polonia y los Países Bajos. La presente edición de su guía de la naturaleza no pudo ser revisada personalmente por Heiko Bellmann, pues falleció de forma totalmente inesperada en marzo de 2014.

Revisores

LARS WILKER

Lars Wilker, nacido en 1974, es diplomado en Biología y estudió Zoología y Limnología en Friburgo y Constanza. Ya desde su juventud se sintió fascinado por los insectos. Durante sus estudios se centró en la entomología e incrementó sus conocimientos sobre estos cautivadores animales en sus numerosos viajes tanto dentro como fuera de su país natal. Utilizó constantemente las guías de insectos de Heiko Bellmann, tanto las generales como las especializadas, usándolas como obras de consulta y ayuda para la identificación. Otra forma de familiarizarse con el mundo de los invertebrados fueron los numerosos cursos a los que asistió y que eran impartidos por el Dr. Bellmann.
Ha publicado varios artículos enciclopédicos así como material didáctico relativo a temas zoológicos, terrar.ísticos, etc. En el año 2014, la editorial Kosmos de Stuttgart le encomendó la revisión y actualización de *Guía de arañas*, de Heiko Bellmann, tarea que asumió con gran empeño y conocimiento de causa.
Gracias a sus conocimientos y experiencia disponemos ahora de esta nueva edición de la *Guía de insectos* de Heiko Bellmann: totalmente revisada, complementada con nuevas especies y puesta al día pensando en los años venideros.
Lars Wilker vive y trabaja como autor y lector *free lance* en la Suiza de Holstein (Alemania).

FRANK HECKER

Frank Hecker es diplomado en Biología y desde hace 25 años es fotógrafo profesional de naturaleza. Su afición, y con ella su amplio archivo de fotos, abarca a la globalidad de la flora y fauna europeas, desde lo más pequeño a lo más voluminoso. Entre sus pasiones especiales se cuentan las de descubrir y fotografiar una gran variedad de insectos y arácnidos. Actualmente se encarga, con gran esmero y conocimiento del tema, del voluminoso archivo fotográfico de Heiko Bellmann, puesto en sus manos después de la muerte de este. De esa forma están disponibles para diversas publicaciones.
Desde hace muchos años, las fotos de Frank Hecker son imprescindibles en diferentes libros publicados por varias editoriales y es frecuente que los textos también procedan de su pluma. Sus publicaciones van dirigidas a los más variados grupos de lectores, comenzando por el infantil, cuya increíble curiosidad resulta a veces difícil de satisfacer, hasta llegar a los más ambiciosos amantes de la naturaleza, a los que sus excelentes fotografías ofrecen la posibilidad de reconocer aquellos detalles tan pequeños que son imposibles de descubrir a simple vista.

www.naturfoto-hecker.com

Bibliografía

Para identificar con seguridad la mayoría de insectos autóctonos es indispensable recurrir a bibliografía especializada. A continuación se recoge una lista con las obras de identificación más importantes y algunos libros sobre las formas de vida.

INSECTOS EN GENERAL

CHINERY, M. (2010): Guía de campo de los insectos de España y de Europa. Ediciones Omega, Barcelona.

CHINERY, M. (2006): Guía de los insectos de Europa. Ediciones Omega, Barcelona.

ENGELHARDT, W. (2015): Was lebt in Tümpel, Bach und Weiher? 17.ª ed. Kosmos-Verlag, Stuttgart.

GRUTTKE, H., M. BINOT-HAFKE, S. BALZER, H. HAUPT, N. HOFBAUER, G. LUDWIG, G. MATZKE-HAJEK & M. RIES (Red.) (2016): Rote Liste gefährdeter Tiere, Pflanzen und Pilze Deutschlands, Band 4: Wirbellose Tiere (Teil 2). Bundesamt für Naturschutz, Bonn-Bad Godesberg

GÜNTHER, K., H.-J. HANNEMANN, F. HIEKE, E. KÖNIGSMANN Y H. SCHUMANN (1994): Urania Tierreich Insekten. Urania-Verlag, Leipzig, Jena, Berlín.

HONOMICHL, K. (1998): JACOBS/RENNER, Biologie und Ökologie der Insekten. 3.ª ed. Gustav FischerVerlag, Stuttgart, Jena, Lübeck, Ulm.

KERN, S. (2017): Mein Garten summt! Kosmos-Verlag, Stuttgart.

STRESEMANN, E. (2011): Exkursionsfauna von Deutschland. Wirbellose: Insekten 11. Auflage. Spektrum Akademischer Verlag, Heidelberg.

INSECTOS PRIMITIVOS

GISIN, H. (1960): Collembolenfauna Europas. Museo de Historia Natural de Ginebra.

SACHSSE, H. (1969): Ur-Insekten (Apterygoten). Einführung in die Kleinlebewelt. Kosmos-Verlag, Stuttgart.

EFÍMERAS

SCHOENEMUND, E. (1930): Eintagsfliegen oder Ephemeroptera. Tierwelt Deutschlands 19. Gustav Fischer Verlag, Jena.

STUDEMANN, D., P. LANDOLT, M. SARTORI, D. HEFTI e I. TOMKA (1992): Ephemeroptera. Insecta Helvetica, Fauna 9. Inprimerie Mauron + Tinguely y Lacht SA, Friburgo.

"MOSCAS" DE LAS PIEDRAS

ILLIES, J. (1955): Steinfliegen oder Plecoptera. Tierwelt Deutschlands 43, Gustav Fischer Verlag, Jena.

LIBÉLULAS

ASKEW, R. R. (2004): The Dragonflies of Europe. Harley Books, Essex.

BELLMANN, H. (2013): Der Kosmos Liebellenführer, Kosmos-Verlag, Stuttgart

DIJKSTRA, K.-D.B. (2014): Guía de campo de las libélulas de España y Europa. Ediciones Omega, Barcelona.

SALTAMONTES Y OTROS ORTÓPTEROS

BELLMANN, H. (2006): Der Kosmos Hoschreckenführer. kosmos–Verlag, Stuttgart.

BELLMANN, H.: (2004) Heuschrecken. Die Stimmen von 61 heimischen Arten. Audio–CD. Ample Edition Musikverlag, München.

Harz, K. (1969 y 1975): The Orthopthera of Europe I y II. Dr. W. Junk Publishers, La Haya.

HARZ, K. Y A. KALTENBACH (1976): The Orthopthera of Europe III. Dr. W. Junk Publishers, La Haya.

CHINCHES, CIGARRAS Y CHUPADORES DE PLANTAS

REMANE, R. Y E. WACHMANN (1993): Zikaden kennenlernen, beobachten. Naturbuch-Verlag, Augsburgo.

WACHMANN, E. (1989): Wanzen beobachten, kennenlernen. Neumann-Neudamm Verlag, Melsungen.

WAGNER, E. (1961): Ungleichflüger, Wanzen, Heteroptera (Hemiptera). Tierwelt Mitteleuropas IV/Xa.

NEURÓPTEROS

ASPÖCK, H. Y U. Y H. HÖLZEL (1999): Die Neuropteren Europas I y II. Goecke y Evers, Krefeld.

WACHMANN, E. & C. SAURE (1997): Netzflüger, Schlammund Kamelhalsfliegen, Beobachtung, Lebensweise. Naturbuch-Verlag, Augsburgo.

COLEÓPTEROS

ALBOUY. V. Y RICHARD D. (2019): Guía de los coleópteros de Europa. Ediciones Omega, Barcelona.

FREUDE, H., K. W. HARDE y G. A. LOHSE (1965 ss.): Die Käfer Mitteleuropas. Spektrum Akademischer Verlag, Heidelberg.

HARDE, K.W. & F. SEVERA (2009): Der Kosmos Käferführer. Kosmos-Verlag, Stuttgart.

REITTER, E. (1908-1916): Fauna germanica. Die Käfer des Deutschen Reiches. Vol. 1-5. K. G. Lutz' Verlag, Stuttgart. ZAHRADNÍK, J. (1990): Guía de los coleópteros de España y de Europa. Ediciones Omega, Barcelona.

Bibliografía

DÍPTEROS

BASTIAN, O. (1994): Schwebfliegen. Die Neue Brehm-Bücherei 576. Ziemsen-Verlag, Wittenberg Lutherstadt.

BOTHE, G. (1996): Schwebfliegen. Deutscher Jugendbund für Naturbeobachtung, Hamburgo. HAUPT, J. y H. (1998): Fliegen und Mücken, Beobachtung, Lebensweise. Naturbuch-Verlag, Augsburgo.

KORMANN, K. (2002): Schwebfliegen und Blasenkopffliegen Mitteleuropas. Fauna-Verlag, Nottuln.

LINDNER, E. (1923 ss.): Die Fliegen der paläarktischen Region. Schweizerbartsche Verlagsbuchhandlung, Stuttgart.

WEIBERG, M. Y G. BÄCHLI (1995): Asilidae. Insecta Helvetica, Fauna 11. Schweizerische Entomologische Gesellschaft, Ginebra.

HIMENÓPTEROS

AMIET, F. (1996): Hymenotera, Apidae, 1.ª parte Insecta Helvetica (Fauna 12). Neuchatel.

BELLMANN, H. (2017): Bienen, Wespen, Ameisen. Kosmos-Verlag, Stuttgart.

BLÖSCH, M. (2012): Grabwespen: Illustrierter Katalog der einheimischen Arten. VerlagsKG Wolf, Magdeburg.

DOLLFUSS, H. (1991): Bestimmungsschlüssel der Grabwespen Nordund Zentraleuropas. Stapfia Nr. 24, Linz.

GOKCEZADE, J.F. B.-A. GEREBEN-KRENN & J. NEUMAYER (2017): Feldbestimmungsschlüssel für die Hummeln Deutschlands, Österreichs und der Schweiz. Quelle & Meyer Verlag, Wiebelsheim.

KUNZ, P. (1994): Die Goldwespen Baden- Württembergs. Beih. Veröff. Naturschutz Landschaftspflege Bad.-Württ. 77.

KUTTER, H. (1977): Hymenoptera, Formicidae. Insecta Helvetica (Fauna 6), Zúrich.

MAUSS, V. Y R. TREIBER (2004): Bestimmungsschlüssel für die Faltenwespen der Bundesrepublik Deutschland. Deutscher Jugendbund für Naturbeobachtung, Hamburgo.

MÜLLER, A., A. KREBS y F. AMIET (1997): Bienen. Mitteleuropäische Gattungen, Lebensweise, Beobachtung. Naturbuch-Verlag, Augsburgo. SCHEUCHL, E. (1995, 1996): Illustrierte Bestimmungstabellen der Wildbienen Deutschlands und Österreichs, vols. I y II. Eigenverlag E. Scheuchl, Velden.

SCHMID-EGGER, C. (1994): Bestimmungs- schlüssel für die deutschen Arten der solitären Faltenwespen. Deutscher Jugendbund für Naturbeobachtung, Hamburgo.

SCHMID-EGGER, C. y E. SCHEUCHL (1997): Illustrierte Bestimmungstabellen der Wildbienen Deutschlands und Österreichs, vol. III. Eigenverlag E. Scheuchl, Velden.

SCHMIEDEKNECHT, O. (1930): Die Hymenopteren Nordund Mitteleuropas. 2.ª ed. Gustav Fischer Verlag, Jena.

SEIFERT, B. (1996): Ameisen beobachten, bestimmen. Naturbuch-Verlag, Augsburgo.

WESTRICH, P. (1989): Die Wildbienen Baden- Württembergs. I y II. Ulmer-Verlag, Stuttgart.

WOLF, H. (1972): Hymenoptera, Pompilidae. Insecta Helvetica (Fauna 5). Zúrich.

TRICÓPTEROS

MALICKY, H. (2004): Atlas of European Trichoptera Springer-Verlag, Nueva York, Heidelberg.

TOBIAS, W. y D. (1981): Trichoptera Germanica. Bestimmungstafeln für die deutschen Köcherfliegen, parte I: Imagines. Courier Forschungs-Institut Senckenberg 49.

WARINGER, J. y W. GRAF (1997): Atlas der österreichischen Köcherfliegenlarven. Facultas Universitätsverlag, Viena.

WICHARD, W. & R. WAGNER (2015): Die Köcherfliegen. VerlagsKG Wolf, Magdeburg

MARIPOSAS

BELLMANN, H. (2017): Guía de las mariposas de Europa, Ediciones Omega, Barcelona.

EBERT, G. (1991 ss.): Die Schmetterlinge Baden-Württembergs. Ulmer-Verlag, Stuttgart.

KALTENBACH, T. y P. V. KÜPPERS (1991): Kleinschmetterlinge beobachten, bestimmen. Neumann-Neudamm Verlag, Melsungen.

NOVAK, I. y F. SEVERA (1984): Guía de campo de las mariposas de Europa: diurnas y nocturnas. Ediciones Omega, Barcelona.

TOLMAN, T. y R. LEWINGTON (1998): Die Tagfalter Europas und Nordwestafrikas. Kosmos-Verlag, Stuttgart.

WEIDEMANN, H. J. (1995): Tagfalter beobachten, bestimmen. Naturbuch-Verlag, Augsburgo.

WEIDEMANN, H. J. y J. KÖHLER (1996): Nachtfalter, Spinner und Schwärmer. Naturbuch-Verlag, Augsburgo.

ARAÑAS

BELLMANN, H. (2016): Nueva guía de campo de los arácnidos de Europa. Ediciones Omega, Barcelona.

FÜLLER, H., H.-E. GRUNER, G. HARTWICH, R. KILIAS Y M. MORITZ (1994): Urania Tierreich Wirbellose 2. Urania-Verlag, Leipzig, Berlín.

HEIMER, S. y W. NENTWIG (1991): Spinnen Mitteleuropas. Parey-Verlag, Berlín y Hamburgo.

Índice alfabético

Índice alfabético

Índice alfabético

Índice alfabético

Índice alfabético

Índice alfabético

Créditos

Con 1.446 fotografías.
Diseño de cubierta con varios dibujos y con una fotografía de Heiko Bellman muestra un ejemplar de Chinche rayada (*Graphosoma lineatum*). Las primeras páginas muestran: página 2/3 mosca del cuello de un camello, página 4 un avispón. Ambas fotos de Frank Hecker. La página 24/25 muestra una mosca de mayo. Foto de Heiko Bellmann.

Con 133 dibujos en el interior de la cubierta y en las solapas de Wolfgang Lang.

Fotografías:
Todas las fotografías de Heiko Bellmann excepto:
Fotografía ángulo de visión de Hecker, Frank: 2/3, 4, 27.3, 29.3a, 41.1a, 41.3b, 43.3a, 45.1b, 45.2a, 45.3a, 45.3b, 47.1a, 47.2, 49.1a, 49.1b, 49.1c, 49.3, 49.4, 53.1a, 53.3a, 53.3b, 55.1a, 55.2, 55.3a, 57.1, 57.3, 59.6, 61.5, 63.1, 63.4a, 65.1a, 65.1b, 65.1c, 65.1d, 65.3, 67.1a, 67.3a, 69.1, 69.4, 69.5, 71.3, 73.1a, 73.1b, 73.2b, 73.2c, 73.2d, 75.3a, 75.3b, 75.4, 77.2, 77.3, 79.2, 79.4, 79.5, 79.7, 85.2, 85.5, 85.6, 87.1a, 87.1b, 87.5a, 89.2a, 89.3a, 91.1a, 91.1b, 91.2, 91.3, 91.4a, 95.2, 95.4, 95.7, 97.1, 99.3, 99.5, 99.8, 100.2a, 100.2b, 103.2, 103.4, 103.5, 105.6, 107.1, 107.4, 109.1, 109.2, 109.7, 111.2, 111.3a, 111.5, 111.6, 111.7, 113.2, 115.3, 115.4, 117.1a, 123.4, 125.2a, 127.1b, 129.2, 131.3a, 135.1a, 135.1c, 135.2, 137.3, 137.4, 137.5a, 139.1, 139.4, 139.5, 143.1a, 143.1c, 149.1c, 151.3, 153.2, 157.1a, 157.2, 157.3, 159.1, 159.3, 161.6, 161.7, 163.3a, 163.3d, 165.5a, 165.5b, 167.3, 169.1a, 169.1b, 169.3, 171.1, 173.3, 173.5a, 173.6, 175.1, 179.1a, 179.1b, 179.2, 179.3, 179.4, 179.5, 181.1a, 181.1b, 181.2a, 181.3, 183.1a, 183.3, 183.4a, 185.1, 185.2, 185.4, 187.1a, 187.1b, 187.4, 187.5, 189.1, 189.4, 191.1a, 191.2, 191.5, 193.2a, 195.1a, 195.3, 195.4, 197.1a, 197.3, 197.4, 201.2, 201.3a, 203.1b, 203.2, 203.3, 203.5, 205.1c, 205.2a, 205.3, 205.4, 209.1a, 209.2, 209.5, 213.1a, 217.4a, 217.4b, 223.3, 225.1, 229.1, 229.2, 229.3, 229.4, 231.4a, 233.1, 233.4, 233.5, 233.6, 235.3a, 235.3b, 235.4, 239.4, 241.1a, 241.2, 241.3, 241.4, 243.1, 243.2, 243.7, 245.4, 245.5, 249.3, 257.8, 263.6, 265.2a, 265.2b, 265.3a, 265.3b, 265.4b, 267.1a, 267.1b, 267.1d, 267.2a, 271.1a, 271.3e, 273.2a, 273.3a, 273.3c, 275.1, 275.2a, 275.2b, 277.1, 283.1, 283.3, 285.3, 289.6, 293.2, 293.4, 299.3b, 303.1a, 309.1a, 309.3, 311.1a, 311.1b, 313.1, 313.3a, 313.4, 313.5a, 315.1a, 315.3, 321.1a, 321.4a, 329.2, 329.3, 331.1a, 331.1b, 331.1c, 331.3a, 331.3b, 331.4, 333.2a, 333.2b, 333.4a, 335.1, 335.2, 335.3a, 335.3b, 335.5, 339.3, 341.1, 343.2a, 343.4, 345.1a, 345.5, 347.2, 347.4, 347.6, 347.7, 349.2, 349.3, 349.5, 349.6, 351.3, 351.4a, 351.5b, 353.3, 353.4, 353.6a, 353.7, 355.1, 355.2, 355.6, 355.7, 357.1a, 357.1c, 357.2a, 357.2b, 359.1a, 359.1b, 359.4, 359.5a, 359.5b, 361.2, 361.3a, 361.4a, 361.4b, 363.1b, 363.2a, 363.2b, 363.3a, 363.3b, 365.1a, 365.1b, 365.2, 365.4a, 365.4b, 367.1a, 367.1b, 367.2, 367.3, 369.1b, 369.2a, 369.2b, 369.3a, 369.3b, 371.3b, 371.4a, 371.4b, 371.5, 373.1a, 373.1b, 373.2a, 373.3, 373.4, 373.5, 375.1b, 375.2a, 375.2b, 375.3, 375.4a, 375.4b, 377.3, 377.4, 377.6, 377.7, 379.1a, 379.4b, 381.2, 381.5a, 381.5b, 383.1, 385.2, 385.5a, 387.2a, 387.2d, 387.3, 387.4, 391.1, 393.1a, 393.1b, 393.4a, 393.4b, 393.5a, 393.5b, 395.1a, 395.3, 399.1a, 399.1b, 399.1d, 401.1a, 401.1b, 401.2a, 401.2b, 401.3a, 401.3b, 403.1a, 403.1b, 403.3, 403.4a, 403.4b, 403.4c, 405.3a, 407.1a, 407.1b, 407.2, 407.3a, 409.1a, 409.1b, 409.1c, 409.1d, 409.1e, 409.2, 409.3, 409.4, 411.1b, 411.2a, 411.2b, 411.3a, 411.3b, 411.4, 413.1, 413.2a, 413.2b, 413.2c, 415.3, 417.1, 417.2a, 417.2b, 417.2c, 417.2d, 419.3, 421.5a, 423.5, 425.1a, 425.2, 427.3, 427.5. Reder, Gerd: 271.2. Sauer, Frieder/Frank Hecker: 45.1c, 47.1b, 95.3b, 99.4, 100.1a, 111.4, 115.5b, 163.3c, 217.1a, 403.2.Zankl, Solvin: 431 unten.

La edición original de esta obra ha sido publicada en alemán por Franch-Kosmos Verlags-GmbH & Co. KG, Struttgart, Alemania, con el título
Der Kosmos Insektenführer

Traducción **Maria José Vázquez**
Actualización de la edición: **Eva Nieto Silva**

Redacción: Monika Weymann
Diseño y dibujos: Populärgrafik
Producción: Markus Schärtlein

www.ediciones-omega.es

Este libro ha sido editado y maquetado en España.

ISBN: 978-84-282-1715-6
Depósito legal: B 7885-2019

Printed in Spain

Impreso por Tallers Gràfics Soler